太湖局直管工程管理现代化实践与探索

太湖流域管理局苏州管理局　编著

中国三峡出版传媒
中国三峡出版社

图书在版编目（CIP）数据

太湖局直管工程管理现代化实践与探索 / 太湖流域管理局苏州管理局编著. -- 北京 : 中国三峡出版社, 2022.12
ISBN 978-7-80223-785-8

Ⅰ. ①太… Ⅱ. ①太… Ⅲ. ①太湖－流域－水利工程管理－研究 Ⅳ. ①TV882.853

中国版本图书馆CIP数据核字(2022)第217434号

责任编辑：丁　雪

中国三峡出版社出版发行
（北京市通州区新华北街156号　101100）
电话：（010）57082645　57082577
http://media.ctg.com.cn

北京世纪恒宇印刷有限公司印刷　新华书店经销
2022年12月第1版　2022年12月第1次印刷
开本：787毫米×1092毫米　1/16　印张：23.25
字数：601千字
ISBN 978-7-80223-785-8　定价：139.00元

太浦闸航拍图（缪宜江摄）

望亭水利枢纽航拍图（缪宜江摄）

从下游左岸看太浦闸

黎明时分的望亭水利枢纽（缪宜江摄）

从上游左岸看望亭水利枢纽

太浦闸启闭机房（缪宜江摄）

望亭水利枢纽启闭机房

运行管理

夜间巡查太浦闸启
闭机房（缪宜江摄）

在太浦闸中控室值守
（缪宜江摄）

检修太浦闸启闭机

在望亭水利枢纽中控室值守

运用太浦闸检修门

运用望亭水利枢纽检修门

“一种离合卷筒式固定卷扬启闭机缓冲限位装置”发明专利

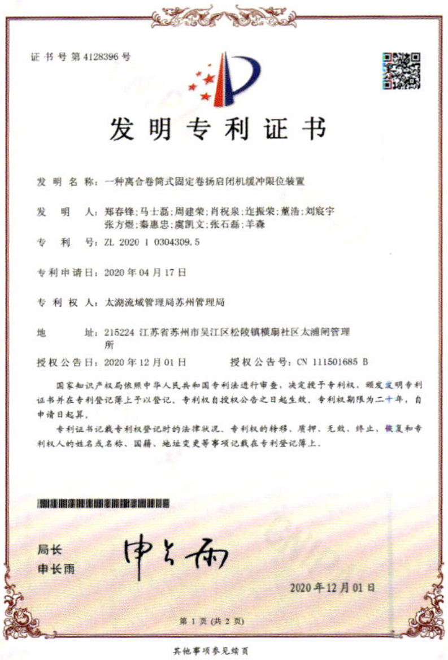
证书号第4128396号

发明专利证书

发明名称：一种离合卷筒式固定卷扬启闭机缓冲限位装置

发明人：郑春锋;马士磊;周建荣;肖祝泉;连振荣;董浩;刘宸宇
张方煜;秦惠忠;虞凯文;张石磊;羊森

专利号：ZL 2020 1 0304309.5

专利申请日：2020年04月17日

专利权人：太湖流域管理局苏州管理局

地址：215224 江苏省苏州市吴江区松陵镇横扇社区太浦闸管理所

授权公告日：2020年12月01日　　授权公告号：CN 111501685 B

国家知识产权局依照中华人民共和国专利法进行审查，决定授予专利权，颁发发明专利证书并在专利登记簿上予以登记。专利权自授权公告之日起生效。专利权期限为二十年，自申请日起算。

专利证书记载专利权登记时的法律状况。专利权的转移、质押、无效、终止、恢复和专利权人的姓名或名称、国籍、地址变更等事项记载在专利登记簿上。

局长
申长雨

2020年12月01日

第1页（共2页）

其他事项参见续页

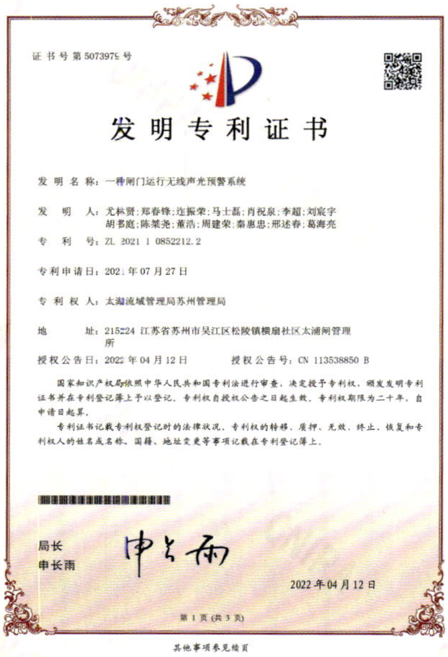
证书号第5073975号

发明专利证书

发明名称：一种闸门运行无线声光预警系统

发明人：尤林贤;郑春锋;连振荣;马士磊;肖祝泉;李超;刘宸宇
胡书庭;陈棨尧;董浩;周建荣;秦惠忠;邢述春;葛海亮

专利号：ZL 2021 1 0852212.2

专利申请日：2021年07月27日

专利权人：太湖流域管理局苏州管理局

地址：215224 江苏省苏州市吴江区松陵镇横扇社区太浦闸管理所

授权公告日：2022年04月12日　　授权公告号：CN 113538850 B

国家知识产权局依照中华人民共和国专利法进行审查，决定授予专利权，颁发发明专利证书并在专利登记簿上予以登记。专利权自授权公告之日起生效。专利权期限为二十年，自申请日起算。

专利证书记载专利权登记时的法律状况。专利权的转移、质押、无效、终止、恢复和专利权人的姓名或名称、国籍、地址变更等事项记载在专利登记簿上。

局长
申长雨

2022年04月12日

第1页（共3页）

其他事项参见续页

“一种闸门运行无线声光预警系统”发明专利

“一种闸门自动锁定装置及其控制系统”发明专利

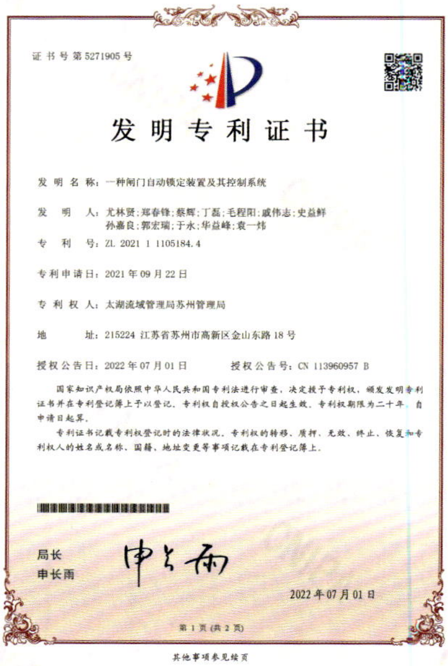
证书号第5271905号

发明专利证书

发明名称：一种闸门自动锁定装置及其控制系统

发明人：尤林贤;郑春锋;蔡辉;丁磊;毛程阳;戚伟志;史益鲜
孙嘉良;郭宏瑞;于永;华益峰;袁一炜

专利号：ZL 2021 1 1105184.4

专利申请日：2021年09月22日

专利权人：太湖流域管理局苏州管理局

地址：215224 江苏省苏州市高新区金山东路18号

授权公告日：2022年07月01日　　授权公告号：CN 113960957 B

国家知识产权局依照中华人民共和国专利法进行审查，决定授予专利权，颁发发明专利证书并在专利登记簿上予以登记。专利权自授权公告之日起生效。专利权期限为二十年，自申请日起算。

专利证书记载专利权登记时的法律状况。专利权的转移、质押、无效、终止、恢复和专利权人的姓名或名称、国籍、地址变更等事项记载在专利登记簿上。

局长
申长雨

2022年07月01日

第1页（共2页）

其他事项参见续页

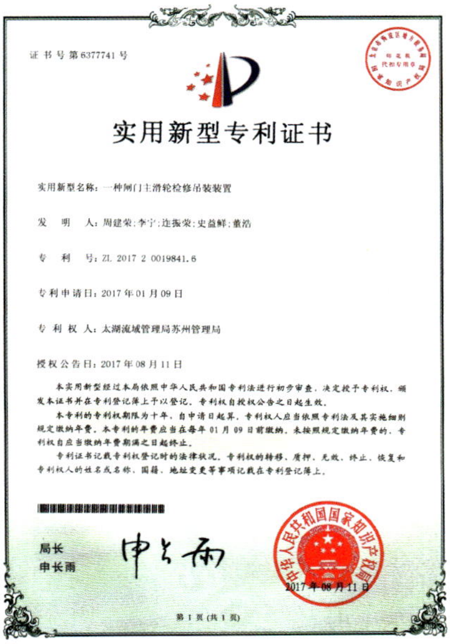
证书号第6377741号

实用新型专利证书

实用新型名称：一种闸门主滑轮检修吊装装置

发　明　人：周建荣；李宁；连振荣；史益鲜；董浩

专　利　号：ZL 2017 2 0019841.6

专利申请日：2017年01月09日

专 利 权 人：太湖流域管理局苏州管理局

授权公告日：2017年08月11日

本实用新型经过本局依照中华人民共和国专利法进行初步审查，决定授予专利权，颁发本证书并在专利登记簿上予以登记。专利权自授权公告之日起生效。

本专利的专利权期限为十年，自申请日起算。专利权人应当依照专利法及其实施细则规定缴纳年费。本专利的年费应当在每年01月09日前缴纳。未按照规定缴纳年费的，专利权自应当缴纳年费期满之日起终止。

专利证书记载专利权登记时的法律状况。专利权的转移、质押、无效、终止、恢复和专利权人的姓名或名称、国籍、地址变更等事项记载在专利登记簿上。

局长
申长雨

2017年08月11日

第1页（共1页）

“一种闸门主滑轮检修吊装装置”实用新型专利

“一种闸门拉杆收口装置”实用新型专利

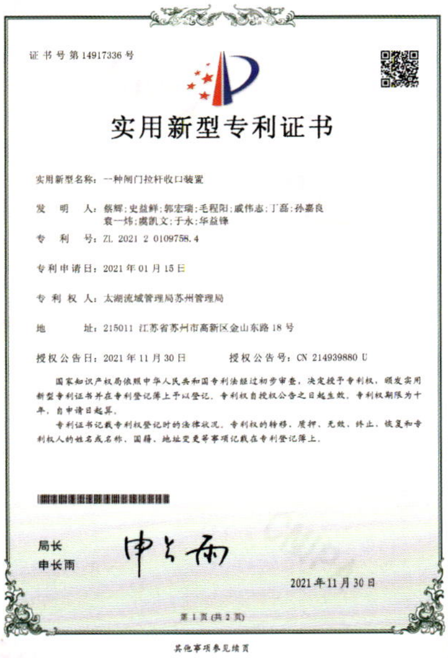
证书号第14917336号

实用新型专利证书

实用新型名称：一种闸门拉杆收口装置

发　明　人：蔡辉；史益鲜；郭宏瑞；毛程阳；戚伟志；丁磊；孙嘉良
袁一炜；虞凯文；于永；华益锋

专　利　号：ZL 2021 2 0109758.4

专利申请日：2021年01月15日

专 利 权 人：太湖流域管理局苏州管理局

地　　　址：215011 江苏省苏州市高新区金山东路18号

授权公告日：2021年11月30日　　授权公告号：CN 214939880 U

国家知识产权局依照中华人民共和国专利法经过初步审查，决定授予专利权，颁发实用新型专利证书并在专利登记簿上予以登记。专利权自授权公告之日起生效。专利权期限为十年，自申请日起算。

专利证书记载专利权登记时的法律状况。专利权的转移、质押、无效、终止、恢复和专利权人的姓名或名称、国籍、地址变更等事项记载在专利登记簿上。

局长
申长雨

2021年11月30日

第1页（共2页）

其他事项参见续页

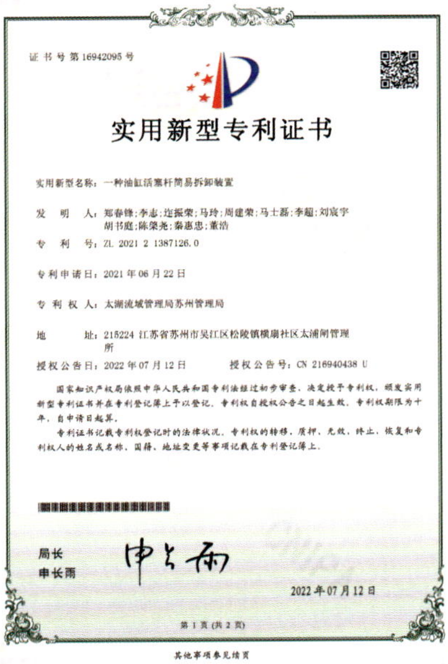
证书号第16942095号

实用新型专利证书

实用新型名称：一种油缸活塞杆简易拆卸装置

发　明　人：郑春锋；李志；连振荣；马玲；周建荣；马士磊；李超；刘宸宇
胡书庭；陈栄尧；秦惠忠；董浩

专　利　号：ZL 2021 2 1387126.0

专利申请日：2021年06月22日

专 利 权 人：太湖流域管理局苏州管理局

地　　　址：215224 江苏省苏州市吴江区松陵镇横扇社区太浦闸管理所

授权公告日：2022年07月12日　　授权公告号：CN 216940438 U

国家知识产权局依照中华人民共和国专利法经过初步审查，决定授予专利权，颁发实用新型专利证书并在专利登记簿上予以登记。专利权自授权公告之日起生效。专利权期限为十年，自申请日起算。

专利证书记载专利权登记时的法律状况。专利权的转移、质押、无效、终止、恢复和专利权人的姓名或名称、国籍、地址变更等事项记载在专利登记簿上。

局长
申长雨

2022年07月12日

第1页（共2页）

其他事项参见续页

“一种油缸活塞杆简易拆卸装置”实用新型专利

太湖局直管工程工情业务应用系统 V1.0

中华人民共和国国家版权局

计算机软件著作权登记证书

（副本）　证书号：软著登字第8136943号

软件名称：太湖局直管工程工情业务应用系统 V1.0

著作权人：太湖流域管理局苏州管理局；尤林贤；钟惠钰；李超；刘毅；连振荣；戚伟志；史益鲜；张石磊；唐闻韬

开发完成日期：2016年09月08日

首次发表日期：未发表

权利取得方式：原始取得

权利范围：全部权利

登记号：2021SR1414317

根据《计算机软件保护条例》和《计算机软件著作权登记办法》的规定，经中国版权保护中心审核，对以上事项予以登记。

中华人民共和国国家版权局 计算机软件著作权登记专用章

No. 08938778　2021年09月23日

中华人民共和国国家版权局

计算机软件著作权登记证书

（副本）　证书号：软著登字第8136940号

软件名称：太湖局苏州管理局移动信息平台APP V1.0

著作权人：太湖流域管理局苏州管理局；郑春锋；钟惠钰；李超；刘毅；连振荣；戚伟志；史益鲜；张石磊；唐闻韬

开发完成日期：2016年09月08日

首次发表日期：未发表

权利取得方式：原始取得

权利范围：全部权利

登记号：2021SR1414314

根据《计算机软件保护条例》和《计算机软件著作权登记办法》的规定，经中国版权保护中心审核，对以上事项予以登记。

中华人民共和国国家版权局 计算机软件著作权登记专用章

No. 0893876E　2021年09月23日

太湖局苏州管理局移动信息平台 APP V1.0

苏州管理局水利工程管理考核平台 V1.0

中华人民共和国国家版权局

计算机软件著作权登记证书

（副本）　证书号：软著登字第8114844号

软件名称：苏州管理局水利工程管理考核平台 V1.0

著作权人：太湖流域管理局苏州管理局；尤林贤；徐金龙；周斌；李超；李庆镇；刘毅；唐闻韬；刘宸宇；吴茜

开发完成日期：2020年06月01日

首次发表日期：未发表

权利取得方式：原始取得

权利范围：全部权利

登记号：2021SR1392218

根据《计算机软件保护条例》和《计算机软件著作权登记办法》的规定，经中国版权保护中心审核，对以上事项予以登记。

中华人民共和国国家版权局 计算机软件著作权登记专用章

No. 08911169　2021年09月17日

中华人民共和国国家版权局

计算机软件著作权登记证书

（副本）　　证书号：软著登字第8088227号

软 件 名 称：太浦闸水位流量智能监测软件 V1.0

著 作 权 人：太湖流域管理局苏州管理局；郑春锋；李超；刘宸宇；连振荣；马士磊；羊森；张方煜；陈荣尧；胡书庭

开发完成日期：2019年11月20日

首次发表日期：未发表

权利取得方式：原始取得

权 利 范 围：全部权利

登 记 号：2021SR1365601

根据《计算机软件保护条例》和《计算机软件著作权登记办法》的规定，经中国版权保护中心审核，对以上事项予以登记。

中华人民共和国国家版权局 计算机软件著作权登记专用章

No. 08876130　　2021年09月13日

太浦闸水位流量智能监测软件 V1.0

中华人民共和国国家版权局

计算机软件著作权登记证书

（副本）　　证书号：软著登字第7551864号

软 件 名 称：太浦闸工程运行智能控制系统 V1.0

著 作 权 人：太湖流域管理局苏州管理局；郑春锋；李超；钟惠钰；连振荣；周斌；肖祝泉；马士磊；刘宸宇

开发完成日期：2019年12月05日

首次发表日期：2020年01月01日

权利取得方式：原始取得

权 利 范 围：全部权利

登 记 号：2021SR0829238

根据《计算机软件保护条例》和《计算机软件著作权登记办法》的规定，经中国版权保护中心审核，对以上事项予以登记。

中华人民共和国国家版权局 计算机软件著作权登记专用章

No. 08121787　　2021年06月03日

太浦闸工程运行智能控制系统 V1.0

中华人民共和国国家版权局

计算机软件著作权登记证书

（副本）　　证书号：软著登字第8088246号

软 件 名 称：望亭水利枢纽水位流量智能监测软件 V1.0

著 作 权 人：太湖流域管理局苏州管理局；蔡辉；周斌；唐闻韬；戚伟志；史益鲜；吴茜；丁磊；孙嘉良；毛程阳

开发完成日期：2019年12月10日

首次发表日期：未发表

权利取得方式：原始取得

权 利 范 围：全部权利

登 记 号：2021SR1365620

根据《计算机软件保护条例》和《计算机软件著作权登记办法》的规定，经中国版权保护中心审核，对以上事项予以登记。

中华人民共和国国家版权局 计算机软件著作权登记专用章

No. 08876223　　2021年09月13日

望亭水利枢纽水位流量智能监测软件 V1.0

获得荣誉

全国水政工作先进集体

全国水利管理先进集体

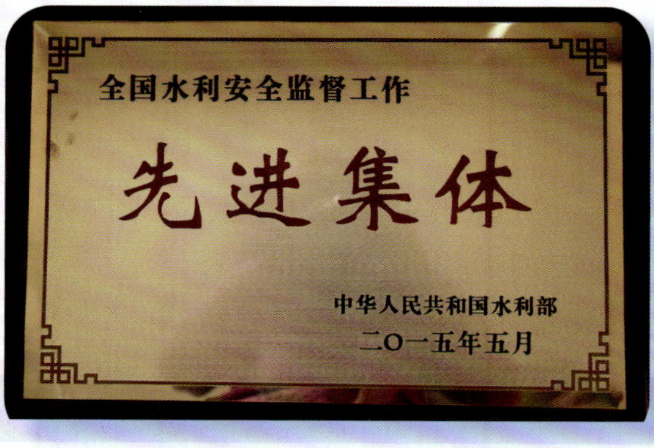

全国水利安全监督工作先进集体

江苏省防汛抗洪工作先进集体

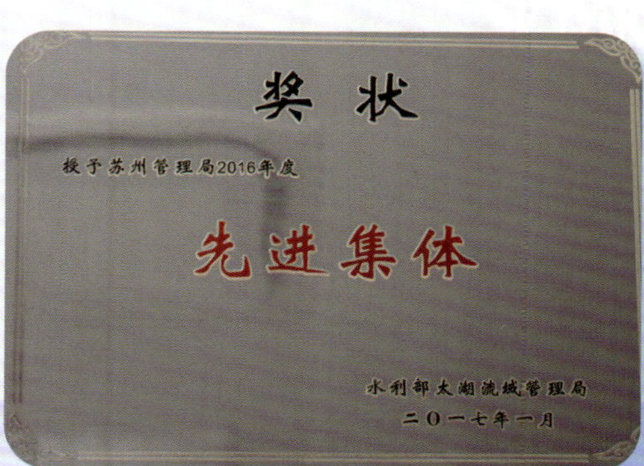

2016 年度太湖局先进集体

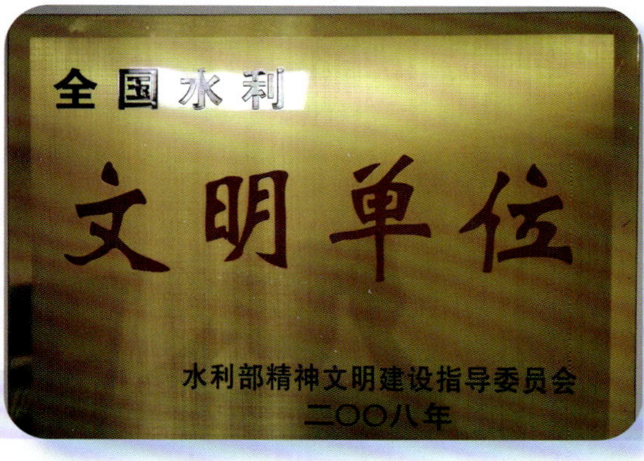

全国水利文明单位

江苏省文明单位

太浦闸除险加固工程荣获2013—2014年度全国水利建设工程文明工地

全国水利系统和谐企事业单位

全国模范职工小家

水利先锋党支部

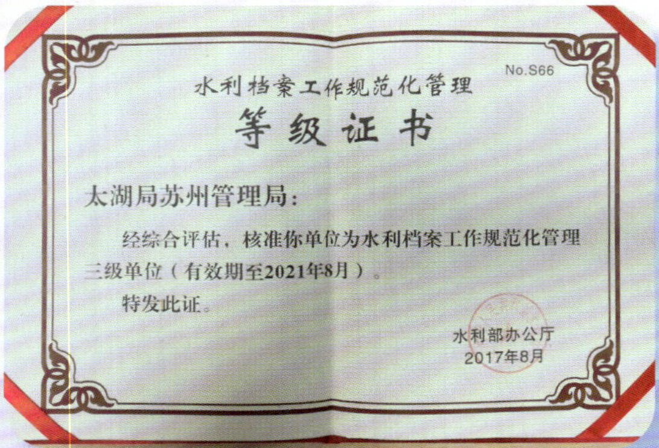

水利档案工作规范化管理三级单位

江苏省档案工作五星级标准

太浦闸除险加固工程获中国水利优质工程大禹奖

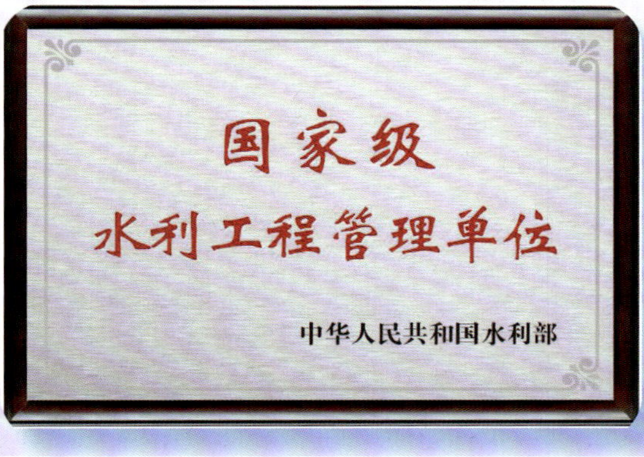

国家级水利工程管理单位

水利安全生产标准化一级单位

第 1 章　直管工程概况

1.1　太浦闸工程

1. 工程概况

太浦闸工程位于江苏省苏州市吴江区七都镇境内的太浦河进口处，太浦河泵站北侧，西距东太湖 2km。太浦闸是太湖东部骨干泄洪通道和环太湖大堤重要口门控制建筑物，在太湖流域防洪和向下游地区供水中发挥着重要作用。太浦闸工程建于 1958 年，1959 年 10 月竣工验收，共 29 孔，单孔净宽 4m，总净宽 116m。2000 年 11 月，太浦闸经安全鉴定为三类闸。2011 年 12 月，水利部以《关于太浦闸除险加固工程初步设计报告的批复》同意实施太浦闸除险加固工程，在原址对太浦闸进行拆除重建。2012 年 12 月，水利部以《关于太浦闸除险加固工程设置套闸变更设计报告的批复》同意利用节制闸右侧边孔作为套闸上闸首，增设闸室、下闸首及导航、靠船建筑物等，形成过船套闸。太浦闸除险加固工程于 2012 年 9 月开工，2014 年 9 月建成，2015 年 6 月通过竣工验收。

除险加固后的太浦闸主要建筑物设计标准为 100 年一遇，相应太湖设计洪水位为 4.80m（镇江吴淞基面，下同），校核洪水位为 5.50m。主要建筑物为 1 级建筑物，地震设计烈度为 6 度。根据《水利水电工程等级划分及洪水标准》（SL 252—2017）中拦河水闸工程分等指标，太浦闸工程等别为Ⅱ等，工程规模为大（2）型。

太浦闸工程共 10 孔，其中节制闸 9 孔，右侧边孔为套闸，单孔净宽均为 12m，总净宽 120m。闸室结构为钢筋混凝土开敞式整体结构，两孔一联布置，闸底板高程 -1.50m，设计流量 985m^3/s，校核流量 1220m^3/s。近期按闸槛顶高程 0.00m 方案实施（闸底板上设宽顶实用堰），在太浦河现状河道情况下，遇“1999 年南部雨型”100 年一遇洪水，太浦闸最大下泄流量 784m^3/s，相应闸上水位 4.51m、闸下水位 4.32m；校核流量 931m^3/s，相应闸上水位 5.33m、闸下水位 4.58m。套闸参与行洪，行洪时套闸不通航。套闸最高通航水位 3.50m，最低通航水位 2.60m。闸上交通桥与太浦河泵站交通桥成一直线布置。工程管理控制功能区域设置在左岸桥头堡，中间启闭机房横跨河道，将左右两岸衔接。右岸靠近套闸及油泵房，设置右岸桥头堡。启闭机房通过垂直楼梯与左右两侧桥头堡相连接。

节制闸闸室顺水流方向长 18m。闸底板高程-1.50m，闸槛高程 0.00m。交通桥布置在闸室下游侧，检修桥布置在闸室上游侧。工作闸门均配备卷扬式启闭机，启闭机房平台高程 16.50m，宽 5m。闸室向上游方向依次为 8m 钢筋混凝土铺盖，10m 浆砌块石护坦，10m 干砌块石护坦，5m 抛石防冲槽。闸室向下游方向依次为 20m 消力池，31m 浆砌块石、干砌块石海漫，10m 抛石防冲槽。闸顶高程 7.20m，上游翼墙墙顶高程 6.00m，下游翼墙墙顶高程 5.00m。根据挡土高度不同，翼墙分别采用钢筋混凝土扶壁式与悬臂式结构。两岸护坡采用浆砌块石。太浦闸工程平面布置见图 1-1（见正文后彩插）。

套闸由上闸首、下闸首、套闸闸室、内外河侧隔墩和靠船建筑物构成。上闸首闸室顺水流方向长 18m。闸顶高程 7.20m，闸底板高程-1.50m，闸槛高程 0.00m。为满足通航净空的要求，上闸首门型采用双扉门（上下扉门），闸上交通桥为钢结构开启桥，交通桥正常状态梁底高程 6.60m，交通桥顶升状态梁底高程 8.70m。套闸闸室长 70m，其中镇静段（消力池段）20m，闸室净宽 12m，闸室墙两侧高程 3.00~4.50m 范围内采用 8mm 厚的钢板护面，闸室墙顶高程 5.00m；闸室采用整体式结构，为使闸室的侧向水平抗滑能满足要求，底板向临土侧挑出 3.5m。下闸首门型采用没有上部建筑物的横拉门，闸室顺水流方向长 20m；闸孔净宽 12m；内部布置输水廊道，廊道断面 2m×2m。套闸与节制闸间的导流分隔墩采用钢筋混凝土倒 T 型结构；上游侧隔墩顶高程 5.50m，下游侧隔墩顶高程 5.00m。为方便船舶停靠等候，设有 2 个靠船墩，靠船墩为预制方桩上承台重力墩结构，靠船墩顶高程 5.00m，靠船墩顶部设有系船柱，临河侧设系船钩。太浦闸纵剖面图、太浦闸工程横剖面图见图 1-2（见正文后彩插）。

太浦闸金属结构设备共包含节制闸工作闸门 9 扇，套闸双扉门 1 扇、横拉门 1 扇、输水廊道铸铁门 1 扇，检修闸门 2 扇，拦污栅 2 扇，门（栅）槽 36 孔，固定卷扬式启闭机 11 台套（节制闸 9 台套、套闸 1 台套、横拉门 1 台套）、电动葫芦 1 台套、螺杆启闭机 1 台套；套闸上闸首交通桥设置 1 孔钢结构开启桥，液压启闭机 1 台套。节制闸工作闸门门型为平面直升式钢闸门，上、下游侧各布置 1 道检修门槽，用于闸室检修，配备 2 扇检修闸门，门型采用浮箱式叠梁。套闸上闸首设 1 扇工作闸门，门型为双扉门，上下游两侧各设 1 道检修门槽，检修时与节制闸共用检修门。套闸下闸首设 1 扇横拉门，上下游两侧各设 1 道检修门槽，检修时与节制闸共用检修门。下闸首近岸侧布置 1 条输水廊道，设 1 扇铸铁工作闸门，螺杆启闭机操作，廊道进口侧均设置固定式拦污栅。

太浦闸设 1 回 10kV 电源，变配电室内设 1 台 250kVA 专用变压器，另设 1 台 100kW 柴油发电机作为 0.4kV 备用电源。为进一步增加供电可靠性，另由附近太浦河泵站用电低压侧引 1 回低压电缆至闸上配电间作为备用电源，常备用电源之间手动切换。

太浦闸闸门计算机监控系统采用开放式、分层分布结构，系统由上位机系统和现地控制单元及网络设备组成。上位机系统由 2 台监控工作站、6 台光纤网络交换机等设备组成，监控工作站互为热备。下位机系统共包含 10 套闸门现地控制柜，现地控制柜设在闸门启闭机现场，控制柜设有手动/自动切换开关，可实现远方自动控制和现地手动控制，两种控制方式互不干扰。为方便指挥通航，便于运行管理，套闸还配置了公共 LED 显示设备、船只超高监测设备、广播设备及交通安全信号设备。

太浦闸视频监视系统主要硬件设备包括视频控制主机兼硬盘录像机、视频监控摄像机和 1 套液晶拼接显示屏等设备，与计算机监控系统合用光纤环形以太网。太浦闸视频监视系统共安装 34 台摄像机，用于对太浦闸重点区域进行实时视频监视，在节制闸闸门两侧、上下游河道、中控室、套闸闸室、交通桥等处设置监视摄像机，对设备运行工况及周围的现场情况进行全方位的监视和管理，视频监视系统具有视频采集、传输、切换控制、显示、存储和重放、远程浏览等功能。

太浦闸工程特性见表 1-1。

表 1-1 太浦闸工程特性表

所在河系	太浦河	所在地点	苏州市吴江区七都镇
抗震设计烈度	6 度	水准基面	镇江吴淞基面
初建开工日期	1958 年 11 月	初建竣工日期	1959 年 10 月
加固开工日期	2012 年 9 月	加固完工日期	2014 年 9 月

序号	项目			单位	数量	说明
一	设计级别	水闸闸室、翼墙、套闸上闸首等主要建筑物		级	1 级	
		套闸闸室、下闸首等次要建筑物		级	3 级	
二	工程规模	近期（闸槛高程 0.00m）	设计流量	m^3/s	784	
			设计闸上水位	m	4.51	相应太湖水位 4.80m
			设计闸下水位	m	4.32	
			校核流量	m^3/s	931	
			校核闸上水位	m	5.33	相应太湖水位 5.50m
			校核闸下水位	m	4.58	
		远期（闸槛高程 -1.50m）	设计流量	m^3/s	985	
			设计闸上水位	m	4.51	相应太湖水位 4.80m
			设计闸下水位	m	4.35	
			校核流量	m^3/s	1220	
			校核闸上水位	m	5.28	相应太湖水位 5.50m
			校核闸下水位	m	4.48	
		套闸通航	最高通航水位	m	3.50	
			最低通航水位	m	2.60	
三	结构特征	直升门闸室	水闸孔径（孔数×净宽）	孔×m	10×12	右端边孔为套闸
			闸室顺水流方向长	m	18.00	
			闸室垂直水流方向宽	m	136.50	
			闸底板结构形式		两孔一联	
			闸底板厚度	m	1.50	
			闸墩顶高程	m	7.20	
		消力池	下游消力池长	m	20.00	底流式消能
			下游消力池深	m	1.00	
		翼墙	上游翼墙顶高程	m	6.00	
			下游翼墙顶高程	m	5.00	
		交通桥	闸上交通桥净宽	m	8.00	套闸设钢结构开启桥，由液压启闭机操作
			设计标准	级	公路Ⅱ级	
			桥面高程	m	7.20	

续表

<table>
<tr><td colspan="3">所在河系</td><td colspan="2">太浦河</td><td colspan="2">所在地点</td><td>苏州市吴江区七都镇</td></tr>
<tr><td colspan="3">抗震设计烈度</td><td colspan="2">6 度</td><td colspan="2">水准基面</td><td>镇江吴淞基面</td></tr>
<tr><td colspan="3">初建开工日期</td><td colspan="2">1958 年 11 月</td><td colspan="2">初建竣工日期</td><td>1959 年 10 月</td></tr>
<tr><td colspan="3">加固开工日期</td><td colspan="2">2012 年 9 月</td><td colspan="2">加固完工日期</td><td>2014 年 9 月</td></tr>
<tr><td>序号</td><td colspan="4">项　目</td><td>单位</td><td>数量</td><td>说明</td></tr>
<tr><td rowspan="10">四</td><td rowspan="10">闸门和启闭机</td><td rowspan="3">节制闸</td><td colspan="2">闸门孔口尺寸（宽×高）</td><td>m×m</td><td>12×7. 3</td><td></td></tr>
<tr><td colspan="2">主闸门门重</td><td>t</td><td>24</td><td></td></tr>
<tr><td colspan="2">主闸门启闭机型号</td><td colspan="3">卷扬式启闭机
QPB2×250 kN-9. 0m</td></tr>
<tr><td rowspan="7">套闸</td><td colspan="2">上闸首双扉门（宽×高）</td><td>m×m</td><td>12×7. 5</td><td></td></tr>
<tr><td colspan="2">上闸首启闭机型号</td><td colspan="3">离合卷筒式卷扬式启闭机
QPB2×250kN-11. 5m（下扉门）/
QPB2×125kN-7. 5m（上扉门）</td></tr>
<tr><td colspan="2">下闸首横拉门（宽×高）</td><td>m×m</td><td>12×5. 5</td><td></td></tr>
<tr><td colspan="2">下闸首启闭机型号</td><td colspan="3">卷扬式启闭机
（HL） QPB2×100kN-15. 0m</td></tr>
<tr><td colspan="2">下闸首廊道直升门（宽×高）</td><td>m×m</td><td>2. 0×1. 4</td><td></td></tr>
<tr><td colspan="2">下闸首廊道直升门启闭机</td><td colspan="2">QDA180kN</td><td>螺杆启闭机</td></tr>
<tr style="display:none"></tr>
<tr><td rowspan="9">五</td><td rowspan="9">液压开启桥</td><td colspan="3">桥底面高程</td><td>m</td><td>6. 60</td><td></td></tr>
<tr><td colspan="3">液压启闭机</td><td>台套</td><td>1</td><td>QPPYI-4×400kN-2. 2m</td></tr>
<tr><td colspan="3">推力</td><td>kN</td><td>4×400</td><td></td></tr>
<tr><td colspan="3">最大行程</td><td>mm</td><td>2200</td><td></td></tr>
<tr><td colspan="3">工作行程</td><td>mm</td><td>2100</td><td></td></tr>
<tr><td colspan="3">油缸内径</td><td>mm</td><td>250</td><td></td></tr>
<tr><td colspan="3">柱塞杆直径</td><td>mm</td><td>210</td><td></td></tr>
<tr><td colspan="3">工作压力</td><td>MPa</td><td>12</td><td></td></tr>
<tr><td colspan="3">电动机功率</td><td>kW</td><td>2×15
（主备 2 台）</td><td>QA200L-4-B35</td></tr>
<tr><td rowspan="3">六</td><td rowspan="3">供电电源</td><td colspan="3">常供电源</td><td>回</td><td>1</td><td>10kV，SCB10-250kVA
干式变压器</td></tr>
<tr><td colspan="3">备用电源</td><td>台</td><td>1</td><td>柴油发电机，100kW</td></tr>
<tr><td colspan="3">第二电源</td><td>回</td><td>1</td><td>太浦河泵站 10/35kV
双电源</td></tr>
</table>

2. 设计功能

太浦河工程是十一项治太骨干工程之一，太浦河工程主要功能为防洪、排涝兼顾供水及航运。根据《太湖流域综合治理总体规划方案》，太浦闸是太湖防洪和供水的主要控制建筑物，其主要任务是：

1）防洪。遇1954年型洪水（约50年一遇），汛期5—7月排泄太湖洪水22.5亿m^3，占太湖设计外排水量的49%。

2）供水。枯水期，向下游地区供水及改善下游水质。

此外，套闸可以兼顾航运。根据水利部《关于太浦闸除险加固工程设置套闸变更设计报告的批复》，在不改变太浦闸原有任务和功能的前提下增设套闸，允许东太湖及太浦闸周边地区渔业生产、水生态水环境维护、区域旅游船舶及水政、渔政等执法公务船舶通行。

3. 太浦闸调度运行方案

太浦闸调度运行，按2011年8月国家防汛抗旱总指挥部批准的《太湖流域洪水与水量调度方案》（国汛〔2011〕17号）实施。

（1）洪水调度

当太湖水位高于防洪控制水位（4月1日—6月15日，防洪控制水位3.10m；6月16日—7月20日，防洪控制水位按3.10~3.50m直线递增；7月21日—次年3月15日，防洪控制水位3.50m；3月16日—31日，防洪控制水位按3.50~3.10m直线递减）时，实施洪水调度，太浦闸工程按照下列情形执行：

当太湖水位不超过3.50m时，太浦闸泄水按平望水位不超过3.30m控制；

当太湖水位不超过3.80m时，太浦闸泄水按平望水位不超过3.45m控制；

当太湖水位不超过4.20m时，太浦闸泄水按平望水位不超过3.60m控制；

当太湖水位不超过4.40m时，太浦闸泄水按平望水位不超过3.75m控制；

当太湖水位不超过4.65m时，太浦闸泄水按平望水位不超过3.90m控制；

当预报太浦闸下游地区遭受地区性大暴雨袭击或预报米市渡水位超过3.70m（佘山吴淞基面）时，太浦闸可提前适当减少泄量。当太湖水位超过4.65m时，应尽可能加大太浦河的泄洪流量。

（2）水量（水资源）调度

当太湖水位低于调水限制水位（4月1日—6月15日，调水限制水位3.00m；6月16日—7月20日，调水限制水位按3.00~3.30m直线递增；7月21日—次年3月15日，调水限制水位3.30m；3月16日—31日，调水限制水位按3.30~3.00m直线递减）时，相机实施水量调度，太浦河闸泵工程按下列情况执行：

为保障太湖下游地区供水安全，原则上太浦闸下泄流量不低于50m^3/s。

当太湖下游地区发生饮用水水源地水质恶化或突发水污染事件时，可加大太浦闸供水流量，必要时启动太浦河泵站增加流量。

当太湖下游地区遭遇台风暴潮或区域洪水时，可减小太浦闸供水流量，必要时关闭太浦闸。

4. 运行效益

太浦闸工程自1991年太湖流域大洪水首次开闸运用以来，截至2020年底，已累计向下游排洪和增加供水613.28亿m^3，尤其是在抵御1991年、1999年、2016年、2020年流域超标准洪水中发挥了重要作用，效益显著。2016 年太湖流域发生流域性特大洪水，太浦闸排洪 50.46 亿 m^3。2020 年流域发生流域性大洪水，太浦闸排洪 29.34 亿 m^3。1995—2020 年太浦闸运行效益见图 1-3。

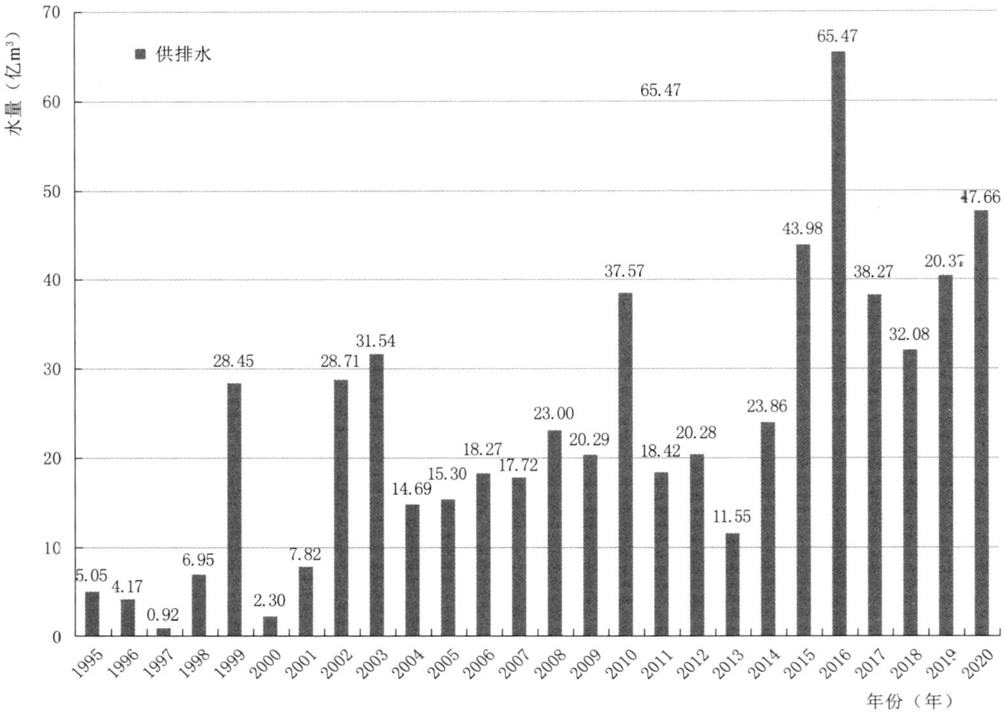

图 1-3　1995—2020 年太浦闸运行效益图

2002 年实施引江济太水资源调度以来，太浦闸保持常年开启，向下游增加供水。随着长三角一体化发展上升为国家战略，太浦河工程的作用和重要性日益突出。通过太浦闸向太浦河下游地区供水，保障下游地区供水和水生态安全的功能越来越重要。

1.2　望亭水利枢纽

1. 工程概况

望亭水利枢纽（原名望亭立交）位于江苏省苏州市相城区望亭镇以西，望虞河与京杭大运河相交处，距望虞河入湖口 2.2km，是望虞河排泄太湖洪水及环太湖大堤重要口门的控制建筑物，对太湖流域防洪、排涝、引水及通航发挥着重要作用。望亭水利枢纽工程 1992 年 10 月动工建设，1998 年 10 月通过竣工验收。2002 年实施引江济太以后，工程运行条件发生较大变化，2009 年望亭水利枢纽上部结构及闸门系统安全鉴定认为，“因为工况的改变，使得工作闸门和检修闸门的功能无法满足要求，需降低标准运用或报废重建”。2010 年 7 月，水利部以《关于望亭水利枢纽更新改造工程初步设计报告的批复》同意实施望亭水利枢纽更新改造工程。望亭水利枢纽更新改造工程于 2010 年 11 月开工，2012 年 11 月通过竣工验收。

望亭水利枢纽为 2 级水工建筑物，设计流量 $400m^3/s$，工程规模为中型。望亭水利枢纽采用“上槽下洞”立交布置形式。望虞河管涵（下部）与运河渡槽（上部）立面上为立交形式，上部的渡槽供运河通航，下部的管涵连接太湖与望虞河供排洪与引水；平面上为 60°斜交，呈平行四边形。望亭水利枢纽上部为钢筋混凝土 U 形运河渡槽，槽宽 60m，底高程-1.70m；下部为现浇箱形钢筋混凝土结构管涵，共 9 孔，3 孔一联，总宽 75m。管涵底板高程-9.60m，每孔净宽 7m，净高 6.5m，总过水面积 $400m^2$。管涵由上游管首、下游管首、中间管身组成，其中上、下游管首分别长 23.1m，中间两节管身各长 28.3m，总长 102.8m。工作闸门布置在上游管首，工作桥采用钢筋混凝土排架结构。启闭机房地面高程 15.00m，中控楼布置在望虞河左岸上游侧。望亭水利枢纽总平面布置图见图 1-4（见正文后彩插）。望亭水利枢纽纵剖面图、横剖面图见图 1-5（见正文后彩插）。

上、下游管首平台高程 6.00m，交通桥宽 6m，挡浪墙顶高程 7.00m。上游管首设置了工作门门槽和检修门门槽，下游管首仅设置检修门门槽，配置叠梁式检修门，采用临时起吊设施吊装。上、下游管首外翼墙采用直线与圆弧组合式布置，每侧翼墙共分 7 段。在管首边设置了岸墙，岸墙和靠近管首的第一段翼墙采用箱形扶壁式结构，第二、三、四段翼墙为桩基空箱扶壁式结构，第五、六段为桩基扶壁式结构，第七段翼墙为悬臂式结构。京杭运河翼墙也采用直线与圆弧组合式布置，靠岸墙的第一段翼墙采用桩基扶壁式结构；第二段翼墙为悬臂式结构。

管首进出口与河道底面衔接的斜坡护坦采用混凝土结构，水平投影长度为 39.2m，坡度 1∶7。管首之间、管首与岸墙、翼墙、混凝土护坦之间的防渗、伸缩缝均采用铜片止水。混凝土护坦上设置排水孔，下部为碎石、粗砂反滤层。上游采用灌砌块石和干砌块石护底，护底长 98m（包括防冲槽 8m）。上游河底高程为-3.00m，宽度 80m，两岸堤顶高程 7.00m，边坡 1∶3 梯形断面。下游采用灌砌块石和干砌块石护底，护底长 108m（包括防冲槽 8m）。上游砌石护坡长 98m。下游河底高程为-3.00m，宽度 80m，两岸堤顶高程 6.00m，边坡 1∶2.5 梯形断面。下游砌石护坡长 150m。

工作闸门共 9 扇，采用平面直升钢闸门，双吊点。闸门的止水装置设于面板侧，侧止水采用双道 P 型水封，以满足闸门双向挡水的功能要求，顶止水采用 P 型水封，底止水选用条形板橡胶水封，侧、底止水共同形成“□”型止水结构。主横梁腹板上配载 8.4t 铸铁加重块。启闭机 9 台套，布置于 15.00m 高程的启闭机房内。

望亭水利枢纽设 1 回 10kV 电源，变配电室内设 1 台 250kVA 专用变压器，另设 1 台 100kVA 柴油发电机作为备用电源。

望亭水利枢纽闸门计算机监控系统采用分层分布式结构，上位机和现地控制单元通过光纤以太网连接。上位机由 2 台闸门监控工作站及网络交换机等设备组成。下位机系统包含 9 套闸门现地控制柜，现地控制柜设在闸门启闭机现场，控制柜设有手动/自动切换开关，可实现远方自动控制和现地手动控制，两种控制方式互不干扰。

望亭水利枢纽视频监视系统主要硬件设备包括视频控制主机、硬盘录像机、视频监控摄像机和 4 台 LED 电视等设备。视频监视系统共安装 33 台摄像机，用于对望亭水利枢纽闸门、上下游河道、中控室、启闭机房、交通桥等重点部位进行监视，对设备运行工况及周围的现场情况进行监视和管理，视频监视系统具有视频采集、传输、切换控制、显示、存储和重放、远程浏览等功能。

望亭水利枢纽工程特性见表 1-2。

表 1-2 望亭水利枢纽工程特性表

所在河系	望虞河	所在地点	苏州相城区望亭镇以西
建筑物等级	2 级	水准基面	镇江吴淞
开工日期	1992 年 10 月	建成日期	1994 年 1 月
竣工验收日期	1998 年 10 月	更新改造日期	2010 年 11 月—2012 年 11 月

序号	项目			单位	数值	说明
一	设计级别	涵洞及翼墙等主体建筑物		等级	2 级	
		其他建筑物		等级	3 级	
二	设计水位	望虞河	设计高水位	m	上游 4.75	
					下游 4.20	
			设计低水位	m	2.50	上、下游均为 2.50
			正向设计水头差	m	0.80	
			反向设计水头差	m	-1.12	
		京杭运河	设计高水位	m	4.53	设计最高水位
			设计低水位	m	2.30	设计最低通航水位
			正常水位	m	3.00	
三	闸门启闭机	工作闸门		扇	9	平面直升钢闸门 7.24m×5.79m
		检修闸门		扇	2	叠梁式钢闸门每扇 6 节，每节 7.7m×2.5m
		启闭机启门力		kN	2×200	固定卷扬式 启闭速度 1.68m/min
		钢丝绳规格		mm	ϕ20	镀锌
四	供电电源	常供电源		回	1	10kV，SCB10-250kVA 干式变压器
		备用电源		台	1	柴油发电机，100kVA
五	建筑物规模	孔数		孔	9	8、9 两孔向电厂供水
		单孔尺寸		m×m	7.0×6.5	宽×高
		总过水面积		m^2	400	
		设计流量		m^3/s	400	
		涵洞长度		m	102.77	顺望虞河轴线
		洞前总宽		m	75	垂直望虞河轴线
		混凝土护坦长		m	39.2	上、下游均为 39.2m
六	主要建筑物尺寸及高程	孔顶高程		m	-3.10	中间水平段
		孔底高程		m	-9.60	中间水平段
		胸墙顶高程		m	7.00	
		洞首顶平台	宽度	m	上游 16，下游 13	
			高程	m	6.00	
		交通桥	宽度	m	6.00	汽车-10 级设计，8t 汽车式起重机和履带-50 校核；人群荷载 $3kN/m^2$
		翼墙顶	高程	m	7.00	
		工作桥	宽度	m	4	启闭机房
			高程	m	15.00	

续表

<table>
<tr><td colspan="3">所在河系</td><td colspan="2">望虞河</td><td colspan="2">所在地点</td><td>苏州相城区望亭镇以西</td></tr>
<tr><td colspan="3">建筑物等级</td><td colspan="2">2 级</td><td colspan="2">水准基面</td><td>镇江吴淞</td></tr>
<tr><td colspan="3">开工日期</td><td colspan="2">1992 年 10 月</td><td colspan="2">建成日期</td><td>1994 年 1 月</td></tr>
<tr><td colspan="3">竣工验收日期</td><td colspan="2">1998 年 10 月</td><td colspan="2">更新改造日期</td><td>2010 年 11 月—2012 年 11 月</td></tr>
<tr><td>序号</td><td colspan="4">项目</td><td>单位</td><td>数值</td><td>说明</td></tr>
<tr><td rowspan="12">七</td><td rowspan="12">河道断面</td><td rowspan="3">望虞河</td><td rowspan="2">河底</td><td>宽度</td><td>m</td><td>80</td><td>上、下游均为 80</td></tr>
<tr><td>高程</td><td>m</td><td>-3.00</td><td>上、下游均为-3.00</td></tr>
<tr><td colspan="2">边坡</td><td></td><td>上游 1：3，
下游 1：2.5</td><td>青坎以下</td></tr>
<tr><td rowspan="9">京杭运河</td><td>堤顶</td><td>高程</td><td>m</td><td>上游 7.00，
下游 6.00</td><td></td></tr>
<tr><td colspan="2">青坎以上边坡</td><td></td><td>1：2</td><td></td></tr>
<tr><td colspan="2">断面形式</td><td></td><td>直立式</td><td></td></tr>
<tr><td colspan="2">上下游连接段</td><td></td><td>斜坡式</td><td>1：3.5 灌砌块石</td></tr>
<tr><td colspan="2">河底宽度</td><td>m</td><td>槽宽 60</td><td>按四级航道标准设计</td></tr>
<tr><td colspan="2">河底高程</td><td>m</td><td>槽底-1.70</td><td>上、下游河底-0.90</td></tr>
<tr><td colspan="2">堤顶高程</td><td>m</td><td>5.00</td><td></td></tr>
<tr><td colspan="2">砌石护底长</td><td>m</td><td>72</td><td>上、下游均为 72</td></tr>
</table>

2. 设计功能

望虞河工程是十一项治太骨干工程之一，望虞河工程主要功能为防洪、排涝兼顾供水及航运。根据《太湖流域综合治理总体规划方案》，望亭水利枢纽是太湖防洪和引水的主要控制建筑物，其主要任务是：

1）泄洪。遇 1954 年型洪水（约 50 年一遇），汛期 5—7 月排泄太湖洪水 23.1 亿 m^3，占太湖设计外排水量的 51%。

2）引水。非行洪期控制太湖水位，需要时与望虞河常熟水利枢纽配合引长江水入太湖。

此外，可以向望亭电厂供应冷却用水，以及兼顾航运等。

3. 望亭水利枢纽调度运行方案

望亭水利枢纽调度运行，按 2011 年 8 月国家防汛抗旱总指挥部批准的《太湖流域洪水与水量调度方案》（国汛〔2011〕17 号）实施。

（1）洪水调度

当太湖水位高于防洪控制水位（4 月 1 日—6 月 15 日，防洪控制水位 3.10m；6 月 16 日—7 月 20 日，防洪控制水位按 3.10~3.50m 直线递增；7 月 21 日—次年 3 月 15 日，防洪控制水位 3.50m；3 月 16 日—31 日，防洪控制水位按 3.50~3.10m 直线递减）时，实施洪水调度，望亭水利枢纽工程按照下列情形执行：

当太湖水位不超过 4.20m 时，望亭水利枢纽泄水按琳桥水位不超过 4.15m 控制。

当太湖水位不超过 4.40m 时，望亭水利枢纽泄水按琳桥水位不超过 4.30m 控制。

当太湖水位不超过 4.65m 时，望亭水利枢纽泄水按琳桥水位不超过 4.40m 控制。

当预报望虞河下游地区遭受风暴潮或地区性大暴雨袭击时，望亭水利枢纽应提前适当减少泄量。当太湖水位超过 4.65m 时，应尽可能加大望虞河的泄洪流量。

（2）水量（水资源）调度

当太湖水位低于调水限制水位（4 月 1 日—6 月 15 日，调水限制水位 3.00m；6 月 16 日—7 月 20 日，调水限制水位按 3.00~3.30m 直线递增；7 月 21 日—次年 3 月 15 日，调水限制水位 3.30m；3 月 16 日—31 日，调水限制水位按 3.30~3.00m 直线递减）时，相机实施水量调度，望亭水利枢纽按下列情况执行：

当望亭水利枢纽闸下水质调度指标和参考指标均满足Ⅲ类标准时，望亭水利枢纽开闸向太湖输水。

当望亭水利枢纽闸下水质调度指标满足Ⅲ类标准，水质调度参考指标为Ⅳ类标准时，如望虞河大桥角新桥水质调度参考指标满足Ⅲ类标准，望亭水利枢纽可控制向太湖输水。

4. 运行效益

望亭水利枢纽自 1994 年 1 月投入运行，截至 2020 年底，已累计排洪 188.31 亿 m^3，特别是在抵御 1999 年、2016 年流域性特大洪水和 2020 年流域性大洪水中，发挥了重要作用。其中，1999 年太湖流域发生了流域性特大洪水，望亭水利枢纽排泄太湖洪水 27.95 亿 m^3；2016 年太湖流域发生了流域性特大洪水，望亭水利枢纽排泄太湖洪水 31.32 亿 m^3。

2002 年太湖流域实施引江济太水资源调度以来，望亭水利枢纽作为通过望虞河调引长江水入太湖的最后一道控制关口，已累计引水入太湖 147.63 亿 m^3。其中，2007 年 5 月无锡太湖供水危机突然爆发后，通过望亭水利枢纽向太湖应急调水 13.06 亿 m^3，有效改善了无锡供水水源地水质，对恢复无锡城市供水发挥了重要作用。1993—2020 年望亭水利枢纽运行效益见图 1-6。

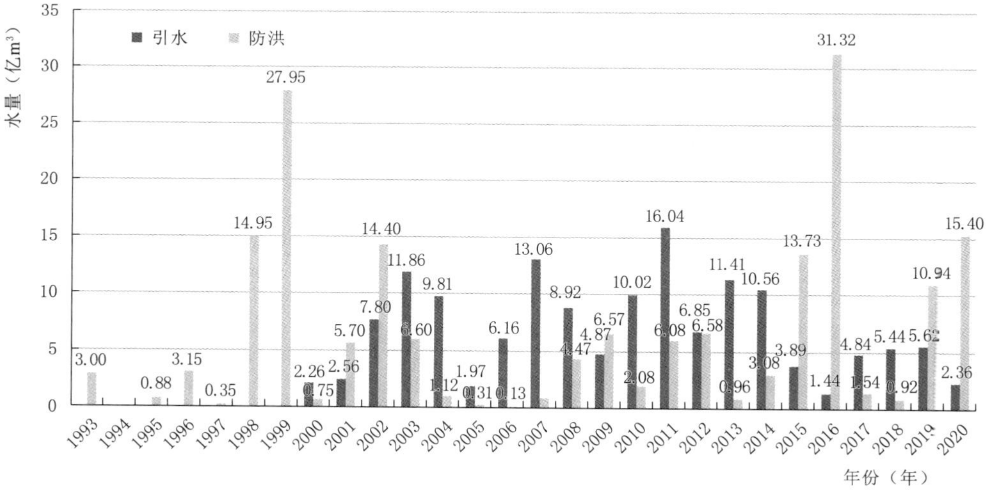

图 1-6　1993—2020 年望亭水利枢纽运行效益图

引江济太，是太湖局自 2002 年起牵头组织开展的一项“引长江水补给太湖”的水资源调度工作，利用流域现有水利工程体系，通过望虞河工程将长江水引入太湖流域，改善太湖水环境，并通过太浦河和环太湖口门向苏州、无锡等太湖周边区域和上海、杭嘉湖等地区供水，由此带动流域内其他诸多水利工程的优化调度，加快水体流动，提高水体自净能力，缩短太湖换水周期。

望亭水利枢纽 8 号、9 号两孔管涵长年向望亭电厂供应冷却用水，已累计向望亭电厂供水 172 亿 m^3，有力保障了电厂运行安全。

第 2 章　直管工程管理工作概述

2.1　管理工作历程回顾

2.1.1　直管工程的由来

根据 1991 年国务院发布的《关于进一步治理淮河、太湖的决定》，“流域内重要水利工程，由流域机构直接管理，统一调度。太湖流域太浦河、望虞河上的主要枢纽工程，由水利部太湖流域管理局管理”；根据 1998 年《国务院办公厅关于贯彻落实国务院治淮治太第四次工作会议精神的通知》，“太浦闸、望亭立交枢纽由水利部流域机构直接管理；望虞河常熟枢纽由水利部与江苏省共同负责管理，以水利部为主。本着谁受益谁负担的原则，望虞河常熟枢纽的运行、维护、管理经费由江苏省承担；望亭立交枢纽和太浦闸的运行、维护、管理经费由浙江省、上海市共同承担。以上经费均列入财政预算”。太浦闸、望亭水利枢纽由太湖局直接管理，常熟水利枢纽由太湖局和江苏省水利厅共同管理。太浦闸、望亭水利枢纽等由太湖局直接管理的工程，简称太湖局直管工程，太湖局直管工程由此而来。

为了加强流域内重要水利工程的管理，1992 年 10 月，水利部太湖流域管理局苏州管理处（简称苏州管理处）成立，负责太湖局直管工程的管理工作。苏州管理处成立以来，1995 年接管太浦闸工程，1998 年接管望亭水利枢纽，并参与了常熟水利枢纽的管理。2002 年 8 月，经太湖局批准更名为苏州管理局。太浦闸、望亭水利枢纽等太湖局直管工程在服务与保障太湖流域防洪安全、供水安全和水生态安全，支撑流域社会经济发展方面发挥了治太骨干工程的重要作用，防洪、供水等社会效益显著。

2.1.2　直管工程管理工作回顾

自 1995 年接管太浦闸工程之后，太湖局直管工程的管理工作开始起步，之后稳步发展并日趋规范，可划分为四个阶段。

1. 工程接管及设施完善阶段（1995—2001 年）

1991 年江淮大水后，国务院作出了《关于进一步治理淮河、太湖的决定》，明确太湖流域太浦河、望虞河上主要枢纽工程由太湖局管理，由此拉开太湖局直管工程管理工作的大幕。1992 年 10 月，苏州管理处在江苏省苏州市平江区富仁坊挂牌成立。

1994 年 10 月—1995 年 10 月，以苏州管理处现有人员为主体，太湖局组成太浦闸加固工程指挥部，组织对太浦闸工程实施了上部结构除险加固，主要是拆建工作桥、排架、公路桥，更新闸门、启闭机等，而对水下工程（闸墩、底板、消力塘、护坦）及翼墙等未做任何处理。加固施工具体内容包括：拆除旧工作桥、机房，重建工作桥；拆除旧排架、闸门锁定装置，重建排架；重建净宽 7m 公路桥；凿除搁置旧公路桥的墩台，加高墩台，墩厚0.6m；凿除胸墙表面混凝土碳化层，外粉200号水泥砂浆；闸墩表面（3.00m水位以上）喷涂H52-S4环氧厚浆保护；更新闸门、启闭机及门轨；重建南、北桥头堡等。太浦闸上部结构加固完成后，实现了闸门启闭设施正常运行。

1995年3月，苏州管理处正式接管太浦闸工程，并在工程现场设立了水利部太湖流域管理局太浦闸管理所。1998年10月，望亭水利枢纽工程通过竣工验收；1999年4月，移交苏州管理处管理，并在工程现场设立了水利部太湖流域管理局望亭水利枢纽管理所。

工程接管之后，管理设施完善工作有序展开。1996年12月，苏州管理处在苏州新区金山路18号征地5.24亩①拟用于建设管理用房。1998年起，根据1998年《国务院办公厅关于贯彻落实国务院治淮治太第四次工作会议精神的通知》，太浦闸和望亭水利枢纽等直管工程的部分人员经费和日常维修经费开始从浙江省和上海市财政得到落实，运行维护管理经费不足的问题得到了缓解。其中，按照受益分摊比例，上海市承担四分之一，浙江省承担四分之三。1999年3月—9月，苏州管理处组建的太湖局直管枢纽工程建设指挥部组织完成了望亭水利枢纽管理设施工程建设，在望亭水利枢纽管理所现场建设了二层办公楼、二层宿舍楼各1幢，并配套了道路、绿化、办公设备、生活水井及附属设施等。该项目初步改善了现场管理用房紧缺的局面，为现场生产和办公创造了条件。1999年间，苏州管理处组织开展了直管工程管理设施维护等项目，对望亭水利枢纽现场配电设施进行了改造，并建成了监控系统；太浦闸基本完成了河道堤坡防护。

1999年汛期，太湖流域遭受特大洪水袭击，5—9月全流域降雨1187.3mm，湖泊、河道水位暴涨，7月1日突破1991年最高水位4.79m，7月8日10时达到4.97m。望亭水利枢纽开闸运行146天，排泄太湖洪水27.95亿m^3，实测最大流量达到536m^3/s；太浦闸开闸运行133天，排泄太湖洪水28.73亿m^3，实测最大流量799m^3/s。直管工程在抗御流域特大洪水中发挥了重要作用，苏州管理处克服了人员不足、设施不全等各种困难，顺利完成了直管工程防洪运行任务，职工队伍经受住了考验。

2000年2月—7月，直管工程添置了测量设备、液压升降台等生产维修工具，以及复印机、计算机等办公设备。2001年9月—2002年8月，太湖局直管枢纽工程建设指挥部组织完成了太浦闸管理设施后续项目建设，新建三层宿舍楼2幢，仓库1幢，总建筑面积1 421m^2，并对太浦闸管理所综合楼进行了修缮，改善了职工宿舍和防汛仓库用房紧缺的局面，为现场生产和生活创造了条件。

2001年9月，苏州管理处水政监察支队成立，参与流域管理与治理的职能得到拓展。

2. 转变理念、快速发展阶段（2002—2009年）

2002年1月，太湖流域引江济太调水试验工程正式启动，太湖局直管工程在其中发挥了重要作用。自此，为人民群众提供更优水源、更美水环境的服务与保障工作新领域徐徐展开，直管工程在保障流域防洪安全、供水安全、水生态安全方面的综合效益日渐突出。自2002年1月正式启动引江济太为主的水资源调度以来，直管工程更加焕发了青春活力。2002—2009年，通过望虞河引水147亿m^3，通过望亭水利枢纽引水入太湖65亿m^3，通过太浦闸向下游地区增加供水106亿m^3。太湖局直管工程安全运行，为缓解2007年无锡供水危机、改善苏州水环境、保障上海市和嘉兴市等下游地区供水安全发挥了重要作用，得到了上级主管部门和地方政府的充分肯定。

---

① 1亩=666.67m^2。

2002 年 10 月—2004 年 3 月，太湖局直管枢纽工程建设指挥部组织完成了望亭水利枢纽管理设施后续项目建设，在苏州新区金山路 18 号建设三层办公楼 1 幢，总建筑面积 1 050m^2，并配套了道路绿化、给排水设备、供配电设备及办公用品等。项目完成后，苏州管理局新区基地的办公条件和工作环境得以改善。

2002 年水利部《关于转发〈国务院办公厅转发国务院体改办关于水利工程管理体制改革实施意见的通知〉的通知》印发后，太湖局直管工程管理体制改革工作启动。2003 年，苏州管理局参与编制完成《水利部太湖流域管理局直属水利工程管理体制改革实施方案》并上报水利部；2004 年，按照《水利工程管理单位定岗标准（试点）》和《水利工程维修养护定额标准（试点）》，对原实施方案中的定岗、定员及经费测算成果进行了修正并上报水利部。2003 年，苏州管理局被评为全国水利管理先进集体和全国水政工作先进集体。

2003 年水利部《水利工程管理考核办法》出台后，苏州管理局着手开展国家级水管单位申报准备工作，通过加强工程控制运用、制定防汛应急抢险预案、开展工程安全观测等措施，不断积累管理经验，提高管理水平。囿于太浦闸工程为三类闸，暂时不具备申报条件。2005 年苏州管理局对照《水利工程管理考核办法》及其考核标准，以望亭水利枢纽为工程对象通过了太湖局组织的模拟考核，初步达到了国家级水管单位考核标准。基于人力资源短缺和工程自动化监控系统已经建成的现状，积极推进管理机制创新，2006 年探索实现了望亭水利枢纽远程监控操作运行；同时，积极推进管养分离，直管工程的现场环境面貌明显改观。

2005 年起，与地方防汛指挥机构建立了直管工程防汛抢险应急协调机制，将直管工程纳入地方防汛抢险的责任范围，落实了地方政府防汛抢险行政责任。2005 年起，苏州管理局会同环太湖各地水行政主管部门，每年两次对太湖、太浦河、望虞河等“一湖两河”沿线开展水行政执法联合巡查，实现了业务领域从工程管理向涉水项目督查、河湖岸线巡查以及水资源保护专项调查等流域管理工作拓展，服务范围从直管工程向“一湖两河”延伸，积极参与流域涉水事务管理，为流域水利事业改革与发展提供了事业支撑。

2006 年 2 月—11 月，苏州管理局组织完成了非试点水管单位水利工程维修养护项目，建设内容主要包括望亭水利枢纽观测设施检测及维修、太浦闸及望亭水利枢纽工程护坡维修养护、太浦闸及望亭水利枢纽工程水下检查和望亭水利枢纽运河渡槽直立墙防护设施维护等四项内容。

2002 年水利部《关于东茭嘴至太浦河闸上引河疏浚工程初步设计报告的批复》批准同意组织实施东茭嘴疏浚工程，工程总投资为 11 083 万元。东茭嘴疏浚工程疏浚段全长 6.7km，疏浚底高程 0.00m；桩号 0+000～5+040m 底宽 450m，禁养宽度 570m，桩号 5+040～6+708m 底宽 320m，禁养宽度 400m。禁养区域水面面积约 3.54km^2，计 5 310 亩。禁养区两侧边界埋设钢筋混凝土标志桩 272 根。2003 年 5 月 7 日工程开工，2004 年 10 月 12 日完工。2007 年 2 月，工程通过太湖局会同上海市水务局主持的竣工验收并移交苏州管理局负责运行管理。

2008 年起，太湖局直管工程的维修养护经费开始列入中央财政项目预算，为直管工程维修养护工作的正常开展奠定了经费基础。2006 年苏州管理局被评为太湖局文明单位，2008 年获得太湖局系统第一家全国水利文明单位荣誉称号。2008 年起苏州管理局职工工资福利由苏州市人事局代管，执行苏州市事业单位工资福利相关政策，初步实现了“属地管理、同城待遇”，稳定了职工福利待遇。

3. 消除安全隐患、巩固发展阶段（2010—2015 年）

“十二五”期间，苏州管理局以完成直管工程除险加固和更新改造为重点，以提高工程运行管理、安全管理水平为根本，以加强党员干部作风建设为保障，团结协作，服务流域“三个安全”取得新的成效，支撑流域重要河湖管理实现新的突破。

1）完成望亭水利枢纽更新改造。为了解决引水运行中存在的闸门启闭困难等安全问题，水利部批准实施望亭水利枢纽更新改造工程，总投资 2 960 万元。2010 年下半年开始，苏州管理局作为项目法人组成望亭水利枢纽更新改造建设处，组织对望亭水利枢纽闸门、启闭机、门槽、翼墙等设施实施了更新改造，新建人行交通桥、检修门库等。项目建设过程中，克服了施工工期紧、技术要求高、施工风险大等困难，于 2011 年汛前如期完成门槽改造、闸门和启闭机更换等水下施工任务，为工程安全度汛创造了有利条件。2012 年 11 月，望亭水利枢纽更新改造工程顺利通过太湖局主持的竣工验收。由于协调有力、措施得当，工程边改造边运行，确保了工程安全运行、效益正常发挥。2011 年望亭水利枢纽工程成功引长江水入太湖 12 亿 m^3，相当于抬高太湖水位 0.40m，太湖水位保持在 2.75m 以上，确保了在大旱之年太湖流域大部分河湖水位没有出现持续下降，在大旱之年太湖水质持续稳定好转。

2）水管体制改革通过验收。2011 年 12 月 19 日，太湖局在苏州主持召开了苏州管理局水利工程管理体制改革工作验收会议，苏州管理局水管体制改革通过验收。验收意见中明确，苏州管理局为纯公益性水管单位，人员经费、公用经费主要由上海市、浙江省地方财政承担，维修养护经费由中央财政承担。

3）完成太浦闸除险加固工程。太浦闸自从 2000 年安全鉴定为三类闸以后，持续带“病”运行多年，2011 年国家发展改革委和水利部分别批准了太浦闸除险加固工程的可研、初步设计，概算投资 8017 万元。太浦闸除险加固工程于 2012 年 9 月开工建设。苏州管理局作为项目法人，认真落实项目法人责任制、建设监理制、招标投标制和合同管理制，组织各参建单位，科学管理，精心施工，大干苦干实干，实现了“质量保优良、安全零事故、工期不延误、工地创文明”的建设目标，荣获中国水利工程优质（大禹）奖和全国水利建设工程文明工地荣誉称号。2013 年 4 月，水下工程按期完成并投入运用，为保障流域防洪和供水安全创造了条件。工程现场推行安全生产标准化管理，实现了安全生产零事故，2015 年项目法人荣获全国水利安全监督工作先进集体。2014 年 9 月单位工程全部通过完工验收并移交管理单位运行。2015 年 6 月，工程通过竣工验收。太浦闸除险加固工程按时开工和太浦闸除险加固工程按期完成水下工程施工等蝉联太湖局 2012 年、2013 年十大工作亮点，工程建设管理工作受到了水利部和地方省市的充分肯定。直管工程基本建设管理工作规范高效，直管工程安全运行和综合效益显著，2010—2013 年，苏州管理局连续 4 年荣获太湖局先进集体荣誉称号。

4）组织完成太湖水政执法基地建设。太湖水政执法基地位于苏州市吴中区光福镇坎上村境内的太湖边，占地 8.7 亩，建筑面积 1 580m^2。2010 年完成两处废弃鱼塘征地，主体建筑方案通过相关部门审批并开展施工图设计。2011 年完成规划、环保、消防等行政审批，主体工程开工建设。2012 年主体工程完工，同时完成院内道路、围墙等附属设施施工。2013—2014 年，太湖水政执法码头获批建设，充分利用原有的桩基础地下空间，改建完成船舶维修间及设备仓库。2015—2016 年，开展基地市政供水、供电、污水及绿化施工，完成规划变更手续及规划、消防、环保等专项验收工作。2017 年，完成城建档案竣工备案、建设工程竣工验收备案及不动产权证办理。

4. 稳步推进工程管理现代化阶段（2016—2020 年）

“十三五”期间，直管工程成功防御了 2016 年流域性特大洪水、2020 年大洪水，有效应对了“尼伯特”“利奇马”等强台风袭击，直管工程防洪、引水和供水效益显著。先后成功创建了国家级水利工程管理单位、安全生产标准化一级单位，获得了江苏省文明单位等荣誉称号，管理从规范化、标准化向信息化、智能化迈进。履行了河湖保护与建设运行安全中心职能，增加了水利监督职能，增设了太湖水事管理中心。积极争取并增加了工程运行管理补助费，主动承接太浦河泵站运行养护项目，有效弥补了单位事业经费不足。

1）全力防御 2016 年流域性特大洪水。丰富和完善“防汛防台责任落实到位、防汛抢险机制协调到位、汛前检查到位、汛期行动到位、汛后维护到位、工程控制运行到位、引江济太重要水工程控制运行督查到位”的“七到位”防汛防台工作格局，充分发挥直管工程在流域防洪和水资源调度中的重要作用。2016 年太湖发生流域性特大洪水。2016 年汛期望亭水利枢纽排水 21.61 亿 m^3，太浦闸泄水 39.16 亿 m^3。

2）水利工程管理通过水利部考核验收。2017 年 7 月，水利部委托中国水利工程协会组成考核专家组对苏州管理局进行了水利工程管理考核验收。按照水利部《水利工程管理考核办法》及其考核标准，专家组对组织管理、安全管理、运行管理和经济管理等考核内容进行了逐项赋分。苏州管理局综合得分 951 分，且各类得分均不低于该类总分的 85%，达到水利部水利工程管理考核标准，顺利通过考核验收。

3）首次获得国家实用新型专利。2017 年 9 月，由苏州管理局“水工程管理”劳模创新工作室申报的“一种闸门主滑轮检修吊装装置”获得国家实用新型专利。太浦闸闸门主滚轮检修是工程日常检查维护的重要内容。检修空间狭小，主滚轮重量大，传统检修方法需搭建脚手架，使用汽车起重机起吊，拆卸、安装工序复杂，耗时、耗力、成本大。“水工程管理”劳模创新工作室针对此难题开展技术攻关，制作了一套简易吊装工具，通过在排架检修孔上安装导轨，利用移动小车和手拉葫芦的协同运作，解决了主滚轮在拆卸、移动、检修和安装过程中的吊装难题。该检修装置具有拆装方便、调节简易、检修快捷、安全可靠等优点，节约了人力物力，提高了工作效率。

4）成功创建水利工程管理安全生产标准化一级单位。以落实责任、夯实基础、加强隐患排查为重点，强化过程管理，实施 PDCA 闭环管理，让安全生产融入每一个工作细节，不断深化安全生产标准化建设工作。2017 年 3 月，通过了安全生产标准化机构评审，12 月通过了水利部现场核查。2018 年 3 月，获得水利安全生产标准化一级单位荣誉。其后，提出了深化安全生产标准化建设的工作要求，编制印发相应实施方案，补充、扩展安全生产标准化内容，落实深化管理具体目标，保持安全生产零事故。根据岗位个性化的特点，细化落实岗位安全生产目标责任制，单位安全生产环境氛围更加浓郁。

5）支撑太湖局“1+1+N”监管体系。履行“河湖保护与建设运行安全中心”职能，支撑太湖局“1+1+N”监管体系中专职实施单位职责，保障太湖流域水利监督工作顺利开展。培养督查人员业务技能，推动专职督查队伍组建和完善。2019 年苏州管理局组队或参与太湖局开展的小型水库、农村饮水安全、河湖清四乱等 10 个项目督查任务，派出督查人员 89 人次，外业 636 人天，较好地完成了安排的任务。总结督查工作经验，探索形成了一套行前准备、外业工作、成果把关、交流经验等督查工作紧密结合的业务流程，努力打造督查品牌特色。结合“行动支部”工作，将党建与督查业务深度融合，让党旗飘扬在督查路上。参与太湖局“强化水利行业监管、守护流域绿水青山”劳动竞赛，取得优异成绩。

6）助力打赢2020年太湖超标准洪水阻击战。2020年太湖水位最高涨至4.79m，位列1954年以来历史第3位，太湖流域发生流域性大洪水。太浦闸全年运行342天，排水29.34亿m^3；望亭水利枢纽全年运行131天，排水15.40亿m^3。应急响应期间，按照太湖局的统一部署，每天开展防汛督查，对太浦河、望虞河、环湖大堤（苏州段）、京杭运河（苏州段）和沿长江口门（苏州段）进行巡堤查险和沿线工程运行情况督查，督促整改落实，确保太湖流域超标洪水应急预案和调度方案执行到位。

7）服务与保障长三角一体化示范区供水安全。太浦河是长三角生态绿色一体化发展示范区的主要跨界水体，上承东太湖，下接黄浦江，既是太湖洪水主要下泄通道，又是下游上海、嘉善、平湖饮用水水源地。随着长三角区域一体化发展上升为国家战略，以及太浦河中下游水源地布局的新调整，保障太浦河下游黄浦江生态流量的新需要、人民群众对幸福河湖的新期盼，均对太浦河水资源联保提出更高要求。为落实太湖流域水环境综合治理省部际联席会议精神，加强太浦河水资源保护，保障饮用水供水安全，2015年起，由太湖局牵头组织建立了“太浦河水资源保护省际协作机制”。协作机制建立以来，在协同开展太浦河及支流水环境治理、水资源保护与预警、信息共享等方面发挥了重要作用。2014—2017年太浦河水源地累计发生6次锑浓度水质异常事件。随着太浦河水资源保护省际协作机制的深入推进和不断完善，太浦闸和太浦河泵站工程联合调度运行取得了显著成效。2018年以来，太浦河水源地已连续多年实现水质零异常，有效支撑了长三角一体化高质量发展，保障了长三角一体化示范区800万人的饮用水安全。

2020年通过望亭水利枢纽引水入湖2.36亿m^3，通过太浦闸向下游地区增加供水18.32亿m^3，有力保障了太湖流域供水安全和太湖安全度夏。配合东太湖太阳岛退垦项目实施，加强太浦闸套闸运行管理，开启套闸通航运行81天。协调地方人民政府联合集中整治太浦闸管理区域捕鱼现象，解决了多年来的安全隐患和管理难题，为直管工程更好地服务流域供水安全提供了保障。

8）助推流域工程管理标准化建设。组织梳理了管理事项，工程管理流程更加清晰；新建、修订制度101项，形成了标准化制度体系。对照“数字工程、智慧管控”技术方案，实现太浦闸和望亭水利枢纽闸门运行智能化；构建工程管理标准化平台，升级完善检查、观测、运行等信息化模块；建立了水利工程管理考核平台。组织开展了闸门声光预警装置、套闸双扉门运行性能改造、闸门拉杆收口装置等创新创优项目研究并投入运用；“一种离合卷筒式固定卷扬启闭机缓冲限位装置”被授予国家发明专利。直管工程管理标准化通过太湖局评估验收；参加完成太湖流域片协同推进水利工程标准化管理指导意见的编制、印发。

9）开启闸泵联合运行新阶段。2018年印发了培养泵站运行管理能力的实施方案，积极准备并有针对性地培养和储备泵站技术力量。2020年抽调精干技术力量组建太浦河泵站运行养护项目部，成功中标并承接2020年度太浦河泵站运行养护项目，实现了由一家管理单位开展太浦河闸泵联合运行，取得了业务拓展的新突破。太浦河泵站运行养护项目在2020年度上海市管泵闸运行养护考核评比中荣获优秀等级。

10）当好河湖管理流动哨。开展水政监察业务骨干培训，收集案例并开展案例教学、模拟练兵，加强执法队伍建设，推进水行政执法“三项制度”更好地落实。持续加大巡查检查力度，灵活采取水政日常巡查、日常督查、引江济太督查、防汛督查等相结合的方式对“一湖两河”进行监管巡查，联合地方水政执法队伍开展联合巡查；与苏州市水上警察支队优化合作机制，加强水域协同保护。坚持普法工作与法治实践相结合，利用世界水日、中国水周、宪法日等宣传活动，宣传《太湖流域管理条例》《民法典》，顺利通过水利部“七五”普法宣传工作总结验收。推进陈年积案清零工作，跟踪“一湖两河”四乱问题整改，开展涉河建设项目日常督查。开展省际边界河道巡查，加强水工程规划监管。动员全局力量，加强人员统筹安排，完成太湖局交办的小型水库安全运行、水闸工程安全运行、农村饮水安全、山洪灾害防御等水利监督任务。

2.2　管理模式和组织结构

1986 年水利电力部发布《关于对太湖局机构编制的批复》，批准同意太湖局在苏州设立“太湖流域管理局苏州工程管理处”，编制 40 人。1990 年水利部以《关于批准水利部太湖流域管理局“三定”方案的通知》批准太湖局局机关 8 个处室，另有 2 个局属事业单位，包括苏州管理处、通讯调度中心。1991 年 12 月，苏州市人民政府下发文件，同意在苏州市设立“水利部太湖流域管理局苏州管理处”。1992 年 10 月，“水利部太湖流域管理局苏州管理处”成立。2002 年 8 月，更名为“水利部太湖流域管理局苏州管理局”，11 月，再次更名为“太湖流域管理局苏州管理局”。

根据 1995 年太湖局发布的《关于苏州管理处科级机构设置及科级干部职数的批复》，内设办公室、工程管理科、财务科三个科级机构。1995 年 3 月，接管太浦闸工程后，组建了太浦闸管理所。1998 年 8 月，在接管望亭水利枢纽过程中，组建了望亭水利枢纽管理所。2002 年 11 月，根据太湖局《关于印发〈太湖局苏州管理局主要职责、机构设置和人员编制规定〉的通知》，内设办公室（人事劳动科）、工程管理科、水政水资源科、财务经济科 4 个科室，直属太浦闸、望亭水利枢纽 2 个管理所。2008 年 12 月，根据太湖局发布的《关于调整苏州管理局内设机构的批复》，调整内设机构，原办公室（人事劳动科）变更为办公室，增设组织人事科。

根据 2011 年太湖局发布的《关于印发太湖流域管理局苏州管理局主要职责机构设置和人员编制规定的通知》，单位定性为太湖局直属事业单位，内设办公室、工程管理科、水政水资源科、建设与安全科、财务科、人事科 6 个科室，下属太浦河枢纽管理所和望亭水利枢纽管理所 2 个直管工程管理机构，同时设有太湖局直属苏州管理局水政监察支队。单位主要职责有：负责直管工程的管理和保护，负责共管工程的管理；根据调度方案和指令，负责直管工程控制运用；按照规定和授权，负责流域重要水利工程控制运用的督查；承担局授权范围内的水政监察、水行政执法工作及有关水事违法行为查处；承担局授权范围内的涉水行政许可项目监督检查；承担流域防汛抗旱、水资源管理和保护相关工作；承担局授权的流域控制性水利工程建设项目法人职责，参与流域内中央投资的水利工程项目建设管理；负责直管工程建设项目的前期工作，编制年度投资计划，经批准后组织实施；负责国有资产使用和管理；承办太湖局交办的其他事项。

2012 年太湖局发布《关于印发苏州管理局水利工程管理体制改革工作验收意见的通知》，将单位定性为纯公益性水管单位。2020 年水利部发布《关于明确流域管理机构事业单位分类意见的通知》，明确苏州管理局为公益一类事业单位。

2016 年 11 月，太湖局发布《关于同意苏州管理局增设直属机构的批复》，批准同意设立太湖水事管理中心暨太湖水政执法大队。2018 年根据水利部人事司发布的《关于明确太湖流域管理局监督机构及支撑单位的通知》，在苏州管理局加挂“河湖保护与建设运行安全中心”牌子作为水利督查工作的支撑单位。

太湖流域管理局苏州管理局组织结构见图 2-1 。

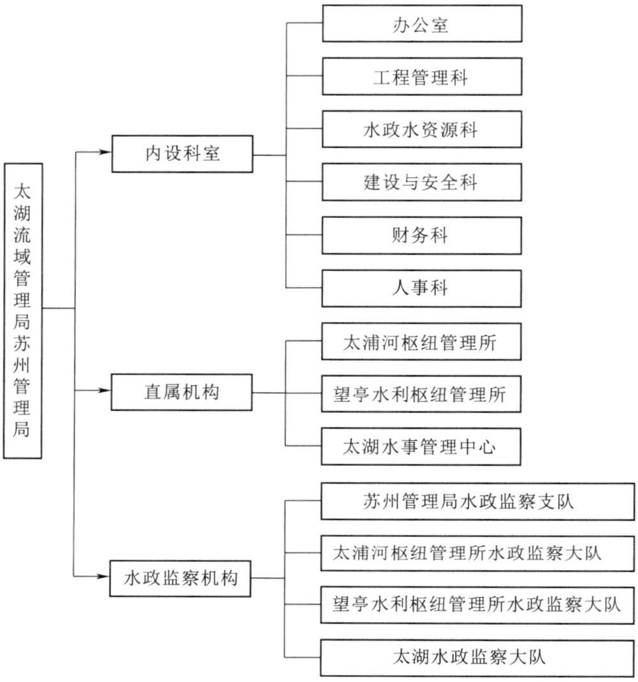

图 2-1 太湖流域管理局苏州管理局组织结构图

2.3 管理工作现状

近年来，苏州管理局深入学习践行“十六字”治水思路，弘扬新时代水利精神，坚持以规范化、标准化、科学化为基础，以水利工程管理考核为手段，切实做好太湖流域控制性工程——太浦闸、望亭水利枢纽的运行、管理和维护工作，太湖局直管工程的管理水平不断提高，直管工程防洪、供水效益显著，有力保障了流域防洪安全、供水安全和水生态安全。2017 年 8 月，水利部批准苏州管理局通过水利工程管理考核验收。2018 年 3 月，水利部批准苏州管理局为水利安全生产标准化一级单位。2020 年 12 月，太湖局直管工程管理标准化建设通过太湖局评估验收。

1. 深化体制改革，完善运行机制

2011 年太湖局发布《关于印发太湖流域管理局苏州管理局主要职责机构设置和人员编制规定的通知》，明确了苏州管理局的主要职责、机构设置和人员编制。根据 2002 年《水利工程管理体制改革实施意见》和水利部相关要求，苏州管理局积极开展水利工程管理体制改革工作，完成水管单位分类定性、定岗定员，实行竞聘上岗，落实运行管理和维修养护经费，实行管养分离。2011 年底，苏州管理局水利工程管理体制改革工作通过太湖局组织的验收。2018 年底，完成苏州管理局第三轮事业单位岗位聘用工作。

2. 健全规章制度，营造和谐氛围

苏州管理局先后制定了行政管理、防汛抗旱、工程管理、水政执法、安全管理、财务管理、人事劳动、党风廉政和精神文明建设等管理制度，形成了比较系统的管理体系，制度执行效果良好。2017 年 8 月，通过水利部水利档案工作规范化管理三级单位评估；2017 年 12 月，获《江苏省机关团体企业事业单位档案工作规范》五星级标准证书。苏州管理局曾荣获太湖局先进集体、太湖局文明单位、苏州市文明单位、江苏省文明单位、全国水利文明单位以及全国水利管理先进集体、全国水政监察工作先进集体、全国水利安全监督工作先进集体等荣誉称号，营造了文明和谐的良好氛围。

3. 明确管理范围，依法水政管理

组织开展了直管工程划界确权工作，直管工程管理范围土地产权明确，界桩、标志明显。水政机构健全，坚持依法管理，工程管理范围内水事秩序良好。积极做好授权范围内的环太湖大堤、太浦河、望虞河水政巡查及涉水建设项目督查等工作，有效履行了河湖管理流动哨的职责。

4. 落实防汛责任，完善应急机制

研究制定了《苏州管理局防汛抗旱工作责任制》，成立了防汛抗旱工作组织机构和应急抢险组织，明确了防汛工作职责和岗位职责，修订完善了《太浦闸工程应急预案》《望亭水利枢纽应急预案》《苏州管理局防汛抗旱工作制度》。自从 2005 年起，分别与工程所在地防汛指挥机构建立了直管工程防汛抢险协调机制，有效落实了防汛抢险责任，以及防汛抢险物资和抢险队伍。

5. 消除安全隐患，安全生产零事故

望亭水利枢纽于 2010 年 11 月—2012 年 3 月完成更新改造，2012 年 11 月，通过太湖局主持的竣工验收；太浦闸于 2012 年 9 月—2014 年 9 月完成除险加固，2015 年 6 月，通过太湖局主持的竣工验收。太浦闸除险加固工程还被评为中国水利工程优质（大禹）奖。直管工程无重大质量、安全隐患。

安全生产组织网络健全，安全生产责任明确，成立了安全生产专职机构，定期进行安全检查，未发生安全生产责任事故。组织开展了水利工程运行管理安全生产标准化建设，2018 年 3 月，实现了安全生产标准化一级单位达标。

6. 及时维修养护，确保设施完好

及时开展直管工程日常检查、定期检查和专项检查，定期开展工程观测和分析；认真执行《苏州管理局水利工程维修养护项目管理规定》等制度，按《太湖流域管理局直管水利工程维修养护技术质量标准》及时做好维修养护工作，加强过程监督和考核，保证水工建筑物及闸门、启闭机、机电设备等设施设备完好、运行可靠。

7. 严格管理要求，规范操作运行

严格执行《太浦闸工程技术管理实施细则》《望亭水利枢纽技术管理实施细则》《太浦闸、望亭水利枢纽操作规程》《太湖局直管工程闸门及启闭机设备管理等级评定实施细则（修订）》《太湖局直管工程标识牌设置标准》等，规范做好工程管理和操作运行。

依据 2011 年《太湖流域洪水与水量调度方案》，严格执行上级主管部门调度指令，做好工程控制运用，遵循操作规程，规范操作运行，成功防御 1999 年、2016 年流域性特大洪水和2020年流域性大洪水，圆满完成防洪、供水运行任务，工程效益十分显著。

8. 注重信息技术，推进现代化建设

根据《太湖局苏州管理局信息化规划》《太湖局直管工程管理现代化规划（2016—2025年）》，开展直管工程“数字工程、智慧管控”技术方案的编制和修订，技术方案通过了太湖局审查，部分内容列入智慧太湖总体方案；加强与太湖局网信办及相关部门沟通，积极筹措项目经费，通过整合现有工情业务应用系统、APP、视频监控系统、闸门监控系统等，完善了系统功能，2019年底初步实现了太浦闸运行智能化，2020年初步实现了望亭水利枢纽运行智能化；完成了太湖流域水资源监控与保护预警系统项目中的工情监测系统建设任务并通过验收。

9. 落实两项经费，社会保障到位

人员经费、维修养护经费比较稳定，渠道畅通，经费开支合理。已经按照有关规定落实了职工各项社会保障制度。

10. 注重环境优美，展现窗口形象

利用太湖及太浦闸工程景观资源、水文化内涵，保持良好环境，充分展示太湖浦江源国家水利风景区风貌。望亭水利枢纽实现闸区封闭化管理，管理范围内环境优美整洁。根据《太湖局苏州管理局组织文化建设工作方案（2016—2020年）》，积极开展组织文化建设，总结凝练单位精神，制定印发岗位行为规范，增强职工队伍整体素质，提升单位软实力。

第 3 章　直管工程管理现代化综述

3.1　科学编制管理现代化规划

2016 年苏州管理局组织制定印发了《太湖局直管工程管理现代化规划（2016—2025 年）》，总结工程管理取得的成绩和存在的不足，明确太湖局直管工程管理现代化发展的思路、方向、目标、任务、对策和措施，作为太湖局直管工程管理现代化建设的指导性文件，也是衡量太湖局直管工程现代化建设进程与水平的重要依据。

3.1.1　规划背景

3.1.1.1　水利现代化加快推进

2011 年中央颁布一号文件《关于加快水利改革发展的决定》，明确了新形势下水利的战略地位，确定了水利改革发展的指导思想、目标任务、基本原则及建设任务，为新形势下实现水利现代化创造了良好机遇。2011 年 11 月，国务院颁布实施《太湖流域管理条例》，为太湖流域综合治理与管理提供了行政法规依据。2013 年 3 月，国务院批复《太湖流域综合规划（2012—2030 年）》，该规划是指导太湖流域开发、利用、节约、保护、管理水资源和防治水害的基本依据，明确了太湖局直管工程管理现代化的方向和任务。

自 2016 年起，之后十年是太湖流域全面建成小康社会并向基本实现现代化迈进的关键阶段，也是从传统水利向现代水利、可持续水利转变的关键时期。流域各省（市）水利现代化建设进程不断加快推进，促使苏州管理局加快推进水利工程管理现代化建设步伐。2016 年江苏省省管水利工程管理单位制定的现代化规划均得到省水利厅批复，浙江省发布了关于全面推行水利工程标准化管理的意见，上海市积极开展水务专业网格化管理。加快太湖局直管工程管理现代化建设，有利于充分发挥直管工程在保障流域防洪安全、供水安全和水生态安全等方面的综合效益，提升直管工程形象，提高工程管理水平。

物联网、云计算、虚拟现实、移动互联网、数据库、多媒体等技术的迅猛发展，促使水利行业不断转变管理理念、提高运行技术、改变管理模式，推进传统水利向现代水利转变。太湖局提出了“智慧太湖”总体构想，力争通过 5 年到 10 年努力，形成“实时感知水信息，准确把脉水问题，深入认识水规律，高效运筹水资源”的太湖流域水利现代化技术体系和管理模式。信息化是工程管理现代化的基础，工程管理要实现现代化必须要首先实现信息化。制定工程管理现代化发展规划，有利于加速信息化建设的进程，有利于实现信息技术的充分利用，有利于提高运行管理科技水平，有利于充分发挥工程效益。

为服务流域防洪安全、供水安全和水生态安全，根据水利部《水利工程管理考核办法》及其考核标准，苏州管理局坚持以规范化、制度化、标准化为基础，以全员参与、全程监督、全过程控制为根本，推进国家级水管单位创建工作。制定工程管理现代化发展规划和实施计划，改善管理手段，增加管理科技含量，提高工程管理现代化水平．也是国家级水管单位达标创建的一项重要内容。

3.1.1.2 工程管理存在明显短板

近年来，苏州管理局工程管理工作取得了一定成效，但对照水利工程管理现代化的要求还存在一定的差距，主要表现在：

1. 工程管理

1）工程技术管理。工程检查、观测、维护等制度需要进一步细化完善，工程观测资料整编分析水平有待提高。望亭水利枢纽在完成更新改造后尚未进行全面安全鉴定。

2）工程管理达标考核。对照《水利工程管理考核办法》及其考核标准，工程管理尚未达到水利部验收标准。

3）工程精细化管理。精细化管理的意识有待进一步加强，工程管理规章制度的针对性、可操作性有待进一步提高。

4）参与流域综合管理。尚未构建太湖流域重要水利工程管理交流平台，尚未实现工程信息共享。

2. 防汛抗旱及应急能力

1）防汛抗旱业务能力。防汛抗旱基础资料有待进一步完善，数据实时分析能力有待进一步提高，防汛抗旱业务应用需要进一步整合优化。

2）防汛抗旱工程运用。尚未制定太湖局直管工程控制运用方案。

3）应急抢险能力建设。太湖局直管工程防汛应急抢险物资储备有待进一步规范。

3. 水政管理

直管工程水政执法队伍能力建设需进一步加强，规章制度需要进一步完善，水政执法装备配备科技化水平需要进一步提高。

4. 安全生产管理

1）安全生产标准化。尚未通过水利部安全生产标准化一级达标评审。

2）安全生产应急体系。生产安全事故应急预案尚需完善，尚未建立健全安全生产应急体系和事故应急处置预案。

3）重大危险源监控体系。尚未建立重大危险源监控管理制度，尚未建立重大事故隐患报告制度。

4）安全生产管理模式。尚未实现安全生产精细化、元素化管理，尚未形成以信息化集成平台为基础的安全生产管理长效机制。

5. 信息化建设

1）信息采集与工程监控系统。统一应用平台有待进一步完善，水文、气象、工程管理等信息尚需进一步整合优化。

2）综合数据库。水利专题数据库和行政资源数据库尚未建立完善。

3）业务应用支撑。数据接收管理、GIS、三维仿真、移动平台服务、统一通信服务等需要加强。

4）业务应用模块。防汛抗旱、运行管理、巡查督查、预案管理、建设与安全、会商决策、综合办公、信息服务等业务应用模块需要进一步完善。

5）通信传输网络及运行环境。网络安全设备、服务器需要更新。

6）信息化保障环境。需进一步健全和落实信息安全责任制度、保密管理制度和各项保障措施。

6. 工程设施

1）业务用房。部分设施老化损坏严重，无法满足现在的业务办公需要，亟须整修。档案库房、消防设施等无法满足管理要求，亟待维修更换。

2）配套设施。部分围墙出现锈蚀、断裂，存在安全隐患；部分供配电设施、设备老化，不符合现行标准；部分水电暖设施故障频发、维修困难，亟待整修；部分绿化设施出现损坏，部分草坪、绿篱、树木枯死，影响工程整体环境形象。

7. 发展支撑能力

1）管理目标任务。工作制度执行力有待加强，尚未健全适应流域综合管理的工作机制。

2）科技创新。新技术、新材料、新工艺等的推广使用程度有待提高。

3）水文化及风景区建设。工程水文化有待挖掘，需要进行统一的形象策划，工程文化内涵和品位有待提高。

3.1.1.3　规划编制的有利条件

水利作为国民经济和社会发展的重要基础设施，必须按照经济社会战略部署，加快改革发展，从传统水利向现代水利、可持续水利转变。加强直管工程管理有助于进一步提高流域防洪减灾能力、水资源综合利用能力、水资源与水生态环境保护能力，为流域经济社会发展提供更有力的支撑。

1.《太湖流域管理条例》为流域水利现代化指明了方向

2011年11月，《太湖流域管理条例》经国务院第169次常务会议通过并颁布实施。该条例实施有助于加强流域综合治理，巩固太湖流域水环境综合治理成果，保障太湖流域经济社会可持续发展。该条例明确了流域重要水利工程调度运行权限和职责，也为直管工程运行管理现代化指明了方向。

2.《太湖流域综合规划》提出流域水利现代化明确要求

《太湖流域综合规划（2012—2030年）》明确了太湖流域水利改革发展的目标，对今后的流域水利工作提出了明确的要求和部署，有利于推动工程运行管理现代化发展。

3. 流域各省（市）水利现代化建设进程不断加快推进

江苏省制定了水利现代化规划，推进水利现代化建设，并对省管水利工程管理现代化提出了明确的要求。2016年江苏省省管水利工程管理单位制定的现代化规划均得到省水利厅批复。

2016年1月浙江省发布了关于全面推行水利工程标准化管理的意见，要求建立完善的水利工程标准化管理体系和运行管理机制，计划到2020年底，力争全省大中型水利工程标准化管理合格率达到100%。

上海市积极开展水务专业网格化管理，并逐步推广到水闸、堤防等工程，持续促进水利工程管理工作标准化、规范化、精细化。

流域内各省（市）水利现代化建设进程的不断推进，促使苏州管理局加快推进流域机构直属水利工程管理现代化建设步伐，全面提升现代化管理水平，努力成为太湖流域水利现代化建设的窗口，充分发挥直管工程效益，为工程管理、运行维护、安全运行提供保障。

3.1.2 指导思想和基本原则

3.1.2.1 指导思想

全面贯彻党的十八大、十九大、二十大精神，以马克思列宁主义、毛泽东思想、邓小平理论、“三个代表”重要思想、科学发展观为指导，深入贯彻习近平总书记系列重要讲话精神，深入落实“节水优先、空间均衡、系统治理、两手发力”治水思路，紧紧围绕水利现代化发展方向，加快水利现代化建设。以水利工程控制运用及保障流域三个安全为发展主题，以逐步实现“数字工程、智慧管控”为发展主线，以单位管理体制与机制的改革为发展动力，注重工程安全、水生态安全，注重工程措施和非工程措施的结合，不断提高工程控制运用能力和效率，充分发挥工程效益，为流域经济社会发展提供强有力的支撑。

3.1.2.2 基本原则

1. 坚持科学规划、突出重点的原则

全面科学地进行规划，把现代化规划建设目标放在流域经济社会发展和水利现代化建设总目标的大环境中来考量，结合实际情况搞好规划、谋求发展。因地制宜，突出重点，着力保障工程安全运行，提升为流域水利发展服务的能力。

2. 坚持量力而行、适度超前的原则

直管工程管理现代化建设要依托太湖流域水利实际情况，实事求是，合理安排，适度超前，抓住各种机遇，争取各方支持，提高规划的科学性、准确性和可操作性。

3. 坚持统筹兼顾、协调平衡的原则

要统筹考虑工程管理、安全发展、信息化建设之间的需求和关系，兼顾全面和重点、当前和长远、需要和可能。工程措施与非工程措施并重，实现社会效益、经济效益及生态效益的有机统一，推动工程管理协调发展。

4. 坚持改革创新、稳步推进的原则

要在工程管理、环境建设上坚持创新发展，在信息化建设与新技术应用上求突破，在工程依法管理上求实效，稳步推进水利工程管理现代化建设。

3.1.3 基本特征和总体布局

3.1.3.1 基本特征

水利现代化是经济社会现代化的重要组成部分，是社会安全、经济安全、粮食安全、生态与环境安全的重要保障。太湖局直管工程管理现代化建设需要满足防洪安全、供水安全、改善生态环境、保障人民生命财产安全和助推经济社会发展等方面的要求，因此，必须立足单位实际，建立适应经济社会现代化和水利现代化发展的，适应不同时期、不同发展阶段的现代化体系，体现以下基本特征：

1. 依法管理，科学规范

依法管理和科学规范是工程管理现代化的重要标志。根据水利工程管理的法律法规、规程规范开展技术管理，用“规范化、制度化、标准化、科学化”的标准，做好直管工程的常态化管理。

2. 工程完好，技术先进

完好的工程设施是工程管理现代化的基本要求。先进的技术装备与信息化管理是水利现代化的技术特征，工程管理的自动化、信息化、智能化是提升直管工程设施功能和功效的重要手段。

3. 安全高效，效益显著

工程安全可靠运行是工程管理现代化的最终目的。只有工程调度、控制运行安全可靠，才能发挥直管工程防洪减灾和水资源、水生态保障能力，满足流域防洪、供水和水生态三个安全需要。

4. 队伍精干，单位和谐

合理的人才结构和高素质的职工队伍是工程管理现代化的核心。实现工程管理现代化必须加强人才培养和能力建设，不断提高人才素质，进一步完善人才管理机制，充分发挥人才积极性、创造性。

5. 环境优美，形象良好

优美的环境和丰富的水文化是工程管理现代化的灵魂。没有优美的工程环境和水文化建设成果的支撑，工程管理就没有生机和活力。人水和谐的现代化治水理念要靠生态良好、景观秀丽的水文化来体现。

3.1.3.2　目标内涵

工程管理现代化的目标内涵是：遵循流域水利现代化发展方向，结合流域水利现状和发展支撑能力，以现代的治水理念、先进的科学技术、完善的基础设施、科学的管理制度，实现工程管理的规范化、制度化、标准化、科学化，推动工程管理现代化模式的建立，从而实现工程的优化调度、安全可靠、灵活控制和高效利用，以工程管理现代化促进工程效益充分发挥。

1）科学规范的工程管理模式。通过水管单位达标创建、工程精细化管理，推进和提升工程管理水平，建立水利工程管理的良性运行机制，建立专业化和社会化的水利工程维修养护体系，努力提升水利工程管理能力，形成制度完善、管理规范、设施完好、技术先进的水工程管理体系。

2）有序高效的防洪减灾体系。提高防汛抗旱运行管理水平，完善防汛抢险应急预案，及时准确执行调度指令，做好防汛物资储备，提高应急抢险能力，以全面优质的技术服务支撑水利工程安全运行。

3）监管到位的水政执法能力。坚持依法管理，形成“队伍专业、设施齐备、处置及时”的水行政管理体系，保障工程设施安全、运行安全。

4）良性运行的安全管理机制。通过安全生产标准化建设、安全生产元素化管理，提高安全生产管理水平，构建横向到边、纵向到底的责任体系，排查隐患、消除隐患的工作机制，以信息化集成平台为基础的安全生产管理长效机制。

5）先进可靠的信息技术装备。利用先进的信息化技术，开展直管工程管理信息化建设，满足工程运行管理、会商决策、安全管理、信息服务等综合业务需要，逐步完善工程精细化管理模式，逐步实现“数字工程、智慧管控”的总体目标。

6）配套完善的工程基础设施。建成标准较高、技术先进、功能齐备、管理到位的现代化工程管理配套设施，规范工程设施建设管理，为工程高效运行提供强有力的保障。

7）保障有力的发展支撑体系。提升改革创新能力，构建现代化的人才结构，大力发展单位组织文化，加强直管工程环境建设，提升工程文化品位，为水利现代化建设提供支撑。

3.1.3.3 总体目标

适应太湖流域水利现代化建设进程，合理安排，适度超前，推进太湖局直管工程管理现代化建设，基本实现“工程管理科学规范、防洪减灾应急高效、水政执法监管到位、安全生产达标管理、技术装备先进可靠、基础设施配套完善、支撑体系保障有力”的建设目标。

到 2020 年，初步建成现代化的水利工程管理体系。工程管理现代化水平达 85 分以上。成功创建国家级水利工程管理单位。

到 2025 年，基本建成现代化的水利工程管理体系。工程管理现代化总体水平达到 90 分以上，各单项指标实现程度超过 80%，建成现代化的水利工程综合保障体系。

3.1.3.4 总体布局

建成“七大体系”，即科学规范、管理有序的水利工程管理体系；运行高效、效益显著的防汛抗旱保障体系；机制健全、依法管理的水政执法管理体系；预防为主、综合治理的安全生产管理体系；技术领先、功能齐备的水利信息管理体系；标准较高、配套完善的基础设施保障体系；改革创新、保障有力的事业发展支撑体系。

1. 水利工程管理体系

完善水利工程管理体制和运行机制，推进传统水利工程管理模式的转变，促使直管工程管理向规范化、标准化、精细化方向发展；严格执行各项运行管理制度，强化技术管理、工程达标、精细化管理、流域重要水利工程控制运用督查等工作，全面提升直管工程管理水平，确保直管工程安全高效运行。

2. 防汛抗旱保障体系

树立“防大汛、抗大旱、抢大险”的意识，严格执行上级主管部门指令，科学控制运用工程，充分发挥防汛抗旱效益。完善防汛抗旱业务系统，加强防汛抢险物资储备和管理，加强应急管理体系建设，提高防汛抗旱工作水平，保证直管工程安全和效益最大限度发挥，促进流域经济社会稳定和可持续发展。

3. 水政执法管理体系

建立健全水政执法管理体系，完善长效管理制度。建立有效控制、依法管理的水政执法管理体系。做到组织落实、措施落实、监管落实，依法对直管工程管理范围内建设项目进行监督管理。

4. 安全生产管理体系

坚持“安全第一、预防为主、综合治理”的方针，以事故防控为主线，以强化“红线”意识、提升安全素质、保障安全发展为主要目标，建立安全生产长效机制，做好安全生产标准化建设，促进直管工程安全生产持续稳定发展。

5. 水利信息管理体系

建设一个以流域工程管理业务为核心，服务于工程监控、工程管理、水政巡查、安全管理、综合办公等业务的工程管理综合业务应用平台，逐步实现直管工程“数字工程、智慧管控”的总体目标。

6. 基础设施保障体系

建成标准较高、功能完善、设施完好、运行可靠的工程基础设施体系，提高工程在防洪减灾、水资源配置和改善水生态等方面的综合保障能力，促使直管工程效益充分发挥。

7. 事业发展支撑体系

推进创新，深化单位体制改革和运行机制改革，工程管理稳步推行管养分离。开展科技创新，加强人才队伍建设，为现代化建设提供有力的科技和人才资源保障。以水文化为载体，营造人水和谐发展的良好氛围，为推进太湖局直管工程管理现代化建设提供内在动力和智力支持。

3.1.4　规划目标和主要任务

3.1.4.1　工程管理

1. 规划目标

适应市场经济发展要求，探索深化水利工程管理体制改革，用5~10年时间建立水利工程管理的良性运行机制，建立专业化和社会化的水利工程维修养护体系，努力提升水利工程管理能力，形成制度完善、管理规范、设施完好、技术先进的水工程管理体系。

到2020年，工程管理科学规范，成功创建国家级水利工程管理单位。初步建成制度完善、管理规范、设施完好、技术先进的水工程管理体系。

到2025年，深化水利工程管理体制改革，推进工程精细化管理，现代化管理水平进一步提高，工程设施完好率达95%，建成技术水平先进、工程设施完好、管理制度科学的水工程管理体系。

2. 主要任务

（1）工程管理标准化

1）完善各项工程管理制度。

按照精细化、科学化、现代化管理理念，严格执行水利工程管理法规、技术标准，总结苏州管理局多年来积累的工程管理经验，完善工程管理、防汛抗旱（引江济太）、信息化管理、安全生产管理等4个内业管理标准，为工程管理提供制度保障。

加强工程管理标准化建设，制定并落实工程管理考核标准，以标准化建设提升工程管理水平。

2）加强工程检查观测试验。

建立严格的工程检查制度和标准，完善工程检查项目、检查要求，根据新要求并结合工程实际修订完善。加强工程巡查，利用先进技术，实现巡查业务工作的数字化管理。

制定工程观测管理办法，规范工程观测工作。加强工程观测设施管护，及时修复观测设施。定期对观测资料进行整编分析，掌握观测数据变化规律。提升工程观测自动化水平，加强数据的实时分析，及时掌握工程现状。

加强电气设备预防性试验，按照规定对启闭机、配电柜、变压器等进行检查试验，符合规范要求。

不断引进检查、观测与试验的新方法、新设备、新技术，提高精度和及时性，实现观测工作自动化、实时化。

3）加强工程维修养护管理。

继续推进管养分离，健全水利工程维修养护经费保障机制；建立完善规范的水利工程维修养护项目管理制度，实现项目规范化管理。

按照轻重缓急、统筹兼顾的原则，有计划地对工程设施、设备进行养护与维修。确保工程设施完好率始终保持在95%以上，充分发挥项目资金效力。

运用信息化、现代化手段加强维修养护过程管理，实现维护质量的有效控制，保障设施安全、运行安全。

4）组织开展水闸安全鉴定。

按照《水闸安全鉴定管理办法》（水建管〔2008〕214号）和《水闸安全评价导则》（SL 214—2015）开展安全鉴定工作，2017年完成望亭水利枢纽首次安全鉴定，2019年完成太浦闸安全鉴定工作。

5）开展设备管理等级评定。

及时修订设备管理等级评定实施细则。按规定开展太浦闸、望亭水利枢纽设备管理等级评定工作。

6）加强技术档案图表管理。

规范工程管理技术资料和档案管理，按规定及时收集，分类整理归档；规范工程建档立卡，保障图表资料整理及时齐全；推进档案工作规范化管理；积极推进档案信息化管理和档案室达标建设。

规范水闸平、立、剖面图，电气主接线图，启闭机控制图，主要技术指标表、主要设备规格资料，并上墙明示，主要设备检修情况表等资料齐全。

（2）工程管理考核达标

根据水利部《水利工程管理考核办法》及其考核标准，结合直管工程管理实际，拟在“十三五”期间完成国家级水管单位创建工作。创建工作从薄弱环节入手，坚持以规范化、制度化、标准化为基础，以全员参与、全程监督、全过程控制为根本，转变工程管理理念，提高管理水平，提升单位形象，加强软硬件建设，进一步促进工程管理规范化、现代化，争取在2018年通过国家级水管单位考核验收。

（3）工程精细化管理

精细化管理是工程管理单位的核心工作，要不断推进工程管理精细化水平。工程管理抓住“精、细”两字，实现由经验管理向科学管理、粗放管理向精细管理、突击管理向常态管理转变，适应现代化工程管理需要。精细化管理要以规范化管理为基础、常态化管理为关键、管理程序精细为精髓、数据化和信息化为手段，强化制度落实、责任落实，建立优良的、长效的精细化管理机制，逐步向工程管理精细化、现代化迈进。

1）增强精细意识，落实管理责任。树立精细化管理的意识，建设现代管理队伍，加强领导、落实责任，从小事入手，对每个细节都精益求精，做到事事有人管、处处有人管、事事有检查、时时有计划、事事有总结，杜绝管理上的漏洞，消除管理上的盲点，不断提高管理效能。

2）明确管理流程，增强可操作性。制度建设应做到全覆盖，系统梳理工程检查观测、控制运用、操作、维修和保护等管理流程，防止漏洞与缺陷，增强制度针对性、可操作性。

3）运用信息平台，提升管理水平。运用信息平台建立工程流程，加强数据分析，提高工作效率；制定控制措施，落实管理责任，及时发现问题、解决问题。

4）制定考评标准，推进精细化管理。把规定和制度纳入考评指标，做好考核、激励工作，将精细化工作落到实处。通过宣传精细化管理，提升职工思想意识，并全员参与，实行奖罚机制，推进精细化管理。

5）加强文化建设，完善管理机制。精细化管理不仅是意识、观念，更是态度与文化。精细化管理，就是对工作过程中的每一个细节都要持高度负责的态度，做到事无巨细、精益求精，不断培养扎实、严谨的工作风格，把精细化管理的文化理念渗透到工程管理的每一个环节，真正消除管理上的盲点，提高管理水平，发挥工程效益。

（4）积极参加流域综合管理

《太湖流域管理条例》实施，进一步明确了流域重要水利工程调度运行权限和职责。掌握流域重要水利工程工情信息，实现流域、区域防汛抗旱统一调度和水资源的统一配置，是太湖流域综合管理的一项重要内容。依据2011年太湖局《关于印发太湖流域管理局苏州管理局主要职责机构设置和人员编制规定的通知》，按照太湖局规定和授权，苏州管理局负责流域重要水利工程控制运用的督查。

在授权范围内掌握流域重要水利工程工情信息是苏州管理局开展工程控制运用督查工作的基本要求。苏州管理局应积极参加流域综合管理，以建设太湖流域水资源监控与保护预警系统为契机，建设太湖流域重要水利工程工情信息中心，掌握流域重要水利工程工情信息，为太湖流域科学化、精细化调度提供技术支撑，推动太湖流域防汛抗旱调度、水资源调度的综合管理。并在此基础上助推构建太湖流域重要水利工程管理交流平台，共商工程管理发展大计，共同提高工程管理水平。

3.1.4.2 防汛抗旱及应急能力

1. 规划目标

建设防汛抗旱管理科学、应急抢险装备精良、抢险队伍业务精湛、应急处置规范有序的现代化防汛抗旱及应急管理体系，注重工程措施与非工程措施相结合，全面提高防汛抗旱能力，服务流域水利发展。

到2020年，基本建成先进实用的防汛抗旱业务系统，防汛抗旱组织机构、管理制度落实，应急机制完善，管理措施有效。

到2025年，建成规范化的防汛抗旱管理体系和高效化的应急处理机制。基本实现抢险队伍专业、调度控制科学、运行管理规范、应急处置高效。

2. 主要任务

（1）防汛抗旱业务系统

按照防汛调度、水资源调度相结合，现场指挥、远程控制与多方会商相结合的原则，加强工情、水情、雨情监测综合分析，加强预报与科学运用，建设及时、科学、有效的防汛抗旱业务系统，实现工程运行向规范化、数字化、智能化调度的转变，提升工程运行的科学性、预见性、有效性。

（2）防汛抗旱工程运用

1）提高业务人员素质。进一步明确各部门防汛抗旱工作职责，建立保障工程安全运行的防汛工作机制。值班人员熟悉流域、区域的水情、工情，熟练运用防汛抗旱决策支持系统与防汛会商系统，并具有对相关信息的分析、处理、预测、决策能力。电工、闸门运行工等关键岗位经技术培训，通过上岗资质认定。

2）加强工程控制运用。制定直管工程控制运用方案，严格执行上级调度指令，科学规范地开展工程运行管理。建立健全并不断修订完善各项操作规程、运行管理工作制度，规范运行值班、设备操作、巡视检查、维修保养及故障处置等方面的工作行为；加强对工程运行情况的监督、检查，及时处理运行中存在的问题，确保防汛抗旱调度指令及应急抢险工作任务落实到位；对工程运行的各类数据定期进行分析统计。

3）完善自动监控系统。推进控制运行手段的信息化、自动化、智能化，建立完善的计算机监控系统和会商系统，实现数据自动采集和保存，故障自动检测，并具有远程监控、调度和会商管理的功能，不断提高运行效能和运行管理的科学水平。

4）严格防汛信息报送。严明信息报送纪律，做好汛情测报，及时准确测报水情、工情，并加强对资料的整理、分析，保证水情、工情等信息及时准确传送，信息处理科学高效，为运行调度管理提供重要依据。

（3）应急抢险能力建设

为保障太湖局直管工程防洪安全，提高应急抢险能力，苏州管理局应加强工程应急抢险能力建设，组建直管工程应急抢险队伍，完善应急抢险装备储备。

1）组建应急抢险队伍。依托工程管理力量、维修养护队伍以及相关施工单位组建直管工程应急抢险队伍。应急抢险队伍组成包括管理单位职工、维修养护单位及相关施工单位的人员，专业技术人员占20%以上。

2）完善应急物资储备。配备必要的抢险、通信、运输、监测、保障等物资，适应工程应急抢险需求，提升应急抢险能力。依托已经建立的直管工程防汛抢险应急协调机制，进一步落实地方防汛物资储备计划，签订地方防汛物资使用协议，做好直管工程应急物资储备。

3）完善防汛应急预案。建立统一指挥、分级负责、部门协作、协调有序的应急响应机制，根据工情、水情等变化，修订完善直管工程防汛应急预案，完善应急处置机制，确保预案的可操作性；同时重视预案的培训和演练，积极做好应对各种突发事件的准备。

4）引江济太工程运行。完善引江济太工程运行管理制度。做好“一湖两河”引江济太巡查、督查工作，推进巡查、督查工作信息化。加强工程维护，确保工程长年、高效运行，保证调度指令的执行。

3.1.4.3 水政管理

1. 规划目标

建立健全水政执法管理体系，完善长效管理制度。建立有效控制、依法管理的水政执法管理体系，做到组织落实、措施落实、监管落实。

到2020年，健全水政执法管理体系并正常运行，完善组织机构，人员配备到位，巡查管理全覆盖。

到2025年，建立规范的水政监察管理体制和运行机制。水政管理规范，管理措施有效，保障太湖局直管工程水事秩序正常。

2. 主要任务

（1）依法行政

建立健全水政管理体系，完善规章制度，完善巡查、督查流程，依法对管理范围内批准的建设项目进行监督管理，逐步建立应对突发事件的预警体系。

坚持依法管理，发现侵占、破坏、损坏水利工程的行为，采取有效措施予以制止并及时上报。

依法行政，承担太湖局授权范围内的水政监察、水行政执法工作及有关水事违法行为查处，承担太湖局授权范围内的涉水行政许可项目监督检查。

（2）完善设施

加快水政基础设施建设，加大水政执法的现场监管和处置力度，提高执法监管的覆盖范围，满足执法应急救助和补给需要，保证执法船只及执法设施的安全，满足执法船只停泊、维护的需要。

（3）依靠科技

充分利用信息技术等现代科技手段，加强水政管理，及时准确掌握水事秩序新动态，提升水政管理水平。

（4）能力建设

继续完善设备和装备；进一步充实管理队伍，加强行业监管综合能力建设，对现有管理队伍进行充实优化，加大培训力度，形成专业、年龄结构合理的高素质水政管理人才队伍；加大水政执法力度，建立健全执法巡查机制，提高执法效能。

3.1.4.4　安全生产管理

1. 规划目标

全面贯彻落实《安全生产法》，坚持“安全第一、预防为主、综合治理”的方针，以事故防控为主线，以强化“红线”意识、提升安全素质、保障安全发展为主要目标，建立安全生产长效机制，做好安全生产标准化建设，促进安全生产持续稳定发展。

到2020年，进一步加强安全监管，稳定安全生产投入，夯实安全生产基础，改善安全生产环境。2017年实现水利工程管理单位安全生产标准化一级达标。

到2025年，构建横向到边、纵向到底的责任体系，排查隐患、消除隐患的工作机制，以信息化集成平台为基础的安全生产管理长效机制，进一步提升工程管理安全生产水平。

2. 主要任务

（1）安全生产标准化建设

根据水利部《关于印发水利行业开展安全生产标准化建设实施方案的通知》（水安监〔2011〕346号）、《关于印发水利安全生产标准化评审管理暂行办法的通知》（水安监〔2013〕189号）和太湖局《关于印发太湖局安全生产标准化建设实施方案的通知》（太管安〔2014〕4号）等文件要求，落实安全生产主体责任，建立长效机制，夯实安全管理基础，提升苏州管理局安全生产管理规范化、标准化水平。2017年通过水利部安全生产标准化一级达标评审。

（2）安全生产管理体系建设

充分发挥苏州管理局安全生产领导小组职能，协调解决安全生产中的重大问题，督促、指导各部门安全生产管理，确保安全生产主体责任按照“党政同责、一岗双责”得到落实。实现安全生产管理“关口前移、重心下移”，建立健全安全监督管理体系，不断提高各级安全生产管理人员的思想政治素质、业务工作能力，培养和造就一支政治坚定、作风过硬、业务精通、纪律严明、充满活力的安全生产监督管理队伍。

（3）安全生产管理人才培养

建立和完善多层次、多渠道的安全生产人才培训机制，努力形成为安全生产提供服务和技术支撑的保障体系，培训对象涵盖单位领导、中层干部及全体职工。

(4) 安全生产应急体系建设

编制完善生产安全事故应急预案、防汛抗旱应急预案等各类预案，建立健全安全生产应急体系。购置及配备必要的应急救援设备和物资，组织应急预案演练，提高事故的应急抢险救援能力。

(5) 安全生产教育体系建设

加强安全生产教育培训。重点抓好单位主要负责人、安全管理人员及特种作业人员的培训、考核工作。逐步建立由培训机构专业教育、局级安全教育、管理所安全教育等构成的全方位安全生产教育体系。

(6) 重大危险源监控体系建设

建立和实施重大危险源监控管理制度，规范重大危险源辨识、申报、登记、评估、检测、监控等工作要求和管理职责。开展重大危险源申报、登记（普查）、检测、评估。建立重大危险源监控体系和重大事故隐患报告制度。经评估列为重大事故隐患的，应及时向上级主管部门和地方水行政主管部门报告备案。

(7) 强化安全生产隐患排查

进一步强化直管工程隐患排查和危化品、维修养护、特种设备等安全生产专项整治工作。坚持“依法整治、标本兼治、突出重点”的整治原则，将安全生产隐患排查和专项整治作为贯穿于整顿规范生产秩序全过程的一项重要任务，逐步实现安全生产规范化管理。

(8) 加强职业卫生监督检查

建立和完善职业卫生监督检查机制，委托职业卫生技术服务机构定期对运行中的有害因素进行检测评价。重点加强特殊工种的职业卫生监督检查。加大对新建、改建、扩建项目的职业卫生设施“三同时”审查把关和实施情况的监督检查。强化对粉尘、毒物等预防检查。落实有关规章制度和职业危害防治与整改措施。加强从业人员的劳动保护，有效防止职业危害。

(9) 创新安全生产管理模式

不断创新安全生产管理模式，推进安全生产精细化、元素化管理。实现安全责任细节化、安全状态直观化、安全管理系统化、处置程序规范化。构建横向到边、纵向到底的责任体系，排查隐患、消除隐患的工作机制，以信息化集成平台为基础的安全生产管理长效机制，进一步提升工程管理安全生产水平。

3.1.4.5 信息化建设

1. 规划目标

按照太湖局水利信息化建设总体要求，结合苏州管理局主要工作职责和信息化建设需要，提出苏州管理局水利信息化建设的总目标是：以数据采集、数据传输、数据存储和管理为基础，以应用组件、公共服务、应用交互、基础管理为支撑，运用先进的通信技术、计算机网络技术、自动控制技术、三维仿真和移动互联等技术，建设一个以流域工程管理业务为核心，服务于工程监控、工程管理、水政巡查、安全管理、综合办公等业务的工程管理综合业务应用平台，适应直管工程在流域防汛抗旱、水资源调度、水环境保护等方面的应急会商需求；深化直管工程精细化管理，实现直管工程数字化管理、运行调度智能管理、巡查督查动态跟踪、资源共享工作协同、会商决策科学高效的应用目标，满足工程运行管理、巡查督查管理、安全管理、综合信息服务、综合办公、应急会商等业务需要，逐步实现“数字工程、智慧管控”的总体目标。

到2020年，进一步完善苏州管理局信息化管理平台，初步实现直管工程数字化管理、巡查督查动态跟踪、资源共享工作协同、会商决策科学高效的信息化系统。

到2025年，运用信息手段推动工程精细化管理，工程数据库进一步完善，逐步增强工程自动监控、安全监测能力，提高数据自动分析能力，逐步实现“数字工程、智慧管控”的总体目标。

2. 主要任务

根据太湖局水利信息化顶层设计，综合苏州管理局业务工作实际，苏州管理局信息化建设主要包括信息采集与监控系统、综合数据库、业务应用支撑、业务应用模块、人机交互访问、通信传输及运行环境、信息化保障环境七部分内容。

（1）信息采集与监控系统

以工程运行管理、调度控制、会商决策等业务需求为核心，完善太浦闸、望亭水利枢纽等工程自动监控系统，接入共享流域重要控制性工程运行数据，实现流域重要工程的运行监测与控制管理；实现工程日常检查、维修养护、水政监察及运行督查等信息采集；接入太湖局水文、气象、水资源、水环境等相关数据，完善流域工程信息采集与监控体系。

（2）综合数据库

以太湖局水利数据中心为依托，建设完善苏州管理局综合数据库。综合数据库包含水利专题数据库和行政资源数据库两部分。水利专题数据库主要用于存储和管理基础工情、工程运行、水文气象、水资源、水环境、基础空间和社会经济等专题信息；行政资源数据库主要用于存储和管理规划计划、行政办公、建设管理、安全管理、人事、财务等数据内容。

（3）业务应用支撑

主要包含数据接收管理、GIS、三维仿真、视频集成、移动平台服务、办公流程服务、统一通信服务等内容，可以为业务应用提供技术和应用支撑。

（4）业务应用模块

主要包含防汛抗旱、运行管理、巡查督查、预案管理、建设与安全、会商决策、综合办公、信息服务等业务应用。

（5）人机交互访问

主要建立苏州管理局统一业务应用门户，为系统用户提供统一的系统登入服务，为决策指挥、业务管理、现场操作等用户提供信息服务。

（6）通信传输及运行环境

主要包含局机关及管理所软硬件运行环境、通信传输环境和网络安全环境等。为保证通信传输稳定通畅，需扩展现有网络，满足工程运行调度、视频监控、信息报送、视频会议、日常办公等业务需要。完善局机关机房、网络、安全、存储等运行环境建设，满足苏州管理局信息化统一存储、统一基础支撑、统一安全管理等建设需求。在管理所现有的网络结构上，组建覆盖工程管理范围的无线网络，解决直管工程管理范围内工程巡查人员、值班人员巡查信息填报、值班及设备信息查询、视频监控等业务上网需求，建立一个安全、高效、灵活、快捷、稳定的网络系统。根据太湖局通信平台建设统一要求，建立覆盖苏州管理局及太浦闸、望亭水利枢纽基于多类型终端的统一通信平台。

（7）信息化保障环境

落实安全管理责任制，按照水利部、太湖局重要信息系统安全等级保护、网络与信息安全应急管理、计算机信息系统保密管理和涉密网络安全管理等有关要求，进一步补充网络安全设备，健全和落实信息安全责任制度、保密管理制度和各项保障措施。

健全安全保密检查机制，定期开展网络和计算机系统安全保密检查和重要信息系统安全检查，做好重要信息系统安全等级保护定级、备案、测评和整改工作。

建设安全应急响应机制，落实信息系统的安全事件应急预案的制定和完善，常态化开展网络与信息安全事件专项应急预案演练。

3.1.4.6 工程设施建设

1. 规划目标

水利工程基础设施现代化是现代化的基础条件。苏州管理局应以水利工程基础设施现代化为基本目标，加快工程基础设施改造的步伐。扎实开展前期工作，严格执行基本建设管理程序，加强建设项目进度、质量、安全和资金管理，按时完成序时投资计划。

到2020年，完善直管工程基础设施，初步建成综合功能齐全、高效利用的工程服务体系。

到2025年，工程设施更加完善，运行更加可靠，管理更加先进，工程防汛抗旱能力进一步提高，工程完好率100%。

2. 主要任务

（1）业务用房防渗处理及内部整修

1）太浦闸业务综合楼防渗及整修。太浦闸综合楼1990年建成使用，建筑面积758m^2，设有办公室、储物间、会议室等。由于原建设标准低，设施老化损坏严重，已无法满足现在的业务办公需要。为恢复业务用房原有功能，需适时进行防渗处理及内部整修，为职工提供较好的工作和生活环境。

2）苏州管理局业务办公楼整修。苏州管理局业务办公楼2004年建成并投入使用，建筑面积1 050m^2。档案库房、办公楼门窗、消防设施等亟待维修更换。

（2）水电暖和环境绿化配套设施改造

1）太浦河枢纽管理所围墙及绿化改造。太浦河枢纽管理所铁栅栏围墙出现锈蚀，部分断裂，砖砌围墙出现了倾斜、开裂现象，存在着安全隐患；管理范围内部分绿化设施出现损坏，部分草坪、绿篱、树木枯死。计划对太浦闸管理范围内围墙及绿化设施进行改造，满足安全环境要求。

2）望亭水利枢纽配电设施改造和电缆沟整修。望亭水利枢纽管理所供配电设施建于1999年，设备老化，不符合现行标准的节能要求；室外电缆沟建在道路侧石和绿化带之间，树根不断生长，已对电缆沟造成挤压，局部已倾倒，存在安全隐患。计划将现有主变压器更新为新型节能产品，同时进行增容，更新低压配电柜和令克、电缆等；计划整修改造上游室外电缆沟。

3）苏州管理局办公楼水电暖改造。楼内空调系统已经达到其使用寿命，故障频发，维修困难，影响工作效率；办公楼内下水管道易发生堵塞、漏水等状况；办公楼出现断电、短路等电气故障，已影响到正常工作开展。计划对办公楼供水系统、电气设施等进行改造，同时开展地面渗漏处理；对暖通系统进行改造，对管道线路进行整修。

4）苏州管理局大院围墙及安保设施、照明及绿化整修。苏州管理局大院围墙锈蚀严重，并有一部分断裂，存在安全隐患，急需进行维修改造；苏州管理局大院内绿化已经退化，部分草坪、绿篱、树木枯死，绿化给排水系统损坏，需要进行改造；院内路灯、庭院灯和投光灯等设施出现老化损坏，需要维修更换。计划对围墙进行维修及更换，增加周界报警系统、视频监视系统和门禁系统等，对院内绿化进行改造，对路灯、庭院灯和投光灯等设施进行维修更换。

3.1.4.7　发展支撑能力建设

1. 管理目标任务

（1）规划目标

加强工程管理能力建设，建立体制顺畅、结构合理、人员精干、运行高效、管理规范的工程管理良性发展体系。

到2020年，推进单位管理体制的创新，完善单位管理机制。建立完善的管理制度，全面提升各项工作制度执行力。稳步推进管养分离，建立工程管理良性运行机制。

到2025年，建立适合直管工程的管理体制和机制，全面实现管养分离。

（2）主要任务

努力推动单位管理体制改革，优化单位部门设置，提高管理效能。稳步推进管养分离，建立工程管理良性运行机制。

建立管理科学、规范高效的内部运行机制。健全内部管理各项制度，进一步完善工程管理、水政管理、建设与安全管理、财务管理、人事管理等规章制度，坚持按制度办事，按制度管事。

2. 科技创新

（1）规划目标

在提高工程管理科技含量、提高运行管理效能、提高工程管理水平等方面，推动科技创新工作。

（2）主要任务

1）立足工程实际，合理申报科研项目。根据太湖局统一部署，统筹规划工程管理基础性、战略性、前沿性科学问题研究，建立科技项目储备库，并积极争取科技项目经费渠道。申报的项目要注重实践应用，以科研推动工程实际问题的解决，有效地发挥科技项目在工程管理实践中的作用。

2）加强科技合作，提高科技水平。充分发挥市场在科技创新中的作用，择优遴选项目承担单位。加强与地方科技部门、科研院所交流沟通与合作，推进科研成果的共享和应用。

3）建立激励机制，促进科技创新。推动完善相关激励办法，鼓励青年职工积极参加科研项目。

4）加快“四新”技术推广使用。推广使用“四新”技术，提高工程质量，降低工程投资，提升工程形象。

3. 人才队伍建设

（1）规划目标

大力实施人才战略，以高层次专业技术人才、高技能人才为重点，统筹推进人才队伍建设。建立科学规范的人才引进、培养、使用和管理机制，造就一支结构优化、分布合理、素质优良的人才队伍。

到 2020 年，苏州管理局职工大专以上学历达 70% 以上，专业技术人才占全体职工人数的比例达 50%，高级、中级、初级专业技术人才比例控制在核准的范围内。

到 2025 年，人才队伍学历层次、布局配置、专业结构、年龄梯度、知识结构、业务能力和管理水平满足水利基本现代化的需要，人才整体素质和创新能力位于水利工程管理单位前列。

（2）主要任务

优化人才结构，使人才专业结构趋于合理。工程管理、水行政执法、水利信息化等急需紧缺专业和领域的人才规模及复合型人才队伍稳步增长，法律、经济等非水利专业人才规模进一步增加，基本满足工程管理的需要。

充分调动人才的积极性，有计划、有步骤地组织优秀科技人才、高技能人才、管理人才等外出交流研讨、考察学习或培训进修。

4. 水文化及风景区建设

（1）规划目标

继续配合和推进太湖浦江源国家水利风景区建设，加强望亭水利枢纽内部环境建设，充分利用河湖、工程景观资源，挖掘水文化内涵，理顺管理体制和工作机制，促进工程水利向水生态文明建设迈进，提升水利工程的形象。

到 2020 年，水利工程得到有效维护和保养，开发和提升水利工程内涵，形成具有太湖特色的水利工程景观。

到 2025 年，水利工程与周边河湖景色建设融为一体，通过水利工程整合、开发，打造具有太湖流域水工程文化内涵和品位的示范工程。

（2）主要任务

1）丰富水文化建设内涵。提炼水工程自身文化精神；拓展水文化内涵，进行统一的形象策划；围绕工程管理，宣传和弘扬水文化；完善职工文化设施，发挥群众参与水文化建设的积极性和创造性。

2）注重工程、文化、周边河湖环境有机结合。谋划管理范围内水文化功能定位，注重个体建筑与主体建筑的协调，建设有代表意义的水文化景点。加强太湖治理水文化宣传，提升工程形象。

3）推进太湖浦江源水利风景区良性发展。根据《太湖浦江源国家水利风景区总体规划》提出的目标和任务，积极配合和推进水利风景区的建设，形成水利科普和水情教育基地，塑造工程形象。

3.1.5 指标体系和评判标准

1. 指标体系

为科学有序地推动工程管理现代化建设，动态监测和评估水利工程管理现代化进程，按照《关于加快水利改革发展的决定》（中发〔2011〕1 号），依据《太湖流域管理条例》和《太湖流域综合规划（2012—2030 年）》，结合水利部水利工程管理考核要求和太湖局直管工程管理实际，参考江苏省水利工程管理现代化的评价体系，确定太湖局直管工程管理现代化的评价体系，主要包括工程管理能力、防汛防旱及应急能力、水政管理能力、安全生产管理能力、信息化建设水平、工程设施建设水平、发展支撑能力 7 大类 19 项水利工程管理现代化指标，构成水利工程管理现代化评价指标体系（见表 3-1）。

表 3-1　水利工程管理现代化评价指标体系

序　号	指　　标	权　重（%）
一	工程管理能力	25
1	工程管理水平	15
2	工程设施完好	10
二	防汛抗旱及应急能力	15
3	防汛抗旱管理水平	8
4	调度指令执行水平	2
5	防汛物资管理	2
6	应急抢险能力	3
三	水政管理能力	10
7	水政管理水平	5
8	巡查与执法管理能力	5
四	安全生产管理能力	15
9	安全生产管理水平	7
10	隐患排查、监控与应急处置	4
11	安全生产标准化、元素化	4
五	信息化建设水平	18
12	信息化系统建设水平	14
13	信息化管理与应用水平	4
六	工程设施建设水平	7
14	工程设施建设管理水平	5
15	管理设施配套能力	2
七	发展支撑能力	10
16	管理目标任务	3
17	人才结构达标率	2
18	科技创新能力	2
19	水文化及风景区建设水平	3
合　　计		100

2. 评判标准

将工程管理现代化建设进程划分为两个阶段：到 2020 年，初步建成现代化的水利工程管理体系；到 2025 年，基本建成现代化的水利工程管理体系。具体评判标准见表 3-2。

表 3-2　水利工程管理现代化进程评判标准

建　设　进　程	评　判　标　准
到 2020 年，初步建成现代化的水利工程管理体系	达到 85 分以上
到 2025 年，基本建成现代化的水利工程管理体系	达到 90 分以上

3.2 有序推进工程管理现代化

“十三五”期间，对照《太湖局直管工程管理现代化规划（2016—2025 年）》，苏州管理局有序推进工程管理现代化。坚持以规范化、标准化、精细化为基础，以水利工程管理考核为手段，开展工程管理标准化建设，让管理围绕标准、成果符合标准、标准成为习惯，扎实做好直管工程运行管理和维护工作，成功创建国家级水利工程管理单位和水利安全生产标准化一级单位，工程管理标准化建设通过评估验收，工程管理业务范围拓展取得新突破，工程管理技术创新取得新成果。直管工程保障流域“三个安全”成效突出，成功防御了流域性洪水，持续保障引江济太供水和服务长三角一体化供水安全。协同治理向纵深发展，水利普法深入人心，行业监管有效强化。水利监督实现了从无到有、从有到优的跨越。加强信息化建设和智能化探索，信息化水平不断提档升级。内部管理越来越规范，制度体系更加健全，人才队伍逐步壮大，财务管理、内控管理持续加强。坚持全面从严治党永远在路上，在服务大局中坚定政治方向，在组织建设中推进创先争优。

3.2.1 推动工程管理现代化水平迈上新台阶

“十三五”期间，苏州管理局坚持以规范化、标准化、精细化为基础，以水利工程管理考核为手段，开展工程管理标准化建设，让管理围绕标准、成果符合标准、标准成为习惯，扎实做好直管工程运行管理和维护工作，持续推动工程管理现代化迈上新台阶。

工程管理标准化建设通过评估验收。在水利部水利工程管理考核工作要求的基础上，融合推进更高标准的工程管理标准化建设，组织梳理管理事项 32 个，工作单元 104 个，依据事项设岗，明确职责分工；修订完成 101 项制度并汇编成册，形成涵盖工作标准、管理标准和技术标准的标准化制度体系；开发水利工程管理考核模块，加强工程管理考核工作的常态、动态管理，满足水利工程管理考核、安全生产标准化及党建精神文明建设等台账管理要求。2020 年直管工程管理标准化建设通过太湖局参加的评估验收。

成功创建国家级水利工程管理单位。严格对照部颁考核标准，持续加强组织管理、安全管理、运行管理、经济管理，有效解决运行管理工作中存在的难点和薄弱环节，积极推进工程管理现代化建设。直管工程环境面貌不断提升，检查观测、运行维护等工程技术管理工作日趋规范；望亭水利枢纽工程区域实现了封闭化管理，太浦闸闸区安全管控效果明显。2017 年通过水利部水利工程管理考核验收，成功创建国家级水利工程管理单位。

努力打造有创新精神技术核心团队。在“水工程管理”劳模创新工作室的引领带动下，通过技能竞赛、QC 小组专项研讨等活动平台，组织开展闸门声光预警装置、套闸双扉门运行性能改造、闸门拉杆收口装置等创新创优项目研究，积极打造有本领、敢创新的技术核心团队。2017 年“一种闸门主滑轮检修吊装装置”获得国家实用新型专利；2020 年“一种离合卷筒式固定卷扬启闭机缓冲限位装置”被授予国家发明专利。

工程管理业务范围拓展取得新突破。制定并实施了泵站运行管理能力培养方案，积极参与太浦河泵站维修养护和运行管理工作，多措并举培养泵站运行管理能力。2020 年抽调精干技术力量组建太浦河泵站运行养护项目部，成功中标并承接太浦河泵站运行养护项目，实现由一家管理单位开展闸泵联合调度运行，取得了工程管理业务范围拓展的新突破。2020 年度，太浦河泵站运行养护项目在上海市管泵闸运行养护考核评比中荣获优秀等次。

苏州管理局落实水利改革发展总基调，逐步增强水利监督能力，水利监督实现了从无到有、从有到优的跨越。①推动监督队伍组建，加强队伍能力建设。积极履行“河湖保护与建设运行安全中心”职能，支撑太湖局“1+1+N”监管体系中专职实施单位职责，集中全局力量，强化统筹安排，提前、超额完成太湖局每年下达的水利督查任务。组建专职监督队伍，尝试采用双联络员制，加大年轻职工及联络员培养力度，有力支撑太湖局“强监管”工作任务顺利开展。现有水利监督持证人员 34 名。②完善监督制度体系，规范监督工作行为。编制水利督查管理办法、水利监督工作手册，组织监督人员签订监督工作承诺书，逐步完善水利监督制度体系，规范监督工作行为，提高监督工作效率，保证监督工作质量。③明晰监督工作流程，努力打造监督品牌。总结监督工作经验，探索形成了一套行前准备、外业工作、成果把关、经验交流等与监督工作紧密结合的业务流程；结合“行动支部”工作，将党建与监督工作深度融合，让党旗飘扬在水利督查路上。积极参与太湖局“强化水利行业监管、守护流域绿水青山”劳动竞赛，取得了优异的成绩。

3.2.2 稳步提升保障流域“三个安全”的支撑能力

“十三五”期间，直管工程服务和保障流域“三个安全”（防洪安全、供水安全、水生态安全）的支撑能力有效提升，直管工程服务和保障流域“三个安全”的综合效益突出，成功防御了流域性洪水、持续保障引江济太供水和服务长三角供水安全。

1）科学运行，成功抵御流域性洪水。严格执行防汛抢险的相关规定，编制印发《直管工程控制运用方案》，明确工程安全流量、安全水位差，做好防御超标准洪水准备。组织修订《太浦闸操作规程》《望亭水利枢纽操作规程》，细化操作流程和安全要求。严格执行太湖局调度指令，做到精准控制和精细运行，成功抵御 2016 年流域性特大洪水、2020 年流域性大洪水。

2）引江济太，服务长三角供水安全。严格执行引江济太工作的相关规定，根据水位、流量实时信息，及时调整闸门开度，按照调度指令控制入湖流量，同时保证望亭电厂冷却用水供水安全。“十三五”期间，通过望亭水利枢纽引水入湖 19.7 亿 m^3，太浦闸和太浦河泵站向下游增加供水 93.99 亿 m^3，有力地保障了 G20 峰会、进博会等重大活动、重要节假日的供水安全。另外，太浦河泵站 26 次开泵应急供水，避免了太浦河下游锑浓度异常升高现象，成功保障了下游水源地供水安全。

3）完善制度，增强应急抢险能力。成立防汛抗旱工作组织机构，健全防汛组织体系；完善《苏州管理局防汛抗旱工作制度》，落实防汛责任制；成立应急领导小组和应急抢险队伍，自 2005 年起与工程所在地防汛指挥机构建立直管工程防汛应急抢险协调机制，开创性地落实了流域机构直管工程的属地防汛抢险行政责任；修订《太浦闸工程应急预案》《望亭水利枢纽应急预案》并得到太湖局批复，综合预案、专项预案和现场处置方案的预案体系逐步健全；每年选择科目组织开展应急预案培训、演练与评估；开展汛前检查，并于汛前按期完成工程维修养护；与地方防汛指挥机构签订“防汛应急抢险物资及抢险队伍协议”，明确防汛抢险物资的储备、调用，防汛抢险信息沟通顺畅，增强了直管工程防汛防台应急抢险能力。

3.2.3 持续加强河湖监管能力建设

“十三五”期间，苏州管理局持续加强河湖监管能力建设，水利普法深入人心，河湖监管协同治理向纵深发展，行业监管有效得到强化，河湖监管能力不断提升。

1）普法宣传深入人心。“十三五”期间，根据《水利部太湖流域管理局“七五”普法工作实施方案》组织开展“七五”普法各项内容，2020 年顺利通过水利部的“七五”普法现场验收。普法工作成效显著，稳固了“一点、两所、三线”的宣传阵地，常态化组织横幅、展板宣传；形成了以水利行业为半径的法治宣传同心圆，凝聚地方各级水行政主管部门合力，扩大水法规宣传范围；构建了党建联盟为端点的多边形格局，借力联盟单位宣传窗口，扩大水法规宣传影响力。法治宣传重点覆盖执法人员，组织流域基层水利站执法人员培训，提高依法行政意识；覆盖服务对象，上门宣讲，提高知法守法意识；覆盖市民群众，组织景区宣讲，传播法治理念。普法形式上不断创新方式方法，坚持现场集中宣传，合作传统纸媒，搭载新兴媒体。

2）协同治理持续推进。贯彻长三角一体化发展战略，深化协同治理理念实践。推广河湖执法协同理念，贯彻执行《太湖流域“一湖两河”水行政执法联合巡查制度》，助力青（浦）嘉（善）吴（江）地区联合河湖长制和联动执法制度落地生效，将协同理念从“一湖两河”省际边界河道扩展到市县级河道；筑牢河湖执法联合平台，常态化组织“一湖两河”联合巡查，组织经验交流互助提高，凝聚执法合力破解省（市）边界执法难题，成功清除江浙省界养殖户擅自搭建的构筑物；在坚持执行《太湖和太浦河、望虞河水事巡查报告制度》基础上，创新河湖执法管理制度，落实违法水事行为通报制度，形成执法效应辐射，营造“一湖两河”区域有违必究、有违必改的良好氛围；坚持水行政执法“横向联合”“纵向联合”齐头并进，与江苏省太湖渔业管理委员会办公室签订《太湖水域及岸线涉水联合巡查协作机制》协议，与苏州市水上警察支队达成联动合作机制，有力保障了环太湖岸线的水事秩序。区域协同治理理念在“一湖两河”地区的成功实践，有力助推了苏浙闽皖沪五省一市执法协同机制的出台。

3）河湖监管持续强化。贯彻执行水行政执法“三项制度”，修订巡查、取证、执法统计等制度，规范河湖管理行为；执行《涉河建设项目督查管理办法》，完善涉河建设项目监管流程，落实行政检查事中事后全过程公开；构建“空天地一体化”监管格局，集成“一湖两河”沿线水工程、涉河建设项目、违法水事案件等监管信息，绘制“流域水事一张图”；组织典型案例模拟练兵，筹备独立办案；配合太湖局查处吴江东太湖黄金湖岸违法项目、湖州市乔溇段太湖水域建设架空建筑物等水事违法案件；落实水利部和太湖局河湖执法三年行动方案、“陈年积案”清理工作方案，“一湖两河”陈年积案按期清零，有效维护了流域重要河湖的良好水事秩序。

4）监管能力不断提升。完成水政监察基础设施一期、二期建设，太湖水政执法基地投入运行，河湖监管起点从后方推至太湖前哨；“一湖两河”重点区域 30 个实时监控站点投入使用，河湖监管从碎片化推至全时段；配置无人机参与巡查，河湖监管从地面推至空中；执法人员配置单兵设备，信息反馈从延时推至实时；掌握遥感卫星影像图斑解译手段，实现时空比对同步转换，河湖监管从单点推至全面，河湖监管能力不断得到强化和提升。

3.2.4　扎实开展安全生产标准化工作

“十三五”期间，苏州管理局扎实推动开展安全生产标准化工作，成功创建水利安全生产标准化一级单位。

1）成功创建安全生产标准化一级单位。牢固树立“科学发展、安全发展”的理念，始终把安全生产放在第一位，连续多年实现安全生产无事故目标。2015 年制定印发了安全生产标准化实施方案，全面启动安全生产标准化一级单位达标建设工作。2018 年 3 月，成功创建水利安全生产标准化一级单位，有力夯实了安全生产规范化管理基础，逐步提升了安全生产标准化管理水平。2019 年，安全生产标准化成果荣获水利部安全生产标准化成果展评活动二等奖。

2）不断夯实安全生产管理基础。持续开展安全生产知识教育培训，努力提升职工安全意识和管理水平。组织开展安全宣传、警示教育、网络知识竞赛等“安全生产月”系列活动，积极营造安全宣教氛围。组织编制安全生产制度和应急管理预案，开展消防、触电、溺水、反恐等应急演练活动，不断提升应对危险的应急管理能力。

3）持续开展安全生产双预防工作。组织开展安全现状评价工作，持续开展以制度建设、辨识评估、分级管控为主要内容的安全风险分级管控和事故隐患排查治理双预防工作。及时修编危险源清单、安全生产防控手册。在重要节假日和重点时间节点加强安全检查，对排查出的安全隐患及时督促整改。2020 年，苏州管理局安全现状评价工作在太湖局系统排名第一。

4）深化安全生产标准化日常管理。进一步细化部门分工台账，分解落实责任，促进安全生产标准化管理工作的有效落实和深度开展。挖掘管理制度内涵，将安全生产管理制度要求，尽可能细致地转化为表格形式，印发了《安全生产标准化管理制度附表格式》，以简单明了的形式，应用于安全管理全过程，达到有效管理、规范管理的目的。系统梳理各部门各岗位安全生产职责，个性化定制各岗位的安全生产责任内容，进一步规范安全生产责任状格式，实现全员安全管理责任的“对号入座”。创新学习模式，持续开展互教互学培训方式——每月课堂，形成了良好的学习氛围和习惯。对直管工程现有标志标牌进行全面检查，制定《太湖局直管工程标识牌设置标准》，统一规范制作安装直管工程的标志标牌。有针对性地组织开展应急预案演练，规范地编制演练文件、评估报告。将安全文化建设纳入单位组织文化建设体系中，在全局营造浓厚的安全文化氛围，促进全体职工强化自我保护意识，杜绝违章行为，养成良好的安全行为习惯。

3.2.5　提档升级“智慧管控”信息化水平

“十三五”期间，苏州管理局立足工程实际，持续加强信息化建设和智能化探索，信息化水平不断提档升级。

1）建成工程管理标准化平台。直管工程闸门控制系统、视频监视系统、安全监测系统、异地会商系统等基础信息采集能力不断增强；工情业务应用系统、OA 系统、档案管理系统等业务应用全面拓展，在此基础上建成了工程管理标准化平台。克服建设条件落实难、站点分布零散、施工协调难度大等困难，组织完成了太湖流域水资源监控与保护预警项目中的工程信息采集系统建设任务。

2）智慧管控建设取得突破。工程数字调度、基于 BP 神经网络的水位流量关系研究、太浦闸工程BIM、工程安全监测等智慧管控建设取得突破，实现直管工程实时运行工况、安全监测、视频监控、工程巡检等业务工作的可视化和闸门运行的智能化，直管工程控制运行的质量和效率得到提升。

3）提升网络安全保障能力。苏州管理局机关和两管理所现场的“一局两所”视频会商系统、信息展示系统、会商环境得到明显完善；信息采集、计算、存储和数据库、网络、机房运行环境等安全保障能力得到逐步提升。

3.2.6 工程设施建设能力逐步提高

1）成功申报中国水利工程优质（大禹）奖。组织太浦闸除险加固工程各参建单位规范管理、精细施工，创新运用新设备、新技术、新工艺，在新型启闭机制造、新型钢管柱脚刚性连接结构设计等方面大胆探索，取得国家发明专利或实用新型专利6项。2016年，太浦闸除险加固工程荣获2015—2016年度中国水利工程优质（大禹）奖。

2）完善工程基础设施。完成了太湖局水政监察基础设施建设（二期）重点区域实时监控续建工程建设任务，开展了管理配套设施改造，初步建成运行可靠、功能齐全的工程基础设施支撑体系。

3.2.7 不断深化单位综合管理能力

“十三五”期间，苏州管理局不断深化单位内部管理和综合保障能力建设，内部管理越来越规范，制度体系建立健全，人才队伍逐步壮大，财务管理、内控管理持续加强。

1）逐步完善规章制度体系。强化工作计划和闭环管理，加强工作计划的全过程检查和工作督办；加强制度的废改立工作，定期组织制度评估、修订，建立了涵盖行政管理、人事劳资、财务资产、党建和精神文明、群团制度五大类76余项综合管理制度；健全局务、党务公开制度，定期公开检查考核情况。落实积极的人力资源政策，完成绩效工资改革，强化量化考核。

2）人才队伍架构逐渐完善。“十三五”期间，共招录新进人员22人，选拔科级干部12人，打造一支数量适当、结构合理、素质优良、风清气正的干部职工队伍。公文、宣传、保密、档案、资产、后勤管理等基础工作水平持续提升，保障了单位各项工作的正常开展。2017年获得水利档案规范化管理三级达标单位和江苏省档案管理五星级单位荣誉；2020年成功创建水利行业节水机关。

3）财务管理工作持续加强。积极组织创收，保障单位事业发展。不断加强预算、资金、资产和企业监管，建立行之有效的内部控制管理制度。推行经济事项事前审批手续，规范财务报销流程管理。创新开展合同供应商评价，探索供应商等级评定和成果运用。强化预算项目绩效管理，提升预算资金使用效率。强化资产出租出借、设施维护和报废处置，努力实现资产保值升值。

3.2.8 同步加强党建精神文明建设

“十三五”期间，苏州管理局统筹推进党建党风廉政和精神文明建设工作，坚持全面从严治党永远在路上，在服务大局中坚定政治方向，在组织建设中推进创先创优。坚持围绕中心抓党建，整合党建要素，逐步建立完善以“红映太湖”党建品牌领航，用“5×4”（5个方面20项具体内容）党建工作法来支撑，用党员常态管理标准化、党员学习教育立体化、党风廉政建设一体化等“三项机制”来护航，用“行动支部”建设来体现，用创先争优来提升，用党建文化来熏陶的基层党建工作体系，党支部工作达到标准化规范化。紧扣服务流域水利改革发展和单位中心工作，开展以“让党旗飘扬在工程桥头堡上、让党旗飘扬在水利督查路上”为实践方向的“行动支部”建设，推进党建与业务工作融合，目标同向、部署同步、工作同力；深化“培育核心业务技能，亮出业务‘金招牌’”专项活动。获评水利部首届“水利先锋党支部”。

1）推进单位组织文化建设。设计单位形象标志，提炼形成单位精神、使命、目标、愿景。拓宽精神文明建设的广度和深度，多措并举落实精神文明建设工作，初步发挥聚合效应，成为单位发展的内生动力。开展经常性职业道德教育培训，推进职业道德和岗位行为规范建设，促进干部职工职业道德实践养成。加强青年职工的教育培养，提升青年课堂质量，不断助力青年职工成长成才。群团工作凝聚人心，职工“快乐工作、健康生活”，展现出了积极向上的精神状态，在急难险重工作中毫不畏惧、迎难而上。

2）不断深化各类文明细胞创建。积极组织开展“关爱山川河流 建设幸福河湖”水利志愿服务活动，获得第五届中国青年志愿服务项目大赛银奖、苏州市优秀青年志愿服务组织；成功创建江苏省文明单位，多次通过全国水利文明单位复审，连续获得太湖局及苏州市文明单位荣誉称号。扎实推进水工程与水文化有机融合，荣获水利部第二届水工程与水文化有机融合案例。建成并发挥太湖治理展示馆宣传作用，做好太湖浦江源国家水利风景区建设与管理工作，传承弘扬太湖水文化，宣传好“太湖故事”，传播好“太湖声音”。

第4章 直管工程组织管理工作实践与探索

4.1 管理体制和运行机制

4.1.1 理顺管理体制

1. 开展水管体制改革

根据《水利工程管理体制改革实施意见》，2003年6月，苏州管理局成立了水管体制改革工作领导小组，上报了《苏州管理局水管体制改革实施方案》，正式启动了水利工程管理体制改革。2003—2004年，完成实施方案制定、单位分类定性和定岗定员、维修养护经费测算等工作。苏州管理局定性为纯公益型水管单位，完成事业单位聘用制改革，管理人员实行竞聘上岗，无人员分流安置问题，进一步理顺了管理体制；苏州管理局加强规章制度建设，制定了《苏州管理局维修养护项目管理规定》等规章制度，形成了较为完整和规范的维修养护项目管理制度体系。按照《水利工程管理单位定岗标准》和《水利工程维修养护定额标准》，结合直管工程的管理实际，完成了定岗定员、经费测算工作。根据国务院第四次治淮治太会议精神，苏州管理局人员经费、公用经费主要由浙江、上海等地方财政承担，维修养护经费由中央财政承担，落实的经费基本满足单位和工程运行管理需要。苏州管理局根据维修养护项目相关管理要求，积极推行管养分离，引入竞争机制，采取市场询价、购买服务等方式，委托开展专业化维修养护，保障了直管工程的正常运行。2008年年底全面完成了水管体制改革任务。

2011年12月，太湖局组织召开了苏州管理局水利工程管理体制改革工作验收会议。会议认为：苏州管理局水管体制改革工作符合国务院、水利部关于水利工程管理体制改革的要求，水管单位分类定性和定岗定员合理，内部岗位职责明确，经费基本保障，职工的社会保障得到落实；工程管理水平有了较大提高，在流域防汛抗旱、引江济太水资源调度中发挥了重要作用，水管体制改革成效显著，同意通过验收。会议讨论形成了《太湖流域管理局苏州管理局水利工程管理体制改革工作验收意见》。

2. 精简管理人员，实行管养分离

苏州管理局自成立以来，一直按照精简、高效和切合事业发展实际需要的原则组建机构，现有人员主要从事水利工程的行政管理、技术管理、财务与资产管理、水政监察等工作，无人员分流情况。

2008年起，中央财政预算落实维修养护经费后，苏州管理局制定了维修养护项目管理规定，实行管养分离，引进竞争机制，采取购买服务等方式，引进有资质、有能力的维修养护承包商，扎实开展维修养护，保障了直管工程的正常运行。直管工程的维修养护内容主要包括水工建筑物、交通桥、检修桥、闸门、启闭机、机电设备、附属设施等维修养护及物料动力消耗等，以及堤顶维修养护、堤坡维修养护、堤防附属设施维修养护、护堤林带维修养护、前（后）戗维修养护、管理房维修养护、白蚁防治、硬化堤顶维修养护、排水沟维修养护、堤顶路沿石维修养护等。

苏州管理局按照制度组织做好工程巡视检查，及时发现工程存在的薄弱环节和可能存在的安全隐患；成立维修养护项目组，根据工程实际编制维修养护实施方案和年度维修养护预算计划，经审查后实施；结合维修养护需要，合理安排资金使用，确保专款专用；通过市场调研，择优选择维修养护合作单位；维修养护实施期间，做好维修养护的考核和检查，确保维修养护工作质量；及时做好维修养护工作的验收，并做好资料的收集整理工作。通过实施管养分离，由专业的维修养护承包商来开展直管工程、设施的维修养护作业，提升了维修养护工作质量与效率，有助于更好地统筹人力资源和保障工程安全运行。

4.1.2 明确管理权限

1. 细化分解，明确部门职责分工

苏州管理局为太湖局直属事业单位，主要负责太湖局直管工程——太浦闸工程和望亭水利枢纽的运行与管理，履行太湖局水利督查专职实施单位职责，承担太湖局授权范围内的水政监察、水行政执法、涉水行政许可项目检查督查等相关职能。为了履行好单位各项事业职能，苏州管理局制定“三定”方案和《苏州管理局工作规则》，明确了部门工作职责分工，明确了局领导之间的职责分工和协作规则。

1）办公室职责：协助局领导对局工作进行综合协调，组织单位日常工作；负责局综合性会议、局长会议、局务会议和局长办公会议的组织工作，负责局重要事项的督办；负责公文处理、档案管理、保密、信访、社会治安综合治理、宣传、印章管理等工作；承担实物资产管理工作，负责公务接待、车辆管理、环境卫生等后勤保障工作；负责组织局内部规章制度建设，组织开展制度执行情况检查；承办局领导交办的其他工作。

2）工程管理科职责：负责直管工程的技术管理工作，制订工程管理发展规划，组织水管单位达标考核工作，参与共管工程的相关管理工作；指导、监督直管工程控制运用，负责流域重要水利工程控制运用的督查；负责局防汛抗旱、引江济太日常管理工作，承担流域防汛抗旱、水资源调度相关工作；负责直管工程维修养护、环境建设和应急度汛、水毁修复项目的计划、申报与管理，指导、监督管理所组织实施；负责直管工程控制运用方案和应急抢险预案等工程管理制度的制定和监督执行；组织信息化建设，负责信息系统的运行维护；负责直管工程的水利综合统计工作，组织工程技术资料的整编、归档工作；承办局领导交办的其他工作。

3）水政水资源科职责：负责《水法》《防洪法》等有关水行政法律法规的宣传、教育工作；负责水政监察队伍规范化建设；负责授权范围内的水政监察、水行政执法，组织开展联合巡查活动，查处水事违法行为；负责授权范围内涉水建设项目督查；承担水资源管理和保护相关工作；承担局水政监察支队日常工作；承办局领导交办的其他工作。

4）建设与安全科职责：负责局基本建设项目规划计划和建设管理工作，负责建设工程的质量监督管理；负责安全生产的政策法规、技术标准的监督实施；负责组织直管工程、基本建设项目的安全生产检查和专项督查；组织或参与重大安全生产事故的调查处理；承担局安全生产领导小组办公室日常工作；承办局领导交办的其他工作。

5）财务科职责：负责单位预算管理、国库集中支付和政府采购管理工作；负责各项资金的使用、审核和监督管理；承担单位财务管理和日常会计核算工作；负责单位经济合同和银行账户管理工作；负责授权范围内国有资产管理工作；承办局领导交办的其他工作。

6）人事科职责：负责机构改革、人员招录（聘）、岗位聘用、绩效管理、劳动工资、社会保险工作；负责职工培训、职称职教和人才队伍建设工作；负责人事统计、人事档案、劳动保护、计划生育和职工休假工作；负责职工考核、评先评优和表彰奖励工作；负责退休人员管理工作；承担纪检监察日常工作；承担党建和精神文明建设日常工作；承办局领导交办的其他工作。

7）太浦河枢纽管理所职责：负责太浦闸工程、东荽嘴引河工程及辖区内河道、堤防工程的管理、保护工作，参与共管工程的相关管理工作；根据上级部门调度指令，负责太浦闸工程运行管理和控制运用；按照授权，组织实施所管工程的维修养护、防汛应急、水毁修复等项目；负责所管工程范围内的国有资产、安全生产和环境卫生等管理工作；按照授权，负责所管工程范围内的水政监察、水行政执法，查处水事违法行为；负责工程技术资料的收集、整理；承担管理所水政监察大队日常工作；承办局领导交办的其他工作。

8）望亭水利枢纽管理所职责：负责望亭水利枢纽工程及辖区内河道、堤防工程的管理、保护工作；承担望亭电厂取水口工程的日常管理工作；参与共管工程的相关管理工作；根据上级部门调度指令，负责望亭水利枢纽、望亭电厂取水口工程运行管理和控制运用；按照授权，组织实施所管工程的维修养护、应急度汛、水毁修复等项目；负责所管工程范围内的国有资产、安全生产和环境卫生等管理工作；按照授权，负责所管工程范围内的水政监察、水行政执法，查处水事违法行为；负责工程技术资料的收集、整理；承担管理所水政监察大队日常工作；承办局领导交办的其他工作。

2. 制定规则，规范工作行为

苏州管理局实行局长负责制，局长主持单位全面工作。其他局领导（包括副局长、总工程师）按分工负责分管范围内的工作，协助局长工作。其他局领导受局长委托，可负责处理和协调跨分工范围的工作和其他专项工作。经局长授权或委托，五级、六级职员和副总工程师可协助负责某一方面的工作。局领导出差期间，分管工作实行接替制度，按局领导分工安排执行。

各部门主要负责人是本部门的第一负责人，在局长和分管局领导的领导下负责本部门的全面工作。部门副职协助部门主要负责人工作，对部门主要负责人负责。各部门各司其职，各负其责，围绕中心，担当作为，协调配合，坚决贯彻落实苏州管理局各项工作部署。

重大决策、重要干部任免、重要项目安排、大额度资金的使用按照《太湖流域管理局苏州管理局“三重一大”事项决策实施细则》执行。对专业性、技术性较强的决策事项应组织相关专家或专业机构论证其必要性、可行性等，统筹兼顾，实行依法决策、科学决策和民主决策。需提请局长办公会讨论研究的重大事项、规章制度等，必须符合苏州管理局实际，以相应的调查研究为基础。对涉及职工切身利益的重大事项或规章制度应提请职工大会讨论研究，按照《太湖流域管理局苏州管理局职工大会制度》进行民主决策。主办部门应事先沟通，充分听取相关局领导、部门负责人意见和建议，必要时还应充分听取太湖局相关领导、部门负责人和专家的意见和建议，提高决策的有效性、科学性。有关防汛抗旱、工程管理、水政监察、水利督查、基本建设等业务工作的技术方案应加强沟通协调，主办部门要积极主动征求相关局领导和太湖局相关部门的意见、建议，协办部门要认真协助并对涉及本部门业务范围的内容提出明确意见。对涉及苏州管理局事业发展的重大、复杂技术决策，由相关局领导或局长审定，必要时经局长（专题）办公会审定。代表苏州管理局参加太湖局或地方有关技术方案的审查（评估），拟发表的原则意见应事先与相关部门沟通，由相关局领导或局长审定。代表太湖局参加的重大技术问题的审查（评估）按太湖局相关规定执行。鼓励干部职工积极参与科学民主决策，充分发挥干部职工的创造性和主观能动性，积极倡导干部职工对苏州管理局自身建设和事业发展提出合理化建议。各主办部门应加强重大决策执行情况的跟踪反馈，不断提高决策质量。

3. 督办管理，加强政务监管

加强对太湖局党组重大决策部署、太湖局领导批示指示以及苏州管理局重要工作安排贯彻落实情况的督办检查。督办工作坚持“围绕中心、服务大局，应督尽督、突出重点，注重实效、奖惩分明”的原则，做到责任明确、程序规范、务实高效。局领导对分管范围内督办工作落实情况进行督促、指导，主动谋划政策举措，解决矛盾问题，强化工作推进，确保政令畅通。督办工作由办公室归口管理，按照《太湖流域管理局苏州管理局督办工作管理办法》相关规定，做好督办事项的立项、催办、反馈、检查、通报、考核等工作。涉及多部门参与的工作，主办部门负责细化工作任务、提出阶段性目标，主动协商协办部门办理督办事项，并对进展情况及时进行汇总反馈。协办部门应积极配合，严格按照分工和时限要求完成所承担的工作任务。各部门主要负责人（项目负责人）为被督办事项第一责任人，要细化任务措施，层层压实责任，加强协同攻坚，及时跟踪和反馈执行情况。督办事项考核结果纳入局年度绩效考评体系，作为局年度绩效考核的重要依据。

4. 请示报告，规范工作程序

对于不在年度预算内又确因工作需要，拟发生1万元（含1万元）以上经费支出的事项、在各项业务工作中出现对法律法规和政策把握不准的事项，或对交办的尚不明了具体要求的事项、超出本部门职责承办的事项，在履行职责中遇到新的情况、需要外单位或各部门配合协助且需领导出面协调的事项，以及各部门认为有必要请示的其他事项，需进行请示。请示、报告遵循层层负责的原则，除遇重大事项或情况紧急外，一般不得越级请示、汇报工作。一般由部门主要负责人负责请示、报告工作，反映情况；对重大汛情灾情、工程建设管理中的紧急重大情况和安全事故等，应遵循有关规定，及早、如实地报告情况；紧急情况下，重大问题和突发事件可直接向局长请示、报告。

4.1.3 实施竞聘上岗

作为太湖局系统第一家实施岗位竞聘工作的单位，苏州管理局按照水利部、太湖局岗位聘用工作的相关意见，结合工作实际，制定印发了岗位聘用管理办法。根据太湖局2011年《关于苏州管理局事业单位岗位设置方案的批复》《关于苏州管理局岗位设置实施方案的批复》，苏州管理局于2011年、2015年、2018年组织开展了三次事业单位岗位竞聘工作。按照规定的权限和程序，在苏州管理局在职在编职工内部，竞争择优产生岗位人选。竞聘工作严格依据经批准的岗位聘用实施方案开展，岗位聘用在经核准、备案的岗位数额内进行，体现了公开、平等、竞争、择优的原则。2019年9月、2020年11月，苏州管理局开展了两次空缺岗位补聘工作。

1. 明确聘用条件

参加竞聘需要满足以下基本条件：遵纪守法，具有良好的品行；具备岗位所需的专业、技能等方面的资格条件；适应岗位要求的身体条件；一般应具有大专以上文化程度。参加专业技术岗位聘用的，应当具备专业技术职务评聘的有关条件。专业技术岗位的基本任职条件，按照专业技术职务评聘的有关规定执行。实行职业资格准入控制的专业技术岗位，应当具备准入控制的职业资格。

参加竞聘需要满足以下基本任职条件：五至十二级专业技术岗位，须分别在下一级专业技术岗位上工作两年以上。参加工勤技能岗位聘用的，竞聘二级工勤技能岗位，须在本工种下一级岗位工作满 5 年，并分别通过技师技能等级考评；竞聘三级工勤技能岗位，须在本工种下一级岗位工作满 5 年，并分别通过高级工技能等级考核。

管理岗位的任职条件，则按照太湖局人事管理有关规定执行。

2. 严格聘用程序

成立岗位聘用领导小组及岗位聘用工作组。领导小组由局领导班子成员组成，负责岗位聘用与管理的组织领导和决策工作。工作组由人事、纪检、财务、工会等部门有关同志组成，具体负责岗位聘用组织实施。聘用过程中，必要时聘请有关专家或职工代表参加。

岗位聘用遵照以下程序：①公布聘用岗位和岗位聘用条件。②个人申请与资格审查。③对照岗位聘用条件及申请人材料，符合岗位聘用条件的人员不超过岗位数量的，工作组提出聘用意见；符合岗位聘用条件的人员超过岗位数量的，工作组组织岗位竞聘工作，公开择优推荐拟聘人选。④领导小组讨论确定人员应聘岗位等级。⑤公示拟聘人选。⑥办理聘用手续。

报名参加岗位聘用可以根据岗位特点以及工作需要，采取个人自荐、群众推荐或者组织推荐等方式进行。

岗位聘用结果公示五个工作日。公示结果不影响岗位聘用的，按照规定订立或者变更聘用合同。

其中，按照干部管理权限需要报批或者备案的，按照规定履行相关手续。

3. 优化竞聘方式

竞聘管理岗位一般采取民主测评、组织考察等方式进行。

竞聘专业技术岗位一般采取同行评议、学术技术综合评价、组织考察等方式进行。

竞聘工勤技能岗位一般采取同行评议、技能水平综合评价、组织考察等方式进行。

竞聘较低等级的岗位可以采取符合岗位特点、简便易行的方式进行。

民主测评主要考察竞聘人员的德能勤绩廉表现及其在群众中的公认度，强调德才兼备、以德为先。民主测评应当在本单位范围内，采取无记名投票方式进行。

组织考察一般应当形成包括定性评价和定量评价的综合性意见，作为提出拟聘人选建议的主要依据。

德才表现和工作实绩特别突出的技术职工，经主管部门批准，可以破格参加岗位聘用。

4. 执行岗位聘用工作回避制度

与局领导班子成员有夫妻关系、直系血亲关系、三代以内旁系血亲或者近姻亲关系的职工，不得聘用于该单位负责人员的秘书、组织人事、财务审计、纪律监察岗位，以及有直接上下级领导关系的岗位。

岗位聘用领导小组及工作组成员在组织实施聘用工作时，涉及与本人有上述亲属关系或者其他可能影响岗位聘用结果公正的人员，应当回避。

4.1.4　建立激励机制

1. 实施量化考核

结合事业单位绩效工资改革，加强对部门和职工考核指标量化评分，综合考虑履行职责、创新创优等方面取得的业绩和效能，合理分配绩效工资。制定印发《太湖流域管理局苏州管理局绩效考核办法》《太湖流域管理局苏州管理局绩效工资分配办法》等制度，根据技术含量、劳动强度、工作负荷等确定岗位分配基本系数，结合考核工作，奖优罚劣，调动干部职工的积极性。

（1）组织管理

成立绩效考核工作领导小组，负责绩效考核工作的领导、协调、监督。考核领导小组下设工作组，具体负责绩效考核工作的实施。

（2）绩效计划

各部门的年度绩效计划，由部门主要负责人牵头制订并提交，原则上要与单位年度工作任务分解相匹配，审定印发后，作为部门绩效考核履行职责目标内容。职工的年度绩效计划，由职工个人制定，要与部门年度绩效计划相衔接，部门主要负责人审核并汇总提交，经审定后印发，作为职工绩效考核岗位履职目标内容。

（3）考核指标

部门的绩效考核指标体系包括职能工作目标、管理工作目标、创新创优目标、满意度目标等。职能工作目标根据年度绩效计划分解；管理工作目标和创新创优目标由各职能机构分解；满意度目标包括局领导班子满意度和职工满意度。

职工的绩效考核指标体系包括岗位履职目标、能力建设目标、满意度目标等。岗位履职目标根据年度绩效计划分解；能力建设目标由各职能机构分解；满意度目标包括局领导班子满意度和职工满意度。

各专项加分和一票否决事项由考核领导小组确定。

（4）考核程序和内容

按考核对象分为各部门的绩效考核和职工的绩效考核；按考核时间分为季度考核和年度考核；根据评分标准，分别进行量化评分。

季度考核，结合苏州管理局每季度召开的局务会议开展。各部门的季度考核，由局领导对照部门年度绩效计划、当季度各月份工作完成情况，按照考核指标体系中的职能工作目标，逐项评分；职工的季度考核，由分管局领导和部门主要负责人按管理权限对照职工年度绩效计划、当季度各月份工作完成情况，按照考核指标体系中的岗位履职目标，逐项评分。职工的季度考核结果经考核领导小组审定后公布。其中第四季度考核在当年 12 月份完成。

年度考核，于当年度 12 月底完成。部门主要负责人、职工对照各部门的年度绩效计划，开展自查自评，撰写年终总结报告提交工作组。职能工作目标得分取季度考核的平均分。管理工作目标、创新创优目标由各牵头部门，根据考核指标体系逐项评分。组织集中述职和满意度测评，部门负责人代表部门述职。部门满意度测评从德、能、勤、绩、廉五方面进行。专项加分由考核领导小组集中讨论后评分，一票否决事项由考核领导小组集中讨论后确定。

部门年度绩效考核得分=职能工作目标得分+管理工作目标得分+创新创优目标得分+满意度测评得分+专项加分。

部门年度绩效考核指数=该部门年度绩效考核得分÷各部门年度绩效考核平均得分。

职工年度绩效考核得分=(岗位履职目标得分+能力建设目标得分+满意度测评得分+专项加分)×该职工所在部门年度绩效考核指数。其中，岗位交流人员按部门工作月数比例分别计算年度绩效考核指数。

职工年度绩效考核指数=该职工年度绩效考核得分÷全体考核职工（扣除“一票否决”职工）年度绩效考核平均得分。

年度考核结果经考核领导小组审定后公示、公布。

（5）考核结果

季度考核结果分为合格和不合格两个等次；年度考核结果分为优秀、合格、基本合格、不合格四个等次。职工年度考核结果作为绩效工资分配、干部选拔任用的依据。

2. 落实追责问效

为贯彻全面从严治党责任，加强对检查发现问题的责任追究力度，推进工作作风改进，对审计检查等发现问题（指巡视巡察、审计、专项检查、日常工作检查等发现的各类问题）按照严重程度分为一般问题、较重问题和严重问题。责任追究方式包括警示约谈、批评教育、口头检讨、提醒谈话、通报批评、诫勉谈话、调整岗位、行政处分、纪律处分等。依据《太湖流域管理局苏州管理局绩效考核办法》，发现问题追责问责与部门及职工个人绩效挂钩；依据《太湖流域管理局苏州管理局党员日常记实积分考核管理办法》，对于党员同志的追责问责还与党员日常记实积分挂钩。

“一般问题”采用警示约谈、批评教育、口头检讨等方式追责，扣责任部门、主要负责人及相关责任人绩效 1 分。其中，临时机构、协调机构办理事项发现问题扣牵头部门、工作组组长（主任）及相关责任人绩效 1 分，项目发现问题扣项目负责人及相关责任人绩效 1 分，合同发现问题扣承办部门、主要负责人及合同经办人绩效 1 分，相关责任人为党员的扣党员日常记实积分 1 分。

“较重问题”采用提醒谈话、通报批评、书面检讨等方式，扣责任部门、主要负责人及相关责任人绩效 3 分。其中，临时机构、协调机构办理事项发现问题扣牵头部门、工作组组长（主任）及相关责任人绩效 3 分，项目发现问题扣项目负责人及相关责任人绩效 3 分，合同发现问题扣承办部门、主要负责人及合同经办人绩效 3 分，相关责任人为党员的扣党员日常记实积分 5 分。

“严重问题”情节较轻的，可以给予诫勉谈话、调整岗位等方式，扣责任部门、主要负责人及相关责任人绩效 5 分。其中，临时机构、协调机构办理事项发现问题扣牵头部门、工作组组长（主任）及相关责任人绩效 5 分，项目发现问题扣项目负责人及相关责任人绩效 5 分，合同发现问题扣承办部门、主要负责人及合同经办人绩效 5 分，相关责任人为党员的扣党员日常记实积分 10 分，并摘牌“党员先锋岗”。“严重问题”情节严重的，给予行政处分，党员还要依照《中国共产党纪律处分条例》给予纪律处分，相关责任人取消当年度评先评优资格，并摘牌“党员先锋岗”。

对于屡查屡犯、屡改屡犯的，从重问责。累计 2 次的，加重一级问责等级；累计 3 次及以上的，加重两级问责等级。对于一份反馈意见反映同一部门或个人 3 个及以上一般问题的，加重一级问责等级；2 个及以上较重或严重问题的，加重一级问责等级。

4.2　岗位设置和人员配备

4.2.1　科学设置岗位与配备人员

2011 年太湖局以《关于印发太湖流域管理局苏州管理局主要职责机构设置和人员编制规定的通知》文件，批复了苏州管理局的“三定”方案。苏州管理局事业编制总数为 55 人，近期事业编制控制数为 49 人，内设办公室、工程管理科、水政水资源科、建设与安全科、财务科、人事科，以及太浦河枢纽管理所和望亭水利枢纽管理所两个直属机构。设有“太湖流域管理局直属苏州管理局水政监察支队”及“太湖流域管理局直属苏州管理局太浦河枢纽管理所水政监察大队”“太湖流域管理局直属苏州管理局望亭水利枢纽管理所水政监察大队”。批文中还明确了苏州管理局 9 项主要职责。

2016 年 11 月，根据《水利部太湖流域管理局关于同意苏州管理局增设直属机构的批复》，苏州管理局增设直属机构太湖水事管理中心（太湖流域管理局直属苏州管理局太湖水政监察大队），正科级，负责职责范围内“一湖两河”水行政执法工作和查处水事违法行为，负责太湖水政执法基地日常管理和维护等工作。2017 年太湖局调减苏州管理局公益事业人员编制，调减后的苏州管理局公益事业人员编制为 49 名，其中管理岗位 10 名，专业技术岗位 32 名，工勤岗位 7 名。2018 年水利部人事司发文明确，苏州管理局加挂“河湖保护与建设运行安全中心”牌子，承担太湖局水利监督检查支撑单位职能。事业单位分类定性为公益一类事业单位。

2018 年，根据统一部署，苏州管理局开展了第三轮岗位聘用工作。第三轮聘期为 3 年，自 2018 年 1 月 1 日起至 2020 年 12 月 31 日止。截至 2018 年 12 月，完成聘用岗位 39 个，其中：管理岗位 10 个，包括管理五级（双肩挑）1 个、管理五级 1 个、管理六级 1 个、管理七级 3 个、管理八级 4 个；专业技术岗位 22 个，包括专业技术四级 1 个、专业技术五级 2 个、专业技术六级 2 个、专业技术七级 4 个、专业技术八级 2 个、专业技术九级 1 个、专业技术十一级 3 个、专业技术十二级 7 个；工勤技能岗位 7 个，包括工勤技能二级 1 个、工勤技能三级 3 个、工勤技能四级 3 个。期间，根据人员变化情况实际需要，开展了 3 次岗位补聘工作。

2021 年，根据统一部署，苏州管理局开展了新一轮岗位聘用工作，聘期自 2021 年 1 月 1 日起至机构改革完成后。截至 2021 年 12 月，完成岗位聘用 43 个，其中：管理岗位 12 个，包括管理五级（双肩挑）1 个、管理五级 1 个、管理六级 2 个、管理七级 3 个、管理八级 5 个；专业技术岗位 26 个，包括专业技术四级 1 个、专业技术五级 2 个、专业技术六级 4 个、专业技术八级 2 个、专业技术九级 1 个、专业技术十级 1 个、专业技术十一级 8 个、专业技术十二级 7 个；工勤技能岗位 5 个，包括工勤技能二级 1 个、工勤技能三级 3 个、工勤技能四级 1 个。岗位设置合理，符合部颁标准要求，做到应聘尽聘，人员配备满足管理需要，未突破编制批复数。

人员配备方面，局机关和管理所统筹、业务部门和综合部门统筹，打造了一支数量适当、结构合理、素质优良、风清气正的干部职工队伍。截至 2021 年 12 月，实有在职职工 45 名，其中管理岗位 12 名，专业技术岗位 26 名，工勤技能岗位 5 名，试用期未聘人员 2 名。同时，单位内部加强岗位交流，优先对工程管理、水政监察、建设与安全管理、水利督查等缺少直属机构工作经历的业务人员，以及在同一岗位任职五年及以上的人员进行定期交流，激发职工活力。

配备技术负责人，技术工人培训上岗，关键岗位持证上岗。专设有总工程师等技术负责人岗位，工程管理、防汛抗旱、信息化管理、水政监察、安全生产等各技术管理岗位分工明确。技术工人经培训上岗，闸门及启闭机运行、电气设备运行等关键岗位实行持证上岗。

4.2.2 规范开展教育培训

苏州管理局制定了职工教育培训管理办法，以培养和造就胜任岗位需求、推动单位事业发展的人才为目标，围绕提升职工的理论水平、业务本领、创新能力、工作效能为重点，按照学以致用、突出岗位履职能力的培训原则，结合单位事业发展需求，不断提升干部职工履行职责的综合能力和水平。

1）抓好理论武装。学习中国特色社会主义理论体系；党的章程和党内各项规章；党的路线方针政策、党和国家重大战略部署和重要会议精神；党和国家领导人的重要论述、国内外政治经济发展形势等。学习社会主义核心价值体系，加强理想信念教育和思想道德建设，开展职业道德、家庭美德、社会公德、个人品德教育，普及文明知识，强化文明意识，提高文明素养。

2）学习相关知识。根据单位人员结构，分类组织学习经济、政治、科技、法律、文化、军事、社会管理等领域的新进展、新知识和新成果；根据岗位不同，分类组织学习水利部及太湖局有关会议精神和水利改革发展重要政策、水利前沿、水利科技、信息化、水利工程建设与管理、安全生产、防汛抗旱、水行政执法与水资源管理、财务管理、人事劳资、办公文秘等与单位相关的基本知识，优化知识结构，开阔工作思路，提高工作水平。

3）掌握岗位技能。鼓励和组织职工立足本职，适应岗位和履行职责的需要，按照干什么学什么、缺什么补什么的原则，加强自身业务学习，掌握岗位技能。结合岗位特点，深入开展以提高职工素质工程为重点的多层次、多渠道的岗位练兵、技能培训、青年创新创优和青年成长成才等活动。

4）借鉴实践经验。尊重实践、尊重职工、尊重创造，教育引导干部职工既要向书本学习，更要向实践学习、向职工群众学习、向相关先进单位学习。不断学习总结和借鉴运用职工群众在实践中创造的好做法、好经验。适时运用单位改革发展的成果对职工进行教育，不断推动学习向广度和深度发展。

处级干部每年参加培训的时间不少于 110 个学时，其他干部及专业技术干部每年参加培训的时间不少于 90 个学时，工勤人员每年参加培训的时间不少于 60 个学时。干部职工网络培训学时每年不得低于 50 学时。

使用培训费的教育培训，需按预算管理要求编报培训计划，并向太湖局备案。其他内部培训，由各部门根据实际工作需要，提出年度的培训计划，于每年 2 月底报人事科。人事科根据各部门的培训计划，综合制订苏州管理局年度培训计划，经局长办公会审定后印发执行。各部门根据年度培训计划制定相应培训方案并按分工组织实施。

职工外出参加其他单位组织的培训，在培训结束后一个月内，将培训相关资料报人事科备案，包括培训通知、学时证明、培训证书等。

苏州管理局印发了《太湖流域管理局苏州管理局学习管理办法》《太湖流域管理局苏

州管理局职工教育培训管理办法》。每年制订培训计划，组织职工开展政治理论、综合素质、业务知识、安全生产等培训，并做好学习培训记录。近年来，苏州管理局职工年培训率达到100%。2021年度，人均培训204学时。教育培训活动中，坚持理论联系实际，坚持领导干部作表率，坚持制度引导和约束，学以致用、促进工作，在职工中确立终身学习、全员学习的理念，形成求真务实、奋发有为的良好氛围，为加快推进单位改革发展提供了思想保证、智力支持和创新动力。

4.3 党建与精神文明

4.3.1 领导班子建设

1. 严格执行议事决策程序

苏州管理局高度重视领导班子建设，班子成员分工明确，相互支持协作，目标一致、团结奋进。定期召开局长办公会议，严格执行“三重一大”事项的集体决策机制，充分发扬民主，推动科学决策。

局长办公会议主要内容有：传达、贯彻上级的重要会议、文件和指示精神；研究、部署涉及苏州管理局的重要工作；讨论、决定各部门请示的重要事项；研究、决定苏州管理局重大决策、重要干部任免、重大项目安排和大额度资金使用等“三重一大”事项；审定苏州管理局各项规章制度；其他需要由局长办公会议研究、决定的事项。

1）议题确定。会议议题由局领导直接提议，或者由相关职能部门提出建议，经分管领导审核后，送交局办公室汇总，报请局长确定。对重要议题，事前应由分管领导牵头组织进行深入调查研究，广泛听取各方面的意见，对专业性、技术性较强的事项，应进行专家论证、技术咨询、决策评估。对与干部职工利益密切相关的事项，在合法合规的前提下，应充分征求干部职工意见，必要时进行公示。

2）会议准备。会议所需的有关材料由分管领导组织相关部门提前准备，涉及部门职能交叉的内容，应在会前充分征求有关部门和人员的意见。会议的召开时间、议题和有关材料，一般提前1~2天由办公室通知与会人员，并根据需要将材料电子档提前送达有关人员，以便与会人员围绕议题进行必要的准备。

3）与会人员。局长办公会议出席人员为局领导班子成员。会议出席人数达到应到人数的三分之二或三分之二以上，方能召开会议。因故不能参加会议的，可以口头或书面形式表达意见。根据研究议题需要，可请议题相关人员列席会议。

4）讨论与决策。局长办公会议由局长召集和主持，实行一事一议。在讨论有关议题时，应由相关职能部门报告议题内容。与会人员认真履行自己的职责，充分发表自己的意见，对议题要有明确意见或建议。局长应在与会人员充分发表意见的基础上，并根据大多数人建议意见作出决定，最后发表意见。在决策过程中，若意见分歧较大或者有重大问题不清楚时，局长应提议暂缓决策，重新调研，在交换意见后另行议定。但对于有时限要求的争议事项，局长有权做最后决定。干部任免要按照干部管理权限及程序办理。

5）会议记录。局长办公会议由办公室专人负责记录，会议记录要完整，包括会议名称、内容、时间、主持人、参会人员、列席人员、请假人员、记录人员。每项议题的讨论情况以及最后决定意见，应当详细记录，并存档备查。会议结束后，应及时形成会议纪要，经局领导审阅、局长审定后签发。

对发生重大突发事件和紧急情况，来不及召开会议研究决定的，局长可相机处置，事后应及时向其他局领导通报。

研究决定“三重一大”事项不得以传阅会签、个别征求意见等形式代替集体决策。

与会人员要严格遵守会议纪律和保密规定，对尚未正式公布的会议决定和需要保密的会议内容，与会人员不得外泄，否则按有关规定追究其责任。

2. 鼓励职工参与民主管理

（1）实施职工大会制度

在苏州市市级机关工会和太湖工会的指导下，根据《工会法》《江苏省职工代表大会操作办法》《苏州市职工大会操作规程》等规定，2008 年苏州管理局印发《太湖局苏州管理局职工大会操作办法（试行）》及职工大会实施细则，在太湖局系统率先建立了职工大会制度，明确了基本职权和操作程序。自职工大会制度建立以来，每年均召开职工大会，发挥职工大会民主渠道作用，保障职工参与民主管理的权力。职工大会召开前，发出预通知，收集提案，印发有关会议资料，对职工大会要审议的事项提前征求意见，努力做到操作程序明确、职工提前知情。职工大会召开时，先召开预备会议，审议通过会议议程等相关事宜，再召开正式会议，深入听取审议事项报告，分组审议，深入讨论，广泛征求意见和建议，征集整理新提案，汇报上次征集的提案办理情况。职工大会结束后，工会负责将征集到的新提案进行审核汇总后提交单位行政领导班子研究；单位行政领导班子召开专题会议讨论并明确提案的主办部门，由主办部门负责牵头组织提案办理，工会负责跟踪督促主办部门将提案办理结果及时回复给提案提交人。

2015 年《水利系统企事业单位职工代表大会规定》出台后，为了抓好该规定的贯彻落实，苏州管理局在职工大会召开之前，将预审议和表决的事项按时提前发放给每一位职工，组织职工在会前和会中对提交职工大会审议和表决的事项进行充分讨论，分组汇总整理意见，并注意充分吸收职工的意见，对审议和表决事项进行修改完善，提高了决策的科学性和民主性。在总结职工大会工作实践经验的基础上，2018 年苏州管理局修订印发了《太湖流域管理局苏州管理局职工大会制度》，落实了《水利系统企事业单位职工代表大会规定》等有关要求，进一步规范了职工大会的操作程序。

苏州管理局以建立与实施职工大会制度为契机，畅通了民主管理渠道，在单位内部形成了较好的民主管理氛围。领导班子定期或不定期下基层进行现场办公、组织召开职工座谈会、重视职工提案收集办理，广泛听取职工意见和建议，促进了科学决策、民主决策。建立职工大会制度以来，苏州管理局把事关单位发展的重大决策、重要问题、涉及职工切身利益的重要事项提交职工大会审议，做到不审议不出台，不通过不实施，准确、客观地反映职工群众的真实想法和意见建议，维护了职工民主权益。近年来，经职工大会审议通过了《太湖流域管理局苏州管理局绩效工资分配办法》《太湖流域管理局苏州管理局岗位聘用管理办法》《太湖流域管理局苏州管理局职工考勤办法（试行）》《太湖流域管理局苏州管理局职工教育培训管理办法（试行）》《太湖流域管理局苏州管理局第二轮岗位聘用管理办法》等一批内部制度；通过职工大会，共征集、受理、办结职工提案 30 余件，办结率 100%；通过职工大会选举产生上级工会会员代表，民主推荐劳动模范、先进工作者等，发挥了职工参与民主管理的积极作用，保障了职工的民主参与、民主监督、民主管理的权利。

建立并实施职工大会制度，实现了领导班子、工会和职工“三赢”。通过组织职工参与民主决策、民主管理、民主监督，使领导班子及时了解职工的意见和要求，并对决策进行必要优化调整，提升了民主管理、科学决策水平；基层工会作为职工大会的工作机构，围绕单位的中心工作和职工关心的热点、难点和焦点问题开展工作，成为职工权益的“保护人”，得到了职工的拥护和支持，成为单位科学管理的“好帮手”；通过职工大会制度，审议行政工作报告和涉及职工切身利益的重要事项，引导职工群众以理性合法的形式充分表达自己的利益诉求，有利于维护职工的合法权益，促进了单位劳动关系的和谐稳定。

（2）建立合理化建议奖励机制

2017 年苏州管理局制定印发了《太湖局苏州管理局职工合理化建议管理办法》，以制度形式落实了鼓励、激励措施，鼓励职工积极参与单位民主管理，围绕加强内部管理、改善工作环境、改进工作作风、提高工作效率、完善工作流程、促进改革发展等方面提出具有进步性、可行性和效益性的建议，从而强化了职工主人翁意识，调动了职工的积极性、主动性和创造性。

工会作为合理化建议管理机构，负责职工合理化建议的归口管理。具体负责职工合理化建议的收集、汇总工作；负责不定期发布征求职工合理化建议的议题，鼓励职工参与；负责组织对职工提交的合理化建议进行评议，提出初步评议建议，上交单位行政领导班子研究决策；负责对已采纳实施的合理化建议进行反馈，落实过程跟踪、记录；负责组织对已采纳的合理化建议进行测评，兑现奖励；负责对合理化建议管理办法等制度实施情况进行评估，及时动态调整。

行政领导班子负责定期审议经工会初步评议后提交的职工合理化建议；负责落实已采纳的合理化建议，明确分管领导，指定经办科室或直属机构办理；定期通报日常合理化建议和职工大会提案的办理情况。

以 2018 年、2019 年为例，两年来共收集职工合理化建议 15 条，涉及单位内部管理、工作环境、工作作风、工作效率、工作流程、改革发展等方面。在年度职工大会上，工会组织全体会员对收集到的职工合理化建议进行评选，并根据评选结果，给予适当激励；工会负责督促合理化建议的落实，并将合理化建议落实情况在下一年度的职工大会上进行通报，进一步畅通了民主管理渠道，在单位内部营造了民主管理氛围。

4.3.2　党建与党风廉政建设

苏州管理局党支部坚持以习近平新时代中国特色社会主义思想为指导，以党的政治建设为统领，聚焦“围绕中心、建设队伍、服务群众”核心任务，持续压紧压实管党治党责任，统筹加强党支部组织力建设，全面强化理论武装，全面推进模范机关创建，全面深化党建与业务深度融合，为推进单位高质量发展提供了坚强政治保障和思想保障，并获得首届“水利先锋党支部”荣誉称号。

1. 抓“责任链条”，持续强化考评问效

健全党建工作机制，细化责任分工，明晰责任边界，强化压力传导，完善责任链条。

（1）明确全面从严治党主体责任清单

根据落实全面从严治党、党风廉政建设主体责任有关规定，结合单位实际，制定落实全面从严治党主体责任清单，从推进党的政治建设、强化理论武装和思想引领、加强党的组织建设、持之以恒加强作风建设、加强党的纪律建设、加大反腐败工作力度、强化对全面从严治党工作的领导 7 个方面，每年度明确 40 多项重点任务安排，单位主要负责人定期召开全面从严治党暨党风廉政专题会议，听取领导班子成员全面从严治党、党风廉政建设主体责任落实情况汇报，及时督促落实，落实全面从严治党主体责任清单情况纳入年度考核。

（2）落实党支部委员会工作规则

制定了党支部委员会工作规则，明确党支部委员会工作应当遵循的原则、基本职责、党支部委员会委员职责分工、会议制度和议事规则、监督管理与责任追究等主要内容。党支部工作做到年初有计划、月度有细化、季度有研究、半年有督促、全年有考核，促进党支部发挥战斗堡垒作用。进一步推进党员领导干部抓党建“一岗双责”制，建立完善了领导班子成员联系党小组工作制度，深化党内职务作用发挥，逐步推进党建与业务工作主体职责任务统一。

（3）建立党小组和党建职能部门工作机制

党小组和党建职能部门落实制度性规定，把握程序性要求，借助信息化手段，建载体、搭平台、抓执行，统筹抓好各项党建工作任务落实。党支部所有党员，遵循根据工作需要、便于开展活动等原则，划分为第一党小组（综合保障）、第二党小组（工程管理）、第三党小组（水利督查）共 3 个党小组。制定了党小组工作规则，明确了职责任务、党小组组长职责、党小组组织生活要求，加强了对党小组工作的组织领导，党小组每年年底向党支部报告本年度工作情况，党小组组长每年至少 2 次向党支部书记汇报责任落实情况。立足党小组工作实践和党员业务范畴，以综合保障部门党员为主的第一党小组凝练了“坚守初心、做事用心、服务贴心、保持耐心、守住安心”为主要内容的“五心”工作法；以工程管理业务部门党员为主的第二党小组凝练了“强意识、促担当，强特色、促创新，强素质、促发展，强作用、促先锋”为主要内容的“四强四促”工作法；以水利督查业务部门党员为主的第三党小组凝练了“理论学习微课堂、核心技能微论坛、服务奉献微分子、督查现场微阵地、谈心谈话微警示”为主要内容的“五微”工作法，进一步推进了党建与业务融合，充分发挥了党小组作用。

（4）建设“党支部书记工作室”

建设“党支部书记工作室”，由党支部书记领衔，紧密围绕单位中心工作，突出“党建创新、示范引领、服务发展”目标定位，进一步完善党建工作机制，探索基层党建工作新模式新思路，进行党建基础理论研究，指导基层党建工作实践，积极引导党员干部为“让太湖更美好”而不懈奋斗，立足太湖一线建强支部堡垒。

2. 谋“党建体系”，持续形成党建合力

运用党建系统思维，加强顶层设计，坚持围绕中心抓党建，整合党建要素，打好“组合拳”，逐步构建完善了务实有效的基层党建工作体系（见图 4-1）。

（1）以“红映太湖”党建品牌领航

建设“红映太湖”党建品牌，发挥领航、平台、聚合作用。2017 年开始，党支部不断推进党建品牌建设。一是成立党建品牌建设工作组织机构和实施方案，细化了品牌建设工作责任，明确了品牌建设定位、目标。二是突出以党建品牌引领，构建有行业特点、地域特色、务实管用的基层党建工作体系为基本框架，明确了品牌名称，设计了品牌标识。三是立足体现苏州管理局职能与时代风貌，根植太湖，突出融合、服务、特色的理念，明确品牌内涵，体现支部功能作用，展示“让太湖更美好”的愿景，服务和保障地方经济社会

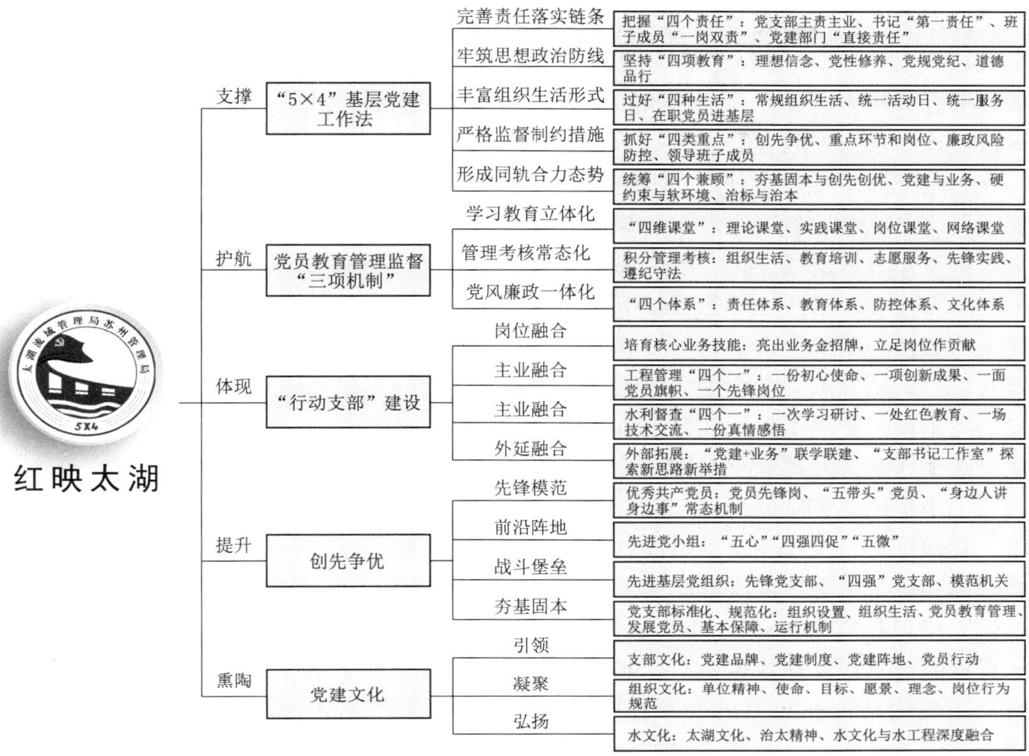

图 4-1　基层党建工作体系图

发展的使命担当。四是深化党建阵地建设，健全品牌内容体系、管理体系和服务保障机制。

党建品牌建设过程，既是打磨提升党建工作质量的过程，也是在党员中统一思想、凝聚共识、加油鼓劲的过程。党建品牌是氛围、是形象、是平台。维护品牌、擦亮品牌、为品牌增光添彩的意识，已经深入党员心中。突出党建品牌领航，发挥党建品牌平台作用，逐步汇聚完善形成了基层党建工作体系，党建品牌体系日趋完善。党支部工作质量逐步提升，党员主体意识明显增强，党支部战斗堡垒作用发挥明显。"红映太湖"党建品牌获得"苏州市市级机关'海棠花红'优秀党建品牌"（见图 4-2）。

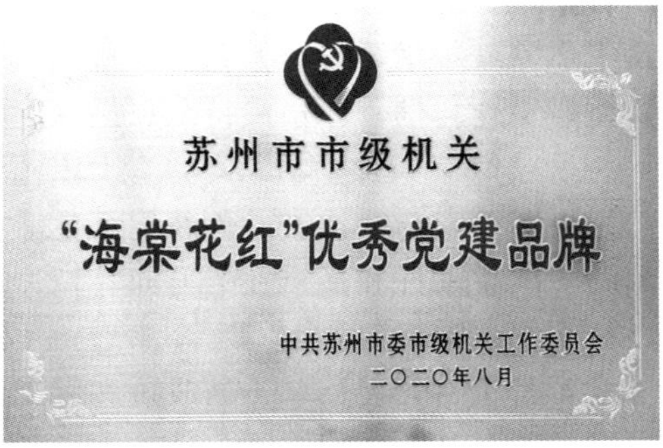

图 4-2　"红映太湖"党建品牌获得"苏州市市级机关'海棠花红'优秀党建品牌"

（2）用"5×4"基层党建工作法来支撑

为充分履行好支部职能，不断提升组织力，体现党支部的有效作为和党员先锋作用的有效发挥，党支部在实践基础上总结凝练了"5×4"基层党建工作法，有效支撑了单位党建工作。该方法有助于解决党建工作中存在的党员分散、集中学习难、党建工作统筹不够等问题，有序推进党建工作标准化规范化建设；有助于促进党建工作创新创优，体现行业特征，展示党建工作在行业、在业务、在文化方面的特色。

"5×4"基层党建工作法，以习近平新时代中国特色社会主义思想为指导，认真落实新时代党的建设总要求，以党的政治建设为统领，以"小支部"做好"大党建"为基本定位，以全面从严为主基调，以落实责任为关键点，以提升组织力为重点，以正风肃纪为突破点，以“学”“做”结合为要点，紧扣服务流域经济社会发展、服务流域水利改革发展、服务单位中心工作，统筹兼顾做好5方面20项具体工作，并不断改进和完善，覆盖基层党建工作主要内容。

一是把握“四个责任”，完善责任落实链条。强化党支部委员会主责主业，履行好组织领导之责、学习教育之责、监督管理服务之责，及时对重要工作进行讨论、做出决定，党支部工作责任层层细化分解，统筹推进工作落实。支部书记为“第一责任人”，亲自部署、亲自推动，带头发挥先锋模范作用，督促其他成员履行职责、发挥作用，真正成为党建工作责任落实的领头羊。班子成员落实“一岗双责”，坚持以身作则、以上率下，深入落实谈心谈话、双重组织生活等制度，做好督促指导，切实抓好分管部门、分管领域的管党治党工作。党建工作职能部门落实“直接责任”，建载体、搭平台、抓执行，凝练实践党小组工作法，发挥党小组作用，统筹抓好各项党建工作任务落实。

二是坚持“四项教育”，牢筑思想政治防线。做好计划性、过程性管理，坚持理想信念、党性修养、党规党纪、道德品行等四项教育不断线、常态化。狠抓理想信念教育，不断创新理论学习方式，深入学习习近平新时代中国特色社会主义思想，持续推进“两学一做”学习教育常态化、制度化，坚持学而信、学而思、学而行，保持对远大理想和奋斗目标的清醒认知和执着追求。加强党性宗旨修养教育，坚持每年开展“旗帜鲜明讲政治”主题活动，加强党员宗旨意识培养，拓展党员“自重、自省、自警、自励”方法，增强“四个意识”，坚定“四个自信”，做到“两个维护”，保持对党绝对忠诚，把牢政治方向，站稳政治立场。坚持党章党规党纪教育，持续强化“六大纪律”教育，开展“党章学习日”“知敬畏、存戒惧、守底线”“廉政宣教月”等形式多样的廉政教育或警示教育，强化党章意识、纪律意识、规矩意识和组织意识，筑牢拒腐防变的思想根基。持续道德品行教育，积极弘扬和培育社会主义核心价值观，开展“讲党性、亮优点、树形象”“走基层、看变化、聚力量”等主题活动，不断开展身边先进典型、道德模范人物、优良家风家教等学习宣传，弘扬中华优秀传统文化、革命文化，推进组织文化、水文化建设，坚定文化自信，厚植最持久、最深层的精神力量。

三是过好“四种生活”，丰富组织生活形式。在严肃党内政治生活同时，进一步适应形势发展需要，与时俱进，创新组织生活方式方法，不断提高开放性、共享性，由过去形式单一性向生动性和多样性的方向转变，进一步提高党的组织生活的吸引力、感染力。过好常规组织生活，“三会一课”、民主评议党员、党员组织生活会、领导干部民主生活会、主题党日等正常开展，并不断改进和完善。每月以建强基层堡垒、开展组织生活、联系服务群众、创新基层党建等为主要内容，开展“基层党组织统一活动日”活动。每两月开展1次“在职党员统一服务日”活动，充分发挥党员的特长和优势，服务社会，履行党员社会责任。每年集中开展不少于3次“在职党员进社区”活动，组织党员干部走进社区，开展力所能及的为民服务活动，强化党员宗旨意识。

四是抓好“四类重点”，严格监督制约措施。突出“四类重点”，严格监督制约措施，营造风清气正环境。抓住创先争优这个重点，深化党员日常教育管理，规范约束党员日常行为，激励党员为民服务意识，鼓励党员立足岗位作贡献。抓住重点环节和重点岗位，完善规章制度，做好制度废改立，加强制度执行力度，强化监督检查。抓住廉政风险防控这个重点，实施好廉政风险防控手册，让防控措施成为应当遵守的行为规范；深入做好内部控制建立与实施工作，细化完善业务工作流程。抓住领导班子成员这个关键少数，严格执行民主集中制、“三重一大”决策实施细则、单位工作规则等，强化领导班子及成员“从我做起”的意识，加强自我约束要求。

五是统筹“四个兼顾”，形成同轨合力态势。以党建为龙头，坚持“两点论”和“重点论”的统一，统筹力量、统筹资源，同轨同向，一体推进，形成推进党建工作的强大合力。兼顾夯基固本与创新创优，既从最基本的东西抓起，从基本组织、基本队伍、基本制度严起，在打牢基础、补齐短板上下功夫，又在推进党建工作理念创新、机制创新、手段创新上做文章，做到党支部工作标准化、规范化，切实当好主角。兼顾党建与业务，围绕业务抓党建、抓好党建促业务，把党建工作融入中心业务工作中思考谋划推进，从形式到内容上持续深化，从深度到广度上不断拓展，让党建与业务相融共促，推动“两张皮”拧成“一股绳”，在协助、监督和保障业务工作顺利开展中始终保持生机与活力。兼顾硬约束与软环境，在加强硬约束的同时，做好组织文化建设的顶层设计，有序开展水文化、廉政文化、安全文化等建设和精神文明建设工作，共同营造风清气正、积极向上的良好氛围。兼顾治标与治本，既以“永远在路上”的心态，立抓立改苗头性、倾向性问题，又根据实际加强规章制度建设、防控体系建设，推动落实中央八项规定精神、作风建设常态化、长效化。

（3）用党建“三项机制”来护航

1）党员管理考核常态化机制。

为约束规范党员日常行为，体现管在日常、抓在经常，2016 年开始，党支部推行了党员日常记实积分考核管理制度，遵循简便易行、便于操作，全员参与、突出重点，坚持标准、量化考核的原则，开展党员常态管理标准化工作，取得了实效。

党员日常记实积分考核管理，从党员参加组织生活、教育培训、志愿服务、先锋实践、遵纪守法等日常情况进行标准量化，明确了 24 项积分考核细项，按照处级党员领导干部、中层党员干部、普通党员 3 个层次分别明确了合格积分标准。党员年度累积日常记实积分情况每季度公示 1 次，接受党员干部监督，党员年度积分情况在支部党员大会上通报。党员年度积分结果作为民主评议党员的重要内容，凡年度积分考核不合格的党员，不能参加下一年度党内各类评优评先，并由党支部及时进行谈心谈话、督促教育整改。

2）党员学习教育立体化机制。

党支部结合单位和党员队伍实际，搭建了理论课堂、实践课堂、岗位课堂、网络课堂党员“四维课堂”学习教育体系，立体推进党员学习教育工作。

“四维课堂”建设，把学习贯彻习近平新时代中国特色社会主义思想作为首要政治任务，以坚定信仰、增强党性、提高素质为重点，坚持统筹兼顾、按需施教，坚持联系实际、继承创新，坚持简便易行、务实管用，不断增强针对性和有效性，引导党员增强“四个意识”、坚定“四个自信”、做到“两个维护”，建设政治合格、执行纪律合格、品德合格、发挥作用合格的党员队伍，打造形成符合时代要求、紧贴单位实际、形式灵活多样、成效不断显现的党支部学习品牌。

理论课堂，突出以“学”为主，体现深度。以学习贯彻习近平新时代中国特色社会主义思想为中心内容，组织党员学习党的基本理论、基本路线、基本方略，学习马克思主义基本原理和党的基本知识，引导党员坚定理想信念，增强党性修养，努力掌握并自觉运用马克思主义立场观点方法。突出政治教育和政治训练，严格党内政治生活锻炼，教育党员旗帜鲜明讲政治，提高政治觉悟和政治能力，严守政治纪律和政治规矩，永葆共产党人政治本色，做到“四个服从”，在思想上、政治上、行动上同以习近平同志为核心的党中央保持高度一致。开展形势政策教育，围绕贯彻执行党和国家重大决策、推进落实重大任务，宣讲党的路线方针政策，解读世情国情党情，回应党员关注的问题，引导党员正确认识形势，把思想和行动统一到党中央要求上来。

实践课堂，突出以“实”为主，体现广度。引导党员牢记入党誓词，坚持合格党员标准，自觉遵守党章党规党纪，尊法学法守法用法，带头践行社会主义核心价值观，培养高尚道德情操，培育良好思想作风、学风、工作作风、生活作风和家风。引导党员践行全心全意为人民服务的根本宗旨，贯彻党的群众路线，提高群众工作本领，密切联系服务群众。引导党员学习党史、国史、改革开放史、社会主义发展史和中华优秀传统文化，铭记党的奋斗历程，弘扬党的优良传统，传承红色基因，激发爱国主义热情，引导党员知行合一、学以致用，践行党员宗旨意识。

岗位课堂，突出以“行”为主，体现效能。注重知识技能教育，根据党员岗位职责要求和工作需要，组织引导党员学习掌握业务知识、科技知识、实用技术等，帮助党员提高综合素质和履职能力，增强服务本领，突出党员身份在业务工作中的体现，着重引导党员紧贴业务亮身份、立足岗位作表率。

网络课堂，突出以“活”为主，是对理论课堂、实践课堂、岗位课堂等在时间上、空间上的延展，也是对党员学习教育形式和载体的丰富和完善，有效解决党员分散、集中学习难等实际问题，营造浓厚学习教育氛围。

通过“四维课堂”建设，提高了党员思想政治素质，增强了工作本领和解决业务实际问题的能力，逐步固化形成体系健全、学习常态、教育规范、效果显著、与党员管理监督服务有机结合的党员学习教育模式。

3）党风廉政建设一体化机制。

2016 年以来，党支部结合落实全面从严治党要求和基层单位实际，开展了党风廉政建设责任体系、教育体系、防控体系、文化体系等“四个体系”建设，一体抓实党风廉政建设工作，坚定不移推进全面从严治党落地生根，用“大包围”立体营造了风清气正、积极向上的环境氛围。

责任体系建设，以职责清晰、分工明确、传导有力、考核到位为基本要求，健全了党风廉政建设责任制实施办法、纪检委员和纪检监察工作部门职责、领导干部“一岗双责”等责任制度，强化压力层层传导，强化过程管控，纳入年末考核，确保工作有人抓、问题有人管、责任有人担。

教育体系建设，注重针对性、吸引力和感染性，广搭载体平台，注重载体形式创新，每年开展“旗帜鲜明讲政治”“廉政宣教月”“党章学习日”“宪法日”“法治宣传周”等主题活动，每年至少开展 2 次警示教育、2 次沉浸式主题教育，确保党员干部“知敬畏、存戒惧、守底线”。

防控体系建设，以防在意识、控在流程、严在管理、抓在经常为基本要求，加强廉政风险意识教育，让党员干部认清“底线”“高压线”；强化制度建设，及时抓好制度废改立，编制并用好内部控制手册、工作流程手册、廉政风险防控手册；规范日常管理，抓好重点岗位和人员，办事讲规矩、行为讲规范、工作讲流程。

文化体系建设，以营造浓厚廉政氛围为基本要求，布局具有廉政文化氛围的外部展示，每年开展不少于 3 次廉政文化主题实践活动，与单位组织文化建设同步推进宣传正能量，结合党内组织生活用好批评和自我批评武器。

3. 推“深度融合”，持续体现行动实效

党建与业务深度融合，主要是通过党组织切实履行好工作职责来体现，通过发挥党组织的战斗堡垒作用和党员先锋模范作用来实现。党支部直接面向工作一线、直接对接党员个体，开展“行动支部”建设，围绕中心工作，实现党建工作从配合到融合，支部在工作领域搭台，党员在工作一线唱戏，让“两张皮”拧成“一股绳”。围绕业务抓党建、抓好党建促业务，把党建工作融入中心工作中思考谋划，与业务工作目标同向、部署同步、工作同力，从形式到内容上持续深化，从深度到广度上不断拓展，在协助、监督和保障业务工作顺利开展中始终保持生机与活力。

（1）常态开展“让党旗飘扬在工程桥头堡上、让党旗飘扬在水利督查路上”专题活动

1）让党旗飘扬在工程桥头堡上。

让党旗飘扬在工程桥头堡上，就是要把党建与工程管理业务深度融合，教育党员带头学在工程一线，引导党员带头做在工程一线，激励党员带头冲在工程一线，以党员的过硬能力、担当作为创造一流的工程管理业绩，以一流的工程管理业绩凸显党员的先锋模范作用。

一份初心使命。工程管理一线党小组带头深入学习，重点学习习近平新时代中国特色社会主义思想，尤其是习近平关于治水管水的重要论述，使之逐步转化为指导工程管理实践的能力，成为推动工程管理水平提升的根本遵循。工程管理一线党小组每季度至少开展 1 次与工程管理结合的党小组理论学习，结合习近平系列重要讲话精神和工程管理实际，交流研讨，回顾初心使命，在理论学习中提升工程管理能力，在工程管理能力提升中加深对理论的理解和转化。工程管理一线党小组在回顾初心使命中，每年至少提交一篇具有较高理论水平的党建学习体会。

一项创新成果。工程管理一线党小组树立创新思维，树立抓创新就是抓发展，谋创新就是谋未来的意识，不断总结工程管理实践经验，有计划组织党员紧密结合个人岗位实际，分别建立工程管理创新小组、技术创新小组、机制创新小组，并有意识地安排党员担任相关课题负责人或项目负责人，不断挖掘党员的创新能力。工程管理一线党小组在探索创新中，每年至少提交一项具有较高管理创新或技术创新水平的课题成果。

一面党员旗帜。工程管理一线党小组带头攻坚克难，积极塑造“一名党员就是一面旗帜”，加满油、鼓足劲，把坚定的信念转化为生动具体的实践，知行合一，管好用好工程，在服务地方经济社会发展、服务流域水利和单位中心工作中发挥先锋作用、展示有效作为。带头攻坚克难，在工作岗位上克服畏难情绪，在关键时刻、重要工作中要能站得出、冲在前、打得赢。在防汛防台值班值守、重要项目攻关等关键时期和急难险重任务中，工程管理一线党小组主动、积极与有关部门会商，优先安排党员参与。在必要时，工程管理一线党小组组建党员突击队，冲在一线，积极参与到防汛抢险等急难险重任务中。工程管理一线党小组在攻坚克难中，每年至少提交一件展示党员先锋模范作用的先进事迹。

一个先锋岗位。工程管理一线党小组带头争创一流，实干苦干。每名党员立足工作实际，带头争创一流业绩，发挥先锋作用，形成建功新时代、争创新业绩的浓厚氛围和生动局面。工程管理一线党员以“培育核心业务技能、亮出业务‘金招牌’”专题活动为抓手，苦练业务内功、精进岗位技能，紧贴业务亮身份、立足岗位作表率，以一流的工作业

绩服务于工程管理标准化建设、国家级水利工程管理单位创建，保障直管工程运行安全和工程效益充分发挥。工程管理一线党小组在统筹做好党员核心业务技能培育工作中，每年至少推出一名党员参与单位先锋岗位活动。

2）让党旗飘扬在水利督查路上。

让党旗飘扬在水利督查路上，就是在高质量完成水利督查任务的同时，同步融入理论学习、党性教育、服务群众、提升能力，做到一次督查、两份收获、相融共促。

一次学习研讨。政治上的坚定、党性上的坚定都离不开理论上的坚定。督查组要在学习理论上，结合工作实际舍得花精力，全面系统学，及时跟进学，深入思考学，联系实际学。外出督查，时间紧，任务重，很难有连续的时间和固定的场所，带队督查领导结合“四维课堂”学习教育模式和当次督查内容，做好统筹安排，提前落实好理论学习内容，利用转场、晚上驻地休息时间，组织简短而有针对性的思想理论、政治热点、业务知识等学习或测试，着力促进理论学习入脑入心，融入实践。由单位党员为主的督查组，每年督查期间至少开展 1 次集中学习研讨。

一处红色教育。红色资源是鲜活的历史，是我们党宝贵的精神财富，承载着我们党为中国人民谋幸福、为中华民族谋复兴的初心和使命。督查组利用好就近参观革命传统教育、爱国主义教育基地等红色资源的便利，让党员在感悟历史中接受精神洗礼、汲取前进力量。结合督查任务安排和教育内容，在不挤占督查任务时间的前提下，挤出时间参观红色资源，在督查中融入生动、直观的党性教育。由单位党员为主的督查组，每年督查期间至少组织参观 1 处当地红色资源。

一场技术交流。为民服务，不能只停留在口头上、止步于思想环节，必须要体现在具体实践中。督查组直接面向基层、面对群众，具有直接为民服务的实践基础。开展工作时，要在职责和能力允许的范围内，尽可能听民意、解民忧，力所能及帮助基层群众解决一些实际困难。督查组在督查过程中，结合督查对象情况，开展重点业务交流，既学习督查对象工作中一些好的经验和做法，又为督查对象提供力所能及、不违背督查工作原则的业务指导、规范工作等服务，做到相互促进，体现为民服务意识。由单位党员为主的督查组，每年督查期间至少组织 1 次与督查对象的技术交流活动。

一份真情感悟。将党建工作融入督查工作，让督查工作增添沉甸甸的使命感和责任感；将督查工作融入党建工作，让党建工作增添厚实的实践根基和群众根基。督查工作，既要保质保量完成任务，取得有效成果，又是一次接受思想洗礼、践行初心使命之行。结合实际，督查组成员畅谈工作体会和督查中发挥党员作用的感受和体会，回顾跋山涉水的艰辛，回顾服务绿水青山的自豪，回顾为民服务的初心使命，进一步深化认识，增强责任感和使命感，提升督查业务工作能力。督查人员每年年底召开一次总结会，回顾经历，畅谈体会，表达感悟，细数收获。

（2）常态循环开展“培育核心业务技能，亮出业务‘金招牌’”专项活动

发挥先锋模范作用，是对每个党员的基本要求，是作为党员的应有之义。立足岗位，不断提升业务能力，是党员先锋模范作用发挥的重要外在表现之一。开展“培育核心业务技能，亮出业务‘金招牌’”专题活动，就是要进一步巩固和深化“不忘初心、牢记使命”主题教育成果，强化全体党员把初心和使命镌刻在内心里、落实在行动中的自觉，提高为民服务的本领；就是要把活动作为开展“行动支部”建设的重要载体和切入点，推进党建与业务的深度融合；就是要把活动作为体现党员立足岗位作贡献、有效展示作为

的重要抓手，发挥党员在业务工作领域的先锋模范作用。

4.3.3　精神文明建设

1. 创建有力，基础扎实，厚植精神文明创建根基

苏州管理局以创建“全国文明单位”为抓手，以持续提升单位文明程度和职工文明素质为目标，将精神文明创建工作融入单位建设各方面，围绕持续提升职工文明素养和单位文明程度目标，压实创建过程，注重创建实效。

一是构建全局参与的创建格局，单位主要负责人亲自抓，各部门主要负责人担任责任人，压实党工团组织职责，形成全员参与、人人创建的良好氛围。业务工作开展到哪里，文明创建就延伸到哪里，统筹设计、创新丰富精神文明创建载体，不断扩展内涵外延，提升广度和深度。

二是重视创建过程管理，结合单位实际制定了 2020—2022 年度精神文明建设工作规划，细化年度创建工作计划，创建工作纳入单位、部门及职工个人绩效统筹管理，月度工作会议监督检查，季度、年度有考核。

三是宣传营造浓厚氛围，日常维护“水利文明在线”系统，发布创建信息 749 条；制作宣传展板，建设宣传阵地；持续深入开展文明科室、文明职工、青年文明号、五一文明班组、文明工地等“文明细胞”创建活动，每年开展“文明细胞”创建活动 30 余项。

四是学优争先促文明生根，学治水名人事迹、学“最美水利人”先进事迹、学苏州榜样、学身边先进典型，润物无声，培养精神力量。每年至少 2 次的“身边人讲身边事”成为单位经典宣传内容。近年来，多名职工的先进事迹被《中国水利报》、苏州新闻媒体宣传。望亭水利枢纽管理所获评“苏州市五一文明班组”。

2. 党建引领，文化铸魂，深挖精神文明创建内涵

苏州管理局认真落实全面从严治党责任，弘扬新时代水利精神，挖掘精神文明创建内涵，巩固干事创业氛围。

（1）持续学习习近平新时代中国特色社会主义思想，严格落实全面从严治党责任

坚定不移地把学习贯彻习近平新时代中国特色社会主义思想作为首要任务，充分发挥“学习强国”主平台的学习功用，积极调动党员干部学习的主动性，“学习强国”积分每天稳列苏州市同级党组织前 5 名（共 82 个同级党组织）。扎实开展“不忘初心，牢记使命”主题教育，提高践行初心和使命的行动自觉。党员干部带头深入学习贯彻党的十九大和十九届历次全会精神，贯彻落实全国水利工作会议精神，让党中央的决策部署、水利部的工作部署在基层水利单位的工作中落地见效。

同时，苏州管理局落实全面从严治党主体责任，制定履行全面从严治党主体责任清单，层层压实责任，工作明确到岗、到人。加强党风廉政建设，集中整治形式主义官僚主义，在实践中完善廉政风险防控手册，做到关卡前移，持续改进作风。

（2）“党旗红”点亮文明创建

党建品牌领航文明创建，苏州管理局党支部紧扣“围绕中心、建设队伍、服务群众”的职责定位，在提炼总结“5×4”基层党建工作法的基础上，融合党员日常记实积分考核机制、“四维课堂”（理论课堂、实践课堂、岗位课堂、网络课堂）学习教育机制、党风廉政建设“四个体系”（责任体系、教育体系、防控体系、文化体系）为主要内容的党建三项机制，结合以“建功太湖一线、立业民生水利”为方向的行动支部建设，唱响“红

映太湖”党建品牌，为精神文明注入更多内涵，支撑文明创建行稳致远。

立足当下，苏州管理局大力推进党支部标准化规范化建设，制定相应实施方案；规范“三会一课”制度落实，制定党支部工作规则、党小组工作规则；重视意识形态工作，制定贯彻落实意识形态工作责任制实施细则，用“党旗红”点亮文明创建，将全面从严治党要求贯穿创建工作。

（3）“太湖蓝”融入文明创建

1）广泛弘扬新时代水利精神。苏州管理局组织全体职工学习研讨新时代水利精神的丰富内涵，积极参加水利系统“我心中的水利精神”演讲比赛，展陈新时代水利精神内容，记于心、践于行，成为全局干部职工共同遵守的行为准则。

2）持续推进组织文化建设。苏州管理局凝练形成“让太湖更美好”的愿景、“工程管理的引领者、防汛抗旱的排头兵、河湖管理的流动哨、流域安全的守护神”的使命、“务实、担当、奉献”的精神、“工程管理现代化、内部管理标准化、河湖管理法制化、从严治党常态化”的目标、“快乐工作，健康生活”的理念，并通过广泛宣传使之成为职工共识；遍布单位内部的组织文化墙成为大家喜闻乐见的文化阵地；“太湖治理展示馆”已经建成……浓厚的文化氛围感染着每位职工，为单位发展汇聚力量，2019 年顺利通过水利部文明办组织开展的“全国水利文明单位”复审，并成功创建“江苏省文明单位”。

3. 务实担当，勇于探索，以精神文明创建成果助推单位改革发展

苏州管理局认真学习领会习近平总书记关于治水兴水系列重要讲话精神，积极践行“十六字”治水思路，用精神文明创建汇聚人心力量，助推单位改革发展新成效。

1）水利工程管理更加规范有序。苏州管理局启动工程管理标准化建设，用三年时间探索建立了制度 完善、管理规范、设施完好、技术先进的工程管理体系，积极打造“工程管理的引领者”，成功创建国家级水利工程管理单位，更好地保障了防汛抗旱、引江济太、水资源调度职责。

2）水利督查顺利起步。2019 年是水利行业强监管的起始年，苏州管理局组建了 31 人（占全局总人数 74%）的水利督查队伍，结构合理、技术过硬、吃苦耐劳、务实高效，很好地履行了太湖局水利督查支撑单位的职能。

3）涉湖水事管理更加高效。苏州管理局积极做好“河湖管理的流动哨”，推出新举措，早在 2005 年就率先提出“联合巡查”工作思路，协调推进流域内水政队伍跨区域联合巡查、联合执法，组织《太湖流域管理条例》等水利法律法规宣贯，坚持 15 年不断线，收效明显。

4）事业发展支撑更加稳固。苏州管理局完善绩效考核制度，加强量化考核，打造了一支务实的职工队伍。注重信息技术运用，“数字工程、智慧管控”信息化技术方案得到落实，太湖局直管工程运行智能化初步实现。筑牢安全生产之基，成功创建安全生产标准化一级单位。档案、财务、宣传、环境建设等基础工作水平持续提升，有力保障了单位各项工作的正常开展。

4. 创效显著，辐射社会，文明花香溢太湖

1）疫情防控彰显文明形象。2020 年疫情期间，苏州管理局主动联系帮助社区做好防疫工作，共克时艰，共有 72 人次党员志愿者参与社区防疫工作。2 名党员同志主动参与高铁站防疫人员分流指导工作，连续 6 天驻守现场，每天在岗长达 17 小时。职工自发募捐，为疫情防控捐款、捐物。

2）志愿服务传递文明力量。为进一步推动学雷锋志愿服务活动制度化、常态化，2017年制定了志愿者服务管理制度，组建了以青年职工为主的“太湖流域管理局苏州管理局志愿者服务队”，主要以开展“关爱山川河流”等主题志愿服务活动为主；组建了以党员为主的“太湖流域管理局苏州管理局党员志愿服务队”，主要以开展“在职党员统一服务日”“在职党员进社区”等志愿服务为主。两支志愿者队伍人员有交叉、服务各有侧重，全体志愿者每年开展10余次主题志愿服务活动，目前已形成“有组织、有保障、有结合、有特色”的“四有”志愿服务体系。有组织，党员带头、团员主力、职工献力，志愿者活动参与率达到100%；有保障，绩效激励、党员记实积分奖励，激发志愿者参与意愿，同时活动经费有落实，扶困帮贫出实招；有结合，结合“在职党员统一服务日”“在职党员进社区”活动，坚持15年走访慰问结对社区困难党员群众，得到社区及社区群众的一致好评；有特色，结合水利志愿服务主题，建立“关爱山川河流，建设幸福河湖”水利志愿服务品牌，广泛宣传推广使用水利志愿服务标识，每年20余次深入社区、学校、景区等场所开展节水宣传。2020年，苏州管理局“关爱太湖，志愿青春”节水护水志愿服务项目荣获第五届中国青年志愿服务项目大赛全国赛银奖（见图4-3）。

图4-3　志愿服务项目荣获第五届中国青年志愿服务项目大赛全国赛银奖

4.3.4　水文化建设

太湖局直管工程由太浦闸和望亭水利枢纽组成，两个工程分别坐落于太湖的东南和东北口门，共同承担着防洪、排洪、供水、航运等重要职责。二者文化同源，又各有侧重，管理同步，又互相补充，有机统一，又各具特色，成功入选水利部第二届水工程与水文化有机融合案例。

1. 地域特性与工程特点融会贯通

太湖局直管工程在设计、建设中既注重了水利工程防洪、供水等常规功能的发挥，也注重文化特色，融入了生态、环境、人文等无形功能，成为镶嵌在美丽太湖边的两颗明珠。

太浦闸完美融入当地人文文化。太浦闸坐落于吴江区七都镇，建成于1959年，是新中国成立后在太湖沿线兴建的第一批水利工程之一，也是太湖地区规模最大、流量最大的控制枢纽工程，因而被称为“太湖第一闸”。2012年太浦闸除险加固工程动土开工，2015年完成竣工验收。在确保满足基本的防洪、供水等工程功能基础上，工程上部建筑物大胆采用新工艺、新材料、新外观，启用穿孔铝板、蜂窝铝板及玻璃幕墙等现代建筑材料，启闭机房则利用空间刚架结构，将刚架、杆件规则地“编织”在一起，错落有序，属于国内首创。外观设计以太湖山水轮廓、波浪曲线、渔船帆影作为意象，造型新颖独特。工程两端的桥头堡采用错层方式拓展室内空间，建筑主要采用了大悬挑桁架结构，向水面延伸，亲水近水。工程与旁边的太浦河泵站浑然一体，与传统吴文化相得益彰，成为太湖沿线新地标。太浦闸除险加固工程先后荣获全国水利工程建设文明工地、中国水利工程优质（大禹）奖等荣誉。

望亭水利枢纽工程则充分体现了自然地理特性。1994年建成的望亭水利枢纽，地处望虞河与京杭大运河交汇处。两河在行洪时水位高差较大，为了不影响航运和排洪，独居匠心，建成了水立交工程，从而形成太湖地区唯一的高水和低水交汇、清水和浑水交汇、江水和湖水交汇的“三水交汇”自然景观。望亭水利枢纽的水下工程部分，充分顺应了自然地理特性，设计了倒虹吸涵洞，形成了“上槽下洞”的立交模式，上面的江南运河里船只往来穿梭，下面的望虞河河水静静流淌，形成独特的两水相汇不相融的水利奇观。2010 年水利部批准对望亭水利枢纽上部结构进行更新改造，2012 年完成。更新改造后的望亭水利枢纽上部结构形似抽象“龙图腾”，蜿蜒曲折，横卧望虞河口。

2. 历史印记与工程布景交相辉映

太湖局直管工程充分利用工程管理范围内的空间，进行文化布景，让流域历史和文化得到直观展现。太浦闸工程在对外开放的公共空间，利用收集到的老工程闸墩及旧材料，修建了“中流砥柱”“饮水思源”等水文化景观，宣传工程初建时期国家大兴水利、人民群众积极参与、支持工程建设的团结治水历史。2016 年苏州管理局陈列展示馆坐落在太浦闸南桥头堡，成为集中展现流域文化的重要窗口，流域水情教育基地也正在积极筹备中。望亭水利枢纽在工程管理所内建有领导植树林和太湖治理工程纪念碑，记载着太湖治理的峥嵘岁月。

3. 工程景观与浦江风景融为一体

2011 年 10 月，苏州管理局参与筹建以太浦闸工程为核心的浦江源国家水利风景区，整治工程周边环境，净化美化闸区环境，提升工程景观形象。国学大师南怀瑾先生曾亲自为景区题词，指导太浦闸文化环境建设。太浦闸工程与费孝通江村调查、南怀瑾太湖国学、太湖 36 溇 72 港、古村古桥、吴越历史遗迹、太湖禅林、宗教文化等周边资源相互依存，形成了以工程优美、生态文明的水文化为特色的太湖浦江源水利文化。望亭水利枢纽邻近苏浙两省环太湖地区 7 市联合建设的环太湖慢行风景路，专业的水利工程与现代旅游文化元素有机融合，成为一个集水利观光、学习、休闲旅游为一体的水利工程管理区，共建共享太湖景观资源。

4. 工程管理与文化建设相互促进

苏州管理局立足于工程安全运行，全面推进单位事业发展、文化建设，为工程水文化注入更多内涵。严格坚持“每天 24 小时值班值守、每月检查、每季检修、每年汛前汛后两次集中保养”的工程运行管理机制，树立“调度不拖延，流量不超限，操作不违章”的操作运行目标，保持安全生产零事故，望亭水利枢纽作为全国安全生产先进典型被《中国水利报》专题报道。总结防汛抗旱工作经验，创新管理理念，构建了防汛抗旱防台“七到位”工作格局。在成功创建国家级水利工程管理单位的基础上，自加压力，扬鞭奋蹄，启动更高标准的工程管理标准化建设工作。

苏州管理局围绕工程管理主业，统筹做好其他工作，实践形成基层党建“5×4”工作品牌、党风廉政建设“四个体系”品牌、精神文明建设“12345”工作品牌，提炼总结出“务实、担当、奉献”的单位核心价值观，鼓励职工“快乐工作、健康生活”，初步发挥文化聚合效应，成为推动单位事业发展的精神动力。2016 年、2020 年，太湖局直管工程成功抵御了流域超标准洪水，苏州管理局职工坚守岗位、敬业奉献的事迹被中央电视台、《中国水利报》等媒体广泛报道，得到社会各界认可。

近年来，苏州管理局多次通过全国水利文明单位复审，连续多届获评苏州市文明单位和太湖局文明单位，获评江苏省文明单位，先后成功创建国家级水利工程管理单位、安全生产标准化一级达标单位，水文化建设各项工作扎实推进。

5. 文化传播与文明窗口相辅相成

苏州管理局做好工程运行管理的同时，持续不断地宣传推介水文化，先后从不同角度制作了工程宣传光盘，整编工程介绍手册，编印工程管理论文集。通过组建“学雷锋”志愿服务队、开展关爱山川河流志愿服务、组织开展系统内外交流活动、为大中小学校提供社会实践平台等系列活动，搭建流域对外展示窗口，年均接待社会各界人士千余人次。

太湖局直管工程响应人民对美好生活的向往，丰富水文化元素，实现了水工程与水文化有机融合，提升了工程的内涵和品位，给水利工程赋予了更高的使命。

4.4　工程环境和管理设施

4.4.1　美化工程环境

1. 制定并实施工程环境规划

为充分利用管理范围内的水土资源和工程优势，自从 2005 年起，苏州管理局就着手开展直管工程管理区环境规划建设，委托专业设计院开展了规划设计，并利用申报小基建项目、设施维护项目，积极争取经费，对照规划、分步设施。2016 年苏州管理局组织制定印发了《太湖局直管工程水土资源开发利用规划（2016—2025 年）》，并因地制宜地对水工建筑物及管理用房以外的全部土地进行绿化规划，科学合理地开发利用和保护水利风景资源，水土资源开发利用率高，水土保持良好，绿化程度高，水生态环境良好。

太浦闸和望亭水利枢纽工程管理范围内土地面积 230. 6 亩，堤防总长 3. 9km，堤防上按一定间距种植护堤林，闸区种植各类景观苗木，地面铺设草坪，宜绿化面积绿化率达 91. 1%，无水土流失情况，上下游两侧河道护坡部分采用生态护坡，水面干净整洁，水生态环境良好。结合工程维修养护，绿化养护工作实现物业化管理，由专业的公司开展绿化养护工作，进一步改善了工程环境面貌，整体维护情况良好。

（1）太浦闸工程

太浦闸工程管理范围占地面积 75 042. 75m^2，管理用房面积 7 348. 51m^2，硬化路面面积 10 500m^2，可绿化面积 57 194. 24m^2，已绿化面积 53 000m^2，太浦闸工程绿化率为 92. 7%。

在 1995 年太湖局接管太浦闸工程时，管理区内绿化茂密，树木遮天蔽日，但缺乏规划，非常杂乱，同时管理比较混乱，卫生状况较差。在接管之后，苏州管理局结合太浦闸上部结构加固工程项目的实施，对管理区进行了初步整理，加强卫生管理，管理区面貌有所改观。1998 年以后，苏州管理局结合直管工程的达标建设，委托专业设计单位开展了太浦闸堤防管理整治规划和管理区环境整治规划的编制，统筹经费安排，做好管理范围内的绿化整治。根据工程的实际情况，堤防护坡绿化首要目的是对堤防进行有效防护，防止水土流失，重在实效、美观、便于管理，而管理区庭院绿化的目标是改善工作环境，建设园林化管理所。经过多年的建设与运行维护，太浦河枢纽管理所已成为典型的园林化管理所，管理区域内鸟语花香，绿树成荫，曲径通幽，成为当地一景。

（2）望亭水利枢纽

望亭水利枢纽管理范围占地面积 78 665. 24m^2，管理用房面积 3 774. 015m^2，硬化路面面积 17 600m^2，可绿化面积 57 291. 225m^2，已绿化面积 51 253m^2，望亭水利枢纽绿化率为 89. 5%。

在 1998 年太湖局接管望亭水利枢纽工程时，管理区内管理设施一片空白，院子内杂草、杂树丛生，庭院内有野兔等小动物出没。苏州管理局经过认真调查研究后，组织编制了环境整治建设的初步规划，并结合现场办公楼等管理设施建设项目的实施，逐步建成了具有现代气息的庭院庄园式管理所。苏州管理局对办公楼周围环境进行了整理，种植了草坪，栽种了花木；落实“七分种树、三分种草”的思路，逐步推行乔木、灌木、藤类、草坪的组合式立体绿化，尤其重视增加林木绿化所占的比重，管理区的面貌初具雏形。后续，苏州管理局对堤防绿化和防汛道路绿化带进行了配套整治，并将沿线的架空电话线路改成电缆沟敷设，配套了路灯照明设施，使进入管理区的迎宾道路成为别具特色的景观大道。沿着望虞河河边的迎宾道路一路行来，路旁是一排整齐的香樟树，树下是灌木、花卉组成的自然曲线的绿化色带、色块，高低错落有致，层次变化有趣，院内有绿茵茵的草坪、高大的香樟树、飘香的桂花树，还有成片的枇杷、酥梨、葡萄等经济作物。

2. 联合创建国家水利风景区

为加强工程管理规范化、现代化建设，全面提高工程管理水平，根据水利部《水利风景区管理办法》和《水利风景区评价标准》，2005 年起苏州管理局结合直管工程的实际情况，着手制定了水利风景区评价模拟测评考核工作的实施方案和工作计划，编制了《苏州管理局水利风景区发展远景规划纲要》，围绕实现管理区域公园化、工程建筑物辖区园林化并具有太湖人文特色和江南山水风景特点，组织部署在直管工程开展水利风景区创建工作。

2010 年 3 月，苏州管理局和七都镇人民政府携手，以太浦闸除险加固为契机，以太浦闸为主要工程景观成功申报了太湖浦江源国家水利风景区。2011 年 11 月，太湖浦江源水利风景区获评第十一批国家水利风景区。太湖浦江源国家水利风景区地理位置优越，坐拥东太湖岸线 23km，是长三角生态绿色一体化发展示范区中的重要生态环境保护地。水利风景区自然禀赋优良、水利资源独特，依托东太湖、太湖环湖大堤、太浦闸工程及湖岸天然河道绿地而建，是自然河湖型景区。2015 年水利部批复了《太湖浦江源国家水利风景区总体规划》。总体规划方案将风景区规划为“一带两心，水陆并行，四区协同，二十四景”，立足水环境与水生态改善，开发及提升水利工程的内涵，将其建设成为“水生态体系完整、水生态环境优美、水生态文明理念深入人心、文化底蕴深厚、科教意义显著、旅游项目丰富、接待设施齐全”的极具文化特色的国家级水利风景区。

水利风景区成为生态文明、美丽河湖建设、推进乡村振兴的重要载体，在推进太湖周边水生态修复、水环境治理和服务吴江区七都镇高质量发展方面，做出了重要贡献。作为浦江源水利风景区核心景观的太浦闸，在保障流域防洪安全、供水安全和水生态安全中发挥了重要作用。水利风景区着力打造生态水利、民生水利、乡村振兴一体化。突出水利资源优势特色，融入太湖鱼米文化、溇港文化、社会学文化、国学文化、非遗文化等，通过溇港文化体验与社会学研学功能联动引擎的驱动，水利风景区已经成为构建幸福河湖、助力乡村振兴、打造全域旅游和滨湖一体化发展的重要支撑。2021 年，太湖浦江源国家水利风景区获评国家水利风景区高质量发展典型案例。

3. 加强闸区环境治理管理

（1）推进工程闸区封闭管理

2006 年月城河交通桥建设期间，经过望亭水利枢纽管理范围的机动车辆明显增多，较多过境的货车、中巴车、小客车，以及个别超限车辆途经闸区。过境车辆的增多，不但直接威胁工程安全，同时增加了管理范围内的环境卫生工作量和管理难度。苏州管理局着手推动望亭水利枢纽工程闸区封闭管理。经过多方调研与协调，通过设置两岸门卫室、隔离网等封闭管理设施和增加治安辅助管理人员后，从2007年起实现了闸区封闭管理，为提升闸区安全管理、环境管理水平创造了良好条件。

太浦闸除险加固工程竣工验收后，2015年12月，苏州管理局主动与工程所在地人民政府沟通报告，由区政府发布通告，明确太浦闸闸区实施控制管理，交通桥禁止货车及其他大型车辆通行，禁止在交通桥、上下游堤防、上下游水域警戒区内从事钓鱼、捕鱼、游泳、停泊船只等活动，禁止在交通桥及两端50m范围内违规停车、摆摊、堆放垃圾等，禁止非工作人员进入可能影响工程安全运行或影响人身安全的警戒区域，在套闸运行维护、防汛防台风紧张时期，交通桥封闭管理，禁止一切车辆和行人通行。

（2）加强环境卫生检查考核

为创建干净、舒适的办公环境，确保环境卫生工作落到实处，管理区域全部委托专业公司开展绿化养护和卫生保洁，苏州管理局加强合同管理与检查考核，保障绿化养护和卫生保洁等服务质量。

在管理区域内部实行环境卫生分片包干，划定了各科室、直属机构所属办公及管理区域具体范围，开展内部卫生考核评比。其中，办公室负责管理所属办公室、局领导办公室，以及局机关办公楼、会议室、卫生间、公共走道及水事会商室、职工食堂、集体宿舍、仓库、大院公共区域。工程管理科负责管理所属办公室、值班室、机房。建设与安全科、水政水资源科、财务科、人事科分别负责管理所属办公室区域。直属机构负责管理所属办公楼、生活场所（宿舍、食堂等）、建筑物及管理设施设备、大院公共区域。

环境卫生考核由办公室牵头负责，以科室、直属机构为单位，每季度集中开展一次。考核组一般由3人组成，其中组长由办公室人员担任，工程管理科、建设与安全科各派1人参加。考核内容及标准主要包括：办公室、会议室桌椅整齐，室内窗台、桌面整洁，墙面、顶面及灯架无蜘蛛网和积垢，门窗玻璃无灰尘，地面无纸屑、积尘、水迹，公共区域、建筑物及管理设施设备外观整洁，环境优美。考核实行百分制计分，考核得分取考核组成员加权平均分，考核结果分“优”“良”“差”三个等级。95分以上为“优”，80~95分为“良”，80分以下为“差”。每季度对考核结果进行公示，考核结果纳入部门绩效考核，并作为评选文明科室的参考依据。

4.4.2 完善管理设施

自从1995年接管太浦闸工程后，苏州管理局就陆续组织开展了太浦闸和望亭水利枢纽的管理设施建设与完善，利用管理设施配套、水政监察基础设施建设等项目，结合望亭水利枢纽更新改造工程和太浦闸除险加固工程建设实施，逐步形成了苏州管理局本部、太浦河枢纽管理所、望亭水利枢纽管理所、太湖水政执法基地等一局两所三个基地的格局，直管工程管理设施日趋完善。苏州管理局办公、生产用房及生活配套设施完善，环境卫生良好，管理井然有序，为防汛抗旱、工程管理、水政监察等业务工作的开展创造了良好的条件。

苏州管理局始终秉持“快乐工作、健康生活”的工作理念，鼓励和支持职工积极参加羽毛球、足球、篮球、瑜伽、登山、垂钓等兴趣小组，组织开展各种文体活动。工会建立了兴趣小组管理制度，根据职工需求受理、审批兴趣小组成立的申请，组织、指导、规范兴趣小组开展文体活动，向兴趣小组提供相关比赛、活动等信息，协助联系活动场所，并对场地租赁、训练器材购置、教练指导等相关经费的使用进行资金支持和监督管理。局本部配套有职工书屋、职工之家等专门用房和篮球场、乒乓球桌等文体设施。在望亭水利枢纽管理所设有篮球场、足球场、乒乓球室，在太浦河水利枢纽管理所设有文体中心，可进行篮球、羽毛球、乒乓球等多种体育活动。苏州管理局鼓励职工积极参加太湖局、苏州市市级机关、苏州管理局等举办的各类文体活动，对积极参加文艺、体育比赛活动并取得优异成绩的职工给予奖励。

4.5 规章制度

4.5.1 建立健全制度体系

随着苏州管理局职工队伍不断壮大，职能范围逐步扩大，根据工程管理需要，各项管理制度陆续建立，制度体系逐步健全，管理制度经历了从无到有、从有到全的建立过程。2011 年起狠抓内部管理，强化制度建设，明确制度管理职责，严格制度管理程序，推进制度的制定和修订、审查和发布、实施和废止、检查和评估等流程的制度化、规范化，不断完善具有单位特色的制度体系，逐步形成了循制度办事、以制度管人的良性机制。经过近 30 年的积累，截至 2020 年底，已经形成了涵盖行政管理、人事劳资、财务资产、党建和精神文明、工会 5 方面内容的系统的综合管理制度共 76 项，工程管理制度共 26 项，安全生产管理制度共 32 项，水政监察制度共 10 项，构建了横向到边、纵向到底的制度框架体系，扎紧了各项工作的制度笼子。苏州管理局制度体系见图 4-4，综合管理制度统计见表 4-1，工程管理制度统计见表 4-2，安全生产管理制度统计见表 4-3，水政监察制度统计见表 4-4。

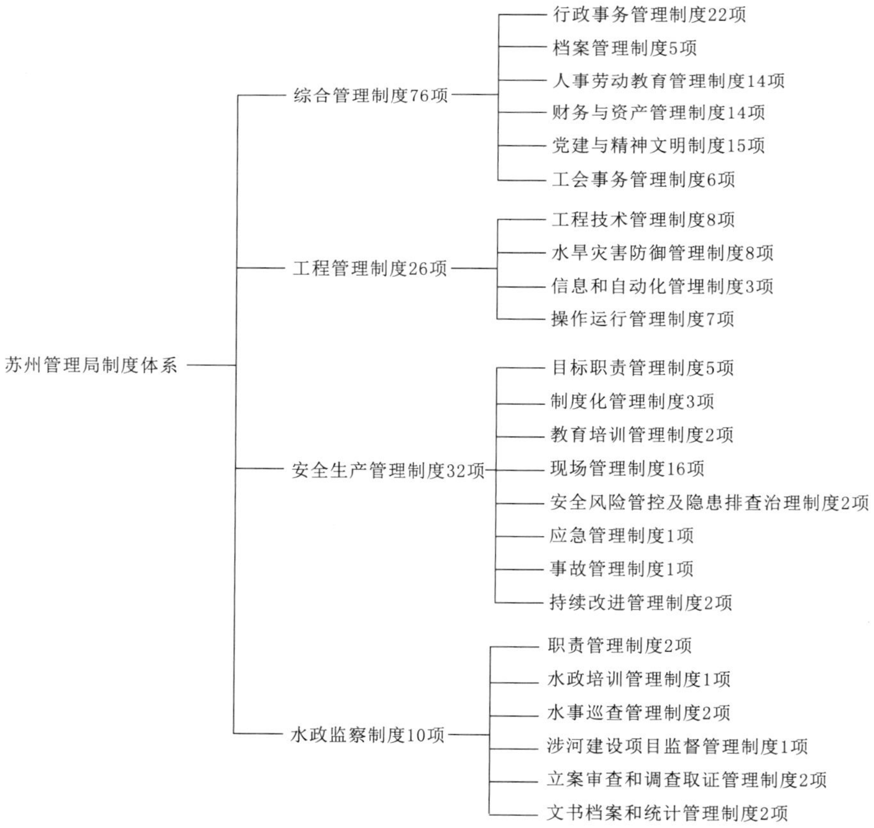

图 4-4 苏州管理局制度体系图

表 4-1　苏州管理局综合管理制度统计

序号	制　度　名　称	制度分类
1	太湖流域管理局苏州管理局工作规则	行政事务管理
2	太湖流域管理局苏州管理局“三重一大”决策实施细则	
3	太湖流域管理局苏州管理局行政会议制度	
4	太湖流域管理局苏州管理局督办工作管理办法	
5	太湖流域管理局苏州管理局制度管理办法	
6	太湖流域管理局苏州管理局大事记管理办法	
7	太湖流域管理局苏州管理局请示报告制度	
8	太湖流域管理局苏州管理局公文处理办法	
9	太湖流域管理局苏州管理局印章管理办法	
10	太湖流域管理局苏州管理局信访工作实施细则	
11	太湖流域管理局苏州管理局保密工作管理办法	
12	太湖流域管理局苏州管理局局务公开目录	
13	太湖流域管理局苏州管理局公务接待管理办法	
14	关于进一步规范和加强公务接待、公务用车和会议管理的通知	
15	关于进一步明确公务接待和公务用车有关费用收缴标准的通知	
16	关于进一步规范职工食堂用餐服务和用餐标准的通知	
17	太湖流域管理局苏州管理局公务车辆管理办法	
18	太湖流域管理局苏州管理局环境卫生考核办法	
19	太湖流域管理局苏州管理局机关大院及办公楼安全保卫管理制度	
20	太湖流域管理局苏州管理局集体宿舍管理办法	
21	太湖流域管理局苏州管理局食堂管理制度	
22	太湖流域管理局苏州管理局节约用水管理制度	
23	太湖流域管理局苏州管理局档案管理办法	档案管理
24	太湖流域管理局苏州管理局档案分类整理方案	
25	太湖流域管理局苏州管理局文件材料归档范围和文书档案保管期限表	
26	太湖流域管理局苏州管理局电子文件归档管理办法	
27	太湖流域管理局苏州管理局归档文件整理细则	
28	太湖流域管理局苏州管理局各部门主要职责和人员编制规定	人事劳动教育管理
29	太湖流域管理局苏州管理局绩效工资分配办法	
30	太湖流域管理局苏州管理局绩效考核办法	
31	太湖流域管理局苏州管理局岗位聘用管理办法	
32	太湖流域管理局苏州管理局科级干部选拔任用工作管理办法	
33	太湖流域管理局苏州管理局职工岗位交流管理办法	
34	太湖流域管理局苏州管理局新进人员试用期管理办法	
35	太湖流域管理局苏州管理局职工考勤办法	
36	太湖流域管理局苏州管理局职工带薪年休假实施细则	
37	太湖流域管理局苏州管理局职工疗休养管理工作实施办法	

续表

序号	制　度　名　称	制度分类
38	太湖流域管理局苏州管理局学习管理办法	人事劳动教育管理
39	太湖流域管理局苏州管理局职工教育培训管理办法	
40	太湖流域管理局苏州管理局人事档案管理办法	
41	太湖流域管理局苏州管理局编制外用工管理办法	
42	太湖流域管理局苏州管理局专家咨询费和劳务费发放申领规定（试行）	财务与资产管理
43	太湖流域管理局苏州管理局工作人员参加咨询、评估评审活动规定（试行）	
44	太湖流域管理局苏州管理局因私出国（境）管理办法	
45	太湖流域管理局苏州管理局财务管理办法	
46	太湖流域管理局苏州管理局中央级预算项目验收管理实施细则	
47	太湖流域管理局苏州管理局项目管理办法	
48	太湖流域管理局苏州管理局经济合同管理办法	
49	太湖流域管理局苏州管理局资产管理办法	
50	太湖流域管理局苏州管理局固定资产管理办法	
51	太湖流域管理局苏州管理局政府采购管理办法	
52	太湖流域管理局苏州管理局存货管理办法	
53	太湖流域管理局苏州管理局差旅费管理办法	
54	太湖流域管理局苏州管理局会议费管理办法	
55	太湖流域管理局苏州管理局公务交通费用报销办法	
56	中共太湖流域管理局苏州管理局支部委员会工作规则	党建与精神文明
57	太湖流域管理局苏州管理局党支部党小组工作规则	
58	太湖流域管理局苏州管理局党员先锋岗管理办法	
59	太湖流域管理局苏州管理局领导班子理论学习管理办法	
60	太湖流域管理局苏州管理局党支部贯彻落实党内谈心谈话制度实施细则	
61	太湖流域管理局苏州管理局党风廉政建设责任制实施办法	
62	太湖流域管理局苏州管理局履行全面从严治党暨党风廉政建设主体责任清单	
63	太湖流域管理局苏州管理局贯彻落实中央八项规定精神实施办法	
64	太湖流域管理局苏州管理局贯彻落实意识形态工作责任制实施细则	
65	太湖流域管理局苏州管理局党员“培育核心业务技能，亮出业务‘金招牌’”专题活动管理办法	
66	太湖流域管理局苏州管理局党支部党费收缴、使用和管理办法	
67	太湖流域管理局苏州管理局党员日常记实积分考核管理办法	
68	太湖流域管理局苏州管理局党支部党务公开目录	
69	太湖流域管理局苏州管理局文明科室和文明职工评选办法	
70	太湖流域管理局苏州管理局谈心谈话制度	
71	太湖流域管理局苏州管理局职工大会制度	工会事务管理
72	太湖流域管理局苏州管理局工会委员会工作规则（试行）	
73	太湖流域管理局苏州管理局工会委员会经费审查委员会工作规则（试行）	
74	太湖流域管理局苏州管理局工会委员会经费管理办法	
75	太湖流域管理局苏州管理局工会委员会会员奖励、补助及慰问管理办法	
76	太湖流域管理局苏州管理局职工合理化建议管理办法	

表 4-2　苏州管理局工程管理制度统计

序号	制　度　名　称	制度分类
1	太浦闸技术管理实施细则	工程技术管理
2	望亭水利枢纽技术管理实施细则	
3	太湖局直管工程检查工作管理规定	
4	太湖局直管工程观测工作管理规定	
5	太湖流域管理局直管水利工程维修养护技术质量标准	
6	太湖流域管理局苏州管理局水利工程维修养护项目管理规定	
7	太湖局直管工程闸门及启闭机设备管理等级评定实施细则	
8	太湖局直管工程标识标牌设置技术标准	
9	太湖流域管理局直管工程控制运用方案	水旱灾害防御管理
10	太湖流域管理局苏州管理局防汛抗旱责任制	
11	太湖流域管理局苏州管理局防汛抗旱工作制度	
12	太湖流域管理局苏州管理局“一湖两河”工程运行管理督查办法	
13	太湖流域管理局苏州管理局防汛抗旱应急预案	
14	太浦闸工程应急预案	
15	望亭水利枢纽应急预案	
16	望亭电厂取水口工程导流隔水墙险情处置方案	
17	太湖流域管理局苏州管理局网络安全及信息系统运行维护管理办法	信息和自动化管理
18	太湖流域管理局苏州管理局机房管理规定	
19	小型遥控水下机器人（ROV）系统使用管理办法	
20	太浦河枢纽管理所内部管理制度	操作运行管理
21	太浦闸操作规程	
22	太浦闸套闸运行管理办法	
23	东茭嘴引河工程管理办法	
24	望亭水利枢纽管理所内部管理制度	
25	望亭水利枢纽操作规程	
26	望亭电厂取水口节制闸运行管理办法	

表 4-3　苏州管理局安全生产管理制度统计

序号	制　度　名　称	制度分类
1	太湖流域管理局苏州管理局安全生产目标管理制度	目标职责管理
2	太湖流域管理局苏州管理局安全生产责任制度	
3	太湖流域管理局苏州管理局安全生产承诺制度	
4	太湖流域管理局苏州管理局安全生产会议制度	
5	太湖流域管理局苏州管理局安全生产投入制度	
6	太湖流域管理局苏州管理局法律法规标准规范管理制度	制度化管理
7	太湖流域管理局苏州管理局安全生产记录和文件管理制度	
8	太湖流域管理局苏州管理局安全生产档案管理制度	
9	太湖流域管理局苏州管理局安全教育培训管理制度	教育培训管理
10	太湖流域管理局苏州管理局特种作业人员管理制度	
11	太湖流域管理局苏州管理局设备设施管理制度	现场管理
12	太湖流域管理局苏州管理局安全设施管理制度	
13	太湖流域管理局苏州管理局建设项目安全设施“三同时”管理制度	

续表

序号	制 度 名 称	制度分类
14	太湖流域管理局苏州管理局新技术、新工艺、新材料、新设备设施管理制度	现场管理
15	太湖流域管理局苏州管理局安全保卫制度	
16	太湖流域管理局苏州管理局用电安全管理制度	
17	太湖流域管理局苏州管理局危险物品管理制度	
18	太湖流域管理局苏州管理局交通安全管理制度	
19	太湖流域管理局苏州管理局消防安全管理制度	
20	太湖流域管理局苏州管理局仓库安全管理制度	
21	太湖流域管理局苏州管理局作业安全管理制度	
22	太湖流域管理局苏州管理局安全标志管理制度	
23	太湖流域管理局苏州管理局相关方安全管理制度	
24	太湖流域管理局苏州管理局作业变更管理制度	
25	太湖流域管理局苏州管理局职业健康管理制度	
26	太湖流域管理局苏州管理局劳动防护用品管理制度	
27	太湖流域管理局苏州管理局安全隐患排查治理制度	安全风险管控及隐患排查治理
28	太湖流域管理局苏州管理局危险源辨识与风险管理制度	
29	太湖流域管理局苏州管理局安全预测预警和应急管理制度	应急管理
30	太湖流域管理局苏州管理局生产安全报告和事故管理制度	事故管理
31	太湖流域管理局苏州管理局安全生产标准化绩效评定管理制度	持续改进管理
32	太湖流域管理局苏州管理局安全生产考核奖惩管理制度	

表 4-4 苏州管理局水政监察制度统计表

序号	制 度 名 称	制度分类
1	太湖流域管理局苏州管理局水政监察队伍工作职责	职责管理
2	太湖流域管理局苏州管理局水政监察人员工作岗位职责	
3	太湖流域管理局苏州管理局水政监察人员培训制度	水政培训管理
4	太湖流域管理局苏州管理局水事巡查检查工作实施细则	水事巡查管理
5	太湖流域管理局苏州管理局无人机使用管理办法	
6	太湖流域管理局苏州管理局涉河建设项目监督管理办法	涉河建设项目监督管理
7	太湖流域管理局苏州管理局水行政执法立案审查制度	立案审查和调查取证管理
8	太湖流域管理局苏州管理局水行政执法调查取证实施细则	
9	太湖流域管理局苏州管理局水行政执法文书档案管理办法	文书档案和统计管理
10	太湖流域管理局苏州管理局水行政执法统计工作实施细则	

根据制度修订情况，苏州管理局及时将相关制度、标准汇编成册，组织编制印发了《太湖流域管理局苏州管理局综合管理制度汇编》《苏州管理局安全生产标准化制度汇编》《苏州管理局工程管理工作手册》《太浦闸工程运行管理工作手册》《望亭水利枢纽运行管理工作手册》《水行政管理工作相关制度汇编》，健全了标准化制度体系，并便于开展制度学习与宣贯。

4.5.2　规范制度制定与修订

1. 定期开展制度评估与修订

苏州管理局各项管理制度由办公室归口管理，原则上按年度严格执行废改立计划。根据国家有关法律法规政策、行业规程规范的变化情况和水利部、太湖局有关规定，结合苏州管理局事业发展的需要，按照切实解决实际问题，保持相关制度协调统一和简明易行的原则，适时制定、修订和废止管理制度。本着“谁起草谁负责”的原则，起草部门负责制度的实施，做好制度的培训、宣贯工作，严格督促制度执行。在制度执行中严格把关，做到有章必依、违章必究，做到执行制度有记录，不断加大规章制度的执行力，确保制度执行效果良好。各部门定期对制度的执行情况进行检查，形成检查台账，检查结果报办公室，将制度执行情况纳入季度、年度考核，并以执行考勤制度、财务制度为突破口，开展多次监督检查，确保制度执行到位。

各部门在每年 3 月底前组织对本部门职责范围内制度开展全面梳理，对制度的适用性、有效性、完备性等进行评估，做出“有效”“修订”“废止”“新建”等初步评估结论。各部门在每年 3 月底前把本部门职责范围内制度初步评估结论、年度制度工作计划提交办公室汇总。上述成果经局长会议审议通过后，印发年度制度建设工作计划和废止的制度目录清单。比如，2020 年度制度评估结果（摘录）见表 4-5，2020 年度制度建设计划（摘录）见表 4-6。

表 4-5　苏州管理局 2020 年度制度评估结果（摘录）

序号	制度名称	印发文号	评估情况	评估结论
废止 18 项制度				
1	太湖流域管理局苏州管理局关于进一步规范和加强公务接待、公务用车和会议管理	太苏办〔2017〕18 号	相关内容在太湖流域管理局苏州管理局公务接待管理办法（太苏办〔2019〕2 号）、太湖流域管理局苏州管理局公务车辆管理办法（太苏办〔2018〕22 号）、太湖流域管理局苏州管理局会议费管理办法（太苏办〔2019〕2 号）均有明确，本通知不再适用	废止
……				
修订 75 项制度				
一	行　政　管　理			
1	太湖局苏州管理局“三重一大”事项决策实施细则（试行）	太苏字〔2012〕54 号	（1）基本适用，试行时间较长。 （2）有效性方面：基本有效，需结合单位实际进行适当调整。 （3）完备性：基本完备，需结合实际做适当完善	修订
……				
五	工　程　管　理			
11	太湖局直管工程标识牌设置标准	太苏管〔2016〕86 号	（1）基本适用，部分内容与《河湖及水利工程界桩、标志牌制作与安全标准（试行）》（建安〔2016〕87 号）不符。 （2）有效性方面：基本有效，需结合实际进行适当调整。 （3）完备性：基本完备，需结合实际作适当补充	修订
……				

续表

序号	制度名称	印发文号	评估情况	评估结论
六	水　政　监　察			
47	水政监察队伍工作职责	太苏办〔2018〕4号	（1）适用性方面：部分适用。 （2）有效性方面：三定批复后，按照批复的部门职责及支队和大队职责分工进行修订。 （3）完备性：不完备，根据上级单位职责权限的分工变化和单位工作内容的变化，工作职责有新增	修订
……				
七	安　全　生　产			
52	安全生产责任制度	太苏办〔2016〕14号	（1）适用性方面：适用。 （2）有效性方面：基本有效。 （3）完备性：基本完备，该制度中各部门职责将根据机构改革批复后进行调整	修订
……				
继续有效79项制度				
一	行　政　管　理			
1	苏州管理局各部门主要职责和人员编制规定	太苏字〔2011〕59号	（1）适用性方面：适用。 （2）有效性方面：有效，与单位在用相关制度无冲突，制度合理、可操作。 （3）完备性：内容完备	有效
	……			

表4-6　苏州管理局2020年度制度建设计划（摘录）

序号	制度名称	性质	牵头起草部门	完成时间
1	太湖局苏州管理局“三重一大”事项决策实施细则（试行）	修订	办公室	2020年6月
……				
3	太湖局苏州管理局节水管理系列制度	新建	办公室	2020年9月
……				
6	太湖局苏州管理局人事档案管理制度	修订	人事科	结合工管标准化工作安排，2020年12月
……				
10	太湖局苏州管理局资产管理暂行办法	修订	财务科	2020年9月
……				
16	太湖局苏州管理局党员示范（先锋）岗管理办法	新建	人事科	2020年6月
17	太湖局直管工程标识标牌设置标准	修订	工程管理科	2020年9月
18	太湖局直管工程检查工作管理规定	新建	工程管理科	2020年6月
……				
22	太浦闸节制闸自动监控系统操作规程	修订	太浦河枢纽管理所	2020年9月
……				

续表

序号	制度名称	性质	牵头起草部门	完成时间
45	望亭水利枢纽配电系统操作规程	修订	望亭水利枢纽管理所	2020 年 6 月
……				
53	水行政执法立案审查制度	修订	水政科	太湖局相关制度修订后 3 个月内完成修订
54	水行政执法调查取证制度	修订	水政科	2020 年 12 月
……				
57	安全生产责任制度	修订	建设与安全科	机构改革批复后 3 个月，或 2020 年 12 月
……				

2. 规范关键岗位制度明示

为进一步规范直管工程制度管理工作，加强工程图文制作的管理，做到工程管理资料、上墙图文格式统一、内容规范，2007 年苏州管理局印发了《关于规范工程管理资料和上墙图表的通知》，参照水利部关于国家级水利工程管理单位的评定标准，结合直管工程管理实际，对工程现场的管理资料和上墙图表进行了规范，明确相关制度和设备操作规程上墙明示的要求，对直管工程的上墙图文，明确了具体内容、规格尺寸、材质、数量等。

流域骨干工程示意图、工程概况、工程剖面图、平面图各两套，一套悬挂会议室，另一套放置在桥头堡。工程运用主要技术指标、设备揭示图各一套，悬挂在桥头堡内。电气一次接线图一套，悬挂在总配电间。操作规程、规章制度、岗位责任制各一套，悬挂在各岗位工作现场。

上墙图文由工程管理科统一组织制作，管理所协助。图文内容每 3~5 年更新一次，按照原有规格尺寸进行制作安装。现有的其他上墙图文在达到更新要求时，按统一规定的尺寸、材质和内容逐年制作更换。

2020 年苏州管理局制定印发了《太湖局直管工程标识标牌设置技术标准》，进一步规范了关键制度上墙明示的要求。其中，在公告类标识标牌标注内容中，对于工程运行管理规章制度、操作规程和参数图表等上墙要求进行了明确规定。

4.6 档案管理

4.6.1 健全制度和落实责任

1. 档案管理制度健全

苏州管理局将档案管理纳入单位的制度体系，2004 年起就制定了档案工作管理制度、档案管理实施办法等制度，现行的档案管理制度包括《太湖流域管理局苏州管理局档案管理办法》《太湖流域管理局苏州管理局档案分类整理方案》《太湖流域管理局苏州管理局文件材料归档范围和文书档案保管期限表》《太湖流域管理局苏州管理局电子文件归档管理办法》《太湖流域管理局苏州管理局归档文件整理细则》和《太湖流域管理局苏州管理局人事档案管理办法》等，并根据上级有关规定和档案管理工作实际需要，不定期进行制度评估与修编，档案管理制度健全。

2. 档案管理责任制落实

苏州管理局成立了档案管理工作机构，并根据人员变动情况，定期调整档案管理网络。档案工作归口办公室管理，由分管办公室的局领导分管，办公室主要负责人具体负责档案管理工作，办公室明确专职档案管理人员，并经培训合格后上岗，各部门分别指派一名兼职档案管理人员。

各部门在工作中形成的各类应归档文件材料，实行预立卷归档，由兼职档案员负责收集、整理，于次年3月底前正式立卷、归档，向办公室移交，并做好移交手续。办公室在每年5月底前完成上年度所有文书、照片档案的归档整理工作，并向苏州市档案局报盘。其中，人事档案管理工作归口在人事科，由分管人事科的局领导分管，人事科主要负责人具体负责人事档案管理工作，并明确人事档案管理工作专管人员。会计档案由财务科负责，在次年3月底前将全部凭证、账簿、各种报表，装订成册后立卷、归档，向办公室移交，并做好移交手续。

以工程管理（业务类）档案为例，预立卷目录和存档内容主要包括：工程技术管理资料总目录表；明传电报、内部传真电报、报告传阅单、签报单等行政工作类相关资料；值班记录、工程运行记录、闸门调整报告、工情报告、工程运行统计以及水文、气象等工程运行类相关资料；每日巡视记录、日常检查记录、定期检查记录、专项检查（包括安全检查）记录等工程检查类相关资料；日常维修养护记录、汛前汛后维修养护计划和记录、闸门及启闭机设备管理等级评定资料等工程维修养护类相关资料；各项观测记录、观测分析报告等工程观测类相关资料；维修养护项目等项目类相关资料；技术管理总结，工情简报，工程大事记，月度、季度、年度工作计划和总结等总结类相关资料；防汛抗旱工作手册等工作手册类相关资料；望亭水利枢纽取水口管理等其他类相关资料。

3. 高度重视工程档案管理

苏州管理局的工程档案主要包括基建档案和防汛抗旱、工程管理、安全生产、水政监察等业务类档案。工程档案管理工作是一项基础性的管理工作，必须要得到足够的重视。国家建立工程质量终身负责制，对工程建设与管理单位的工程档案工作提出了更高的要求。工程档案资料也是落实工程质量终身责任制最直接、最有力的凭证之一；工程档案是否完整、准确、系统，也直接影响工程质量终身责任制的有效落实。一个项目竣工验收后，留下的只有工程实物和档案资料；工程实物体现的是结果，档案资料反映的是过程。随着对工程质量的重视，工程档案的凭证作用将会更为重要。苏州管理局作为水管单位，工程管理责任重大，在所开展的工程管理工作过程中，尤其要重视工程管理等科技档案管理工作，要在开展工程建设和工程管理的同时，同步形成比较完整、系统的工程档案资料。

落实工程档案管理责任制。项目组或项目法人对工程建设档案负责；项目法人应在项目组织机构中明确档案资料专管人员，负责组织完成工程档案的收集、整编。各科室、管理所须认真落实档案与业务工作同步管理要求，明确责任人负责收集、整编业务工作过程中形成的档案资料。档案管理部门负责安排档案管理专职人员，加强对工程建设和工程管理归档工作的监督、检查和指导。

落实档案工作与业务工作的“四同步”管理，即下达计划、布置任务时，要同时提出文件材料的归档要求；签订合同协议时，要对档案资料的收集、整理和归档提出明确要求；检查计划进度时，要同时检查档案资料的收集、整编情况；工作完成评价验收时，要同时审查、验收档案材料的完整、系统情况。

项目组或项目法人应在项目开工后专门召开建档交底会议，将档案管理要求培训在前、清单列在前；项目管理应认真执行档案资料不合格不验收，档案资料不合格不结算。各科室、管理所在日常业务开展过程中所产生的一些会议记录，以及工程进度控制、资金安排、质量要求、工作完成情况等都要有完善的文字记录或原始材料，同时要注重现场文件资料收集，只有注意随时随地收集现场所产生的资料，才能系统地收集齐全所需归档材料。

4.6.2　设施良好且存放有序

苏州管理局综合档案室现有办公用房 24m^2，档案库房 56m^2，阅档室 28m^2，按照“三室分开”的原则实现了办公、阅档、库房三分开。在管理所设有资料室，并建有单位档案陈列室。档案库房安全适用，干净、整洁、管理有序，配备了温度计、湿度计，配备了空调设备、吸尘器和消防设施，落实了防盗、防光、防高温、防火、防潮、防尘、防鼠、防虫等“八防”措施，设施齐全，为档案保管、利用提供了良好的条件。档案库房内现有档案专用密集架 11 列，留有 5 年以上档案存放余量，案卷排列有序。密集架和档案装具的规格、式样以及质量均符合国家、省有关规定；档案卷皮、卷盒及其他档案装订材料采用无酸制品。按照新的标准编制了符合规范要求的全宗卷，库房设有档案存放示意图并上墙，能坚持做好温湿度记录，根据情况适时进行温湿度调控。档案人员按规定定期检查档案库房运用情况，确保档案无破损、霉变、尘污及虫蛀鼠咬等现象。

苏州管理局的档案包括从事防汛抗旱、工程管理、水政监察、安全生产、基本建设、内部管理以及其他各类活动中形成的具有保存价值的各种载体资料，分为文书档案、基建档案、防汛工管安全水政（业务类）档案、设备档案、会计档案、光盘档案、照片档案、实物档案共 8 大类。严格按规定做好档案的收集、整理、归档工作，工程建档立卡，做到各类档案分类清楚，存放有序，按时归档。归档移交符合制度，交接手续完备，归档文件符合耐久性要求。截至 2022 年，苏州管理局现有库藏档案 15 974 卷（件），其中文书档案 10 921 件、科技档案 2 710 卷（基建 1 313 卷、业务 1 383 卷、设备 14 卷）、会计档案 1 929 卷、光盘档案 177 件、照片档案 79 卷、实物档案 158 件，实现了多门类、多载体档案的集中统一管理。

4.6.3　推进档案管理信息化

苏州管理局重视档案信息化工作，在《太湖局苏州管理局信息化规划》和《太湖局直管工程“数字工程、智慧管控”技术方案》中，明确了档案信息化建设内容，并积极争取经费稳步推进，与单位信息化建设工作同步发展。注重档案工作专用设备的投入，按计划添置和更新了计算机、光盘刻录机、复印机、打印机、扫描仪、数码相机、数码摄像机等专用设备。

苏州管理局档案管理软件一直依托苏州市苏州档案管理服务平台，2005 年起安装了苏州市档案局研发的档案管理软件，从最早的单机版逐步升级到网络版，于 2020 年升级为苏州档案管理服务平台2.0版，促进了档案管理信息化。在档案管理工作环节中，充分运用档案管理软件辅助档案整理、编目、统计、借阅利用等工作。应用档案管理软件建立了库藏档案目录数据库及文件级目录数据库。苏州管理局对文书档案、照片档案全面完成文件级目录录入，基建档案、防汛工管安全水政（业务类）档案、设备档案、会计档案、光盘档案及实物档案全部进行了案卷级目录录入。制定印发电子文件管理办法，规范了电子文件和数字档案的收集、整理、归档、保管、备份、利用、鉴定等工作。已完成文书档案、基建档案等全文扫描数字化工作，并刻录成光盘进行归档，保证了纸质档案与电子档案同步收集、整理归档。为了保证信息安全，对档案数据库进行单机管理，安装了防火墙、杀毒软件，进行权限设置，并对软件系统信息进行备份处理，确保数据安全。利用计算机可以清楚查询各类档案数字化状况，有助于普及档案法规制度、组织档案业务宣传和开展档案成果利用。

苏州管理局认真落实太湖局和苏州市档案局的档案工作双重领导机制，进一步提高档案管理工作质量。在太湖局业务主管部门指导下，参加太湖局及水利系统内组织的档案工作培训、交流活动；每年定期组织兼职档案人员学习档案管理制度，由专职档案人员对业务档案收集、整理、归档工作进行业务督促和指导，集中对业务档案进行规范整理，确保归档质量。同时，主动与苏州市档案局建立档案业务联系，加强沟通汇报，寻求业务指导，积极参加苏州市档案协作组的各项活动，学习交流工作经验，互相借鉴、共同进步。

苏州管理局档案管理于2005年12月通过江苏省档案管理二级标准考评验收；在2006年、2008年苏州市档案工作年检中均获得优秀等级；2007年档案工作还受到了水利部的通报表扬。2017年8月，经水利部办公厅综合评估，苏州管理局被核准为水利档案工作规范化管理三级单位。2017年12月，经江苏省档案局测评，苏州管理局档案工作达到《江苏省机关团体企业事业单位档案工作规范》五星级标准，顺利通过档案管理五星级单位考评验收。

4.7 年度自检和考核

4.7.1 建立自检和考核工作机制

1. 有序组织国家级水管单位创建工作

1）制订方案，周密部署。为做好国家级水利工程管理单位创建工作，2015年苏州管理局组织制定了《苏州管理局创建国家级水利工程管理单位实施方案》，明确指导思想、目标任务、存在问题、工作重点、保障措施和进度安排等。其中，在保障措施中明确了组织形式，明确要成立创建领导小组和工作组，并明确了各自的职责；在保障措施中明确了分年度的进度计划，明确了每年度的具体工作目标和任务；在保障措施中明确了经费保障，对创建工作所需经费进行了统筹。

2）加强领导，有序推进。2016年1月，以《太湖局苏州管理局关于成立国家级水利工程管理单位创建工作组织机构的通知》发文成立创建领导小组和工作组，明确人员和职责，加强和统筹创建工作。2016年3月，召开创建国家级水管单位领导小组会议，专题研究和分解落实年度创建任务，推进2016年度创建工作；6月，召开创建国家级水管单位工作组会议，通报2015年度自检工作情况，集中检查创建台账资料；10月，召开创建国家级水管单位局长专题办公会议，集中学习新修订的《水利工程管理考核办法》及其考核标准，研究部署下一步创建工作；12 月，召开创建国家级水管单位领导小组会议，研究部署 2016 年度自检、考核工作。2017 年 3 月，召开创建国家级水管单位推进会，明确了 2017 年实施计划及创建时间节点。

3）建立台账，明确分工。2016 年 1 月，创建领导小组成立后，依据《水利工程管理考核办法》及考核标准 4 大类 29 项要求，组织建立了创建工作台账。2016 年 12 月，按照新修订的《水利工程管理考核办法》及考核标准 4 大类 33 项要求，补充完善了创建工作台账；根据 2016 年度考核意见，后续重新梳理和补充更新了创建台账。创建期间，多次召开专题会议，深入学习深刻领会考核要求，认真梳理和准确分析工作中存在的问题，研究提出工作目标、整改方案和时间节点等，细化明确工作分工，不断推进创建工作。

4）规范开展年度自检。2016 年 5 月、12 月，分别根据原考核标准 4 大类 29 项和新考核标准 4 大类 33 项要求，组织开展了 2015 年度、2016 年度自检工作，并向太湖局行文上报了《2015 年度水利工程管理考核自检报告》《2016 年度水利工程管理考核自检报告》。2016 年 12 月，太湖局组织了年度考核工作，印发了《水利部太湖流域管理局关于印发苏州管理局水利工程管理 2016 年度考核意见的通知》。2017 年通过水利部考核验收后，苏州管理局继续规范开展年度自检，每年均在年底前按时完成年度自检并向太湖局上报自检结果、申请年度考核。

2. 形成水利工程管理考核工作长效机制

2017 年通过水利部考核验收后，苏州管理局将水利工程管理考核工作转入常态化管理。由原创建工作机构牵头，每年组织进行年度自检和配合太湖局的年度考核，并按照 2018 年制定印发的《太湖局直管工程管理标准化建设实施方案》，在国家级水利工程管理单位和安全生产标准化一级单位的基础上，融合推进更高标准的工程管理标准化建设。苏州管理局总结近年来水利工程管理考核工作经验与不足，2021 年制定印发了《太湖局直管工程水利工程管理考核工作规定》，明确了水利工程管理考核工作的组织管理和各部门、各个相关岗位人员的工作任务，以及自检、考核、整改工作的基本程序，通过固化既有成功经验，形成了水利工程管理考核工作长效机制。

（1）工作组织与职责分工

太湖局直管工程的水利工程管理考核对象是苏州管理局，考核内容包含组织管理、安全管理、运行管理和经济管理四类。水利工程管理考核工作实行苏州管理局统一管理与各部门分工负责相结合的管理机制，日常工作由工程管理科负责。

为统筹推进水利工程管理考核工作，苏州管理局成立考核工作组织机构。年度考核时，设工作组；由水利部组织五年一次的复核，需要全面、重点统筹推进时，可设领导小组和工作组。领导小组负责水利工程管理考核工作的领导、组织、检查，负责重要方案和报告的审定、职责分工、人员及经费保障，协调解决工作中遇到的困难和问题；成员由局领导和各部门主要负责人组成，苏州管理局主要负责人任领导小组组长。工作组具体负责组织水利工程管理自检与考核工作，督促各科室、直属机构按照年度计划和任务分工，按期完成各自范围的目标任务；负责做好台账资料及过程影像资料收集整理；负责组织完成年度自检、复核准备工作。工作组组长由分管局领导担任，工作组成员由各部门相关岗位人员组成。各部门和相关岗位人员按照《水利工程管理考核办法》及其考核标准和“太湖局直管工程水利工程管理考核任务分解表”的要求（见表 4-7），认真履行职责，及时提交成果资料。

表 4-7 太湖局直管工程水利工程管理考核任务分解表(摘录)

类别	项目	考核内容	内容及要求	主办部门		年度完成时间
				部门	岗位	
一、组织管理	2. 机构设置和人员配备	管理机构设置和人员编制有批文	按照批复的“三定”方案,稳妥地推进完成机构改革工作	人事科	人事负责	及时更新
			人员编制有批文			
		岗位设置合理,人员配备满足管理需要,不超过部颁标准	岗位设置有批文	人事科	人事负责	及时更新
			建立和完善岗位交流、干部选拔任用、新进人员试用期管理等人事制度		人事管理	及时更新
			人才队伍建设满足管理需要		人事管理	12月
		配备技术负责人,技术工人经培训上岗,关键岗位持证上岗	配备技术负责人	人事科	人事负责	适时
			闸门运行工、电工、起重机安全管理员、电梯安全管理员、档案人员、会计、水政监察员实行持证上岗		人事管理	及时更新
			统计职工队伍基本情况、人员配备情况		人事管理	9月
		单位有职工培训计划并按计划落实实施,职工年培训率达到50%以上	建立和完善学习管理办法、职工教育培训管理办法等制度	人事科	人事管理	及时更新
			制订年度职工培训计划		人事管理	6月
			做好培训统计、资料整理		人事管理	12月
	3. 精神文明	管理单位领导班子团结,职工敬业爱岗	局领导分工明确	人事科	人事负责	及时更新
			建立和完善领导班子理论学习管理办法等制度,制订领导班子年度理论学习计划	办公室	行政事务管理	12月
			建立和完善职工大会制度、职工合理化建议管理办法等,统计年度合理化建议完成情况	工会	副主席	次年1月
			建立和完善岗位行为规范、职工考勤办法等制度	人事科	人事管理	及时更新
			建立和完善谈心谈话制度等	党支部	党务干部	及时更新
			整理领导班子现场办公、苏州管理局及职工荣誉等资料	办公室	行政事务管理	12月
			整理劳模创新工作室成果资料	劳模工作室	秘书	12月

续表

类别	项目	考核内容	内容及要求	主办部门		年度完成时间
				部门	岗位	
二、安全管理	14. 防汛抢险	防汛组织体系健全	根据要求，成立并适时调整防汛抗旱工作组织机构	工程管理科	水工技术管理	及时更新
		防汛责任制落实	建立和完善苏州管理局防汛抗旱工作责任制、防汛抗旱工作制度等	工程管理科	水工技术管理	及时更新
			根据岗位设置，明确和上报年度防汛抗旱工作责任		水工技术管理	4 月
		防汛抢险队伍的组织、人员、培训、任务落实	根据要求，成立并适时调整苏州管理局应急领导小组和应急抢险队伍	建设与安全科	安全生产管理	12 月
			做好防汛抢险协调机制座谈会的有关工作，整理会议纪要，收集地方防指的防汛预案。做好防汛业务培训、防汛抗旱工作会议相关工作	工程管理科	水工技术管理	5 月
		防汛抢险预案、措施落实	建立和完善太浦闸工程和望亭水利枢纽应急预案等	工程管理科 管理所	水工技术管理	及时更新
			开展防汛应急演练，整理演练资料		水工技术管理	12 月
			根据应急预案和工程实际，做好应急响应。汇总整理应急响应的有关材料	工程管理科	水工技术管理	11 月
		汛前准备充分，预警、报汛、调度系统完善	做好汛前检查，形成汛前检查报告。做好汛前准备，形成防汛准备工作报告	管理所	水工技术管理	4 月
			编制上报《太湖局直管工程汛前准备工作情况的报告》	工程管理科	水工技术管理	4 月
			组织做好数据通信骨干网及异地会商系统运行维护，形成工作总结报告	工程管理科	信息和自动化管理	12 月
		配备必要的抢险工具、器材设备，明确大宗防汛物资存放方式和调运线路，物资管理资料完备	建立和完善存货管理办法等制度	财务科	财务管理	及时更新
			建立和完善物资仓库等内部管理制度，梳理物资设备清单，做好出入库管理	管理所	后勤管理 资产管理	12 月

续表

类别	项目	考核内容	内容及要求	主办部门		年度完成时间
				部门	岗位	
三、运行管理	29. 管理现代化	有管理现代化发展规划和实施计划	编制印发《太湖局直管工程管理现代化规划》	工程管理科	工程技术管理负责	及时更新
		积极引进、推广使用管理新技术	整理工程建设管理过程中引进、使用的专利和技术	管理所	水工技术管理	12月
		引进、研究开发先进管理设施,改善管理手段,增加管理科技含量	整理工程建设管理过程中苏州管理局引进、研究开发的新型实用专利和发明专利等	管理所	水工技术管理	12月
		工程监视、监控、监测自动化程度高	整理工程监视、监控、监测自动化设备的图片和使用说明书等	工程管理科	信息和自动化管理	12月
		积极应用管理自动化、信息化技术	不断提高自动化、信息化管理水平。整理工程自动化、信息化成果资料	工程管理科	信息和自动化管理	12月
		设备检查维护到位	建立和完善《苏州管理局网络安全及信息系统运行维护管理办法》《苏州管理局机房管理规定》	工程管理科	信息和自动化管理	及时更新
			做好自动化监视、监控等设备的检查和维护,有检查记录和维护记录	管理所	通信设备运行	12月
			组织做好数据通信骨干网及异地会商系统运行维护,形成工作总结报告	工程管理科	信息和自动化管理	12月
		系统运行可靠,利用率高	编制和调整信息化系统运行情况说明	工程管理科	信息和自动化管理	12月

续表

类别	项目	考核内容	内容及要求	主办部门		年度完成时间
				部门	岗位	
四、经济管理	31. 工资、福利及社会保障	人员工资及时足额兑现；福利待遇不低于当地平均水平	人员工资及时足额兑现。做好事业单位职工人数和工资情况统计	人事科	人事管理	次年 1 月
			搜集整理苏州经济和社会发展统计公告，福利待遇不低于当地平均水平	人事科	人事管理	次年 1 月
	32. 费用收取	按规定落实职工养老、失业、医疗等各种社会保险	整理苏州管理局职工养老、失业、医疗等各种社会保险缴纳凭证	财务科	财务管理	12 月
		有收费许可证，按规定收取各种费用，收取率达到 95% 以上	提供无费用收取的证明	财务科	财务管理	12 月
	33. 水土资源利用	制定水土资源开发利用规划	编制印发《太湖局直管工程水土资源开发利用规划》	工程管理科	工程技术管理负责	及时更新
		合理利用管理范围内的水土资源，可开发水土资源利用率达到 80% 以上，利用开发效果好	统计可开发水土资源利用率	工程管理科	水工技术管理	12 月
			整理工程水土资源开发利用照片	管理所	水工技术管理	12 月

注：各部门每年 3 月底前将“太湖局直管工程水利工程管理考核任务分解表”中内容及要求落实到人，报工程管理科汇总。

（2）定期规范组织自检

每年3月底前，各部门将“太湖局直管工程水利工程管理考核任务分解表”（见表4-7）中内容及要求落实到人，报工程管理科汇总。工程管理科在水利工程管理考核平台完成任务派发，明确完成时限。各部门根据分工和时限要求完成所承担的工作任务，相关岗位人员及时将成果资料上传至水利工程管理考核平台。

工程管理科安排水工技术管理岗位人员开展工作成果资料搜集工作，对水利工程管理考核平台上提交的成果资料进行初步检查，主要检查字迹是否清楚，签字、盖章是否完备，文件格式是否符合要求；初步检查中发现的不符合要求的资料及时退回，提出修改意见，明确修改时限；加强工作沟通，协调、催促相关岗位人员根据要求完成修改；汇总整理水利工程管理考核平台成果资料，形成完整的工作台账；配合水管单位考核验收专家组资料查阅工作。

每年12月，工作组按照《水利工程管理考核办法》及其考核标准的要求进行自检，通过自检，客观分析存在的问题，提出改进措施，明确努力方向；自检考核标准按《水利工程管理考核办法》及其考核标准执行；工作组对照考核标准，分析各考核项目的管理状况，逐项赋分并找出扣分原因，汇总后得出自检得分。

工程管理科水工技术管理岗位人员每年12月底前编写自检报告初稿，工程管理科工程技术管理负责岗位人员初步审查。水利工程管理自检报告的主要内容包括基本情况（含上年度考核及整改落实情况）、自检情况、自检发现问题及整改措施、自检结论。

次年1月上旬，工作组讨论自检报告并提出自检结果建议；1月15日前，年度自检结果上报太湖局。

（3）定期组织年度考核或复核准备

年度考核或复核的基本程序包括工作汇报、现场检查、查阅资料、讨论赋分、起草意见、意见反馈。考核前，苏州管理局宜主动提出考核活动的议程建议，并根据组织单位的意见进行完善。年度考核或复核基本程序主要包括以下工作内容：①工作汇报。苏州管理局汇报自检情况（15~20分钟多媒体汇报）。②现场检查。专家组组长组织专家按照分工对工程现场进行检查，必要时开展现场试车检查、操作启动检查。管理所做好现场配合。③查阅资料。专家对照考核标准，查阅、核实有关资料。工作组做好配合。④专家质询。专家就需要进一步了解的问题向苏州管理局有关人员质询。有关人员负责做好解释、答疑工作。⑤讨论赋分。专家组根据现场检查、资料查询及质询等情况，讨论、研究苏州管理局的管理状况，分析赋分因素或确认合理缺项，各专家形成赋分。⑥起草意见。专家组起草考核意见，对管理工作提出评价意见，确定等级。视工作需要，专家组可与苏州管理局负责人提前交换意见。⑦意见反馈。由组织单位主持，专家组和苏州管理局各部门负责人、工作组全体成员及相关业务人员参会。由专家组组长通报考核情况并宣读考核意见，苏州管理局负责人发表意见。

苏州管理局加强考核工作的组织管理，明确各有关部门主要职责分工如下：①办公室按规定协调考核会务工作。做好局机关办公室及管理区域环境卫生管理。②工程管理科统筹考核日程安排。依据考核标准牵头做好汇报材料及台账资料准备，提供给考核专家组或者备查。③管理所做好工程现场管理。保障工程设施安全可靠，保持环境整洁、管理有序。④其他部门及有关人员根据要求，做好资料查阅、专家质询、意见反馈时的配合工作。

水利工程管理考核、复核、抽查和日常管理等工作按照既定流程进行。其中水利工程管理考核、复核、抽查基本工作流程见表 4-8，水利工程管理考核日常管理工作流程见表 4-9。

表 4-8　水利工程管理考核、复核、抽查基本工作流程

1. 目的：配合组织单位按照《水利工程管理考核办法》及其考核标准开展考核、复核、抽查。
2. 适用范围：苏州管理局水利工程管理考核、复核、抽查时的协同、配合工作。
3. 流程图：

工作流程图	责任部门	责任岗位	使用表单	流程说明
沟通考核安排	苏州管理局	负责人		组织单位有关人员沟通工作计划安排和程序。指导工程管理科统筹考核日程安排
↓ 工作汇报	工作组	组长		汇报自检情况（15 ~ 20 分钟多媒体汇报）
↓ 配合现场检查	管理所	负责人		专家按照分工对工程现场进行检查。管理所现场配合
↓ 配合资料查阅	工作组	组长及成员		专家对照考核标准，查阅、核实有关资料。工作组做好配合
↓ 专家质询解答	各部门	负责人		专家就需要进一步了解的问题向苏州管理局有关人员质询。有关人员做好解释、答疑工作
↓ 专家讨论赋分	专家组	专家		专家组讨论、研究苏州管理局的管理状况，分析赋分因素并确定合理缺项，各专家形成赋分。苏州管理局回避
↓ 交换考核意见	苏州管理局	负责人		专家组与苏州管理局负责人交换意见
↓ 听取意见反馈	苏州管理局			由专家组组长通报考核情况并宣读考核意见，苏州管理局负责人发表意见

表 4-9 水利工程管理考核日常管理工作流程

1. 目的：按《水利工程管理考核办法》及其考核标准开展日常管理，确保水利工程运行安全和充分发挥效益。
2. 适用范围：水利工程管理考核日常管理工作。
3. 流程图：

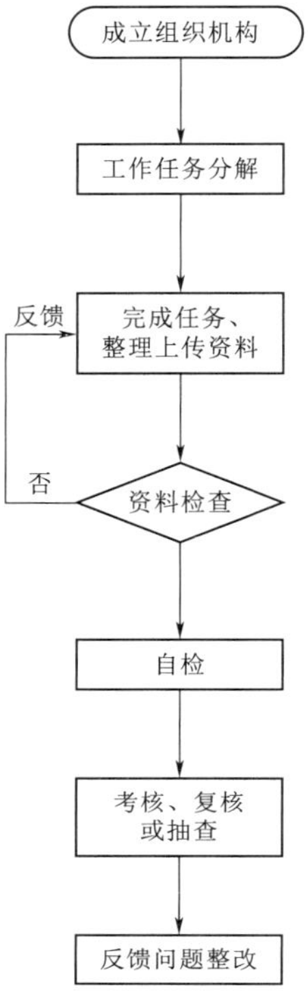

工作流程图	责任部门	责任岗位	使用表单	流程说明
成立组织机构	苏州管理局	负责人		实行苏州管理局统一管理与各部门分工负责相结合的管理体制
工作任务分解	各部门	各相关岗位	水利工程管理考核任务分解表	实现事项到岗、岗位到人
完成任务、整理上传资料	各部门	各相关岗位		根据分工和时限要求完成所承担的工作任务，上传至水利工程管理考核平台。资料格式为 PDF 文档
资料检查	工程管理科	水工技术管理		工作成果资料搜集工作，进行初步检查
自检	工作组	工作组成员	水利工程管理单位自检赋分表	工作组按照《水利工程管理考核办法》的要求进行自检
考核、复核或抽查	年度考核由太湖局组织；复核、抽查由水利部组织	专家组		基本程序一般包括工作汇报、现场检查、查阅资料、讨论赋分、起草意见、意见反馈
反馈问题整改	各部门	各相关岗位		落实反馈意见的整改

4.7.2 抓好问题整改以持续改进

太湖局在收到苏州管理局上报的自检报告和年度考核申请后，会及时安排年度考核，并提出考核意见。苏州管理局结合自检情况和太湖局考核意见，进一步整改完善发现的不足，利用应急度汛、水毁修复、房屋维修和水利工程维修养护等经费，及时消除工程设施隐患，同时对照国家级水利工程管理单位的标准，不断建立健全工程管理标准体系，持续提高工程管理水平。

1. 按照规定程序，对发现问题组织整改落实

按照《太湖局直管工程水利工程管理考核工作规定》，由工作组牵头，组织对年度自检和考核中发现的问题进行整改落实，实现闭环管理。

1）对自检发现问题、太湖局考核反馈意见、水利部复核或抽查反馈意见，工作组召开会议，讨论整改措施，初步明确完成时限。

2）各部门将整改工作纳入部门工作计划中，整改工作与苏州管理局工作计划同部署、同落实。

3）工作组适时召开会议，协调、推动整改工作。

4）各部门完成整改后，将成果资料及时上传到水利工程管理考核平台中。

5）各部门在开展工作的同时，同步做好资料记录，及时完成资料的收集、整理和上传工作。资料须完整、准确、真实、系统，并做到字迹清楚、图面整洁，签字、盖章等手续完备。上传资料统一为 PDF 格式。各部门、各岗位对各自形成的成果资料负责。

6）工程管理科做好整改台账资料的汇总整理。工程管理科信息化管理员根据要求做好水利工程管理考核平台日常维护和协调工作，做好数字资料的日常管理和备份。根据岗位设置和工作需要，工程管理科信息化管理员及时做好系统中的用户管理，明确用户角色及所在部门。

2. 查漏补缺，闭环管理，持续提升工程管理水平

苏州管理局重视自检、考核中发现问题的整改，并按照常态化长效工作机制，通过查漏补缺、闭环管理，每年对问题进行逐项整改销号，直管工程的运行管理水平持续得到提升。从 2017 年通过水利部验收时的 951 分，提升到 2020 年年度考核时的 956.3 分。2018 年度发现问题及整改情况汇总（摘录）见表 4-10，2019 年度发现问题及整改情况汇总（摘录）见表 4-11，2020 年度发现问题整改情况汇总（摘录）见表 4-12。

表 4-10　2018 年度发现问题及整改情况汇总表（摘录）

序号	发　现　问　题	整　改　情　况
一	自检发现问题的整改	
1	工程管理范围较大，个别地方存在卫生死角	2019 年修订印发了《太湖流域管理局苏州管理局环境卫生考核办法》，加强环境卫生管理。修订印发了《太湖流域管理局苏州管理局机关大院及办公楼安全保卫管理制度》，加强环境安全管理
……		
6	望亭水利枢纽变压器建成运行已近 20 年，部分部件存在设备老化、陈旧	2019 年完成望亭水利枢纽变配电设施修复，对主变压器进行了更换及扩容，对配电设备设施进行更换和修复，开展了变配电设施修复调试、交接试验等工作，消除了供配电安全隐患。已通过合同验收
……		
二	太湖局年度考核反馈意见的整改落实	
10	加强工程管理标准化建设，搭建信息化综合管理平台，进一步提高工程管理水平	2019 年，参照水利部修订印发的《水利工程管理考核办法》及其考核标准，组织梳理管理事项、工作单元，对管理事项所依据的工作标准、管理标准和技术标准进行梳理、评估，提出了制度体系建设与修订计划；结合在建的信息化项目，讨论研究太湖局直管工程管理标准化平台建设方案，完成工情移动 APP 升级，完成工程检查、工程运行标准化模块及直管工程动态二维码开发并投入使用
……		
12	及时开展工程设施、设备的更新改造和维修维护	加强 2019 年水利工程维修养护项目管理，完成汛前、汛后维修养护，完成望亭水利枢纽变配电设施修复、伸缩缝局部修补等，已通过合同验收和项目验收
13	进一步加强管理范围内安全管理，不断优化完善管理措施	2019 年开展了太浦闸工程安全鉴定，安全鉴定为一类闸；完成了望亭水利枢纽闸门及启闭机设备管理等级评定工作，闸门及启闭机被评为一类单位工程，设备完好率为 100%。2019 年，在全国水利安全生产标准化建设成果展评活动中，苏州管理局上报的“实现安全生产达标，筑牢安全生产根基”成果荣获“二等奖”

表 4-11 2019 年度发现问题整改情况汇总表（摘录）

序号	发现问题	整改情况
一	自检发现问题的整改	
……		
6	望亭水利枢纽闸门止水压板出现局部锈蚀，止水橡皮局部表面出现轻微裂纹，未及时更换	2020 年完成了望亭水利枢纽工作闸门水封装置修复，更换了局部止水橡皮及止水压板，确保了闸门运行安全可靠
7	直管工程管理现代化建设受经费限制，部分项目未能按期开展。直管工程业务管理数字化水平仍需进一步提升	2020 年依托工情业务系统，构建了工程管理标准化平台，完成了观测模块建设工作、水利工程管理考核模块建设，首次实现直管工程观测、管理事项资料数字化。进一步优化了值班管理、工程运行、工程检查模块，将 OA 办公、太浦闸工程 BIM 等纳入工程管理标准化平台。2020 年初步实现了望亭水利枢纽运行智能化
……		
二	太湖局年度考核反馈意见的整改落实	
9	及时完成望亭水利枢纽闸门止水压板和止水橡皮的维修工作	2020 年完成了望亭水利枢纽工作闸门水封装置修复，更换局部止水橡皮及止水压板，确保了闸门运行安全可靠
10	按期完成《太湖局直管工程管理标准化建设实施方案（2018—2020 年）》建设目标	经过近 3 年的精心组织、扎实推进，苏州管理局提前完成了《太湖局直管工程管理标准化建设实施方案（2018—2020 年）》建设目标。2020 年 12 月 25 日，太湖局直管工程管理标准化建设通过了太湖局评估验收
11	进一步提升工程信息化、现代化管理水平	2020 年，整合信息资源，建立了标准化平台；开展 BIM 建模，推进运行智能化；应用新技术，推动管理创新，组织开展了钢丝绳自动抹油装置、闸门启闭声光报警器装置、闸门拉杆安装纠偏装置等技术创新活动，“一种离合卷筒式固定卷扬启闭机缓冲限位装置”被国家知识产权局授予国家发明专利

表 4-12 2020 年度发现问题整改情况汇总表（摘录）

序号	发现问题	整改情况
一	自检发现问题的整改	
……		
2	未及时依据新颁规程修订《太湖局直管工程闸门及启闭机设备管理等级评定实施细则》	2021 年完成《太湖局直管工程闸门及启闭机设备管理等级评定实施细则》制度修订，并据此开展了太浦闸工程闸门及启闭机设备管理等级评定
……		
4	上级检查中发现值班记录存在交接班人员漏签情况，值班记录中引用的个别数据有误	专门开展了值班业务知识培训，进一步明确值班记录要求。举一反三，开展值班记录检查，对发现的问题组织进行了整改落实
……		
二	太湖局年度考核反馈意见的整改落实	
11	进一步优化工程管理工作流程，完善细化制度工作要求	2021 年修订完善了《太湖流域管理局苏州管理局会议管理办法》《太湖流域管理局直管水利工程维修养护技术质量标准》《太湖局直管工程水利工程管理考核工作规定》等 8 个制度并进行了学习宣贯，进一步优化了工作流程、明确了工作要求

续表

序号	发　现　问　题	整　改　情　况
12	及时完成混凝土破损部位修复和墙面防渗处理，加强工程观测设施设备的维修养护	完成 2021 年水利工程维修养护，及时完成混凝土破损部位修复和墙面防渗处理；做好工程观测设施设备的维修养护，2021 年观测工作正常开展
13	积极推进网络安全与工程管理信息化建设	2021 年完成网络安全防护策略梳理，完成防火墙功能模块授权许可更新购置。参与网络攻防演练 2 次，做好弱口令整治、漏洞扫描、渗透测试等自查整改工作。统筹推进平原感潮河网地区水闸智能运行管控关键技术研究与应用，2021 年取得软件著作权 6 个，太浦闸工程 BIM 在“智水杯”全国水工程 BIM 应用大赛中获奖

4.8　实践探索

苏州管理局于 2011 年完成了水管体制改革并通过太湖局验收；管理体制顺畅，管理权限明确；实行管养分离，内部事企分开；实行竞聘上岗，建立激励机制；关键岗位制度明示、持证上岗，组织职工进行业务技能培训，职工年培训率高；领导班子团结，职工爱岗敬业；重视精神文明建设，庭院整洁，环境优美；各项规章制度健全，执行效果较好；档案管理规范，被评为江苏省五星级。获得了太湖局先进集体、太湖局文明单位、全国水利文明单位、苏州市文明单位、江苏省文明单位以及全国水利管理先进集体、全国水政监察工作先进集体、全国水利安全监督工作先进集体等多项荣誉称号。其中，苏州管理局在建立激励考核机制、规范制度建设与评估、水利工程管理考核长效机制建设，以及发挥党建聚合引领作用等方面开展了有益的探索，取得了较好的效果。

4.8.1　激励考核机制建设的探索

1. 职工工资福利委托地方管理

苏州管理局成立以来，职工工资执行国家事业单位统一标准，职工福利比照地方相关政策执行。但是由于国家公共财政体制改革的要求和条线管理单位的特殊性，给基层单位职工工资福利管理带来很大困难，主要表现在：人员经费不足，组织合法创收难；条线管理，地方政策收集和执行难；创收渠道少，职工收入保障难；职工收入偏少，队伍积极性调动难。为了落实审计检查整改措施，规范工资福利管理，2008 年 7 月，苏州管理局组织对水利及其他行业省部属驻苏事业单位进行了工资福利管理情况调研，形成了调研报告并上报太湖局业务主管部门。在太湖局支持下，由太湖局行函苏州市人事局，从 2008 年起实施工资福利委托地方代为管理，执行苏州市事业单位工资福利相关政策，从而突破了驻苏单位不能够执行同城待遇的困境，规范并初步稳定了职工生活福利待遇，保障了单位正常运转和事业发展。

2015 年 1 月 14 日，国务院印发《关于机关事业单位工作人员养老保险制度改革的决定》，决定从 2014 年 10 月 1 日起实施机关事业单位工作人员养老保险制度改革。同期，作为驻苏中央预算单位之一，苏州管理局职工养老保险关系进行了转移，养老和职业年金执行江苏省有关政策。

2. 加强绩效管理与考核

事业单位的绩效管理与考核一直是个难题。苏州管理局作为中央驻苏单位，绩效考核起步早、力度大。为提高薪酬分配的合理性、科学性，通过改革分配制度，逐步建立重实绩、重贡献的分配激励机制，激发了职工的积极性和创造性。根据2002年水利部《关于深化水利事业单位分配制度改革的指导意见》及2004年太湖局《太湖流域管理局事业单位试行人员聘用制度暂行办法》，2005年苏州管理局结合水管体制改革的要求和单位实际情况，制定印发了《太湖流域管理局苏州管理局薪酬管理办法》，将职工薪酬中的岗位津贴和绩效津贴作为绩效薪酬，加强绩效管理与考核。职工绩效薪酬主要按照岗位、工作业绩、对单位的贡献进行确定，绩效薪酬分配与考核挂钩。

根据水利部关于事业单位实施绩效工资的有关文件规定，为规范工作人员绩效工资管理，完善收入分配激励机制，调动干部职工的工作积极性，2018年苏州管理局结合单位实际，实施完成了单位绩效工资改革。在摸清家底、充分调研、征求意见的基础上，建立了工作业绩与绩效工资分配相挂钩的绩效考核制度，定性与定量相结合，注重对工作绩效的考核。在实践的过程中，苏州管理局注意对制度情况进行动态评估和总结完善，按照事业单位工资政策的新要求，结合单位的实际情况，持续做好对人才队伍的激励保障。

4.8.2 建立制度建设与评估的长效机制

1. 建立机制，持续开展制度建设、评估与完善工作

随着单位发展、职能完善，苏州管理局内部制度管理越发健全，管理制度经历了从无到有、从有到全的建立过程。根据2011年苏州管理局《关于进一步加强和规范制度体系建设的通知》，自2011年起开始狠抓内部管理，强化制度建设，不断完善具有单位特色的制度体系，逐步形成了循制度办事、以制度管人的良性机制。针对一些容易出现问题的环节和工作中存在的漏洞，建立健全科学合理、具体实在、切实可行的制度，制度建设不断适应新形势新任务的要求。每年年初，组织各科室、管理所在识别、获取适用的法律法规及规章制度的基础上，对制度适用情况进行动态评估，提出当年制度制（修）订建议，汇总提出年度制度建设计划，行文印发，分解落实责任。以2020年为例，当年编制印发了《太湖流域管理局苏州管理局2020年度制度评估结果》《太湖流域管理局苏州管理局2020年度制度修订计划》，废止制度18项，修订或新建制度82项。

经过30年的积累，截至2020年底，已经形成了涵盖行政管理、人事劳资、财务资产、党建和精神文明、工会五方面内容的、系统的综合管理制度共76项，工程管理制度共26项，安全生产制度共32项，水政监察制度共10项，建立起了齐全完备的单位制度体系。根据制度修订情况，苏州管理局及时将相关制度标准汇编成册，组织编制印发了《太湖流域管理局苏州管理局综合管理制度汇编》《苏州管理局安全生产标准化制度汇编》《苏州管理局工程管理工作手册》《太浦闸工程运行管理工作手册》《望亭水利枢纽运行管理工作手册》《水行政管理工作相关制度汇编》，健全了标准化制度体系，并加强了制度的学习宣贯。

2. 加强制度执行情况监督检查，确保制度执行力

1）抓好制度执行集中整顿。自2011年开始，定期开展制度执行情况自查，以卫生工作、劳动制度等制度执行情况为突破口，加强制度执行的集中整顿，发挥制度管理的示范作用，带动制度的全面贯彻执行，进一步改进了单位工作作风，提高了工作质量，推进了

单位民主管理。

2）领导发挥示范带头作用。局领导、中层干部、党员带头执行制度、自觉维护制度，做到要求别人做到的自己首先做到，要求别人不做的自己首先不做。全局树立循制度办事、以制度管人意识，真正将遵守制度作为自己的行为准则，杜绝“办事不循制度，直接找领导”现象。

3）在制度执行过程中，各部门注意收集发现的问题，及时报办公室，以便在以后制度制（修）订中进行补充完善。根据制度执行情况，结合职工大会提案和工会合理化建议管理办法，建立了职工合理性建议奖励激励机制，鼓励全局职工广开言路，发表意见，提出制度完善的建议，监督制度执行工作。

4）办公室做好制度执行情况的检查督促工作。组织人事科把制度执行情况与部门、个人考核结合起来，与绩效考核结果挂钩。

5）把制度体系建设与单位文化建设相结合。党群团组织经常对职工组织开展思想道德、行业精神、廉洁自律、单位文化等方面内容的教育，增强职工主人翁精神，增强事业心和责任感。

4.8.3　水利工程管理考核工作长效机制的探索

1. 国家级水管单位创建工作组织有力、高效

2015 年 6 月，太浦闸除险加固工程竣工验收以后，苏州管理局具备了申报国家级水利工程管理单位的基础条件，基于之前的、长期的部署与准备工作基础，2015 年 9 月印发了《苏州管理局创建国家级水利工程管理单位实施方案》，明确要成立创建领导小组和工作组并明确了各自的职责，明确了每年度的具体工作目标和任务，并对创建工作所需经费进行了统筹。2016 年 1 月，印发《太湖局苏州管理局关于成立国家级水利工程管理单位创建工作组织机构的通知》，成立创建领导小组和工作组，明确了人员和责任，组织建立了创建工作台账。创建期间，多次召开专题会议，深刻领会考核要求，细化明确工作分工，准确分析和认真梳理工作中存在的问题，提出工作目标、整改方案和时间节点等，高效推进创建工作。2017 年 8 月，苏州管理局水利工程管理通过水利部考核验收。苏州管理局利用两年的时间，高效组织完成了各项创建准备工作，锻炼了队伍，积累了经验。

2. 探索形成水利工程管理考核工作长效机制

2017 年通过水利部考核验收后，苏州管理局将水利工程管理考核工作转入常态化管理，由原创建工作机构牵头，每年组织进行年度自检和配合太湖局的考核。2021 年，总结近年来的水利工程管理考核工作经验与不足，印发了《太湖局直管工程水利工程管理考核工作规定》，明确了水利工程管理考核工作的组织管理、各部门及相关岗位人员工作任务，以及自检工作、考核工作、整改工作的基本程序，通过固化既有成功经验，形成了水利工程管理考核工作长效机制。该机制中，梳理了每年自检、年度考核、整改提高等水利工程管理考核全过程工作任务，明确了水利工程管理考核工作组织与职责分工，并形成了责任明确、分工具体的“太湖局直管工程水利工程管理考核任务分解表”，明确了“哪些任务”“谁来负责”“何时完成”“工作标准如何”“工作步骤如何”等，确保工作任务分解落实到位，同时建立了水利工程管理考核平台，并借助信息化手段提升工作效率，加强监督检查与考核。

4.8.4 发挥党建聚合引领作用

苏州管理局党支部组织关系隶属于中共苏州市委市级机关工作委员会，同时接受太湖局直属机关党委领导，开展党建活动、发挥党建作用、深化精神文明建设等更具独特优势。能坚持“两手抓、两手硬”，推进党建与业务深度融合，党组织的战斗堡垒作用和党员的先锋模范作用得到有效发挥。在太湖局系统内，首次成功创建全国水利文明单位。

1. 发挥党建合力作用

苏州管理局坚持围绕中心抓党建，紧贴工程管理等中心工作实际，运用党建系统思维，加强顶层设计，整合党建要素，打好“组合拳”，逐步构建完善了以“红映太湖”党建品牌领航，用“5×4”党建工作法来支撑，用党员管理考核常态化、党员学习教育立体化、党风廉政建设一体化“三项机制”来护航，用“行动支部”建设来体现，用创先争优来提升，用党建文化来熏陶的基层党建工作体系，形成党建引领保障服务工程管理业务工作合力。在“红映太湖”党建品牌建设中，将“让党旗飘扬在工程桥头堡上”和“鲜艳的党旗映红了水利工程，映红了太湖水”等水利工程管理特色，与业务工作有机融合，融入品牌内涵，引领党员驻守太湖治理与管理一线，以高质量的工程管理服务，支撑与保障流域水利发展。

2. 党建责任机制保障工程管理

苏州管理局以工程管理、水利监管和综合保障三大块工作内容为基础，合理设置3个党小组。划分好党支部、支部书记、班子成员、党建工作职能部门，以及党小组、党员等责任主体之间的责任界限和要求，形成了责任落实链条，做实推进“行动支部”的工作机制。以工程管理业务部门党员组成的第二党小组，以水利工程管理一线为阵地，制定了党小组工作规则，总结凝练实践“四强四促”党小组工作法。

1）强党员意识，促使命担当。坚守“让太湖更美好”的初心愿景，管好用好工程，党员冲锋在前，把坚定的信念转化为生动具体的实践，把尽职担责融入工程管理一线，油加满、劲鼓足，履行好服务和保障流域防洪安全、供水安全、水生态安全的职责使命，助推幸福河湖建设。

2）强业务特色，促技术创新。履行好“工程管理的引领者、防汛抗旱的排头兵”的职责使命，体现工程管理一线特色，在夯基固本基础上，利用“水工程管理”劳模工作室、QC小组、电工技能实训室等平台，激励党员开展管理创新、机制创新、技术创新，让创新思维、创新实践融合在工程管理工作中，以实际创新成果体现作为。

3）强综合素质，促共同发展。展现“务实、担当、奉献”的单位精神，以工程管理一线为主战场，苦练内功，增强综合素质，促进“党建+工程管理”深度融合，将党小组工作成效体现到业务工作成果上来，服务好单位中心工作，保障直管工程运行安全和工程效益充分发挥。

4）强作用发挥，促创先争优。树立“工程管理现代化”目标定位，充分发挥党员先锋模范作用，激励党员带头攻坚克难，紧贴业务亮身份、立足岗位作表率，在关键时刻、重要工作中站得出、冲在前、打得赢，以优秀党员和一流的工作业绩，服务于工程管理标准化建设，服务于国家级水利工程管理单位和安全生产标准化一级单位常态化管理。

3. 学习教育促进工程管理能力提升

推广理论课堂、实践课堂、岗位课堂、网络课堂“四维课堂”党员学习教育体系，常态化抓实理想信念教育、党性修养教育、党章党规党纪教育、道德品行教育“四项教育”，将业务领域工作成效纳入党员日常学习教育范畴，多维度推进学习教育的深度、高度、空间和温度，做到全覆盖、有成效，引导党员立足岗位学思践悟，促进知行合一。理论课堂突出了在理论学习中提升工程管理能力，在工程管理能力提升中加深对理论的理解和转化；实践课堂突出了把坚定的信念转化为生动具体的实践，知行合一，管好用好工程，在服务地方经济社会发展、服务流域水利和单位中心工作中发挥先锋作用、展示有效作为；岗位课堂突出了引导党员提高综合素质和履职能力，增强服务本领，挖掘党员创新能力，积极推动岗位创新；网络课堂弥补了工程管理一线党员在学习时间、空间上的局限性，拓展了学习形式和载体。

4. 党员组织生活“指向”工程管理

在严格过好“三会一课”、组织生活会、民主评议党员等常规组织生活外，党支部积极创新“基层党组织统一活动日”“在职党员统一服务日”等组织生活形式，把“党建+业务”纳入日常组织生活中，与太湖局相关部门开展了“党建+规划管理”“党建+河湖管理”等联学联建活动。工程管理一线党小组围绕工程管理业务，积极联合服务对象、管理对象开展“党建+业务”主题党日、联学联建，既有效丰富了组织生活形式，又更多地让党员在实践中增强了宗旨意识；既通过组织生活为工程管理业务提供有效“指引”，又通过实践行动检验组织生活实际效果。

5. 党建与业务深度融合助力工程管理

苏州管理局围绕中心工作，直接面向工程管理一线、直接对接党员个体，推进党建与业务深度融合，实现党建工作从配合到融合，支部在工作领域搭台，党员在工作一线唱戏，让“两张皮”拧成“一股绳”。紧扣工程管理业务工作，开展了以“让党旗飘扬在工程桥头堡上”为实践方向的“行动支部”建设，推进党建与业务工作融合，目标同向、部署同步、工作同力，要求工程管理一线党员做到践行一份初心使命、落实一项创新成果、竖起一面党员旗帜、树立一个先锋岗位等“四个一”，在扎实做好工程管理工作中，教育党员带头学在工程一线，引导党员带头做在工程一线，激励党员带头冲在工程一线，以一流的工作业绩和扎实的工作作风凸显党员的先锋模范作用。深化“培育核心业务技能，亮出业务‘金招牌’”专项活动，引导工程管理一线党员紧贴业务亮身份、立足岗位作贡献、践行宗旨做表率。在工程管理一线，“水利工程管理现代化先行者”“打造一支能力强的工管小分队”“做闸泵运行管理的行家里手”等核心业务技能培育内容围绕工程管理业务深度展开，促进党员政治能力和业务能力的有机融合，有效提升了党员的综合素质。

6. 党员管理监督考核“护航”工程管理

苏州管理局深入落实好以组织生活、学习教育、志愿服务、先锋实践、遵纪守法为主要内容的党员日常记实积分考核制度，对标对表开展量化考核，据实及时统计，每季度通报，规范了党员日常行为，强化了党员日常监督管理。加强党风廉政责任体系、教育体系、防控体系、文化体系“四个体系”建设，推进作风建设常态化，突出正反典型宣传教育，开展“党员先锋岗”争创活动、“身边人讲身边事”活动，及时开展警示教育、“廉政宣教月”活动，立体营造了风清气正、积极向上的良好环境氛围。

第5章 直管工程安全管理工作实践与探索

5.1 安全鉴定

5.1.1 安全鉴定工作组织

1. 定期开展水闸安全鉴定

依据《水闸安全鉴定管理办法》（水建管〔2008〕214号），首次安全鉴定应在竣工验收后5年内进行，以后应每隔10年进行1次全面安全鉴定。2015年6月太浦闸除险加固工程通过竣工验收，2019年组织完成太浦闸工程除险加固竣工验收后的首次安全鉴定工作。2012年12月望亭水利枢纽更新改造工程通过竣工验收，2017年组织完成望亭水利枢纽更新改造工程竣工验收后的首次安全鉴定工作。

运行中遭遇超标准洪水、遇强烈地震、增水高度超过校核潮位的风暴潮、工程发生重大事故后，应及时进行安全检查，如出现影响安全的异常现象的，应及时进行安全鉴定。在应对2016年太湖流域特大洪水期间，望亭水利枢纽持续突破设计流量，望亭水利枢纽日平均流量超设计标准运行累计14天。特大洪水过后，苏州管理局及时组织开展了工程的专项检查，除常规的水工建筑物、机电设备和监控系统外，还采用潜水员水下探摸法对水下工程进行了检查。检查发现，望亭水利枢纽经过特大洪水期间超标准运行后，水下工程结构安全，水下消能防冲设施总体完好，但局部混凝土存在破损情况。针对水下检查中发现的问题，苏州管理局制定了水下修复方案，采用潜水员水下作业方式，用HK-PBM-3聚合物混凝土完成9处缺陷修补，消除了安全隐患。2017年苏州管理局组织完成望亭水利枢纽安全鉴定工作，综合评定望亭水利枢纽为“一类闸”。

闸门等单项工程达到折旧年限或工况发生变化，应按有关规定和规范适时进行单项安全鉴定。望亭水利枢纽由于工程运行工况相比原设计发生了重大变化，造成工作闸门正向闭门受阻，反向闭门困难，反向漏水严重等，无法满足工程现状工况要求。2009年3月，苏州管理局组织对望亭水利枢纽进行了上部结构及闸门系统的单项安全鉴定，认为望亭水利枢纽的闸门系统存在一定的安全运行隐患，无法满足现状工况运行和相关规范要求，需要对上部结构及闸门系统进行更新改造。望亭水利枢纽更新改造工程于2010年12月开工，2012年3月完工。2012年12月，太湖局印发望亭水利枢纽更新改造工程竣工验收鉴定书。

2. 按规定程序开展水闸安全鉴定

水闸安全鉴定包括水闸安全评价、水闸安全评价成果审查和水闸安全鉴定报告书审定三个基本程序。

（1）水闸安全评价

水闸运行达到安全鉴定年限前，鉴定组织单位苏州管理局按规定申请水闸安全鉴定预算，制订水闸安全鉴定工作计划。经费下达后，苏州管理局成立项目组，向具有水利水电勘测设计甲级资质或经水利部认定的水利科研院（所）进行市场询价。项目组集中讨论，在两家及以上供应商中，依据符合安全鉴定工作要求且报价最低的原则确定成交供应商。集中讨论结果形成书面报告，由参与集中讨论人员在书面报告上签字，然后按照合同管理办法委托鉴定承担单位进行水闸安全评价工作。

在苏州管理局现状调查的基础上，鉴定承担单位提出现场安全检测和工程复核计算项目，编写工程现状调查分析报告。按有关规程进行现场安全检测，评价检测部位和结构的安全状态，编写现场安全检测报告。按有关规范进行工程复核计算，编写工程复核计算分析报告。对水闸安全状况进行总体评价，提出工程存在的主要问题、水闸安全类别鉴定结果和处理措施建议等，编写水闸安全评价总报告。

（2）水闸安全评价成果审查

由鉴定审定部门太湖局主持召开水闸安全鉴定审查会，组织成立专家组，对水闸安全评价报告进行审查，形成水闸安全鉴定报告书。按太湖局的审查意见，鉴定承担单位补充相关工作，修改水闸安全评价报告。

专家组由太湖局的代表、苏州管理局的技术负责人和从事水利水电专业技术工作的专家组成，并符合下列要求：①水闸安全鉴定专家组根据需要由水工、地质、金属结构、机电和管理等相关专业的专家组成。②水闸安全鉴定专家组由不少于 9 名专家组成，其中具有高级技术职称的人数不得少于 6 名。③太湖局所在行政区域上海市以外的专家人数不得少于水闸安全鉴定专家组组成人员的 1/3。④水闸原设计、施工、监理、设备制造等单位的在职人员以及从事过本工程设计、施工、监理、设备制造的人员总数不得超过水闸安全鉴定专家组组成人员的 1/3。

（3）水闸安全鉴定报告书审定

鉴定审定部门太湖局审定并印发水闸安全鉴定报告书。

5.1.2　安全鉴定工作内容

水闸安全鉴定工作内容主要包括现状调查、安全检测、安全复核、安全评价等。

5.1.2.1　现状调查

现状调查内容包括工程技术资料收集、现场检查和现状调查分析。

苏州管理局根据工程具体情况，按要求尽量将资料收集齐全，以便于安全评价工作的开展。技术资料主要包括工程（含改扩建、除险加固）设计、建设、运行管理和规划、功能变化等方面。

苏州管理局和鉴定承担单位共同开展现场全面的检查，重点检查工程的薄弱环节和隐蔽部位。对检查中发现的问题、缺陷或不足，初步分析其成因和对工程安全运用的影响。

苏州管理局和鉴定承担单位共同编写工程现状调查分析报告，结合工程存在的安全问题、隐患和疑点，依据《水闸安全评价导则》（SL 214）对工程安全管理进行初步评价，提出进一步安全检测项目和安全复核内容的建议。

5.1.2.2　安全检测

太浦闸、望亭水利枢纽安全检测项目要与安全复核内容相协调，检测点选择应能真实反映工程实际安全状态。苏州管理局会同检测单位合理选择检测工作时段，检测工作选在对检测条件有利和对水闸运行干扰较小的时段进行。现场检测宜采用无损检测方法，采用有损检测时注意及时修复。根据安全检测报告，对太浦闸、望亭水利枢纽检测项目、检测方法、评价标准等进行了归纳和总结，内容如下：

1. 检测抽样

根据运行实际，选取能较全面反映工程实际安全状态的闸孔进行抽样检测。太浦闸闸孔数量为 10 孔，望亭水利枢纽闸孔数量为 9 孔，依据《水闸安全评价导则》（SL 214），抽样比例为 30%~50%。

2. 现场检测

（1）水下检查

采用水下摄录法检测水下缺陷，重点检查水下部位有无淤积、接缝破损（特别是止水状况）、结构断裂、混凝土破损、地基土或回填土流失、冲坑和塌陷等异常现象。

（2）土工建筑物安全检测

压实度检测。现场人工挖土至相应高程环刀取样，采用环刀取样法抽检翼墙后回填土，按规范公式计算湿密度和干密度。采用轻型击实方法测定土的密度与含水率的关系，从而确定土的最大干密度与最优含水率。压实度检测结果应符合设计要求。

（3）石工建筑物安全检测

砂浆强度检测。对砌体完整性、接缝防渗有效性进行检测。依据《贯入法检测砌筑砂浆抗压强度技术规程》（JGJ/T 136），采用贯入法检测护岸挡墙浆砌石砂浆强度，检测的砂浆强度应满足设计值要求。

（4）钢筋混凝土结构安全检测

1）回弹法检测。依据《水工混凝土试验规程》（SL 352），采用回弹法检测主要结构构件混凝土抗压强度。依据《水工混凝土结构缺陷检测技术规程》（SL 713）评估混凝土抗压强度，检测的混凝土抗压强度推定值应满足设计及规范要求。

2）钻芯法检测。依据《水工混凝土结构缺陷检测技术规程》（SL 713），采用钻芯法检测主要结构构件混凝土抗压强度。依据《水工混凝土试验规程》（SL 352）进行室内混凝土抗压强度试验。混凝土抗压强度应满足设计及规范要求。

3）混凝土保护层厚度检测。依据《水工混凝土结构缺陷检测技术规程》（SL 713），采用电磁感应法钢筋探测仪检测技术检测主要结构构件混凝土保护层厚度。依据《水利水电工程单元工程施工质量验收评定标准——混凝土工程》（SL 632）评定混凝土保护层厚度。检测的混凝土保护层厚度合格率应满足规范要求。

4）混凝土碳化检测。依据《回弹法检测混凝土抗压强度技术规程》（JGJ/T 23），用 1.0% 酚酞乙醇溶液和游标卡尺测量混凝土碳化深度。依据《水工混凝土建筑物缺陷检测和评估技术规程》（DL/T 5251）评估混凝土的碳化程度，混凝土碳化深度应小于混凝土保护层厚度。

5）钢筋锈蚀检测。依据《水工混凝土试验规程》（SL 352）和《建筑结构检测技术标准》（GB/T 50344），采用半电池电位法检测钢筋的锈蚀程度。依据《水工混凝土结构缺陷检测技术规程》（SL 713）评判半电池电位法检测结果，综合混凝土外观质量、混凝土保护层厚度、混凝土抗压强度、混凝土碳化深度和电位检测成果综合分析判断钢筋锈蚀状态。

6）垂直度检测。采用线锤和钢尺检测垂直度，依据《水利水电工程施工质量检验与评定规范》（SL 176）评判工程外观垂直度，混凝土墩墙垂直度允许偏差为 1/200 设计高，且不超过 2cm。

（5）钢闸门安全检测

1）涂层厚度检测。依据《水工金属结构防腐蚀规范》（SL 105），使用涂层测厚仪对闸门主要构件金属热喷涂保护系统涂层厚度进行抽测。评判标准为复合涂层的最小局部厚度不应小于设计规定的金属涂层厚度和涂料涂层厚度之和。

2）蚀余厚度检测。使用金属超声测厚仪对闸门主要构件金属热喷涂保护系统蚀余厚度进行抽测。按《水工钢闸门和启闭机安全检测技术规程》（SL 101）评定腐蚀程度。

3）材料检测。根据运行管理单位提供的材料出厂质量证明书，用里氏硬度计测量材料的硬度，按《黑色金属硬度及强度换算值》（GB/T 1172）换算得到材料的抗拉强度值，经综合分析确定材料牌号。闸门材料硬度合格率应满足规范要求。

4）焊缝检测。依据《焊缝无损检测 超声检测 技术检测等级和评定》（GB/T 11345）和《焊缝无损检测 超声检测 焊缝中的显示特征》（GB/T 29711），采用超声波探伤仪对工作闸门主要构件的对接焊缝进行检测。结合外观质量检查和焊缝内部缺陷检测结果进行综合评定，一类、二类焊缝均符合规范要求，无超标缺陷。

5）闸门应力检测。闸门应力检测前，对闸门主要结构进行应力分析，了解结构应力分布状况，确定测点位置和数量。采用应变传感器和无线采集系统对闸门主要构件受力较大的部位的应变进行测试，布置适当数量的比照测点。传感元件粘贴牢固并做好绝缘防潮防水处理，对检测结果与计算结果进行分析比较。

6）牺牲阳极保护质量检测。用游标卡尺测量牺牲阳极块尺寸，评估损耗情况。用数字万用表测量牺牲阳极块电位值，测量电位值均在允许范围内为合格。

（6）启闭机安全检测

1）启闭力检测。启闭力检测包括启门力检测、闭门力检测。检测前宜对闸门和启闭机外观和运行状况进行检测，并检查测力设备，确保闸门启闭力检测顺利进行。检测时，连续采集各测点的应力应变数据，以得到完整的启闭力变化过程线，确定最大启闭力。检测应重复进行 3 次。设定工况下的最大启闭力应小于启闭机的额定容量。

2）噪声检测。减速器运行噪声用噪声声级计或相关测量仪器检测。减速器以不低于工作转速无载荷运转时，在壳体剖分面等高线上，距减速器前后左右 1m 处测量的噪声，应不大于 85dB。

3）三相电流不平衡度检测。使用 DY250-C 型钳形电流表测量启闭机电机的三相电流和电压。将三相电流中任何一相电流与三相电流平均值之差与三相电流平均值相比，称为电流不平衡度 k，记三相电流中的最大不平衡度为 k_{max}。启闭机电机三相电流不平衡度不超过±10%。启闭机电机运行电流不得超过额定电流，电压应满足运行要求。

4）启闭机的同步偏差检测。启闭闸门到一定高度用水准仪测量闸门梁顶部对称两点的高度偏差，同步偏差应满足运行要求。开度指示装置应具有调节定值极限位置、自动切断主回路及报警功能，示值精度应满足《水利水电工程启闭机制造安装及验收规范》（SL 381）要求。

5）制动器检测。①接触面积。采用目测法判断，或者采用红丹粉或普鲁士蓝等颜料检验。制动轮与闸瓦的实际接触面积不得小于总面积的 75%。②间隙。采用直尺和塞尺进行检验，制动轮和闸瓦之间的间隙应处于 0.5~1.0mm。

6）制动面硬度检测。采用便携式硬度计或相关测量器具进行检测。制动面的热处理硬度应满足 HRC35～HRC45。

7）齿面硬度检测。采用便携式硬度计或相关测量器具进行检测，检测结果应符合《水利水电工程启闭机制造安装及验收规范》（SL 381）的要求。

8）开式齿轮副接触斑点检测。采用齿轮综合测量仪检测，或者采用红丹粉或者普鲁士蓝等颜料，通过目测判断或直尺检测。检测结果应符合《水利水电工程启闭机制造安装及验收规范》（SL 381）的要求。

9）开式齿轮副侧隙检测。采用齿厚游标卡尺、齿厚仪、齿轮综合测量仪或塞尺等测量器具测量。检测结果应符合《水利水电工程启闭机制造安装及验收规范》（SL 381）的要求。

10）绝缘电阻检测。使用绝缘电阻测试仪对电动机每相绝缘电阻进行测试，依据《电力设备预防性试验规程》（DL/T 596），电动机绕组绝缘电阻不应低于 0.5MΩ。

11）直流电阻检测。使用直流电阻测试仪对电动机绕组线间直流电阻进行测试，依据《电力设备预防性试验规程》（DL/T 596），电动机绕组线间直流电阻的相互差别不应超过 1%。

12）接地电阻检测。使用接地电阻测试仪对电动机接地性能进行测试，电动机接地电阻应满足设计要求 4Ω。

13）启闭机机架防腐蚀检测。使用涂层测厚仪对启闭机涂层厚度进行检测，应满足《水工金属结构防腐蚀规范》（SL 105）的要求。

（7）机电设备安全检测

1）控制台与控制柜。使用接地电阻测试仪进行接地性能测试，接地电阻应满足设计要求 4Ω。

2）交流动力配电箱。使用接地电阻测试仪进行接地性能测试，接地电阻应满足设计要求 4Ω。

3）低压成套设备。使用接地电阻测试仪对低压成套设备接地性能进行测试，低压成套设备接地电阻应满足设计要求 4Ω。

4）变压器。依据《电气装置安装工程电气设备交接试验标准》（GB 50150）和《电力设备预防性试验规程》（DL/T 596）开展变压器检测，应符合设计及规范要求。

5）自备发电机组。①绝缘电阻。使用绝缘电阻测试仪对发电机每相绝缘电阻进行测试，依据《电力设备预防性试验规程》（DL/T 596），发电机绕组绝缘电阻不应低于 0.5MΩ。②接地电阻。使用接地电阻测试仪对发电机接地性能进行测试，发电机接地电阻应满足设计要求 4Ω。

6）防雷装置检测。依据《建筑物防雷装置检测技术规范》（GB/T 21431）对建筑物防雷装置进行检测。

（8）安全监测设施有效性检测

对监测项目的完备性、监测设施的完好性、监测资料的可靠性进行检测。

（9）其他专项测试

1）太浦闸钢结构液压开启桥安全检测。①防腐蚀检测。使用涂层测厚仪对钢结构开启桥涂层厚度进行检测，应满足《水工金属结构防腐蚀规范》（SL 105）的要求。②蚀余厚度检测。使用金属超声测厚仪对钢结构开启桥主要构件涂层蚀余厚度进行检测。按《水工钢闸门和启闭机安全检测技术规程》（SL 101）评定腐蚀程度。③油缸同步性检测。

在钢结构开启桥四角布置测点，通过控制柜升降钢结构开启桥，同时采用电子水准仪观测，4只油缸相互之间的高度差值允许偏差为3cm，油缸顶升高度实测值与控制柜显示值之间的偏差应满足示值精度要求，保持2h后油缸爬行检测结果应符合要求。

2）太浦闸钢结构启闭机房安全检测。①防腐蚀检测。使用涂层测厚仪对钢结构启闭机房涂层厚度进行检测，应满足《水工金属结构防腐蚀规范》（SL 105）的要求。②蚀余厚度检测。使用金属超声测厚仪对钢结构启闭机房主要构件涂层蚀余厚度进行检测。按《水工钢闸门和启闭机安全检测技术规程》（SL 101）评定腐蚀程度。③杆件不平直度检测。采用拉线和钢尺对启闭机房钢结构的主要构件进行检测，杆件不平直度不超过杆件长度的千分之一。④焊缝检测。依据《焊缝无损检测 超声检测 技术检测等级和评定》（GB/T 11345）和《焊缝无损检测 超声检测 焊缝中的显示特征》（GB/T 29711），可采用超声波探伤仪对启闭机房钢结构构件的对接焊缝进行检测。结合外观质量检查和焊缝内部缺陷检测结果进行综合评定，一类、二类焊缝应符合规范要求，无超标缺陷。⑤玻璃幕墙专业性检查。包括玻璃面板性能检测、幕墙型材性能检测、硅酮密封胶检测、幕墙连接节点检测。

3）望亭水利枢纽水下管涵现场安全检测。①管涵接缝及内壁质量检查。采用探照灯、数码相机、钢直尺、卷尺检查管涵接缝处有无错位、止水损坏、漏水等情况，检查管涵内壁混凝土是否存在裂缝、剥蚀、露筋等情况。②回弹法检测混凝土抗压强度。依据《水工混凝土试验规程》（SL 352），可采用回弹法检测管涵混凝土抗压强度。依据《水工混凝土结构缺陷检测技术规程》（SL 713）评估混凝土抗压强度，检测的混凝土抗压强度推定值应满足设计及规范要求。③混凝土碳化检测。依据《回弹法检测混凝土抗压强度技术规程》（JGJ/T 23），用1.0%酚酞乙醇溶液和游标卡尺测量混凝土碳化深度，依据《水工混凝土建筑物缺陷检测和评估技术规程》（DL/T 5251）评估混凝土的碳化程度，混凝土碳化深度应小于混凝土保护层厚度。

4）望亭水利枢纽钢结构人行交通桥安全检测。①防腐蚀检测。使用涂层测厚仪对钢结构人行交通桥涂层厚度进行检测，应满足《水工金属结构防腐蚀规范》（SL 105）的要求。②蚀余厚度检测。使用金属超声测厚仪对钢结构人行交通桥主要构件涂层蚀余厚度进行检测。按《水工钢闸门和启闭机安全检测技术规程》（SL 101）评定腐蚀程度。③焊缝检测。依据《焊缝无损检测 超声检测 技术检测等级和评定》（GB/T 11345）和《焊缝无损检测 超声检测 焊缝中的显示特征》（GB/T 29711），可采用超声波探伤仪对焊缝进行检测。结合外观质量检查和焊缝内部缺陷检测结果进行综合评定，一类、二类焊缝应符合规范要求，无超标缺陷。

3. 检测结果评价

依据《水闸安全评价导则》（SL 214）开展检测结果评价。工程质量按下列标准进行分级：①检测结果均满足标准要求，运行中未发现质量缺陷，且现状满足运行要求的，评定为A级。②检测结果基本满足标准要求，运行中发现的质量缺陷尚不影响工程安全的，可评定为B级。③检测结果大部分不满足标准要求，或工程运行中已发现质量问题，影响工程安全的，评定为C级。太浦闸、望亭水利枢纽工程质量安全检测结果均为A级。

5.1.2.3 安全复核

安全复核内容包括防洪标准、渗流安全、结构安全、抗震安全、金属结构安全、机电设备安全等。

1. 防洪标准复核

1）洪水标准复核。①按《水利水电工程等级划分及洪水标准》（SL 252）的规定确定水闸工程等别与建筑物级别，根据水利部初设批复文件，太浦闸主要建筑物为1级建筑物，望亭水利枢纽为2级建筑物。②洪水标准。水闸洪水标准应按《水利水电工程等级划分及洪水标准》（SL 252）和《水闸设计规范》（SL 265）的规定并兼顾流域规划确定，防洪规划未改变的或无近期防洪规划的，应按《水利水电工程设计洪水计算规范》（SL 44）的规定计算设计洪水；防洪规划已有调整的，按新的规划数据复核。根据太湖流域防洪规划成果，太浦闸的洪水标准按照100年一遇洪水设计，相应太湖设计洪水位4.80m，校核洪水位5.50m。望亭水利枢纽更新改造工程的设计洪水标准按50年一遇洪水进行加固设计，并在遭遇1999年实况洪水时保障工程安全运用。

2）闸顶与堤顶高程。闸顶高程复核计算应满足《水闸设计规范》（SL 265）的规定，安全鉴定太浦闸闸顶实际高程为7.18m，望亭水利枢纽闸顶实际高程为7.0m，计算结果表明闸顶高程满足规范要求。堤顶高程复核计算应满足《堤防工程设计规范》（GB 50286）的规定，望亭水利枢纽工程水位情况较原设计发生了变化，因此按规划水位进行了复核，安全鉴定望亭水利枢纽堤顶高程计算值为6.63m，管首上游侧的堤顶高程现状值为7.0m，因此，太湖侧堤顶高程满足要求。

3）过流能力复核。当规划数据发生变化，水闸上、下游河床发生冲淤变化时，应按《水闸设计规范》（SL 265）复核过流能力。对于水流流态复杂的1、2级水闸，其水力设计成果，需通过水工模型试验结论验证其过流能力能否满足设计要求。例如：望亭水利枢纽属于立交地涵，布置在两条河流的交汇处，呈斜交布置形式，立交涵闸下部涵洞过流能力要满足泄洪、引水等各项功能的要求，布置形式为有压涵洞，过流能力计算公式通常采用涵洞有压淹没流公式。由于水流的动力作用，涵洞的过流能力的计算结果往往比试验和实际过流能力小，因此，安全鉴定复核时，望亭水利枢纽过流能力采用南京水利科学研究院水工研究所水工模型试验提供的流量系数与闸门开度的关系曲线进行复核计算。

2. 渗流安全复核

1）水闸基底渗流稳定。采用改进阻力系数法或流网法复核计算土基上水闸基底渗透压力。安全鉴定太浦闸出口段渗透坡降最大值为0.25，水平段渗透坡最大值为0.16；望亭水利枢纽出口段渗透坡降最大值为0.10，水平段渗透坡最大值为0.05。水平段和出口段的渗透坡降均满足《水闸设计规范》（SL 265）水闸基底允许渗透坡降要求。

2）侧向渗流稳定。按照《水闸设计规范》（SL 265）的规定进行侧向渗透压力稳定复核，同时结合基底和翼墙后扬压力观测资料，进行渗流稳定安全复核。

3. 结构安全复核

1）稳定复核。按照《水闸设计规范》（SL 265）的规定进行闸室、翼墙的稳定复核。太浦闸、望亭水利枢纽稳定复核结果表明，基底应力、应力比、抗滑稳定性均满足规范要求。

2）消能防冲安全复核。应根据近期规划数据、现状河床情况，运行条件和运行方式，按《水闸设计规范》（SL 265）的规定进行复核计算。太浦闸安全鉴定复核结果表明，消能防冲设施满足规范要求。望亭水利枢纽由于下部管涵埋置较深，且排涝和引水期间上、下游水头差较小，过闸单宽流量较小，未设消力池，结合水下探摸和河床断面观测成果，安全鉴定望亭水利枢纽消能防冲设施运行正常。望亭水利枢纽需要对上下游河道进行抗冲复核，安全鉴定复核结果表明，各种工况下上、下游的计算流速，均小于允许不冲流速，说明在防洪和供水的各种工况下，上、下游河道的抗冲能力均满足要求。

3）结构应力复核。①依据《水闸设计规范》（SL 265）和《水工混凝土结构设计规范》（SL 191）复核闸室底板应力、闸墩应力、胸墙、顶板、工作桥、检修便桥应力。望亭水利枢纽胸墙复核按三跨连续梁计算，并考虑京杭运河船舶撞击力影响。望亭水利枢纽上下游管首运河段顶板因受到胸墙的约束作用，按三边固定、一边自由的双向板进行结构复核计算。②依据《水工挡土墙设计规范》（SL 379）和《水工混凝土结构设计规范》（SL 191）复核岸墙与翼墙的结构应力。③太浦闸交通桥采用空心梁板铰接布置，望亭水利枢纽桥面结构采用钢筋混凝土叠合梁板和现浇板，依据《公路桥涵设计通用规范》（JTJ D60）和《公路钢筋混凝土及预应力混凝土桥涵设计规范》（JTJ 3362）复核交通桥结构应力。

4. 抗震安全复核

1）水闸抗震设防烈度。根据《中国地震动参数区划图》（GB 18306）确定水闸所在区域的场地基本地震动峰值加速度、地震动反应谱特征周期和区域地震烈度。根据《水工建筑物抗震设计标准》（GB 51427）确定水闸抗震设防烈度。依据《中国地震动参数区划图》（GB 18306—2015），太浦闸、望亭水利枢纽抗震设防烈度为Ⅶ度。

2）液化土层判别。依据《水利水电工程地质勘察规范》（GB 50487）进行液化土层判别。

3）抗震复核。按照《水工建筑物抗震设计标准》（GB 51427），采用拟静力法开展抗震稳定和结构强度计算复核。

4）抗震措施。水闸抗震措施应符合《水工建筑物抗震设计标准》（GB 51427）的规定，结构构件抗震构造要求应符合《水工混凝土结构设计规范》（SL 191）和《水工挡土墙设计规范》（SL 379）的相关规定。

5. 金属结构安全复核

1）闸门安全复核。钢闸门运用条件、结构尺寸与计算参数等发生不利变化时，应按照《水利水电工程钢闸门设计规范》（SL 74）和《水工钢闸门和启闭机安全检测技术规程》（SL 101）复核闸门结构件的强度、刚度和稳定性。荷载应结合有关观测试验资料，按设计运用条件、结构现状进行核算。

2）启闭机安全复核。启闭机结构件复核应按照《水利水电工程启闭机设计规范》（SL 41）的规定执行。荷载应结合有关观测试验资料，按设计运用条件、结构现状进行核算。

6. 机电设备安全复核

机电设备安全复核应评价能否满足安全运行要求。机电设备安全复核按《国家电气设备安全技术规范》（GB 19517）、《电气装置安装工程电气设备交接试验标准》（GB 50150）和《水利水电工程机电设计技术规范》（SL 511）的规定执行。

5.1.2.4 安全评价

水闸安全评价应在现状调查、安全检测和安全复核基础上进行。

水闸安全类别划分为四类。①一类闸：运用指标能达到设计标准，无影响正常运行的缺陷，按常规维修养护即可保证正常运行。②二类闸：运用指标基本达到设计标准，工程存在一定损坏，经大修后，可达到正常运行。③三类闸：运用指标达不到设计标准，工程存在严重损坏，经除险加固后，才能达到正常运行。④四类闸：运用指标无法达到设计标准，工程存在严重安全问题，需降低标准运用或报废重建。

水闸安全类别应主要根据安全检测评价的工程质量和安全复核分析的安全性分级结果，并按照下列标准综合确定：①工程质量与各项安全性分级均为A级，评定为一类闸。②工程质量与各项安全性分级有一项为B级（不含C级），可评定为二类闸。③工程质量与抗震、金属结构、机电设备三项安全性分级有一项为C级，可评定为三类闸。④防洪标准、渗流、结构安全性分级中有一项为C级，可评定为四类闸。

水闸安全评价应编制水闸安全评价报告。对评价为二类、三类、四类的水闸，安全评价应提出处理建议与处理前的应急措施，并根据安全管理评价结果对工程管理提出建议。

5.1.3 安全鉴定成果及应用

1. 安全鉴定指导除险加固和更新改造

对存在不足或病险的二类、三类、四类水闸要提出处理建议与处理前的应急措施，避免工程的老化加剧，避免出现严重险情。

太浦闸于1959年建成，由于历史原因，太浦闸建成时就留有很多质量隐患，虽多次对水上部分进行加固处理，仍不满足安全运行要求。2000年11月，太湖局组织有关专家对太浦闸进行了安全鉴定，根据安全检测，闸墩、底板混凝土质量普遍较差，设计标号偏低，混凝土碳化严重，钢筋锈蚀，混凝土内部存在不同程度的裂隙和空洞，混凝土结构整体强度和耐久性不能满足现行规范的要求，安全鉴定为三类闸，需进行除险加固。根据安全鉴定情况，2001年3月，苏州管理局组织编制《太浦闸工程控制运用方案研究报告》，根据计算结果明确抢险物资储备、检查观测措施、应急修复措施、汛期水位控制曲线图，规范和指导工程运行。受太湖局的委托，上海勘测设计研究院在安全鉴定的基础上，于2010年2月编制完成《太浦闸除险加固工程可行性报告》，国家发展和改革委员会以发改农经〔2011〕1607号文对该可行性研究报告进行批复。2011年7月，上海院编制完成《太浦闸除险加固工程初步设计报告》，太湖局以太管规计〔2011〕189号文将初设报告上报水利部。2011年12月，水利部以水总〔2011〕639号文批复工程初步设计报告。2012年9月—2014年7月，苏州管理局组织开展了太浦闸工程的除险加固。2015年7月，太湖局印发太浦闸除险加固工程竣工验收鉴定书。

望亭水利枢纽于1993年12月基本建成，1998年10月通过竣工验收。2002年实施引江济太以来，望亭水利枢纽由于运行工况改变导致工作闸门运行困难，且反向挡水漏水严重。此外枢纽还存在检修闸门变形、锈蚀严重，枢纽上下游交通不便，水面漂浮物聚集影响枢纽正常运行等问题。为保证望亭水利枢纽安全运行和充分发挥效益，保障流域引江济太和防洪调度安全，急需对望亭水利枢纽进行更新改造。2009年3月，苏州管理局委托上海院对该枢纽进行了上部结构主闸门系统的单项安全鉴定，编制了《望亭水利枢纽上部结构及闸门系统安全评价报告》。2009年4月，太湖局组织专家对安全评价报告进行了审查，并以太管建管〔2009〕113号文同意该枢纽工程的鉴定意见。安全鉴定意见认为：望亭水利枢纽的闸门系统存在一定的安全运行隐患，无法满足现状工况运行和相关规范要求，按照《水闸安全鉴定规定》6.0.2条，需对闸门系统进行更新改造，并对启闭机房等土建结构相应改造。2010年7月，水利部以水总〔2010〕278号文批复《望亭水利枢纽更新改造工程初步设计报告》，同意实施望亭水利枢纽更新改造工程。望亭水利枢纽更新改造工程于2010年12月开工，2012年3月完工。2012年12月，太湖局印发望亭水利枢组更新改造工程竣工验收鉴定书。

2. 安全鉴定指导工程维修养护管理

2015 年太浦闸除险加固竣工验收后，2019 年苏州管理局组织开展太浦闸工程安全鉴定工作。鉴定承担单位按照规定完成现状调查、安全检测、安全复核、安全评价。2019 年 10 月，太湖局组织召开了太浦闸工程安全鉴定审查会。2019 年 12 月，太湖局以《水利部太湖流域管理局关于印发太浦闸工程安全鉴定报告书的通知》（太湖建管〔2019〕254 号），同意太浦闸工程安全类别评定为一类闸。苏州管理局根据安全鉴定结论，申请经费开展常规维修养护，及时处理太浦闸安全鉴定发现的 28 个主要缺陷，发现问题及处理情况见表 5-1。

表 5-1　太浦闸工程安全鉴定发现问题及处理情况一览表

构件名称		主要缺陷	处理措施	处理结果
节制闸	闸室与上下游连接段	下游右侧翼墙贴面钢板局部锈蚀、划痕	2020 年对缺陷部位重新防腐处理	已完成修复
		交通桥 1 号跨桥板局部轻微破损	2020 年对于小面积缺损部位进行混凝土局部修补	已完成修复
		下游左侧翼墙第三段与第四段分缝附近局部破损现象		已完成修复
		上游右侧翼墙第三段与第四段分缝局部填料破损；下游左侧护岸挡墙第四段与第五段分缝填料破损	2020 年对填料破损部位及时充填封堵	已完成修复
		上游左侧护岸挡墙局部勾缝砂浆与砌石脱开，宽度 5mm	2020 年对勾缝局部脱落部位用水泥砂浆重新勾缝	已完成修复
		下游左侧护岸挡墙局部勾缝砂浆脱落		已完成修复
		下游左侧护岸挡墙第 12 段局部开裂，宽度 10mm	2020 年对局部破损部位进行修补	已完成修复
		第五段与第六段分缝填料缺失、树木析出，第七段与第八段分缝杂草析出	2020 年将分缝内杂草等清理干净，对填料及时充填封堵	已完成修复
	交通桥	交通桥严禁超载运行	2020 年设置限载运行的警示牌	已设置标牌并限载运行
	闸门	6 号闸门主梁腹板、7 号闸门主梁翼缘局部锈蚀；9 扇闸门左右滚轮和下滚轮轴承均存在锈蚀现象；9 扇闸门活动门槽均局部锈蚀；锁定装置均局部锈蚀	2020 年对闸门封闭涂层进行全面防腐处理	已完成修复
	启闭机	1-2 号、4-1 号、4-2 号、7-1 号、7-2 号、9-1 号和 9-2 号启闭机制动轮的制动面硬度偏大	加强检查，发现裂纹立即更换	加强检查，未发现裂纹
		1 号、5 号、7 号、9 号启闭机荷重仪精度偏低	检查调试，更换荷重仪	已完成修复，并加强检查调试
		1 号、5 号、7 号、9 号工作闸门启闭机开度仪精度偏低	全部更换开度仪，定期检查调试	已完成修复。2021 年设备管理等级评定时无异常噪声
		1-1 号、1-2 号、5-2 号和 7-1 号启闭机的运行噪声较大	2020 年开展设备检修维护工作	

续表

构件名称		主要缺陷	处理措施	处理结果
套闸	闸首、闸室与连接段	上下闸首钢板存在摩擦划痕现象	2019 年对导流墩贴面钢板进行防腐处理，除锈后刷灰色防腐漆两遍。	已完成修复
		系船柱存在锈蚀现象；闸室墙上防护钢板存在锈蚀、摩擦划痕现象；钢爬梯、助航孔局部锈蚀		
		上下游隔墩贴面钢板存在锈蚀、摩擦划痕现象		
		上下游靠船墩上系船柱局部锈蚀，上下游靠船墩上系船环锈蚀		
		检修桥局部锈蚀	2020 年对检修桥钢结构进行防腐处理	已完成修复
		闸室墙第五段与北侧下闸首分缝附近混凝土局部破损	2020 年对局部缺损部位进行混凝土修补	已完成修复
	钢结构开启桥	钢结构开启桥局部存在摩擦、划痕和锈蚀现象	2021 年对缺陷部位重新防腐处理	已完成修复
	双扉门	左右滚轮和轴承均锈蚀，活动门槽局部锈蚀，锁定装置局部锈蚀	2020 年对封闭涂层进行全面防腐处理	已完成修复
	横拉门	横拉门上侧轮锈蚀，轨道、横拉门埋件、顶台车局部锈蚀，推拉杆表面存在油污、灰尘	2021 年对缺陷部位重新防腐处理。完成推拉杆表面清理	已完成修复
		门库顶端有将近 0.6m 厚的淤积	2020 年日常养护中已冲淤	已处理
	启闭机	横拉门启闭机减速器齿面、滑轮组存在锈蚀现象	2020 年对锈蚀部位重新防腐处理	已完成修复
		双扉门以及横拉门启闭机制动面硬度偏大或偏小	加强检查，发现裂纹或磨损立即更换	加强检查，未发现裂纹或磨损
水下探摸	水下结构	下游消力池底板在 2 号、3 号孔之间靠近浆砌块石底板处发现一条水泥沉船，长 4m、宽 2m	2019 年潜水员作业将水泥沉船吊出	已完成修复
		上游左侧翼墙从翼墙拐角处向外有垃圾淤积，50cm～1m 厚，多为建筑垃圾、砖、块石等，延伸至护坦处	定期进行水下检查和河道断面观测，掌握情况。不影响运行	无异常

2012 年望亭水利枢纽更新改造工程竣工验收后，2016 年下半年苏州管理局组织开展望亭水利枢纽工程安全鉴定工作。鉴定承担单位按照规定完成现状调查、安全检测、安全复核、安全评价。2017 年 2 月，太湖局组织召开了望亭水利枢纽安全鉴定审查会。2017 年 3 月，太湖局以《水利部太湖流域管理局关于印发望亭水利枢纽安全鉴定书的通知》（太管建管〔2017〕44 号），同意望亭水利枢纽安全类别为一类闸。苏州管理局根据安全鉴定结论，申请经费开展常规维修养护，及时完成望亭水利枢纽安全鉴定发现的 6 个问题的处理，处理情况见表 5-2。

表 5-2　望亭水利枢纽安全鉴定发现问题及处理情况一览表

构件名称		主要缺陷	处理措施	处理结果
望亭水利枢纽	上下游翼墙和胸墙	局部存在裂缝	2017 年对局部裂缝进行修补处理	已完成修复
	工作桥	底板局部混凝土受损	2017 年根据损坏情况对局部混凝土进行修补	已完成修复
	闸门	闸门门体局部锈蚀	2018 年对 4 扇闸门封闭涂层进行全面防腐处理。2019 年对 5 扇闸门封闭涂层进行全面防腐处理	已完成修复
		止水压板、止水压板紧固螺栓存在不同程度锈蚀	2020 年开展工作闸门水封装置修复，更换锈蚀的止水压板、止水压板紧固螺栓	已完成修复
	启闭机	制动轮与闸瓦的实际接触面积小于总面积的 75%	定期调节制动闸瓦与制动轮间隙，发现闸瓦损坏及时更换	已完成修复，并加强检查
	人行钢桥	涂料失效导致局部轻微锈蚀	2017 年完成钢结构人行桥全部重新防腐处理	已完成修复

5.2　除险加固和更新改造

5.2.1　完成望亭水利枢纽更新改造

1. 闸门系统存在安全隐患

2009 年 3 月，水利部上海勘测设计研究院对望亭水利枢纽的上部结构作了较为全面的检测和复核，并出具了《望亭水利枢纽上部结构及闸门系统安全评价报告》。检测工作内容包括水工混凝土结构的外观质量、混凝土强度、混凝土碳化深度、钢筋锈蚀状态，水工金属结构的外观形态、腐蚀状况等；复核工作内容包括上下游管首的稳定计算、结构计算、交通桥结构计算、消能防冲和过流能力的计算、工作闸门的结构计算和检修闸门的结构计算等。2009 年 4 月，太湖局组织召开望亭水利枢纽上部结构及闸门系统单项鉴定审查会，批准了《望亭水利枢纽上部结构及闸门系统鉴定报告书》。望亭水利枢纽上部结构及闸门系统安全状态综合评价结论如下：

（1）水工建筑物

经计算，上、下游管首的基底应力、抗滑稳定、抗浮稳定均满足规范要求。管首涵管和工作桥等现有结构的实际配筋满足强度及裂缝开展宽度要求。在各工况最大流量下，通过调节闸门开度，涵洞的过流能力均满足各工况下最大流量的要求。各种工况下，上、下游的计算流速，均小于允许不冲流速，说明在防洪和供水的各种工况下，上、下游河道的抗冲能力均满足要求。

运河两岸翼墙缺少防护设施。随着地区经济的快速增长，京杭运河航运交通蓬勃发展，运河水上航运十分繁忙。在航道繁忙或拥堵时，在工程范围出现了船舶滞留、停靠或靠边行驶的现象，对运河渡槽直立墙、挡浪墙及翼墙混凝土结构产生摩擦、挤压或碰撞，导致运河混凝土结构面在水位变幅区及其以上范围内发生破损，局部出现防护层脱落、混凝土剥落、露筋甚至结构撞坏现象。2006 年，管理单位对运河渡槽直立墙已实施完成了钢板防护工作，但翼墙部分还未安装防护设施，特别是中控室附近的翼墙，由于对面蠡河船闸进出运河的船只摩擦、挤压或碰撞，对该段翼墙混凝土结构安全威胁更大。

（2）工作闸门

检查资料表明，工作闸门运行工况已发生变化，由单向运用改为双向运用，存在正向闭门受阻，反向闭门困难，反向漏水严重等问题。现场检测发现：面板油漆及金属涂层普遍脱落，表面腐蚀；9号孔拉杆末节连接部位断裂，3号孔、8号孔拉杆末节连接部位均严重变形。

复核计算结果：闸门主梁刚度已不满足规范要求，超过了规范的许用值，其跨中截面的弯应力（$\sigma=130.0\mathrm{N/mm^2}$）接近规范许用值。支承滑块与目前的操作运行要求不相适应，须予以改造。反向支承滑块对应的埋件，底板弯曲应力（$\sigma=118.0\mathrm{N/mm^2}$）已超过规范的许用值（$[\sigma]=100.0\mathrm{N/mm^2}$）。

（3）检修闸门

现场检测发现：面板油漆及金属涂层普遍脱落，表面腐蚀；横梁腹板部位普遍腐蚀明显，蚀余厚度11.41mm，有效截面积损失达5%；安装螺钉孔为盲孔螺纹，露天条件下，螺钉底部有锈穿，螺牙锈死。

复核计算结果：闸门主梁刚度能满足规范要求，但其跨中截面的弯应力接近规范许用值。

（4）启闭机

上游管首配置QPQ-2×100kN固定卷扬式启闭机9台套，启门速度2.23m/min，启门高度8m，江苏武进第一水利机械厂1993年出厂，已经使用超过15年。现场检测发现：9号孔，Z2-30型减速器与主轴连接处漏油，有安全隐患；1号孔～9号孔，启闭机制动器连轴螺栓橡胶垫片磨耗损坏严重，每年都要更换。螺栓两端大小不同，拆卸螺栓更换橡胶垫片极其困难。原采用的2×100kN启闭机已不能满足新的运行工况下的闸门正常启闭操作运行要求，须予以更换。吊杆部分必须与启闭机容量相配套，也应予以更换。

（5）电气设备

配电房低压柜内出线空气开关已老化，需进行更换。原有无功补偿柜内单组电容器容量偏大，造成补偿时频繁投切，需要将原单组15kvar低压电容器更换为单组10kvar低压电容器，共6组。启闭机房东侧楼梯间底层和下游管首检修动力柜已老化，需要更新。上游门库需要新增动力柜1台。运河侧过往船只经常撞击河道翼墙，需要设置河道照明投光灯，以警示过往船只。水闸计算机监控系统改造按“无人值班、少人值守”的标准进行设计，应再增加1台监控主机，实现冗余热备。闸门现地PLC控制柜使用年限较长，控制和采集元件已老化，需进行更换。启闭机旁9台带广角镜头固定摄像机使用年限较长、图像不清晰，为了更好监视启闭机两边卷筒钢丝绳运转情况，需进行更换。在重要位置增加视频监视点，管理区无防盗检测系统。

（6）管理用平房

现场外观检查发现，6间简易平房有质量、安全隐患，如横墙中间位置、纵墙左窗户角部均严重开裂，分析认为与平房砖砌基础埋设在软弱地基上发生较大不均匀沉陷有关，应根据实际情况进行加固改造。

（7）上、下游人行交通桥

望亭水利枢纽工程设计时，没有考虑沟通上、下游的人行交通桥，上游至下游交通需绕道无锡“五七”大桥，绕道长约 2km。近年来，地方政府在管理区对岸又修建了无锡天山水泥厂，并在运河边开凿了一条支河运送材料，将原有的道路切断，现在需绕道水泥厂围墙外，全长约 5km。无锡“五七”大桥原为农用桥，随着地区经济的发展，由于许多重型汽车通行，使桥梁成为危桥，并被地方交通部门限行。交通条件的不便已影响工程正常的运行管理。

（8）安全鉴定结果

土建部分：上、下游管首的抗滑和抗浮稳定和地基应力均能满足规范要求，各工况应力比均小于允许应力比。管首下部涵管以及交通桥等主要受力构件的强度或裂缝开展宽度满足要求，混凝土碳化深度较小，混凝土强度能满足设计要求。

金属结构部分：工况的改变，使得工作闸门和检修闸门的功能无法满足要求。根据《水闸安全鉴定规定》，运用指标无法达到设计标准，工程存在严重安全问题，需降低标准运用或报废重建。金属结构部分适应四类闸条件。

建议更新启闭机及启闭机房，更新工作闸门，改造检修闸门，并对水生物的影响以及防护措施加以研究；增加运河两岸翼墙防护设施；新建上、下游人行交通桥；加固改造管理用平房。

2. 实施更新改造，消除安全隐患

2010 年 7 月，水利部以《关于望亭水利枢纽更新改造工程初步设计报告的批复》同意实施望亭水利枢纽更新改造工程，总投资 2 960 万元。对应安全鉴定所发现的安全隐患，更新改造任务包括：闸门启闭系统改造，包括新检修门 1 套、工作闸门和启闭机 9 台套更新及 9 孔工作门槽改造；中控楼及启闭机房改建；新建上下游检修门库；新建上下游人行交通桥；新建防撞桩及翼墙防护设施；电气设备及监控系统改造；管理用平房等原部分管理设施改造等。

望亭水利枢纽更新改造工程涉及检修门使用、水下堵漏、涵洞排水和门槽更换，涉及高空拆除、水上作业等，施工空间布置困难，施工难度大，安全隐患多，安全管理难度大。经太湖局批准，苏州管理局作为项目建设法人，抽调技术骨干，在项目批复以后组建了现场管理机构“望亭水利枢纽更新改造工程建设处”，并对组织内部进行了明确的职责分工，建立完善了规章制度，为工程安全、顺利实施提供了组织保证。2010 年 11 月，工程开工以后，狠抓门槽改造工程关键线路施工进度，不断优化施工方案和施工进度，在只有两套检修门和保证引水运行安全的前提下，经过共同努力，利用 5 个月左右的时间，按照计划完成了全部 9 孔门槽改造水下施工任务，为工程度汛创造了良好条件。工程边改造边运行，由于协调有力、措施得当，确保了工程安全运行、效益较好发挥。2011 年望亭水利枢纽全年运行 251 天，闸门启闭达 291 次，引水入湖达 16.04 亿 m^3，有效减缓了太湖水位下降趋势，改善了太湖及周边河网水质，最大限度减轻了干旱对流域经济社会发展的不利影响。2012 年 3 月，工程改造任务完成，消除了安全鉴定中发现的工程设施设备存在的安全隐患，确保了工程和设备的可靠运行，确保了工程运行安全。

2012 年 11 月，望亭水利枢纽更新改造工程通过太湖局主持的竣工验收。2016 年太湖流域发生特大洪水，望亭水利枢纽全年开闸运行 213 天，闸门调整 263 次，累计排水 31.32 亿 m^3，最大实测排水流量 $503m^3/s$（7 月 13 日），最大日排水量 3905 万 m^3（日平均流量 $452m^3/s$，7 月 11 日），日平均流量超设计标准运行累计 14 天。工程经历了超设计标准洪水的考验，至今运行正常，发挥了显著的防洪和供水效益。2017 年望亭水利枢纽安全鉴定为一类闸。

5.2.2 完成太浦闸工程除险加固

1. 安全鉴定为三类闸

根据水利部《水闸安全鉴定规定》，经上级主管部门批准，苏州管理局负责组织协调太浦闸安全鉴定工作。在调查研究的基础上，苏州管理局完成了《太浦闸工程现状调查分析报告》，委托江苏河海工程技术总公司和河海大学岩土与结构工程检测研究中心对工程进行了水下检查和现场安全检测，完成了《太浦闸水下现状检查报告》和《太浦闸现场安全检测报告》，委托江苏省水利勘测设计研究院进行了工程复核计算工作，完成了《太浦闸安全鉴定工程复核计算分析报告》。2000 年 11 月，太湖局在苏州主持召开了太浦闸工程安全鉴定会议，对太浦闸进行了现场查勘，查阅了检测资料和复核计算成果，观看了水下工程检查录像，经过认真讨论和研究，提出鉴定意见如下：

（1）安全鉴定结论

1）现状闸顶高程偏低，不满足《水闸设计规范》规定的“按设计及校核水位加波浪计算高度和安全超高值”的防洪要求。

2）闸墩、底板混凝土设计标号偏低，受历史条件限制，施工质量较差。由检测资料可见，闸墩、底板内部普遍存在蜂窝和空洞现象。混凝土芯样存在破碎、孔隙、松散等严重缺陷，混凝土整体强度难以保证，严重影响该闸的安全运用。

3）平面钢闸门边梁及主滚轮、主滚轮轴等行走支承和轨道强度不满足规范规定的要求，闸门又缺少门顶止水。

4）水下检查护坦、海漫、防冲槽均未发现明显异常。消力池排水孔堵塞，底板伸缩缝挤压破碎、嵌缝材料冲失，尚未发现止水铜片破坏的现象。上下游翼墙浆砌块石有局部脱落现象。

5）管理、养护设施比较落后，检查观测设施缺乏，缺少沉陷、扬压力等检查观测资料。

安全鉴定专家组按照《水闸安全鉴定规定》规定，确定该闸安全类别属于三类闸。

（2）除险加固建议

1）上级主管部门应尽快立项，对太浦闸进行除险加固，尤其对闸墩、底板要进行彻底的除险加固处理。

2）管理部门应加强安全监测和控制运用，掌握工程变化动态，及时向上级报告工情、水情，提供更新的现状资料，以便科学决策。

3）委托有资质的单位进行除险加固方案的研究和设计，包括水下灌浆和修补，或干河大修，提出合理的除险加固方案。

4）鉴于太浦闸与太浦河泵站是太湖防洪泄洪和向下游供水的重要枢纽，而太浦闸闸墩、底板加固施工难度较大，且投资较高，建议采用老闸拆建结合兴建船闸的方案，与老闸加固方案作技术经济比较，择优取用，确保太浦河闸站枢纽工程的完整性。

2. 实施除险加固，消除安全隐患

（1）除险加固之前的安全管理

2000 年底，太浦闸安全鉴定为三类闸之后，工程除险加固前期工作随即展开。因为太浦闸工程的特殊重要性，相关省份对于工程规模、除险加固方案等需求不一，经过艰苦而漫长的沟通协调，项目前期工作历经 10 余年，直至 2011 年 12 月，水利部批准太浦闸除险加固工程初步设计。在除险加固工程实施之前，苏州管理局按照三类闸安全管理要求，编制应急抢险预案，实施应急度汛项目，落实各项安全措施，精心组织工程控制运行，保障了太浦闸带病安全运行10余年。

1）编制与实施应急抢险预案。

根据太浦闸安全类别为三类闸的现状，2001年2月，苏州管理局编报了《2001年太浦闸工程应急抢险预案》并得到上级主管部门批准。根据批准的应急抢险预案，针对可能发生的防渗抢险、边孔发生破坏抢险、侧向绕渗抢险、闸门变形抢险、混凝土结构破坏抢险等，开展了应急抢险演练。

组织落实抢险队伍，保证应急抢险工作的正常进行。经批准，成立太浦闸工程抢险指挥部，落实了两支抢险队伍。由地方防汛抗旱指挥部，组织横扇镇、庙港镇基干民兵各30名组成60人的抢险队伍，在汛情紧急或工程出险时投入抢险，由抢险指挥部统一指挥；在太浦河泵站工程施工期间，由泵站指挥部组织施工单位成立太浦闸应急抢险队，选拔50名青年工人组成突击队，明确负责人及班组建制，必要时接受抢险指挥部的调遣。同时，为了保证及时发现险情，管理单位加强工程检查观测和安全监测，及时、准确地向上级反馈工情、水情信息。

2）实施应急度汛项目，落实度汛安全措施。

太浦闸经安全鉴定为三类闸后，为确保其在除险加固或拆除重建前能安全运行，2001年12月，苏州管理局上报了《关于太浦闸工程应急项目初步设计及概算的请示》。应急项目包括建设太浦闸应急监控系统、配套太浦闸检修门吊运设施和储备应急抢险物资等，经太湖局批复后及时组织实施完成。

建设太浦闸应急监控系统。应急监控系统包括安全监测、闸门控制、视频监视、监控网络及有关建筑工程和应用软件等部分。因受资金额度限制，太湖局批复同意应急监控系统部分先行实施太浦闸安全监测系统、闸门控制系统、视频监视系统和有关建筑工程、应用软件等。太浦闸应急监控系统在2002年8月底前安装完成。根据安全鉴定意见，在加固或拆除重建之前，为确保太浦闸安全度汛，除了加强检查观测外，管理单位还可充分利用计算机自动监控和现代通信技术，提高对工程安全状态监测的能力，以便及时发现隐患、及时报警和及时处理。

配套太浦闸检修门吊运设施。检修门起吊设施主要包括制作安装T型钢结构构架、工字钢电动葫芦轨道、电动葫芦以及检修桥盖板和栏杆拆建等。太浦闸检修门吊运设施在2002年6月主汛期到来前安装完成。太浦闸检修桥工作空间狭小，当一孔闸墩、工作闸门发生险情时，苏州管理局可借助检修门吊运设施来吊运安装检修门，开展临时挡水或者抢修，保障工程应急抢险。

储备应急抢险物资。苏州管理局向江苏省水利物资总站采购了抢险工器具和抢险物料等应急抢险物资，自行采购了砂石料，以及自卸车、冲锋舟等抢险专用设备。应急抢险物资储备在2002年主汛期到来前完成。

太浦闸交通桥临时加固和加强检查观测。根据太浦河泵站施工组织设计，在施工期间将有大量弃土通过太浦闸交通桥运出，对太浦闸安全运行构成很大威胁。为不影响太浦河泵站正常施工，管理单位协调太浦河泵站建设指挥部于2001年初对交通桥下闸墩实施了临时加固措施，同时管理单位也加强了对闸上交通管理及工程观测和安全监测工作。

3）组织工程控制运用。

为确保工程安全运行，苏州管理局委托江苏省水利勘测研究院编制完成了《太浦闸工程汛期控制运用方案研究报告》，用以指导太浦闸工程控制运用。根据研究报告，管理单位严格控制上下游最大水位差不超过1999年发生的最大水位差1.02m（据统计，也是建闸历史上出现过的最大水位差），当上、下游水位差接近该限值时，将及时上报主管部门开闸泄洪，以保证工程安全。

（2）完成拆除重建，消除工程安全隐患

2011年7月，国家发展改革委以《关于太浦闸除险加固工程可行性研究报告的批复》批复工程可研报告，工程总投资8 383万元。2011年12月，水利部以《关于太浦闸除险加固工程初步设计报告的批复》批复工程初步设计报告，国家发展改革委以《关于核定太浦闸除险加固工程初步设计概算的通知》核定工程概算总投资8 017万元。太浦闸除险加固工程采用原址拆除重建方案，主要建设内容为拆除老闸并在原址新建节制闸。新建节制闸按单孔净宽12m、闸孔总净宽120m、闸底板高程-1.50m进行设计，设计流量985m^3/s，校核流量1 220m^3/s。近期按闸槛顶高程0.00m方案实施（闸底板上设宽顶实用堰），设计流量784m^3/s，校核流量931m^3/s。

经太湖局批准，太浦闸除险加固工程于2012年9月开工建设，项目法人苏州管理局认真落实项目法人责任制、建设监理制、招标投标制和合同管理制，组织各参建单位，科学管理，精心施工，大干苦干实干，实现了“质量保优良、安全零事故、工期不延误、工地创文明”的建设目标。2013年4月，水下工程按期完成并投入运用，为保障流域防洪和供水安全创造了条件；2014年9月单位工程全部通过完工验收并移交管理单位运行；工程现场推行安全生产标准化管理，实现了安全生产零事故，2015年项目法人荣获全国水利安全监督工作先进集体荣誉称号。参与评优的单位工程质量全部优良，单项工程质量等级被核定为优良；现场施工管理规范，荣获全国水利建设工程文明工地荣誉称号和2015—2016年度中国水利工程优质（大禹）奖。2013年5月15日太浦闸恢复通水后，太浦闸工程边施工边运行，工程运行稳定、可靠，工程防洪、供水综合效益显著。太浦闸除险加固工程完成以后，消除了工程设施安全隐患，工程长年开闸运行，闸门启闭操作频繁，工程排洪和供水效益显著，经历了2016年、2020年太湖流域性超标准洪水和多次台风的考验。

2015年6月，太浦闸除险加固工程通过水利部授权太湖局主持的竣工验收，并在防汛和防台风工作中发挥了突出的作用。2016年太湖流域发生特大洪水，太浦闸全年开闸运行361天，闸门调整235次，累计排水50.46亿m^3，供水15.01亿m^3。最大实测流量938m^3/s（7月11日），最大日排水量7 759万m^3（日平均流量898m^3/s，7月11日），太浦闸日平均流量超设计标准运行累计9天。2020年太湖流域发生超标准洪水，太浦闸全年开闸运行342天，闸门调整538次，累计排水29.34亿m^3，供水18.32亿m^3。最大实测流量902m^3/s（7月19日），最大日排水量7 317万m^3（日平均流量826m^3/s，7月21日），太浦闸日平均流量超设计标准运行累计5天。太浦闸工程经历了超设计标准洪水、超强台风的考验，工程设施设备运行可靠，建筑物稳定，质量得到了全面检验，工程发挥了显著的效益。2019年太浦闸安全鉴定为一类闸。

5.2.3 规范开展隐患排查治理

1. 加强危险源辨识与安全风险防控

苏州管理局把构建安全风险分级管控和隐患排查治理“双预防”机制作为安全生产

监管工作的重中之重。结合太湖局直管工程实际，制定《危险源辨识与风险管理制度》，对生产设施、场所进行了危险源辨识和评价，确定危险等级，形成了危险源辨识与安全风险防控措施台账，编写了安全防控手册，并实施动态管理。

各部门负责收集和整理所管辖的设备、环境已存在的危险源或其他不安全因素，对管辖范围内的危险源进行识别，选用适宜的评价方法和准则，对危险源进行判断或打分，确定危险源等级并提出危险源控制措施，形成危险源清单并提交建设与安全科。建设与安全科汇总各部门提交的危险源清单，召集经验丰富的安全管理人员、专业技术人员、管理人员、操作人员，对初步辨识列出的危险源与控制措施进行讨论分析、补充和确认，并将确认的危险源与风险控制管理措施清单报局领导批准。

各部门对不同级别的危险源，制定相应的控制措施，降低或使危险处于有效控制中，且不带来新的重大危险或较大危险源，并根据本部门管辖范围确认后的重大危险或较大危险源及不可容许危险清单，制定针对性强的专项危险源控制措施，措施制定完成后报安全生产领导小组办公室，经局领导审批后执行。对重大危险源，现场设置明显的安全警示标志和危险源警示牌，采取措施进行监控，包括技术措施（建设、设计、运行、维护、检查、检验等）和组织措施（职责明确、人员培训、防护器具配置、作业要求等）。每年开展 1~2 次危险源辨识与风险评价，及时掌握危险源的状态及其风险的变化趋势，更新危险源及其风险等级，对危险源实施动态管理。

2. 加强安全隐患排查治理

根据安全检查和隐患排查治理制度，扎实开展隐患排查治理和专项整治活动。各部门每月自查 1 次，建设与安全科每季度至少组织开展 1 次安全检查。在国家法定节假日及国家重大活动前，安全生产领导小组办公室组织开展一次综合性的节假日检查。另外，按期开展防汛安全专项检查、防台风安全专项检查、消防安全专项检查、用电安全专项检查、特种设备安全专项检查、项目施工现场安全专项检查，以及开展不定期突击检查等。检查时，重点排查安全生产隐患，主要内容包括：

（1）安全管理情况

包括安全管理制度的执行情况；安全生产责任制的落实情况；操作规程的执行情况；安全会议传达部署情况；安全培训教育和岗前培训情况；对施工、维修养护单位安全监督管理情况；特种作业人员持证上岗情况；安全生产档案建立情况等。

（2）现场安全生产情况

包括水工建筑物、机电设备、备用电源、监控系统、辅助设施及河道堤防的安全状况；消防安全情况，用水、用电、用气安全情况；现场作业的安全情况，现场作业“三违”情况；安全设施和安全标志有关情况等。

（3）其他检查内容

包括重要环节、重点部位的安全生产情况；各类活动是否落实了相应的安全措施；安全隐患的整改落实闭环管理情况。

通常，直管工程每年共开展安全隐患自查约 24 次，建设与安全科组织开展安全监督检查约 8 次。对排查出的安全隐患进行分析评价，确定隐患等级，登记建档，及时整改治理，并对整改情况安排复查，确保整改到位，实现闭环管理。例如，2020 年苏州管理局开展安全生产事故隐患排查，并对发现的 30 个问题及时进行了整改（见表 5-3）。

表 5-3 2020 年苏州管理局安全生产事故隐患排查治理登记台账

序号	隐患名称	隐患所在部位	隐患类别	隐患等级	排查日期	整改情况	整改完成日期
1	中控室机房有 4 个二氧化碳灭火器即将过期	太浦闸	其他	一般	1 月 21 日	已整改	2 月 3 日
2	食堂有 1 处消防应急照明灯失效	太浦闸	其他	一般	1 月 21 日	已整改	2 月 3 日
3	南传达室室外电动车存在不规范充电现象	望亭	火灾	一般	1 月 22 日	已整改	1 月 22 日
4	中控室楼顶存在一处墙砖即将脱落的现象	望亭	物体打击	一般	1 月 22 日	已整改	1 月 29 日
5	横拉门控制柜电流表、电压表损坏	太浦闸	其他	一般	2 月 17 日	已整改	2 月 24 日
6	2 号闸门北、3 号闸门北、5 号闸门南监控摄像头无法连接	太浦闸	其他	一般	3 月 2 日	已整改	5 月 5 日
7	现场作业临时用电不规范	太浦闸	触电	一般	3 月 12 日	已整改	3 月 13 日
8	临时用电不规范，未配备小电箱	望亭	触电	一般	3 月 14 日	已整改	3 月 16 日
9	5 号闸门北监控摄像头连接失败	太浦闸	其他	一般	4 月 3 日	已整改	5 月 8 日
10	葡萄架焊接施工现场电焊机焊接线局部破皮老化，存在漏电导致人员触电安全隐患	望亭	触电	一般	4 月 10 日	已整改	4 月 16 日
11	望亭闸门维修养护时监控系统柜未上锁，未悬挂“正在施工 禁止合闸”等警示牌	望亭	其他	一般	4 月 28 日	已整改	5 月 19 日
12	闸门防腐施工过程中未在启闭机控制柜内放置“请勿操作”警示牌	太浦闸	其他	一般	5 月 8 日	已整改	5 月 9 日
13	上游门库灭火器未及时开展检查	望亭	其他	一般	5 月 15 日	已整改	5 月 15 日
14	上游水尺损坏，无法读取水位	望亭	其他	一般	6 月 15 日	已整改	6 月 18 日
15	6 号闸门开度仪显示有误差	太浦闸	其他	一般	6 月 17 日	已整改	6 月 22 日
16	局机关大院箱式变压器房顶漏水	局机关	其他	一般	7 月 7 日	已整改	8 月 28 日
17	灭火器未定期检查	局机关	其他	一般	7 月 7 日	已整改	7 月 7 日
18	启闭机房 1-2 号、4-5 号、8-9 号及 9 号孔进门侧，伸缩缝局部渗水	望亭	其他	一般	7 月 15 日	已整改	7 月 30 日
19	中控室漏水	太浦闸	其他	一般	7 月 16 日	已整改	7 月 27 日
20	南岸堤防有一处坑洞，存在塌陷隐患	太浦闸	其他	一般	8 月 13 日	已整改	9 月 10 日
21	食堂热水器线路老化，绝缘下降，存在用电安全隐患	望亭	触电	一般	8 月 18 日	已整改	8 月 31 日
22	启闭机房北侧阳台钢化玻璃护栏开裂	太浦闸	物体打击	一般	9 月 14 日	已整改	9 月 16 日
23	人行钢结构桥防护围栏构件局部锈蚀、断裂	望亭	高处坠落	一般	9 月 21 日	已整改	9 月 30 日

续表

序号	隐患名称	隐患所在部位	隐患类别	隐患等级	排查日期	整改情况	整改完成日期
24	启闭机房施工现场高空作业未佩戴安全带	太浦闸	高处坠落	一般	9月23日	已整改	9月24日
25	望亭水利枢纽桥头堡1楼楼梯处配电柜门体接地不规范，未使用软铜线或无接地	望亭	触电	一般	9月29日	已整改	10月15日
26	施工人员未佩戴安全帽	望亭	物体打击	一般	10月20日	已整改	10月20日
27	东大门、食堂后围墙、食堂东通道三处监控画面不能正常显示	太浦闸	其他	一般	11月17日	已整改	11月20日
28	6号闸门启闭机开度仪故障损坏	望亭	其他	一般	11月20日	已整改	11月30日
29	套闸横拉门关闭不到位	太浦闸	其他	一般	12月15日	已整改	12月18日
30	上游南岸摄像机故障，无法正常显示图像	望亭	其他	一般	12月15日	已整改	12月30日
共计30个，其中局机关2个，太浦闸14个，望亭14个							

注：本表一式一份，由部门每月排查及整改完成后填写，年末交由建设与安全科汇总；“隐患类别”按事故统计“事故类别”填写。事故类别分为：①物体打击。②车辆伤害。③机械伤害。④起重伤害。⑤触电。⑥淹溺。⑦灼烫。⑧火灾。⑨高处坠落。⑩坍塌。⑪容器爆炸。⑫中毒和窒息。⑬其他。“隐患等级”分为一般、重大。

根据水利部《水利工程生产安全重大事故隐患判定标准（试行）》要求，经过分析判定，单位无重大安全隐患，排查出的一般安全隐患均及时得到了整改治理。

5.3　闸门和启闭机设备管理等级评定

5.3.1　设备管理等级评定工作组织

1. 制定实施细则

根据《水工钢闸门和启闭机安全运行规程》（SL/T 722—2020）和《水闸技术管理规程》（SL 75—2014），苏州管理局制定了《太湖局直管工程闸门和启闭机设备管理等级评定实施细则》。

2. 评定基本程序

1）评级工作分为管理所自评和苏州管理局复评两级进行。

2）在完成维修养护、防汛工程设施修复的基础上，管理所组织自评，工程管理科、建设与安全科等业务科室加强指导。

3）在管理所完成自评的基础上，苏州管理局组织复评。复评由工程管理科组织，局有关水工、金属结构、机电专业技术人员及外聘专家等7人组成复评小组，分管局领导任组长。

4）评定结果抄送上级主管部门备案。

3. 评定周期

闸门和启闭机设备管理等级评定每5年进行一次。

5.3.2 设备管理等级评定工作内容

5.3.2.1 划分单位工程、单项设备

1. 单位工程

闸门和启闭机设备管理等级按太浦闸单位工程、望亭水利枢纽单位工程独立评定，不同单位工程的闸门和启闭机应分别进行评定。

2. 单项设备

太浦闸单位工程、望亭水利枢纽单位工程的闸门和启闭机按类型（作用）分别进行评定。相同类型（作用）的闸门和启闭机不论数量多少，均作为一个单项设备进行评定。①太浦闸单位工程的闸门和启闭机单项设备，包括平面工作闸门、横拉门、检修闸门、节制闸固定卷扬式启闭机、离合卷筒式固定卷扬式启闭机、横拉门固定卷扬式启闭机、液压启闭机、螺杆式启闭机。②望亭水利枢纽单位工程的闸门和启闭机单项设备，包括平面工作闸门、检修闸门、固定卷扬式启闭机。

5.3.2.2 闸门评级单元、评级项目及要求

苏州管理局结合闸门实际，梳理形成闸门评级单元、评级项目及要求。

1. 评级单元

闸门设备管理等级评定应包括下列评级单元：①闸门检修规程及检修记录。②闸门、廊道拦污栅外观及运行环境。③闸门防腐蚀状况。④闸门门叶和廊道拦污栅栅体。⑤闸门行走支承装置。⑥闸门止水装置。⑦太浦闸闸门锁定装置。⑧闸门埋设件。⑨闸门运行状况。⑩安全防护。

2. 评级项目及要求

（1）闸门检修规程及检修记录的评级项目要求

1）认真执行闸门检修的有关规定，闸门检修规定应包括以下内容：制定完善技术管理实施细则，并报经太湖局批准，明确闸门检查、维护、检修的项目和周期，明确检修技术标准；制定完善《太湖流域管理局直管水利工程维修养护技术质量标准》，明确闸门检修质量评定标准；制定完善水利工程维修养护项目管理规定，明确检修组织管理和验收管理。

2）闸门检修应具有检修记录并存档。检修记录应包括下列内容：检修前的检测记录；检修实施记录；安装调试记录；竣工验收记录；有关文件及图纸。

（2）闸门、廊道拦污栅外观及运行环境的评级项目要求

1）闸门应外观整洁，梁格及门顶应无积水、油污、砂石、树枝、杂草、垃圾等杂物。

2）闸门前后水面应无漂木、树枝、垃圾等漂浮物堆积。

3）闸门门槽内、轨道及两侧应无妨碍闸门运行的异物。

4）闸门、拦污栅埋件周边混凝土结构应无剥蚀、淘空、裂缝等缺陷。

5）闸门门库应干净整洁，不应有积水、垃圾。检修闸门及闸门附件（如压重、吊杆、移动式锁定等）应有序放置。

（3）闸门防腐蚀状况的评级项目要求

1）闸门应定期进行防腐蚀处理，具有行之有效的防腐蚀措施。一般情况下，涂料涂层的防护期应达到6~8年。

2）闸门表面涂层应基本完整，无大范围涂层脱落缺陷。

3）闸门表面应无明显锈蚀。闸门构件表面单个锈蚀面积不得超过 8.0cm^2，总锈蚀面积不得超过闸门防腐蚀面积的 1%。

4）闸门构件表面不得出现锈蚀深度超过钢板厚度 15% 的进行性锈坑。

5）闸门零部件如吊杆、吊梁、锁定装置的防腐措施和闸门要求相同。

6）闸门槽附近的栏杆、扶梯、盖板等安全防护设施防腐状况良好。

（4）闸门门叶和廊道拦污栅栅体的评级项目要求

1）门叶结构整体、梁系局部和栅体应无明显变形和损伤。

2）闸门、拦污栅焊缝应无裂纹、漏焊等明显缺陷。

3）闸门连接螺栓应无松动、变形、损伤、缺件、脱落。

4）检修门多节闸门节间应对位可靠。

5）闸门吊耳与闸门的连接应牢固可靠。

6）横拉门冲淤管无晃动、滑移，运行可靠。

7）闸门水生物清除装置（望亭水利枢纽）应运行可靠。

（5）闸门行走支承装置的评级项目要求

1）主轮应无裂纹、破损、严重磨损，支承结构应无变形、损伤。

2）主轮工作时应与轨道接触良好。转动部位润滑油脂工作正常，转动灵活。

3）侧轮应齐全，无缺损、丢失，转动灵活。

4）检修闸门滑道、滑块工作面应光滑平整。滑道、滑块表面应无变形、破损、脱落和严重磨损。滑道、滑块工作面沟槽深度不得超过 2.0mm。

5）检修门反向限位装置无变形、损伤或脱落。

6）横拉门台车车轮无裂纹、龟裂和破损，台车转动灵活，行走平稳，无卡阻、跳动、错位及明显偏移现象。

7）横拉门推拉杆及其缓冲装置工作可靠，无变形、破损。

8）横拉门侧缓冲装置、侧支撑装置无变形、破损、缺损，工作正常。

（6）止水装置的评级项目要求

1）止水橡皮应连续、完整，无卷曲、脱落、凹陷、撕裂、龟裂、老化等缺陷。

2）止水压板应无明显缺陷，连接螺栓应无松动、变形、损伤、缺件、脱落等缺陷。

（7）闸门锁定装置的评级项目要求

1）锁定装置应安全可靠，操作方便，动作灵活。

2）锁定装置应无变形和损伤。

3）两侧锁定装置无明显受力失衡现象。

4）横拉门车挡应齐全，无变形、缺损、丢失，牢固可靠。

（8）埋件的评级项目要求

1）主轨、侧轨、底槛、止水座板、闸槽护角、轨道压板等埋件应无变形、损伤、脱落、焊缝开裂或其他影响设备运行的缺陷。

2）主轨、侧轨、底槛、止水座板等工作面应平整。工作面不得出现较深（深度大于 2.0mm）的蚀坑。闸门主轨不得出现明显（大于 1.0mm）的啃轨痕迹。

3）埋件外露表面应做防腐蚀处理。

4）埋件与混凝土之间不得渗水。

（9）设备运行状况的评级项目要求

1）闸门全关挡水时，止水应严密。闭门状态时无翻滚、冒流现象。

2）闸门全关挡水运行时，应无明显振动现象。

3）闸门应启闭平稳，在启闭过程中应无卡阻、跳动、明显振动和异常响声。

（10）安全防护的评级项目要求

1）闸门槽周边应设防护栏杆，防护栏杆应安全可靠。

2）闸门槽上部盖板应完整齐全，并保持平整，便于工作。

3）到闸门下部的爬梯应符合标准，并配置保护装置。

5.3.2.3 启闭机评级单元、评级项目及要求

苏州管理局结合启闭机实际，梳理形成启闭机评级单元、评级项目及要求。

1. 评级单元

启闭机设备管理等级评定应包括下列评级单元：①启闭机操作规程及操作记录。②启闭机检修规程及检修记录。③电气设备及操作控制系统。④机架、钢结构开启桥。⑤电动机。⑥制动器。⑦传动轴、联轴器、轴承。⑧减速器。⑨横拉门开式齿轮。⑩卷筒。⑪钢丝绳与滑轮组。⑫双扉门启闭机构限位装置与离合装置。⑬液压启闭机构。⑭螺杆启闭机构。⑮启闭机保护装置。⑯安全防护。⑰运行环境。

2. 评级项目及要求

（1）启闭机操作规程及操作记录的评级项目要求

1）应编制启闭机操作规程并认真执行。操作规程应包括下列主要内容：操作人员应具备的素质及对操作人员的要求；操作前的检查项目；操作前的准备工作；操作程序；操作注意事项；故障、事故处理及应急措施；安全措施。

2）设备操作应具有操作记录并存档。操作记录应包括下列内容：闸门调整报告中操作运行情况；出现的故障及处理情况；值班记录中交接班情况。

（2）检修规程及检修记录的评级项目

1）认真执行启闭机检修的有关规定。启闭机检修规定应包括以下内容：制订完善技术管理实施细则，并报经太湖局批准；明确启闭机检查、维护、检修的项目和周期，明确检修技术标准；制订完善《太湖流域管理局直管水利工程维修养护技术质量标准》，明确启闭机检修质量评定标准；制订完善水利工程维修养护项目管理规定，明确检修组织管理和验收管理。

2）启闭机检修应具有检修记录并存档。检修记录应包括下列内容：检修前的设备状况记录；检修实施记录；安装调试记录；竣工验收记录；有关的文件及图纸。

（3）电气设备及操作控制系统的评级项目要求

1）启闭机应有可靠的供电电源和应急备用电源。

2）启闭机手摇装置及连锁机构的工作应可靠有效。

3）电气线路应布置规范整齐，连接牢靠。线路不得有破损、受潮、老化，液压启闭机电气控制系统线路绝缘电阻不小于10MΩ，其他设备绝缘电阻值应大于0.5MΩ。

4）各种电气设备、正常不带电的金属外壳、金属线管、液压启闭机电气控制系统柜体等应接地可靠。保护接地不大于4Ω，与弱电设备联合接地电阻不大于1Ω。

5）配电柜、电气控制柜、集控操作台的显示屏、显示按钮、指示灯应正常完好。柜体内线路接头、元器件插接应无松动、烧灼、粘连等现象。

6）仪器、仪表、电气元件、信号及指示装置应齐全完好，设定值应准确，并按照相关标准规定进行定期校验。

7）电器触头应表面光滑，动静触头应接触良好，触头分合应迅速可靠，无缓慢游滑或停顿现象。

8）液压启闭机 TSX 系列 PLC 自动控制系统工作正常，无故障报警，触摸屏使用正常。

（4）机架、钢结构开启桥的评级项目要求

1）机架、钢结构开启桥主要结构件应无明显变形和损伤。

2）机架、钢结构开启桥主要受力焊缝应无裂纹及明显的外观缺陷。

3）机架主要结构件应连接可靠，地脚螺栓连接紧固，机架稳固。

4）钢结构开启桥桥面稳固、平稳。

5）机架、开启桥钢结构表面应进行防腐蚀处理，表面涂层应均匀完整，整体涂层颜色宜协调美观。

（5）电机的评级项目要求

1）电机应外观整洁，铭牌标识清晰。

2）电机功率应符合设计要求。太浦闸双扉门启闭机、太浦闸横拉门启闭机、望亭水利枢纽启闭机电机额定功率为 7.5kW，太浦闸节制闸启闭机电机额定功率为 8.5kW，太浦闸液压启闭机电机额定功率为 15kW，太浦闸螺杆式启闭机电机额定功率为 4kW。

3）太浦闸节制闸启闭机电机运行电流不得超过额定电流 19A，太浦闸双扉门启闭机电机运行电流不得超过额定电流 21A，太浦闸液压启闭机电机运行电流不得超过额定电流 28.4A，太浦闸横拉门启闭机电机运行电流不得超过额定电流 15A。望亭水利枢纽启闭机电机运行电流不得超过额定电流 17A。

4）电机绝缘电阻应大于 0.5MΩ，接地电阻应不大于 4Ω。

5）电机温升不得超过 60℃，电机的运行噪声应不大于 85dB。

（6）制动器的评级项目要求

1）制动器应工作可靠，无打滑、焦煳和冒烟现象。

2）制动器松闸时闸瓦应全部打开，制动轮与闸瓦之间的间隙应处于 0.5～1.0mm 之间。

3）制动轮与闸瓦的实际接触面积不得小于总面积的 75%。

4）制动轮表面应无裂纹、砂眼、气孔、划痕等缺陷。

5）制动器制动拉杆、弹簧等各部件，应无变形、断裂、锈蚀等现象。

6）液压制动器应无液压油渗漏油液，负载弹簧应无变形和裂纹。

（7）传动轴、联轴器、轴承的评级项目要求

1）传动轴不得有裂纹、弯曲、变形、损伤。

2）联轴器应转动平稳，齿轮联轴器的齿套、键、销以及弹性联轴器的弹性垫圈、螺栓等零件无裂纹、松动、脱落等。

3）联轴器连接的两轴同轴度应满足《水利水电工程启闭机制造安装及验收规范》（SL 381）规范要求。

4）所有轴承均应保持润滑，转动灵活。轴承温度不得超过 65℃。

（8）减速器的评级项目要求

1）减速器润滑油油面应位于油尺规定的上下刻线之间的高度，油质应满足规范要求。

2）减速器箱体结合面应密封良好无渗漏。

3）距减速器前后左后 1m 处测量噪声，减速器的运行噪声应不大于 85dB。

（9）横拉门开式齿轮的评级项目要求

1）开式齿轮应啮合良好，运转平稳，无异常响声。

2）开式齿轮齿面应保持润滑，无锈蚀。

3）开式齿轮副齿面接触斑点在齿长方向累计应不小于 50%，齿高方向累计应不小于 40%。

4）开式齿轮副侧隙可按齿轮副法向侧隙测量，最小法向侧隙应为 0.4~0.8mm。

5）开式齿轮副的小齿轮齿面硬度应不低于 HB 240，大齿轮齿面硬度应不低于 HB190，两者硬度差应不小于 HB 30。齿轮齿面应无严重磨损。

6）开式齿轮齿面及齿沟不得补焊。齿面及齿轮端面缺陷应满足《水利水电工程启闭机制造安装及验收规范》（SL 381）规范要求。

（10）卷筒的评级项目要求

1）卷筒上应无裂纹、损伤和变形等缺陷。

2）卷筒与开式齿轮的连接螺栓、定位销、抗剪套应无松动、错位、变形。

（11）钢丝绳与滑轮组的评级项目要求

1）钢丝绳的使用和报废应执行《起重机 钢丝绳 保养、维护、检验和报废》（GB/T 5972）。

2）钢丝绳应有序逐层缠绕在卷筒上，不应挤叠、跳槽或乱槽。当吊点在下极限时，钢丝绳的剩余缠绕圈数应不少于 4 圈，当吊点在上极限时，钢丝绳不得缠绕到卷筒绳槽以外。

3）钢丝绳在卷筒上应固定牢固；压板、螺栓应齐全，夹头数量及距离应符合《钢丝绳夹》（GB/T 5976）的规定。

4）钢丝绳在任何位置均不得与其他部件相摩擦。

5）滑轮组应转动灵活。滑轮上应无裂纹缺陷及《水闸技术管理规程》（SL 75）、《水利水电工程启闭机制造安装及验收规范》（SL 381）规范不允许存在的缺陷。

（12）双扉门启闭机构限位装置与离合装置的评级项目要求

1）双扉门处于全关状态时，副卷筒限位器限位挡块应准确搁置在缓冲弹簧上，限位挡块中心线与缓冲弹簧中心点左右偏差不应超过 2mm。

2）PLC 程序参数正确，上、下扉门同时升启至设定位置时，搁门器必须准确同时入位或同时失效。

3）拨叉液压推杆器应动作灵活，无卡阻。轴套磨损量不应超过轴套径向厚度的 1/4。

4）小齿轮与大齿轮圈的啮合左右偏差应控制在大齿轮圈厚度范围内。

5）离合器工作可靠，左、右齿盘啮合允许极限偏差为 1mm。

（13）液压启闭机构的评级项目要求

1）液压缸的缸体、缸盖和活塞杆等应无裂纹、损伤、变形。活塞环、油封应无断裂、失去弹性、变形或磨损严重。

2）油缸支架与基体、活塞杆与桥面应连接牢固；各部位连接螺栓无断裂、缺失、松动等缺陷。

3）液压系统应密封完好，无外部泄漏及爬行现象。

4）油泵及液压系统应运行平稳，无振动、异常响声和异常温升。

5）油泵及液压系统的油箱、管路、接头、液压元件、阀件等应密封完好无泄漏。

6）液压油的型号、油质、油量及油位应符合设计要求，液压油应定期进行过滤及化验，过滤精度和污染等级应满足运行要求。

7）各种表计应反应灵敏，指示准确，并按规定定期校验；表计的精度和量程应满足运行要求。

8）液压缸的同步偏差应满足设计要求。4 只油缸相互之间的高度差值允许偏差为 3cm。

9）油缸沉降量应满足设计要求。

10）液压管路及附件应按规定涂刷不同颜色的油漆标记。压力油管颜色为红色，回油管为深黄色，控制油管为蓝色。

11）吸湿空气滤清器干燥剂无变色现象，使用正常。

（14）螺杆启闭机构的评级项目要求

1）螺杆、螺母、蜗轮、蜗杆应无裂纹、缺损或损伤；螺纹磨损量应小于螺纹厚度的 20%。

2）螺杆直线度应满足《形状和位置公差未注公差值》（GB/T 1184）规范要求，不得存在明显的弯曲变形。

3）启闭机构应运行平稳，无振动、异常响声和异常温升。

4）手摇机构应转动灵活，运行平稳无卡阻。

（15）启闭机保护装置的评级项目要求

1）开度指示装置、荷载限制装置、压力指示装置、行程限位开关等启闭机保护装置应齐全完好，动作灵敏，示值准确，安全可靠。

2）开度指示装置应具有调节定值极限位置、自动切断主回路及报警功能，示值精度满足要求。

3）荷载限制装置应具有自动切断主回路及报警功能，系统精度满足要求，传感器精度满足要求。

4）启闭机运行到上下极限位置时，行程限位开关应及时发出信号并自动切断电源，使启闭机停止运转。

5）严格按照调试时的参数和说明书的要求设定液压启闭机系统参数。油缸行程设定为 2 500mm，油缸允许偏差设定为 30mm，桥面下限设定参数为 0，桥面上限设定参数为 2 000mm。当出现传感器或者其他情况使油缸零位发生变化后，需按说明书步骤重新设定油缸零位。

（16）安全防护的评级项目要求

1）运行人员可能触及的齿轮等转动部件，裸露的电气元件、导线等，应加设防护罩。

2）布置在室外的启闭机应设置防雨罩。

3）电气设备周围应留有 500mm 以上的安全通道。

4）启闭机周边的人行平台应连续完整，其周围应设防护栏杆。

5）启闭机室应按规定配备消防器材。

（17）运行环境的评级项目要求

1）启闭机室应保持环境整洁，室内无鸟巢、蜂窝、蛛网等。屋顶应不漏水，墙壁应不渗水，地面应无油污，门窗应完整无缺损。室内不得堆放与启闭机无关的杂物或垃圾。

2）启闭机室内外通道应设置照明设施。

5.3.2.4 设备管理等级评定标准

1. 评级项目的等级标准

苏州管理局闸门和启闭机评级项目的等级分为一类项目、二类项目、三类项目，标准如下：

1）一类评级项目为完全符合评级要求。一个单项设备中，相同类型（作用）的闸门和启闭机不论数量多少，均应符合评级要求。无影响正常运行的缺陷，按常规维修养护或常规处理后该项即可符合要求，保证正常运行。

2）二类评级项目为基本达到评级要求。设备存在一定损坏，经大修后该项符合要求，可达到正常运行。

3）三类评级项目为无法达到评级要求。设备存在严重损害，经除险加固或更新改造后该项符合要求，才能达到正常运行；或设备存在严重安全问题，需降低标准运用或报废。一个单项设备中，相同类型（作用）的闸门和启闭机，1个（含）以上出现此类情况，即为三级评级项目。

2. 评级单元的等级标准

苏州管理局闸门和启闭机评级单元的等级可分为一类单元、二类单元、三类单元，标准如下：

1）评级项目80%（含）以上符合一类评级项目要求，应评定为一类单元。

2）评级项目70%（含）以上符合一类评级项目要求，应评定为二类单元。

3）达不到二类单元要求的评级单元，应评定为三类单元。

4）不符合要求的评级单元，应及时进行维护保养和检修。

3. 单项设备的等级标准

苏州管理局闸门和启闭机单项设备的等级可分为一类设备、二类设备、三类设备，标准如下：

1）评级单元全部被评定为一类单元的单项设备，应评定为一类设备。

2）评级单元全部被评定为一类单元和二类单元的单项设备，应评定为二类设备。

3）达不到二类设备要求的单项设备，应评定为三类设备。

4）三类设备应及时进行维护保养和检修。

4. 单位工程的等级标准

苏州管理局闸门和启闭机单位工程的等级可分为一类单位工程、二类单位工程、三类单位工程，标准如下：

1）70%（含）以上单项设备被评定为一类设备，其余被评定为二类设备的单位工程，应评定为一类单位工程。

2）70%（含）以上单项设备被评定为一类设备或二类设备的单位工程，应评定为二类单位工程。

3）达不到二类单位工程要求的，应评定为三类单位工程。

5.3.3　设备管理等级评定成果及应用

2017 年 3 月—6 月，苏州管理局组织开展了太浦闸闸门及启闭机设备管理等级评定工作，2017 年 6 月，以《太湖局苏州管理局关于印发 2017 年太浦闸闸门及启闭机设备管理等级评定意见的通知》印发复核意见。太浦闸闸门及启闭机被评为一类单位工程，设备完好率为 100%。2017 年太浦闸工程闸门及启闭机设备管理等级评定建议如下：①加强闸门及门槽检查，及时对局部锈点进行处理。②定期对开度仪进行校核，以准确反映闸门开度。苏州管理局及时进行维护保养和检修，情况如下：①2020 年完成太浦闸 10 孔平面闸门表面封闭涂层重新防腐处理。②按规定对开度仪进行检查，发现异常及时校正，2020 年完成开度仪（型号：ZWY-4Ⅲ型）的全部更换。

2019 年 7 月—11 月，苏州管理局组织开展了望亭水利枢纽闸门及启闭机设备管理等级评定工作，2019 年 11 月，以《太湖流域管理局苏州管理局关于印发 2019 年望亭水利枢纽闸门及启闭机设备管理等级评定意见的通知》印发复核意见。望亭水利枢纽闸门及启闭机被评为一类单位工程，设备完好率为 100%。2019 年望亭水利枢纽闸门及启闭机设备管理等级评定建议如下：①继续开展闸门检查，及时对锈蚀的止水压板进行处理。②鉴于止水橡皮已经使用近 10 年，表面出现轻微裂缝，建议继续定期检查，根据实际情况适时更换。苏州管理局及时进行维护保养和检修，2020 年申请专项经费开展望亭水利枢纽工作闸门水封装置修复，更换损坏的止水橡皮、水封压板、紧固螺栓。

5.4　注册登记与划界确权

5.4.1　注册登记

1. 初始注册登记

根据水利部《水闸注册登记管理办法》，太浦闸和望亭水利枢纽的初始注册登记工作于 2008 年 3 月完成。由于《水闸注册登记管理办法》对于水闸注册登记工作的规定十分具体，操作性强，太湖局和苏州管理局均没有另行出台配套的管理办法，所属水闸的注册登记工作直接执行《水闸注册登记管理办法》的相关规定。太浦闸和望亭水利枢纽作为流域管理机构直接管理的工程，由苏州管理局负责申请办理注册登记，由太湖局负责注册登记、汇总、上报工作。

2. 注册登记变更

太浦闸工程发生了 3 次注册登记变更。2015 年 10 月，在太浦闸除险加固工程通过竣工验收后，水闸注册登记信息发生了较大变化，苏州管理局向太湖局提供了工程竣工验收鉴定书等资料，申请办理了注册登记变更，按照除险加固后的工程特性更新了注册登记信息。2017 年 3 月，在太浦闸工程经历了 2016 年太湖流域特大洪水的考验后，工程的最大排洪流量发生变化，苏州管理局向太湖局申请办理了注册登记变更，更新了最大排洪流量等信息。2019 年 12 月，在太浦闸工程完成除险加固后的首次安全鉴定后，根据一类闸的鉴定结论，苏州管理局向太湖局提交了水闸安全鉴定报告书等资料，申请办理了注册登记变更，更新了工程安全类别等信息。

望亭水利枢纽发生了 2 次注册登记变更。2016 年 2 月，在望亭水利枢纽更新改造工程通过竣工验收后，水闸注册登记信息发生了较大变化，苏州管理局向太湖局提供了工程竣工验收鉴定书等资料，申请办理了注册登记变更，按照更新改造后的工程特性补充了注册登记信息。2017 年 3 月，在望亭水利枢纽完成更新改造后的首次安全鉴定后，根据一类闸的鉴定结论，苏州管理局向太湖局提交了水闸安全鉴定报告书等资料，申请办理了注册登记变更，更新了工程安全类别等信息。

按照《水闸注册登记管理办法》（水运管〔2019〕260 号）要求，苏州管理局及时完成了水闸信息变更、复核事项登记，通过水闸注册登记管理系统（堤防水闸管理信息系统）做好信息填报并通过审核。水闸注册登记完成后，生成电子注册登记证，见图 5-1。

水闸注册登记证

根据《水闸注册登记管理办法》的规定，经审查准予注册登记，特发此证。

水闸名称：太浦闸　管理单位名称：太湖流域管理局苏州管理局
水闸编码：KFJ38000313　管理单位权属：流域机构管理
水闸类型：节制闸　竣工（建成）日期：1959-10
建筑物级别：1级　设计过闸流量：784 m³/s
安全类别：一类　工程所在地：江苏省，苏州市

注册登记机构：水利部太湖流域管理局
制证日期：2021 年 1 月 12 日

本证书由水闸注册登记管理系统自动生成，可扫描二维码验证，涂改无效。

水闸注册登记证

根据《水闸注册登记管理办法》的规定，经审查准予注册登记，特发此证。

水闸名称：望亭水利枢纽　管理单位名称：太湖流域管理局苏州管理局
水闸编码：KFJ31000249　管理单位权属：流域机构管理
水闸类型：节制闸　竣工（建成）日期：1998-10
建筑物级别：2级　设计过闸流量：400 m³/s
安全类别：一类　工程所在地：江苏省，苏州市，相城区，望亭镇

注册登记机构：水利部太湖流域管理局
制证日期：2021 年 1 月 12 日

本证书由水闸注册登记管理系统自动生成，可扫描二维码验证，涂改无效。

图 5-1　太浦闸和望亭水利枢纽水闸注册登记证

5.4.2　划界确权

1. 太浦闸工程划界确权情况

（1）太浦闸工程移交

依据江苏省人民政府办公厅《关于太浦闸移交水利部太湖流域管理局管理的通知》，1995 年 2 月 10 日，太浦闸工程成建制移交给苏州管理局（原“水利部太湖流域管理局苏州管理处”）管理。1995 年太浦闸工程管理附属设施和南、北两院管理土地（面积 24 719m^2）移交给苏州管理局，苏州管理局向苏州市水利局支付补偿金 189 万元，其中土地补偿 24.6 万元。1995 年 9 月 20 日，吴江市水利局（太浦闸工程移交前被委托管理单位）和苏州管理处就太浦闸河道和堤防的移交达成协议，双方签署了《关于太浦闸上、下游河道及堤防管理范围的移交协议》（以下简称《协议》），并进行了工程和资产移交。《协议》明确，按照《水利工程管理办法》第二章第八条的规定，确定了太浦闸工程的管理范围为“闸上游河道至入湖河口；闸下游河道 300m，左右侧各 200m”。

（2）划界确权及遗留问题处理

1995 年 12 月 29 日，太浦闸管理所依据双方签署的《协议》，在吴江市国土部门办理了国有土地使用证［江国用（95）字第 2022101 号］，该土地证上明确土地范围包括管理单位用地、上下游河道护坡和部分青坎堤防土地，总面积 144 294m^2；同日，吴江市太浦河管理所（吴江市水利局的直属事业单位）也在吴江市国土部门办理了以太浦河界桩为界线的河道管理土地使用证［江国用（95）字第 2022102 号］，太浦闸管理所已办证的堤

防也包括在内。

2005 年 1 月，太浦闸工程再次进行了划界确权，消除了遗留问题。由苏州管理局申请财政出资对双方土地证上共有的 38.27 亩堤防土地和青坎上的 2788 棵水杉进行补偿后，委托地籍测量部门测量和现场调查，重新办理了国有土地使用权证。

（3）划界确权现状

太浦闸工程管理范围明确，相关资料齐全。太浦闸管理范围和保护范围一致，主要范围为：①太浦闸主体建筑物。②七都镇环湖公路北侧水闸管理所管理房用地、横扇镇亭子港村管理用地。③河道堤防及水域：上游左岸 1220m（至庙港大桥），堤顶公路内侧；上游右岸 1210m（至太浦河口），其中上游中心岛堤防护坡 280m，泵站引水渠以西 930m，堤顶公路内侧；下游左岸 140m（至北亭子港），堤顶公路内侧；下游右岸 220m（至泵站出水渠）下游中心岛堤防护坡。

管理范围界桩齐全、明显。工程划界确权完成后，在管理范围内设置了界桩，界桩设施完善，各类标志清楚。2020 年太浦闸管理范围共更新设置了 30 个界桩。

权证清晰。太浦闸工程管理用地已经完成划界并确权，领取了 3 本国有土地使用权证。太浦闸工程管理范围共有土地面积 75 042.75m^2，包括横扇镇亭子港村 3 653.35m^2、七都镇环湖公路北侧 13 965.5m^2、七都镇环湖公路南侧 57 423.9m^2。

2. 望亭水利枢纽划界确权情况

（1）望亭水利枢纽工程移交

根据国务院治淮治太第四次工作会议精神，1998 年 10 月起，望亭水利枢纽工程由太湖局负责管理。为顺利完成工程接管工作，由太湖局和江苏省治太工程指挥部组成望亭水利枢纽工程交接工作小组，于 1999 年 3 月 30 日完成全部交接工作，望亭水利枢纽工程于 1999 年 4 月 21 日起正式由太湖局管理。

（2）划界确权

望亭水利枢纽工程是治太工程的重点骨干工程，工程建设期间，建设单位承担了工程管理范围内的土地征用工作。1998 年 10 月明确由太湖局接管望亭水利枢纽后，苏州管理局即组织开展工程确权划界工作。望亭水利枢纽管理范围涉及苏州、无锡两市，确权划界工作相当复杂，在江苏省治太指挥部和地方有关部门支持下，苏州管理局根据工程建设批准文件和工程需要，向土地管理部门提出管理用地申请，由土地部门进行审查、测量、测绘，相关单位确认，支付征地费用，划定界线，发放土地使用证，取得工程管理范围内土地使用权。望亭水利枢纽工程上游左右岸土地属无锡新吴区；下游土地左右岸分属无锡新吴区、苏州相城区。1999 年 4 月，完成土地勘测、测量、界桩埋设、土地使用权属变更和申报登记等全部工作。

（3）划界确权现状

望亭水利枢纽工程管理范围明确，相关资料齐全。望亭水利枢纽管理范围和保护范围一致。其中，主体建筑物范围：左右侧至围墙止。河道堤防及水域范围：上游为左岸 537m，堤防背水侧围墙止；上游右岸 393m，堤顶道路外侧（含道路）5m；下游左岸 155m，堤顶道路内侧（不含道路）；下游右岸 240m，堤顶道路外侧（含道路）10m。

管理范围界桩齐全、明显。工程划界确权完成后，在管理范围内设置了界桩，界桩设施完善，各类标志清楚，并建有界桩隔离栅、围墙和绿化带，有效保护了水利工程建筑物及附属设施，自工程投入运行以来，未曾发生过土地纠纷事件，为工程的运行管理打下了良好的基础。

权证清晰。望亭水利枢纽工程管理用地已经完成划界并确权，领取了2本国有土地使用权证。望亭水利枢纽管理用地78 665.24m^2，包括苏州相城区望亭镇14 435.84m^2、无锡市新安镇沙墩港村64 229.4m^2。

3. 划界确权成果报告情况

由于太浦闸工程和望亭水利枢纽的划界确权工作完成得较早，后期根据水利部统一部署开展相关工作时，遵循了下述原则：水利枢纽工程内分别由水利部门和其他部门管理的各类建筑物，凡各自的管理范围已经划分明确的，不再变动。由于直管工程所在地的土地资源非常紧张，工程毗邻土地企业、民居密集，在确保安全、尊重现状的基础上，把管理范围同时界定为保护范围。目前，直管工程管理范围边界明确、没有争议，并建有界桩、隔离栅、围墙和绿化带，管理范围基本符合行业标准和地方条例的规定。苏州管理局加强工程现场巡视检查，发现工程上下游河道堤防范围内若有兴建建设项目、临时占用岸线、缩小水域面积、降低行洪能力等行为时，能够及时制止并履行处置程序。

2014年12月，根据水利部有关要求，苏州管理局依据土地使用权证完成“太湖流域管理局（部直属单位）直管河湖及水利工程划界确权情况汇总表”编制，并经太湖局建管处报送水利部建管司，太浦闸工程管理范围与保护范围均为75 042.75m^2，望亭水利枢纽管理范围与保护范围均为78 665.24m^2。2019年4月，根据水利部河湖管理司《关于请提供河湖管理范围划定工作进展情况的函》，苏州管理局将3本太浦闸国有土地使用权证、2本望亭水利枢纽国有土地使用权证等资料，经太湖局河湖管理处报送水利部河湖管理司，并明确汇报太湖局直管工程划界确权工作已完成。

5.5 水行政管理

5.5.1 水政监察能力建设

依法管理，人员装备齐整，教育培训到位。2000年经太湖局批准，成立苏州管理局水政监察支队。苏州管理局水政监察支队下设太湖水政监察大队、太浦闸水政监察大队和望亭水利枢纽水政监察大队。截至2020年12月，水政监察员共计15名，专职水政监察人员5名。配有车辆、水政艇、无人机、照相机、电脑、录音笔等执法工具。水政监察员定期学习培训，培训合格后进行资格认定。

1989年，为保障《中华人民共和国水法》的贯彻实施，水利部在全国开展水利执法体系建设，全国逐步形成了专门的水利执法队伍。1995年，在全国水利系统开展水政监察规范化建设；2000年，水政监察基础设施建设启动之后，水利部相继颁布实施《水政监察工作章程》等规章与规范性文件，进一步完善执法程序，细化工作流程，同时持续开展水政监察基础设施建设，不断完善水行政执法装备，提升水行政执法信息化现代化水平。“十三五”期间，水利部印发《全国水政监察队伍执法能力建设规划（2013—2020年）》，苏州管理局根据太湖局统一安排，完成1处水政执法码头建设，完成30个重点区域实时监控站点建设，为流域河湖管理与保护再添助力；完成1艘水政监察船购置；攻坚克难，历时9年，完成太湖水政执法基地建设。

在水行政管理工作开展过程中，注重制度体系建设，基本形成巡查、报告、调查、统计等全流程制度，以制度为指导，规范化开展水行政管理工作。苏州管理局水政监察制度建设紧扣实用目标，将水利部、太湖局出台的水行政管理工作的规定研究解析、细化，形成指导一线执法办案人员的工作手册。制定印发了水政监察人员工作岗位职责、队伍工作职责、水政监察人员培训制度、水政监察人员持证上岗管理规定、立案审查制度、水事巡查检查实施细则、调查取证实施细则、统计实施细则及无人机设备管理办法等制度。注重提炼实践经验，及时将好的实践做法通过制度的形式固化或者是探索形成制度的可能性。水政监察员结合商业地图软件开展涉水项目监管，利用电子技术采集项目监管信息。苏州管理局借鉴行政执法领域电子证据采集经验，不断完善行政监管电子数据采集的规范化流程，逐步提升管理能力。苏州管理局每年对水政监察制度进行梳理提炼，查漏补缺，及时清除废止的制度文件，根据工作实际需要制定新的制度，编制更新制度汇编。

5.5.2 普法阵地建设

2016年7月，水利部印发《全国水利系统法治宣传教育第七个五年规划》，确立了水利普法宣传教育机制进一步健全，水利法治宣传教育实效性进一步增强，水利系统公务员特别是领导干部法律素养进一步提升，依法治水管水能力进一步提高，全社会水法治观念明显增强，全社会水法律意识、水忧患意识和水安全意识明显提高等目标。苏州管理局贯彻落实《太湖流域管理局法治宣传教育第七个五年规划》，以局机关为中心，两个直管工程管理所为支撑，扩展到“一湖两河”沿线，通过常态化宣传，形成了“一点、两所、三线”的稳固宣传阵地格局，水法宣传融入日常工作，润物细无声地将让法治理念渗透进群众心中。通过筑牢工作区域的宣传据点，逐步辐射周边区域，为水法规普法宣传取得良好成效奠定坚实基础；通过加强与地方各级水行政主管部门的沟通联系，凝聚宣传合力，扩大宣传范围，为法治宣传提质增效；通过借力党建联盟平台，在交流党建工作的过程中，充分挖掘其他行业、部门的宣传窗口，开展富有特色的水法律法规宣传，实现党建与法治宣传工作的相融共促。2019年起，组织青年志愿者驻点苏州同里太湖水利同知署旧址，在免费为游客做参观讲解的过程中，积极宣传《太湖流域管理条例》知识，迄今已开展驻馆志愿讲解服务20余次，累计派出驻馆服务60余人次；本着初心为民的原则，志愿者们还为过往游客提供爱心服务，让广大游客感受到的不仅是水乡苏州的美景，还有依法护水爱水的理念。2021年苏州管理局获全国“七五”普法先进集体荣誉称号。

5.5.3 依法开展水政监督

悬挂宣传标语，警示标志醒目。在工程管理范围内，规范设置水法规宣传标语和安全警示标牌，内容与工程性质、设置部位相符；节制闸上下游设有拦河警示设施，船闸上下游设有通航设施和助航标志。

加强巡查，及时处置。严格按照水政监督职责，负责管辖范围内的水行政事务管理，加强水行政安全巡查，管理范围内水事秩序良好，无破坏、损坏水利设施的行为。2020年苏州管理局积极协调地方人民政府，联合地方政府三个部门发出通告，集中整治太浦闸工程管理区域捕鱼现象，同时加大现场管理力度，工程范围内捕鱼、钓鱼现象得到了有效遏制。对外来人员在望亭水利枢纽闸区违规捕鱼等现象，苏州管理局能够及时发现并加强管理，联合渔管会、当地派出所和望亭电厂等不定期驱赶非法捕鱼人员。

依法监督。苏州管理局除负责工程管理范围水政监察以外，还承担太湖局授权范围内的水政监察、水行政执法工作及有关水事违法行为查处，承担太湖局授权范围内的涉水行政许可项目督查检查。苏州管理局认真执行“一湖两河”巡查制度，通过日常巡查和专项巡查，及时发现水事违章事件并上报查处，有效地防止和制止了各种危害工程安全的活动，维护了河湖水事秩序。

从 2005 年开始，苏州管理局在太湖流域“一湖两河”水行政执法联合巡查制度指导下实践“一湖两河”执法联合联动；2012 年在联合巡查平台下推动苏（州）嘉（兴）青（浦）联动执法及联席会议制度出台，将联合联动实践拓展到市县乡村级河道。在太湖局设计的“一湖两河”联合巡查制度下，苏州管理局积极拓展水行政执法“横向联合”和“纵向联合”。每年组织上下半年各一次的联合巡查活动，对当年新发现的或者历史遗留的、情况复杂的案件进行会诊，各区域水行政执法队伍参加并交流经验做法。在凝聚执法合力的同时，不断深化事后处罚转事前预防的实践，积极探索管水前端力量的资源整合。2017 年积极拓展联合巡查工作平台，与江苏省太湖渔管会办公室签订了《太湖水域及岸线涉水联合巡查协作机制》协议，与苏州市水上警察支队探讨了联动合作事宜。2018 年持续开展每年两次“一湖两河”水行政执法联合巡查活动，不断完善与“一湖两河”沿线水利部门及太湖渔管办、苏州市水警支队等单位的合作机制，丰富河湖岸线管理手段。积极支持和配合做好太湖围网养殖清理工作，提供清理后相关设施设备的堆放场所，做好清理船只通行太浦闸通航孔的运行管理工作。2019 年开展了 2 次水行政执法联合巡查，搭建水事管理交流平台，不断推动合力治水管水的良好局面。2020 年联合地方水政执法队伍开展联合巡查，与苏州市水上警察支队优化合作机制，加强水域协同保护。2020 年，苏嘉青联动执法及联席会议制度，在示范区内细化为青（浦）嘉（善）吴（江）长三角生态绿色一体化发展示范区水行政执法联动协作工作方案（试行）。2021 年，太湖局在多年联合实践的基础上，将太湖流域“一湖两河”水行政执法联合巡查制度拓展到四省一市，出台了苏浙沪闽皖太湖流域片水行政执法协同机制。

5.5.4 推进河湖监管信息化

在涉河项目监管及水政检查等监督工作中，依托水利部建立的天空地一体化信息网，使用河湖遥感平台、遥感遥测监控工程、重点区域实时监控、无人机和执法记录仪等构建水事行为信息采集的多渠道网络；利用奥维地图、大疆绘图等成熟软件搭载高效的市场化产品平台，实现水事行为信息的预处理；使用水行政执法监控系统实现巡查任务创建、巡查信息上报、处理和违法水事案件办理全过程数字化。

1. 水事行为信息多渠道采集

（1）河湖遥感平台和遥感遥测监控工程

河湖遥感平台由水利部开发，通过河湖遥感平台可查阅目标河道多年遥感卫星图片，便于了解目标河道较长一段时期内的自然状况；遥感遥测监控工程由太湖局组织开发，搭载了部分年份的太湖岸线遥感卫星图片，可查阅固定年份太湖岸线的自然状况，并且开发了目标点位多年度遥感卫星比对功能，可以直观获取目标点位的年度变化。苏州管理局利用遥感卫星图片，按年度组织水事违法行为高发多发区域遥感变化人工比对，对重点关注的较大范围的水事违法行为整改情况进行跟踪检查。

（2）重点区域实时监控

重点区域实时监控系统，由太湖局组织开发，在环太湖岸线共设置了30个具备红外夜视功能的摄像头，对摄像头周边1km范围内岸线扰动监测全覆盖。监控视频通过云端实现实时回传，水政监察员可在后台调取监控录像回溯相关记录，可通过云台远距离控制调整监控角度及范围，辅助对于违法水事行为的实时取证。苏州管理局每日安排人员点检各视频点位，回溯录像视频，及时发现水事违法行为；在疫情管控期间，利用实时监控实现云端巡查，组织了水利工程防汛保安专项执法行动云检查。

（3）无人机和执法记录仪的使用

无人机的使用，扩展了水政监察员巡查的高空视角，延伸了水政监察员目视的范围，在河网水系密布地区，有助于水政监察员精准寻找目标，实现地面目标全视域采集。无人机采集的照片和视频数据，方便违法水事案件办理人员直观了解现场情况，是苏州管理局涉河项目监管和水政检查监督中使用率最高、普及最广的信息化手段。

2. 水事行为信息的预处理

（1）奥维地图

利用奥维地图实现太湖流域片多目标点位的定位、状况信息等存储，点位在线共享，实时导航等功能，有助于水政监察员实现点位历史信息回溯、点位查找等；还可以使用测距、测面、多图层叠加等功能，对较大范围的水事违法行为开展线上勘测，获取初步数据；也可以通过采集点位坐标信息，实现精准勘测。目前，已收集记录流域片内1000多处监管点位信息，涵盖了太湖局历年批准的所有水工程规划许可、河道管理范围内建设方案许可等。

（2）大疆绘图

利用大疆绘图，实现水事行为的三维建模，辅助对违法行为危害后果的预测与判定。目前已实现太浦闸工程、红旗塘工程的正射投影，如该区域内河道状况发生相关扰动，通过已搭建的三维模型，可精准取得三维坐标上的相关数据，实现对相关水事行为的准确定性。

3. 巡查事项管理数字化

在涉河项目监管及水政检查中应用水行政执法监控系统，实现巡查任务创建管理，水事信息上报、登记、流转、批阅至归档、存储全过程信息化；实现水事违法案件立案、查处、结案等全过程台账线上流转和归档存储信息化；实现登记入库的水事行为关键词搜索查阅、水政监察员培训记录、水政设备登记管理和人员考核等多项管理功能。

5.6　防汛抢险

5.6.1　健全防汛组织体系

1. 防汛组织机构

苏州管理局成立防汛抗旱工作组织机构，统筹、协调防汛抗旱管理工作。组织机构设领导小组和办公室。领导小组组长由单位主要负责人担任，副组长由分管防汛抗旱的局领导和其他局领导担任，成员由苏州管理局各部门主要负责人组成。防汛抗旱工作领导小组办公室设在工程管理科，具体负责防汛抗旱工作日常事务。主任由工程管理科主要负责人担任，成员由工程管理科职工以及太浦河枢纽管理所、望亭水利枢纽管理所负责人组成。

2. 应急组织机构

为加强应急管理工作，保证应急抢险及救援工作的顺利开展，苏州管理局成立应急领导小组和应急抢险队伍。应急领导小组组长由单位主要负责人担任，副组长由分管安全生产的局领导和其他局领导担任，成员由各部门主要负责人担任。

当发生险情或突发性事件时，苏州管理局应急领导小组根据情况派出工作组，现场督促、检查、指导和协助管理所开展应急抢险或突发事件应急处置工作。工作组组长原则上由分管局领导担任，工作组成员由工程管理科、水政水资源科和建设与安全科等机关技术人员组成。

工程现场成立应急抢险小分队，管理所所长任队长，成员由管理所职工和现场维修养护人员组成。

根据苏州管理局与吴江区防汛防旱指挥部建立的应急抢险协调机制，落实社会抢险队伍。当发生重大险情或突发性事件，苏州管理局人员、物资无法满足应急抢险需要时，由吴江区防汛防旱指挥部落实太浦河枢纽社会抢险队伍，由无锡新区防汛防旱指挥部落实望亭水利枢纽社会抢险队伍，根据应急抢险预案实施有效抢险。

5.6.2 明确组织机构职责

每年汛前，苏州管理局根据防汛抗旱工作责任制，结合岗位设置落实局领导、各部门防汛抗旱主要职责，并行文上报太湖局。

5.6.2.1 明确防汛组织机构职责

苏州管理局防汛抗旱主要职责为：根据调度方案和指令，负责直管工程控制运用；负责直管工程维护及管理；负责组织直管工程应急预案编制、演练及应急抢险；负责直管工程防汛物资储备及管理；按照规定和授权，负责“一湖两河”等重要河湖沿线水利工程运行情况督查；负责所管在建工程的防汛抗旱工作；承办太湖局交办的其他防汛抗旱工作。

1. 领导职责

苏州管理局局长职责有：主持防汛抗旱全面工作，当苏州管理局启动防汛抗旱Ⅰ级、Ⅱ级响应时，负责会商、组织调度。

分管局领导职责有：负责防汛抗旱管理工作，当苏州管理局启动防汛抗旱Ⅲ级、Ⅳ级响应时，负责主持会商、组织调度。

其他局领导及总工程师按照职责分工，负责防汛抗旱相关工作。

2. 科室、直属机构职责

1）办公室：①负责对局有关防汛抗旱工作部署的督办和综合协调。②负责防汛抗旱的新闻宣传和信访管理工作。③负责防汛抗旱车辆管理与调度等后勤保障工作。

2）工程管理科：①工程管理科是苏州管理局的防汛抗旱业务管理部门，负责苏州管理局防汛抗旱、防台工作，组织、协调、指导管理所做好所管工程防汛抗旱防台工作。②负责直管工程防汛抗旱和应急调度指令的传达，指导直管工程按调度方案和指令控制运用；负责“一湖两河”等重要水利工程运行情况督查，并上报有关情况。③负责直管工程应急预案编制、演练；参加苏州管理局应急抢险工作；加强与地方防汛抢险单位及物资储备单位联系，建立和完善直管工程应急抢险协调机制，制定和落实社会抢险队伍和应急抢险物资调配方案；组织开展防汛抗旱业务知识培训。④负责组织局机关防汛抗旱值班；负责防汛值班等相关业务系统及防汛通信、网络系统的运行维护管理，保障信息畅通；负责防汛值班物资采购保管工作。⑤负责收集、整理直管工程所在地气象、水情、雨情及流域内水旱灾害信息；负责直管工程水情、雨情、工情和灾情等信息的汇总上报。⑥负责直管工程维修养护、应急度汛、水毁修复等项目的计划、申报与管理，指导、监督管理所组织实施。

3）水政水资源科：①负责组织直管工程涉及防汛抗旱的水政事务，依授权对违法事件进行处理。②负责组织直管工程辖区河道防汛执法清障相关工作。

4）建设与安全科：①组织、指导直管工程安全生产监督管理。②组织开展防汛抗旱、防台安全生产检查。③督促检查在建工程的安全度汛措施落实。

5）财务科：①负责防汛抗旱经费筹措及财务管理。②负责防汛抗旱有关经费使用监督和检查。

6）人事科：①负责局机关、管理所防汛抗旱人力资源统一调配。②负责防汛津贴、值班费的核定及发放。

7）工程管理所（太浦河枢纽管理所、望亭水利枢纽管理所）：①严格执行调度指令，做好所管工程控制运用。②负责所管工程的维护及管理，确保安全运行。③负责所管工程及辖区内河道、堤防的维护及管理。④负责所管工程运行、安全值班和工程检查、观测工作，及时收集和上报所管工程水情、雨情、工情和灾情等信息。⑤负责所管工程应急预案编制、应急抢险措施和应急抢险队伍落实，配合完善直管工程应急抢险协调机制。⑥负责所管工程自动监控系统的运行维护管理，保障信息畅通。⑦负责所管工程防汛物资储备及保管，落实所管工程安全度汛措施，组织实施所管工程的维修养护、应急度汛、水毁修复等项目。⑧负责所管车辆、船舶的运行管理及防汛抗旱值班后勤保障工作。

3. 值班工作职责

1）局机关带班领导：①了解掌握流域防汛抗旱形势和动态，听取值班工作情况汇报；负责协调、指导、处理带班期间直管工程防汛抗旱有关事务、重大汛情、险情或其他突发事件；按照直管工程应急预案，组织会商、研究落实相关应急措施。②根据需要，及时向上级主管部门或地方政府有关部门（单位）报告、沟通防汛抗旱工作及相关信息。

2）工程管理科负责人职责：①检查、督促局机关的值班工作，组织制定值班和巡查工作计划。②当苏州管理局启动防汛抗旱应急响应时，根据直管工程现场情况，研究提出直管工程控制运行方案建议。③负责防汛抗旱专题会商的组织，督促落实相关决策和会商意见。④承办局领导交办的其他工作。

3）管理所带班领导职责：①负责所管工程带班期间的值班督查和管理，监督检查闸门运行人员按调度指令调整闸门。②了解流域防汛抗旱形势和动态，处理值班期间所管工程防汛抗旱有关事务、重大汛情、险情或其他突发事件。③直管工程发生重大汛情、险情或其他突发事件时，及时与局值班室、工程管理科负责人沟通，并向局带班领导汇报。④提出所管直管工程控制运行建议，落实相关决策和会商意见。

4）局机关值班人员职责：①及时收集流域内防汛抗旱信息，了解掌握直管工程当日的工情、水雨情等信息，认真填写值班记录，内容包括天气预报、水雨情、工情、灾情、调度指令、工程运行情况、值班检查、出现问题及注意事项等；引江济太期间，及时向管理所值班人员和现场巡查人员了解入湖水质情况。②直管工程遇重大雨情、水情、险情或其他突发事件、紧急事项等时，应立即向局带班领导和太湖局防办汇报，并做好相关记录，不得延误；同时，密切跟踪了解，及时做好续报工作。③认真做好各类值班信息的接收、登记处理和系统录入，及时处理来往电话、传真和文件，并做好相关记录；接打电话、收发文件要礼貌到位，简洁高效。④接到调度指令后，及时传达管理所；密切监视防汛值班等业务系统的运行情况；及时将调度指令通过口头或短信及时告知局带班领导等相关人员。⑤认真做好交接班工作，保持值班室、休息室整洁卫生，提高安全防火意识；经常检查管理所值班情况，发现有脱岗、离岗和信息处理不及时、不规范等现象，应要求及时整改，必要时向局带班领导报告。

5）管理所值班人员职责：①及时收集和上报当天所管工程的控制运行信息，了解掌握所管工程实时的工情、水雨情等信息，认真填写值班记录；加强与水文站的联系，及时报送工程相关信息。②接到调度指令后，及时报告管理所带班领导，按照带班领导签发的操作票，按时进行闸门操作；发现实测流量与调度指令不符时，依据《太湖流域管理局直管工程控制运用方案》及时调整闸门；闸门调整完毕后，将闸门调整信息及时入库并上传局值班室。③认真做好各类值班信息的接收、登记、处理和系统录入工作，及时处理来往电话、传真和文件，并做好相关记录；引江济太期间，关注入湖水质和水量变化情况，发现异常情况及时报告。④当工程遇重大雨情、水情、险情或其他突发事件、紧急事项时，及时向局机关值班人员和管理所带班领导汇报，并做好相关记录，不得延误。⑤认真做好工程设施、设备的操作运行和维护，按时巡查、检查工程和值班设备、监控系统的运行情况，发现问题及时处理。⑥认真做好交接班工作，保持控制室、休息室的整洁卫生，提高安全防火意识。

6）值班信息管理员岗位职责：①及时检查整理防汛值班资料。②定期复制备份相应的防汛值班电子文档和录音信息。③按要求协助做好防汛资料的归档工作。

4.“一湖两河”巡查工作职责

水政水资源科负责“一湖两河”沿线重要水利工程运行管理督查工作。当太湖局启动应急响应时，根据要求组织开展督查。

工程管理科协助水政水资源科与太湖局相关部门协调联系。有特殊要求时，工程管理科会同水政水资源科组织防汛督查、引江济太督查。工程管理科根据要求参与水污染事件调查。

太湖水事管理中心承担环太湖防汛督查。太浦河枢纽管理所承担太浦河防汛督查、引江济太督查。望亭水利枢纽管理所承担望虞河防汛督查、引江济太督查。

5.6.2.2 明确应急组织机构职责

1. 应急领导小组工作职责

传达落实上级指示，组织协调做好应急各项准备工作；决策、启动应急预案和解除应急命令；统一指挥紧急状态下的应急抢险、处置及救援工作；制定指挥方案和策略；向上级应急指挥机构报告突发事故、应急响应及求助情况；向社会联系应急救助；组织处理善后工作；组织应急预案培训、演练；总结应急工作经验教训等。

2. 组长与各成员部门职责

工程管理科负责防汛防台应急抢险及处置工作的技术指导，协调具体工作；建设与安全科负责生产安全应急抢险及处置工作的技术指导，协调具体工作。管理所组建应急抢险小分队，负责所管工程现场应急抢险、处置及救援工作。应急领导小组组长与各成员部门工作职责一览表见表 5-4。

表 5-4　应急领导小组组长与各成员部门工作职责一览表

职务	单位或部门	人选	主　要　职　责
组长	苏州管理局	局长	全面负责应急抢险和救援工作
副组长	苏州管理局	分管领导	根据工作分工，具体负责生产安全事故、直管工程防汛防台险情或突发性事件等应急抢险及处置工作
成员	办公室	主任	负责应急抢险、处置及救援宣传报道和后勤保障
成员	工程管理科	科长	负责防汛防台应急抢险及处置工作的技术指导，协调具体工作
成员	水政水资源科	科长	负责应急抢险、处置及救援现场秩序维护
成员	建设与安全科	科长	负责生产安全应急抢险及处置工作的技术指导，协调具体工作
成员	财务科	科长	负责应急抢险、处置及救援经费使用管理
成员	人事科	科长	负责应急抢险、处置及救援人力资源调配、培训
成员	管理所	所长	负责直管工程现场应急抢险、处置及救援

3. 工作组职责

1）工作组主要职责：①查看直管工程水情、工情、险情或突发事件情况，分析判断发展趋势。②指导应急抢险、应急处置及防汛抗旱等工作，并及时上报有关信息。③遇重大汛情或突发事件，按照统一部署，参与太湖局防汛抗旱或突发事件应急处置工作。

2）工作组派出期间相关部门主要职责：工作组派出期间，各科室、直属机构按照各自职责分工，协同开展应急抢险或应急处置工作。

5.6.3　防汛抗旱工作

苏州管理局认真贯彻“安全第一、常备不懈、以防为主、全力抢险”的防汛工作方针，积极采取有效的防御措施，减轻洪涝灾害的影响和损失，保障直管工程度汛安全。不断丰富和完善“防汛防台责任落实到位、防汛抢险机制协调到位、汛前检查到位、汛期行动到位、汛后维护到位、工程控制运行到位、引江济太重要水工程控制运行督查到位”“七到位”工作格局，充分发挥直管工程在流域防洪和水资源调度中的重要作用。

太湖局直管工程防汛时段为汛前、汛期和汛后，每年 5 月 1 日之前为汛前，5 月 1 日—9 月 30 日为汛期，9 月 30 日之后为汛后。太湖局直管工程的控制运用须严格执行太湖流域防汛抗旱总指挥部和太湖局调度指令，不接受其他任何单位和个人的指令。防汛抗旱调度指令的执行应符合《太湖局流域管理局直管工程控制运用方案》的规定。

1. 检查工作

（1）防汛抗旱检查分类和主要内容

防汛抗旱检查分为汛前检查、汛期检查和汛后检查。

防汛抗旱检查的主要内容：防汛抗旱责任制落实情况；应急预案、防汛抗旱规章制度的修订和落实情况；直管工程维修养护、防汛工程设施修复、水毁工程修复等防汛准备情况；直管工程设施、设备的运行情况；直管工程上下游河道清障情况；在建工程度汛准备工作情况；防汛物资、应急抢险、通信保障等非工程措施以及其他防汛工作准备情况等。

（2）防汛抗旱检查工作程序和要求

1）汛前检查：每年1月上旬，苏州管理局发布通知布置直管工程汛前检查工作；1月底前，管理所根据通知要求和规定完成汛前检查，报送汛前检查报告，提出汛前维修养护计划；2月上中旬，工程管理科组织现场检查直管工程运行情况，商讨完善汛前维修养护工作方案；4月上旬，管理所完成汛前维修养护任务，报送防汛准备工作情况报告；4月中旬，苏州管理局组织开展直管工程汛前准备工作情况复查，针对复查中发现的问题，及时部署、落实相应的整改措施；4月底，苏州管理局向太湖局上报直管工程汛前准备工作情况报告；配合国家防总、太湖防总、地方驻军和地方省市等对直管工程进行汛前检查和指导，根据检查意见，及时落实整改措施。

2）汛期检查：根据汛情和工程运行情况，进行不定期检查，主要检查工情、水情、灾情、防御措施落实、检查观测记录和值班制度执行情况等。

3）汛后检查：10月上旬，苏州管理局发布通知开展直管工程汛后检查工作；10月中旬，管理所根据通知要求和规定完成汛后检查工作，报送汛后检查报告，提出汛后维修养护计划；10月25日前，苏州管理局组织开展直管工程汛后复查，了解工程运行情况，商讨完善汛后维修养护措施，研究申报防汛工程设施修复项目；11月上中旬，苏州管理局将直管工程汛后检查情况和防汛工作总结上报太湖局。

2. 防汛抗旱会议

防汛抗旱会议包括全体会议、专题会议和培训会议。

全体会议由苏州管理局局长或分管防汛抗旱工作的局领导召集和主持，防汛抗旱工作相关人员参加，通常在每年汛前和汛后各召开一次。全体会议主要内容包括传达贯彻国家防总、太湖防总指示和重要会议精神；听取相关部门防汛抗旱工作汇报；分析直管工程防汛抗旱形势，研究决策防汛抗旱相关事项，部署防汛抗旱工作。

专题会议由工程管理科或管理所临时动议，苏州管理局局长或分管防汛抗旱工作的局领导召集和主持，相关部门防汛业务人员参加，根据工作需要不定期召开。专题会议主要内容包括贯彻落实上级决定和决议，研究直管工程运行管理措施，解决防汛抗旱紧急事项等。

根据防汛抗旱工作情况和实际需要，不定期开展形式多样的专题培训会议，加强干部职工对防汛抗旱相关法律法规和业务知识的学习，不断提升防汛抗旱业务工作能力。

3. 值班管理

（1）值班人员

值班人员包括带班人员和值班工作人员两级，并应符合下列规定：

1）局机关带班人员由局领导担任，管理所带班人员由管理所负责人担任，必要时由苏州管理局指派相关负责人或防汛防台工作组成员参与带班。

2）局机关值班工作人员由工程管理科、水政科、建安科和经培训合格的相关业务人员担任，管理所值班工作人员由技术人员、闸门运行人员和经培训合格的相关业务人员担任。

3）局机关和管理所分别指定一名技术人员作为值班信息管理员。

4）值班人员应熟悉防汛抗旱工作业务，掌握应急预案的相关规定，胜任防汛抗旱值班工作。

（2）值班时间

1）局机关汛期 5 月 1 日—9 月 30 日实行 24 小时值班，时间为 8:30—次日 8:30；非汛期实行 8:30—20:30 值班。遇特殊水情及突发情况，8:30—20:30 可安排人员加强值班，必要时 24 小时值班。

2）管理所全年 24 小时值班，休息日及法定节假日 8:30—20:30 可安排第二值班。工程运行期间根据需要 8:30—20:30 可安排第二值班，遇特殊水情或突发情况可增加值班工作人员或 24 小时现场加强值守。

3）根据太湖局节假日值班相关规定，元旦、春节、清明节、劳动节、端午节、中秋节、国庆节等法定节假日实行 24 小时值班。非引水、非排洪期间的局机关春节、国庆值班由办公室安排，其他节假日值班由工程管理科安排。

4）苏州管理局启动应急响应时，带班人员按照预案规定驻办公室（含办公区）带班。其他带班期间保持 24 小时联系畅通，根据需要第一时间赴值班室处理应急事务。

（3）值班轮换、调换

1）带班人员宜每周轮换 1 次，值班工作人员宜每天轮换。

2）各级值班人员因出差等原因不能正常值班的，应提前调换。

（4）值班考勤

1）值班工作人员负责在值班记录中登记带班人员、加强值班人员在岗时间情况。

2）工程管理科负责局机关值班、带班时间统计，管理所负责工程现场值班、带班时间统计。统计以签字确认的值班记录为准。

4. 在建工程度汛管理

应严格执行在建工程安全度汛工作责任制，制定相应的度汛方案，落实度汛措施，确保工程安全度汛。

5. 清障工作

工程上下游河道水面出现较大面积水生物、垃圾等覆盖时，管理所应在闸门调整报告或工情报告中报送相关情况，苏州管理局适时组织开展水面清障。工程上下游河道管理范围内发现阻碍行洪的障碍物时，管理所应及时报告，并协调组织开展清障工作。

6. 资料整编

每年汛前，工程管理科和管理所完成上一年度防汛抗旱制度、检查、会议、工程运行、应急抢险等文件材料的收集、整理，并按规定要求做好归档工作。资料应完整、准确、真实、系统，并做到字迹清楚、图面整洁、装订整齐、手续完备。

7. 奖惩

对表现突出的相关部门和个人应予以表彰。对擅离职守、工作失职的，予以批评教育，情节严重者，追究当事人责任。

8. 基本工作流程

汛前工作流程见表 5-5。汛后工作流程见表 5-6。

表 5-5　汛前工作流程

1. 目的：规范汛前工作程序，做好汛前准备工作。
2. 适用范围：适用于苏州管理局汛前工作流程。
3. 流程图：

工作流程图	责任部门	责任岗位	使用表单	流程说明
发布检查通知	工程管理科	水工技术管理	内部传真电报	下达汛前检查任务
报送汛前检查报告	管理所	主要负责人		完成汛前检查，报送汛前检查报告
落实防汛抗旱职责	工程管理科	主要负责人		结合岗位设置编制年度防汛抗旱工作责任制，并行文上报太湖局
报送管理所防汛准备工作情况	管理所	主要负责人		管理所完成防汛准备，上报防汛准备工作情况报告
召开防汛抢险协调机制座谈会	苏州管理局	分管局领导		与地方防指联合召开防汛抢险协调机制座谈会
组织开展汛前复查	苏州管理局	分管局领导	汛前复查表	组织开展直管工程汛前准备工作情况复查
防汛抗旱业务培训	工程管理科	负责人		组织防汛抗旱业务培训
上报直管工程汛前准备工作情况报告	工程管理科	水工技术管理		上报太湖局直管工程汛前准备工作情况报告
召开防汛抗旱工作会议	苏州管理局	负责人		召开防汛抗旱工作会议，部署防汛抗旱工作

表 5-6　汛后工作流程

1. 目的：规范汛后工作程序，做好汛后检查、总结等工作。
2. 适用范围：适用于苏州管理局汛后工作流程。
3. 流程图：

工作流程图	责任部门	责任岗位	使用表单	流程说明
发布检查通知	工程管理科	水工技术管理	内部传真电报	下达汛后检查任务
报送汛后检查报告	管理所	主要负责人		管理所完成汛后检查工作，报送汛后检查报告
组织开展汛后复查	苏州管理局	分管局领导	汛后复查表	组织开展直管工程汛后复查
上报直管工程汛后检查情况报告	工程管理科	水工技术管理		上报太湖局直管工程汛后检查情况报告
召开防汛工作总结会	苏州管理局	分管局领导		会同地方防指召开防汛工作总结会
上报防汛工作总结	工程管理科	水工技术管理		上报年度防汛工作总结

5.6.4 应急处置工作

5.6.4.1 落实防汛抢险应急预案并演练

根据制度定期评估结果和工作需要，苏州管理局适时修订完善直管工程应急预案，履行审批程序后实施。

苏州管理局每年至少选择一个专项进行抢险演练，编制相应的演练方案，开展应急抢险专项演练。演练结束后，苏州管理局及时总结经验，作为修订完善应急预案的依据。

5.6.4.2 落实防汛抢险队伍组织、宣传教育、业务培训

1. 抢险队伍组织

根据现场人员和维修养护队伍情况，苏州管理局每年及时调整、充实应急抢险小分队成员，加强抢险技术培训，开展必要的演练活动。

苏州管理局每年汛前与无锡新区防汛防旱指挥部健全防汛应急抢险协调机制，落实社会抢险队伍。

2. 宣传教育

苏州管理局积极利用网站、会议、讲座、标语、标识牌、宣传栏等多种方式，广泛宣传有关法律法规和防汛防台知识，普及各类事故的预防、避险、自救、互救、减灾等常识，增强职工的防险减灾意识和避险自救能力。

3. 业务培训

苏州管理局每年拟定培训计划，组织相关人员进行培训，以提高职工的应急抢险处置能力。培训对象包括苏州管理局职工、应急抢险小分队队员及其他相关人员。

5.6.4.3 落实防汛物资、工器具和交通运输工具

1. 防汛物资和工器具

根据工程抢险需要，苏州管理局储备必要的防汛抢险器材和备品备件，物资存放地点为管理所仓库。苏州管理局制定了《存货管理办法》《物资仓库管理制度》，做好物资的入库和出库管理。

根据苏州管理局与地方防汛防旱指挥部建立的防汛应急抢险协调机制，由地方防汛防旱指挥部调配相应的抢险物资。2020年4月，苏州管理局分别与地方防指签订了为期5年的“太浦闸工程防汛应急抢险物资及抢险队伍协议”“望亭水利枢纽防汛应急抢险物资及抢险队伍协议”，明确了防汛物资的储备地点、调用方式及经费分担，确定了调运线路。

2. 交通运输工具

为保障应急抢险交通运输的需要，苏州管理局配备了应急抢险车辆。平时加强对抢险车辆的维修保养，确保车况良好。苏州管理局根据抢险工作需要，商请地方有关部门对抢险现场道路实行交通管制，确保抢险道路畅通。在工程现场，配备了防汛艇等抢险机动运输工具。

5.6.4.4 建立预防预警机制

1. 预防预警信息管理

按照“早发现、早报告、早处置”的原则，管理所、工程管理科及时全面了解和收集有关气象、水雨情、工情等信息。

（1）气象

利用苏州管理局工程管理标准化平台及时收集天气预报、天气动态信息和灾害性天气预报预警信息；及时关注台风预测、台风路径、气象卫星云图等；及时关注有关部门对流域天气情况的预测。

（2）水雨情

通过苏州管理局工程管理标准化平台掌握水文站水位、流量、雨量数据，通过太湖流域水文遥测系统、监控系统掌握水情、雨情实时信息。

（3）工情

1）安全监测。

管理所及时组织人员对监测数据进行分析整理。当发现异常信息时，及时进行检查、分析，同时做好处理、上报工作；对确认异常的工程部位加强观测分析。

2）工程运行。

工程运行信息包括闸门、启闭机、电气设备、通信设备、自动化控制系统的运行情况。当发生险情时，管理所应根据应急预案的有关要求，加强对重点部位、重要设备、重要设施进行检查、巡视的频次，认真做好运行信息记录和上报工作。

3）检查和巡视。

管理所做好工程建筑物、河道堤防、附属设施等的日常检查和巡视工作，当发现异常时，管理所开展专项检查，加密巡视频次，做好巡视记录，并及时将信息报送苏州管理局。如发现人为的异常情况，及时进行制止和查处，控制事态的进一步发展。

（4）险情灾情

险情灾情信息主要包括时间、地点、范围、人员伤亡、财产损失和影响程度等情况。当工程发生险情或突发性事件时，管理所迅速处置并报告；工程管理科收集、掌握险情灾情动态信息，为应急抢险提供准确依据。

2. 预防预警准备和行动

（1）预防预警准备

管理所做好工程日常检查、巡视和监测工作，工程管理科做好相应督查、技术指导工作。①平时加强宣传、培训和演练，做好防大汛、抢大险的思想准备，增强职工预防各种灾害和自我保护的意识。②认真落实防汛抗旱工作责任制和应急处置等相关制度，做好以“查组织、查工程、查预案、查物资、查通信”为主的检查工作。③结合维修养护、防汛设施修复等项目的实施，及时消除工程安全隐患，确保工程安全运行。④做好重点部位、重要设备设施的监测预警，保证工程远程监控系统及防汛通信网络畅通和完好，确保各种信息和调度指令及时传递。⑤按照职责分工和应急抢险协调机制，汛前落实应急抢险队伍及主要抢险物资，储备必要的工器具、零部件及部分抢险物料。

（2）预防预警行动

当工程发生险情或突发性事件时，工作人员及时报告管理所负责人；在初步确定险情后，管理所开展现场应急处置，并及时将险情上报；工程管理科接到报告后，对险情信息进行分析，甄别险情等级，提出预警级别建议，按照应急响应程序及时向苏州管理局领导报告；苏州管理局适时发出应急响应指令，并向太湖局防办报告。

当太湖发生超标准洪水，且工程发生重大险情或不可抗拒因素等突发性事件时，管理所必须在30min内直接向苏州管理局领导报告，同时组织人员开展应急抢险先期处置工作；苏州管理局及时组织会商，发出预警，并将出险部位、险情大小和危害程度等信息向太湖局、工程所在地防汛防旱指挥部报告。苏州管理局落实太湖局的有关要求和指示，控制险情进一步扩大，并组织有关专家及专业技术人员分析险情，制定切实可行的应急抢险方案。根据抢险需要，联系工程所在地防汛防旱指挥部支援抢险。

3. 预防预警支持系统

（1）信息化支持系统

依托工程监控系统、安全监测系统、工程管理标准化系统、水文遥测系统等现代化信息手段，实时掌握和了解工程的运行管理现状，提高信息传递的实时性和准确性，为预防预警及决策提供依据。

（2）专家咨询

在应急响应期间，根据险情及突发事件的性质，邀请熟悉太湖流域防洪调度、工程运行、勘测设计、工程施工的相关专家，分析险情及突发事件的产生原因，提出应急抢险方案，对应急处置提供技术支持，参与处置后的评估分析。专家组组长由应急抢险指挥担任。

5.6.4.5　应急响应启动条件和基本工作要求

1. 响应级别

苏州管理局防汛抗旱应急响应分为四级：Ⅰ级（特别严重）、Ⅱ级（严重）、Ⅲ级（较重）和Ⅳ级（一般）。

2. 应急响应工作程序

当工程发生险情或突发性事件时，管理所及时上报。工程管理科收集险情信息，甄别险情和预防预警等级，提出启动预案建议。Ⅰ级、Ⅱ级应急响应的建议，由苏州管理局局长审核后启动；Ⅲ级、Ⅳ级应急响应的建议，由苏州管理局分管局领导审核后启动。响应启动后，工程管理科及时将响应情况通知各科室、直属机构，并报告太湖局防御处和工程所在地防汛抗旱指挥机构。苏州管理局应急组织机构组织开展应急抢险行动。

3. Ⅰ级响应

1）启动条件。出现下列情况之一者，为Ⅰ级响应：①太湖流域发生特大洪水或太湖水位达到4.65m并预报将继续上涨。②预计未来12小时工程可能遭受台风暴雨影响，风力在12级以上。③直管工程超过校核水位或超过校核流量（历史最大流量）运行，可能产生特别严重险情。④机电设备、闸门等发生重大事故，造成工程无法运行；直立墙、闸墩等水工设施发生重大险情，并造成严重影响。⑤太湖流域发生特大干旱，太湖局启动Ⅰ级响应。⑥其他需要启动Ⅰ级响应的情况。

2）响应行动：①苏州管理局局长主持会商，分管局领导，各科室、直属机构负责人和局机关值班人员参加。②苏州管理局进入应急状态，全体职工上岗到位，苏州管理局领导和管理所负责人24小时带班，局机关和管理所24小时值班，加强直管工程运行值守。③苏州管理局领导现场指挥直管工程应急抢险工作，根据险情联系工程所在地防汛抗旱指挥机构组织社会力量抢险。④苏州管理局根据太湖防总、太湖局的有关要求，配合社会抢险或部队抢险。⑤工程管理科密切监视工情、汛情、旱情、险情、灾情和台风发展变化并及时收集有关信息，全面掌握防汛抗旱工作动态，督促指导直管工程控制运行，加强沟通协调和信息报送。⑥管理所加强工程控制运行，应急抢险小分队投入抢险自救工作，及时上报相关信息，保证工程正常运行。

4. Ⅱ级响应

1）启动条件。出现下列情况之一者，为Ⅱ级响应：①太湖流域发生大洪水或太湖水位达到4.50m并预报将继续上涨。②预计未来12小时工程可能遭受强热带风暴影响，风力在10~12级。③直管工程超过设计水位或超过设计流量运行，可能产生严重险情。④机电设备、闸门等发生较大事故，直立墙、闸墩等水工设施发生较大险情，造成较大经济损失，工程不能正常运行。⑤太湖流域发生严重干旱，太湖局启动Ⅱ级响应。⑥其他需要启动Ⅱ级响应的情况。

2）响应行动：①苏州管理局局长主持会商，分管局领导，各科室、直属机构负责人和局机关值班人员参加。②苏州管理局进入应急状态，业务部门及有关人员上岗到位，苏州管理局领导和工程管理所负责人24小时带班，局机关和管理所24小时值班，加强直管工程运行值守。③苏州管理局领导现场指挥直管工程应急抢险工作，根据险情联系工程所在地防汛抗旱指挥机构组织社会力量抢险。④工程管理科密切监视工情、汛情、旱情、险情、灾情和台风发展变化并及时收集有关信息，全面掌握防汛抗旱工作动态，督促指导直管工程控制运行，加强沟通协调和信息报送。⑤管理所加强工程控制运行，应急抢险小分队投入抢险自救工作，及时上报相关信息，保证工程正常运行。

5. Ⅲ级响应

1）启动条件。出现下列情况之一者，为Ⅲ级响应：①太湖水位达到4.20m并预报将继续上涨。②预计未来12小时工程可能遭受热带风暴影响，风力在8~10级。③机电设备、闸门等发生一般事故，直立墙、闸墩等水工设施发生一般险情，造成一定的经济损失，影响工程安全运行；发生突发性事件，造成一定的经济损失。④太湖流域发生中度以上的干旱，太湖局启动Ⅲ级响应。⑤其他需要启动Ⅲ级响应的情况。

2）响应行动：①苏州管理局分管局领导主持会商，局机关值班人员参加，并将情况报苏州管理局局长。②苏州管理局进入应急状态，苏州管理局领导和管理所负责人24小时带班，局机关和管理所24小时值班，加强直管工程运行值守。③苏州管理局派出工作组指导直管工程应急抢险工作；工程管理科密切监视工情、汛情、旱情、险情、灾情和台风发展变化并及时收集有关信息，全面掌握防汛抗旱工作动态，督促指导直管工程控制运行，加强沟通协调和信息报送。④管理所加强工程控制运行，应急抢险小分队投入抢险自救工作，及时上报相关信息，保证工程正常运行。

6. Ⅳ级响应

1）启动条件。出现下列情况之一者，为Ⅳ级响应：①太湖水位达到3.80m并预报将继续上涨。②预计未来24小时内直管工程可能遭受雷雨大风影响，风力在6~8级并伴有强雷电。③机电设备、闸门等发生故障，直立墙、闸墩等水工设施发生险情，影响工程正常运行。④其他需要启动Ⅳ级响应的情况。

2）响应行动：①苏州管理局分管局领导主持会商，局机关值班人员参加，并将情况报苏州管理局局长。②苏州管理局进入应急状态，苏州管理局领导24小时带班，局机关和管理所24小时值班。③工程管理科密切监视工情、汛情、旱情、险情、灾情和台风发展变化并及时收集有关信息，全面掌握防汛抗旱工作动态，督促指导直管工程控制运行，加强沟通协调和信息报送。④管理所加强工程控制运行，应急抢险小分队投入抢险自救工作，及时上报相关信息，保证工程正常运行。

7. 响应调整和结束

需要调整或结束应急响应的情况，由工程管理科提出响应调整或结束建议，依照有关程序适时调整应急响应级别或结束应急响应。

8. 信息发布

应急响应期间，苏州管理局加强新闻和舆论管理，在太湖局指导下，汛情、灾情和防汛抗旱动态等信息实行统一审核、统一发布。直管工程现场通过设置公告牌、短信发送等形式，做好信息发布和宣传工作。

5.6.4.6　防御洪水应急处置措施

1. 防御目标及启用条件

1）防御目标：①在标准洪水范围内（太湖水位在 3.50~4.65m），确保工程完整、完好和正常运行，保障流域防洪安全。②在超标准洪水范围内（太湖水位在 4.65m 以上），力保工程安全运行。

2）启用条件：①当太湖水位达到 3.50~4.65m 时，启用防御标准内洪水应急措施。②当太湖水位超过 4.65m 时，根据太湖防总的统一部署和安排，采取非常措施，启用超标准洪水应急措施。

3）控制运用。按照《太湖局流域管理局直管工程控制运用方案》的规定做好工程运行。

2. 防御标准内洪水措施

1）当太湖水位不超过 3.80m 时，管理所做好值班和工程检查、巡视、观测等日常工作，按期完成工程水毁修复和维修养护任务，按照调度指令控制工程运用，发现问题及时处置。

2）当太湖水位达到 3.80~4.65m 时，苏州管理局适时启动防御标准内洪水措施。①加强防汛值班，认真履行值班带班制度，密切监视雨情、水情变化。②加强对堤防、闸门、启闭机、变配电、发电机、监控系统、套闸等工程重点部位、重要设备和重点设施的日常检查、巡视，并定时上报检查信息。③当太湖水位在 3.80~4.20m 时，每隔 24 小时开展巡视、检查，发现问题及时上报。④当太湖水位在 4.20~4.50m 时，每隔 12 小时开展巡视、检查，发现问题及时上报。⑤当太湖水位在 4.50~4.65m 时，每隔 6 小时开展巡视、检查，发现问题及时上报。

3. 超标准洪水时的非常措施

当太湖水位达到 4.65m 且继续上涨时，太湖发生超标准洪水，苏州管理局根据太湖防总和太湖局统一部署和安排，采取非常措施。①根据调度指令要求，在保证工程安全的情况下，全力泄洪。②严格执行带班值班制度，密切监视雨情、水情变化，及时分析水情、工情、安全监测信息，随时掌握工程运行状况。③加强工程检查、24 小时巡视，重点对堤防、闸门、启闭机、输配电、发电机、监控系统等重点部位、重要设备和重点设施加强检查、巡视。每隔 4 小时上报一次水情、工情信息。④太湖水位达到或超过 4.97m 时，加派巡查人员，加密巡查次数，必要时 24 小时不间断巡视，每隔 2 小时上报一次水情、工情信息。

5.6.4.7　防御台风应急处置措施

当气象预报未来台风将影响工程时，按照应急响应程序，苏州管理局适时启动防御台风预案。

1）值班人员密切关注太湖网以及中央和有关省市气象部门、防汛指挥部门发布的最新台风动态信息。

2）当预报未来48小时内台风将影响直管工程时，苏州管理局适时发布防御台风通知，管理所组织对主体工程、启闭机房、监控系统、通信系统、变配电系统、水位观测设施及其他附属设施进行全面安全检查，发现问题及时整改，同时将检查情况和整改措施上报苏州管理局。

3）当预报未来24小时台风将影响工程时，苏州管理局派员现场检查防台准备和整改措施落实情况。管理所坚持24小时防台值班，做好应急照明、应急通信和应急抢险工具等准备工作。

4）当预报未来12小时台风将影响工程时，苏州管理局根据情况派工作组驻守工程现场，指导防台、抗台工作。管理所负责人带队值班，应急抢险小分队集合待命，加密检查供电和防雷等设施，确保人身安全、工程安全。

5）台风过境时，一般伴有雷电、暴雨，工作人员必须坚守在各自岗位上，注意保护自身安全，同时切断与防台无关的设备电源，防止雷击造成破坏。

6）台风过后，管理所及时组织人员对主体工程、户外设施、堤防护坡、树木等进行全面检查、巡视，对损毁设施组织抢修，尽快恢复工程正常运行，及时上报检查情况。

5.6.4.8 套闸通航应急处置措施

太浦闸套闸运行管理中的主要应急任务是针对气象水文、套闸设施设备、船舶事故、保障设施等因素可能引发的通航安全事故的预警及处置。

1. 水文气象影响套闸通航

1）大风时的应急处置：①当预测当地风力达到8级时，应对外发布停航通告。②当地实测风力达到或超过8级以上，应停止通航，督促上下游河道内的船舶做好停靠固定工作，并采取相应的防风措施。

2）雨、雪、雾等恶劣天气影响通航时的应急处置：太浦河河段受雨、雪、雾等恶劣天气影响，当能见距离不足500m时，太浦河枢纽管理所发出套闸停止通航的通告。

2. 套闸设施设备故障

1）闸门启闭出现故障：①套闸闸门启闭出现故障，管理所应立即组织人员查明故障原因，及时排除故障，当不能采用自动控制系统启闭闸门时，应采用现地操作方式启闭，操作时做好现场监护。②在故障排除期，做好现场维护和船舶待闸秩序。

2）公路桥液压启闭机出现故障：当公路桥液压启闭机出现故障时，首先封闭交通桥，维护现场和船舶待闸秩序，禁止人员进入闸区；组织人员查看启闭机油箱油位、交通桥有无卡阻、工作电源是否正常、有无漏油现象等，分析故障原因，及时修复。

3. 船舶事故

（1）闸室沉船险情

①船舶在闸室内发生沉船险情时，应立即采取有效措施固定船舶，转移船上人员。②如需通过采取有效措施排除险情，管理所应根据现场情况及时调整闸门，为船舶最短时间驶出闸室提供条件。③如船舶继续下沉、无法控制时，应积极营救遇险人员，立即将险情通知吴江区地方海事处、苏州管理局。④如船舶已沉没，应积极配合做好沉船打捞工作。⑤事故处理后，应迅速组织专业技术人员对险情闸室进行检查。

（2）船舶碰撞闸门或闸门夹船事故

事故应急处置总体思路是优先抢救人员、及时救援船舶，然后再检查修复受损闸门。

1）先期处置。

发生船舶碰撞闸门或闸门关门夹船事故时，应立即停止启闭闸门，及时抢救受伤人员。

管理所立即调派力量开展现场勘察，了解闸门和船舶受损情况、人员伤亡情况，做好事故现场处置，视险情轻重上报信息。

2）应急处置措施。

事故应急按照船舶和闸门受损程度采取以下三类具体应急措施：

闸门受损不严重、船舶自救可继续运行时，尽快将事故船舶输送出闸，停靠上下游停泊位。及时检查闸门及其设备状态，掌握设备设施受损情况。

闸门毁损较严重、船舶应急处理后能够自行航行时，组织进行抢修，将船舶尽快输送出闸。闸门修复期间，禁止通航，做好现场秩序维护工作。

船舶失去动力，无法自航时，可采用人工或辅助船只拖离闸室。

4. 通航信号故障

1）过闸通航信号发生故障时，采用人工指挥，保持船舶过闸秩序，做好宣传和解释工作。

2）开展应急修复，及时排除故障。

5.6.4.9　导流隔水墙应急处置措施

1. 预防预警

1）预防预警信息宜包括下列内容：①及时收集天气动态信息；通过望亭水文站掌握水位、流量、雨量实时数据；通过太湖流域水文遥测系统、望亭水利枢纽自动监控系统实时了解水情、雨情信息。②管理所应及时组织人员对望亭电厂取水口节制闸、导流隔水墙沉降测点观测数据进行分析整理；当发现异常时，及时进行检查、分析，同时做好处理、上报工作；对确认异常的工程部位应加强观测分析。③管理所做好导流隔水墙的日常检查和巡视工作，当发现异常时，应开展专项详细的检查，并于30分钟内将信息报送苏州管理局；同时加密巡视频次，做好巡视记录。

2）根据险情分析，当望亭水利枢纽在汛期大流量排水或遭遇超设计工况水位差时，应重点关注导流隔水墙如下部位：①导流隔水墙加高部分。在水压力、水面漂浮物碰撞或船只撞击作用下，加高部分可能发生倒塌险情。②导流隔水墙弯曲段与顺直段连接处。导流隔水墙前3段为弯曲段，后续为顺直段，当引水流量较大时，水流持续冲击弯曲段和顺直段连接处，与异常水位差工况叠加，可能导致此处发生倒塌险情。③取水涵洞附近段。当水流通过顺直河段流向取水涵洞进口处时，水流方向发生变化，流态紊乱，若与异常水位差工况叠加，可能导致取水涵洞进口处附近水压力明显减小，导流隔水墙内外水压力差增大，可能发生倒塌险情。

2. 险情处置

1）应急响应期间根据险情处置需要及突发事件性质，苏州管理局可邀请相关专家，研究、分析险情及突发事件的产生原因，提出应急抢险方案，对应急处置提供技术支持，参与处置后的评估分析。

2）发生险情后，应急处置应符合下列规定：①加派巡查人员，加密巡查次数，必要时24小时不间断巡视，每隔4小时上报一次水情、工情信息。②非引水期间，当下游水位高于上游水位，须立刻关闭望亭水利枢纽8号、9号闸门，并同时开启取水口3孔节制闸，加强取水口检查监测工作。③及时向望亭电厂通报隔水墙倒塌险情及闸门调整情况。④及时联系清障及运输船只赶赴现场，清除隔水墙倒塌的混凝土块，恢复河道行洪能力。⑤若望亭电厂长时间取用回笼水对生产发电造成较大影响，必要时可报请主管部门与江苏省防汛防旱指挥部协商，通过开启蠡河船闸引水或排水，缓解望亭电厂排放热水的不利影响，以保障发电机组运行安全。⑥视水雨情变化，配合望亭电厂在低水位时对导流隔水墙加高部分进行修复加固，或在隔水墙倒塌段设置钢板桩围堰对倒塌部分进行重新浇筑修复。

5.6.4.10 突发性事件应急处置措施

工程发生突发性事件后，管理所收集相关信息并及时上报。苏州管理局迅速进入应急状态，分析突发性事件所造成的损失及影响程度，做好现场保护和秩序维持，采取针对性的处置措施，配合相关部门开展现场抢险。

1. 突发性事件类型

（1）自然灾害（不可抗御的）

工程可能遭受的自然灾害有地震、龙卷风、雷击等。

（2）人为引起的突发性事件

人为引起的突发性事件有战争、水污染事件、外来碰撞事件、沉船溺水事件、火灾等。

2. 日常防范措施

1）对可预见的突发性事件，建立健全主动防范的工程抢险应急预案。

2）加强对工程重点部位和重要设备的巡视、检查，做好防范工作。

3）及时上报相关信息，采取有效措施，避免次生灾害发生。

3. 自然灾害突发性事件应急处置措施

（1）地震

防震减灾工作接受地方人民政府防震减灾工作主管部门的指导和监督。

1）平时经常开展防震减灾知识的宣传教育，提高职工的应变能力和自救能力，尽量减少地震造成的人员伤亡和财产损失。

2）收到地震预警后，按照地方人民政府对防御地震工作的部署，尽快做好人员转移、撤离和重要设备防震保护工作，尽量保障通信通畅。

3）发生地震时，本着以人为本的原则，沉着应对，人员就近避震。

室内应急：暂时躲避在坚实的办公桌下或墙角处，或转移到承重墙较多、开间较小的房间内；躲过主震后，迅速撤至户外空旷处。

室外应急：不能冒险前往室内取物或救人，尽可能做好自我保护，防止高空物件对人体伤害，远离变压器、电线杆和围墙等。

4）发生地震后，立即开展人员自救和互救，组织调查管理范围内灾情，及时上报相关部门。在地方人民政府和当地驻军、武警部队的支持下，组织社会抢险队伍或应急抢险小分队积极进行工程抢修，尽快恢复工程运行。

5）地震警报解除后，根据工程损坏情况，必要时苏州管理局组织专家对工程进行安全评估。

（2）龙卷风

由于龙卷风袭击突然而猛烈，很难对其进行有效防御，因此主要是加强自我防范、救护和预防，尽可能减少人员伤亡和财产损失。

1）平时加强对龙卷风的形成、危害和防范知识的宣传学习，提高职工的预防意识。

2）做好对高空设备的加固维护，及时拆除不必要的设备，消除安全隐患。

3）龙卷风袭来时，室内人员切断不必要的设备电源，迅速关闭门窗。室外人员立即安全避险，及时躲到房屋内或迅速趴下，同时避免高空坠物伤人，确保人身安全。

4）龙卷风过后，及时组织调查、上报工程设施损失情况，应急抢险小分队开展抢修工作，尽快恢复工程运行。

（3）雷击

防雷工作接受地方人民政府气象主管部门的指导和监督。

对工程设施的雷击损害一般是直击雷和感应雷。直击雷威力巨大，可通过建筑物顶部安装避雷针或避雷网来防御；感应雷可采取接地、分流、屏蔽、均压等方法进行防护。

1）完善建筑物、供电、高空设施的防雷装置，提高防雷击能力，减少雷击损失。

2）平时做好防雷设施检查和检测，加强日常维护。

3）雷雨来临前，切断不必要的设备（如空调、计算机、电视机等）电源及其数据线、信号线。

4）雷雨期，室内人员不要靠近窗口，尽可能远离电线、电话线等引入线。室外人员按照“人体位置要尽量降低、人体与地面的接触部分要尽量靠近”的原则，尽量减少直接雷击的危险。

5）雷击过后，及时组织调查、上报工程设施损失情况，应急抢险小分队开展抢修工作，尽快恢复工程运行。

4. 人为引起的突发性事件应急处置措施

（1）战争

太浦闸工程、望亭水利枢纽作为地方的重要经济防护目标，受地方人民政府保护。一旦发生战争，应在地方人武主管部门的统一指挥下，开展工程防护、抢险工作。应急抢险小分队做好相关配合工作。

（2）上下游河道出现较大失控漂浮物

当发现上下游河道内有失控漂浮物，可能碰撞工程时，管理所值班人员应采取措施紧急拦截、拖离失控漂浮物。同时，也可通过调整闸门开度的方式，减缓或避免失控漂浮物碰撞工程。

（3）望亭水利枢纽运河渡槽航道堵塞

1）及时联系地方海事部门尽快疏通航道。

2）加强现场巡视，提醒驾船人员注意行船安全，避免船舶碰撞直立墙、翼墙等工程设施。当运河船舶碰撞渡槽直立墙和翼墙时，管理所值班人员加强事故现场管理，及时联系海事部门，提醒船舶人员避免二次碰撞，并对工程受损部位及时进行抢险修复。

3）夜间开启运河渡槽照明设施，做好提醒警示工作。

（4）上下游河道出现沉船或溺水事件

1）当上下游河道发生沉船或溺水事件时，应立即拨打“110”“120”急救；视情况可紧急关闭闸门，并及时采取有效措施对遇险船只或人员进行紧急救助。

2）督促有关部门或人员对沉船进行打捞。

（5）火灾

按照“预防为主，防消结合”的原则，切实做好火灾预防和抢险自救工作。

1）火灾预防。

平时加强消防宣传和演习培训，强化消防意识，增强防火自救能力。

定期检查、更新消防器材、标识牌和防护设备，确保完好有效。保持通道、安全出口通畅。

加强对防火重要部位（中控室、机房、油泵动力间、配电间、仓库等）和重要设备（柴油机组、变压器、电气设备等）的检查、检测，发现问题及时处置，消除安全隐患。

建立健全消防安全制度，严格执行设备运行操作规程。

2）抢险自救。

根据起火原因和火情大小进行自救灭火，必要时拨打“119”“110”报警。

发现火情后，工作人员应立即组织灭火。若电器设备起火，在条件允许下先切断电源，并使用合适的灭火器灭火。

若火情无法控制，可能威胁人身安全时，救火人员及时撤离现场。当现场有人员受伤时，做好现场急救，并根据伤情向“120”报警求助。

专业消防人员进场后，应服从消防人员的统一指挥。

5. 其他突发事件应急处置措施

（1）环境保护

1）日常管理。

加强固废物和废油管理，建立制度，做好收集和处置工作。

交通桥上设立危险品禁行标志，禁止危险品车辆通过交通桥。

太浦闸套闸上、下游设立危险品禁行标识，禁止危险品船只通过套闸或在上、下游河段滞留。

2）突发性水污染事件。

当上、下游河道发生油类、化工类等水污染事件时，管理所立即上报苏州管理局和当地环保主管部门。根据上级部门指令，做好工程控制运用，同时做好现场调查和资料收集工作。

加强与地方环保部门的协调，做好信息沟通，配合做好水污染事件的处置工作。

（2）启闭机房玻璃损坏

如发生启闭机房钢结构裂缝、玻璃破碎等现象，管理所应及时封闭公路桥，禁止一切人员及车辆通行，同时应加强损坏部位观测，并联系专业单位及时修复。

5.7 安全生产

5.7.1 安全生产标准化建设

1. 工作启动和学习调研

2015 年 11 月，组织学习研究安全生产标准化方面的文件和规范规程等，并就贯彻水利部、太湖局的相关实施方案要求进行探讨，对全面贯彻落实水利安全生产标准化达标建设工作做出部署；制定印发了《关于印发安全生产标准化建设方案的通知》，明确安全生产标准化达标建设的目标、组织分工、进度计划和保障措施，对各部门责任分工与实现期限等提出具体要求。

安排专职人员参加水利部水利工程安全生产标准化达标建设培训学习，内部广泛开展安全生产标准化方面的培训学习。组织赴广东、江苏等水利安全生产标准化一级单位进行调研，详细了解标准化建设过程、重点、难点及建设经验和实施效果，对指导下一步工作起到了积极的推动作用。

2. 成立机构和细化分工

2016 年 3 月，为加大安全生产标准化建设力度，成立了安全标准化建设领导小组和工作组。领导小组由单位主要负责人任组长，其他局领导任副组长，各部门主要负责人为成员。领导小组主要职责为确定安全生产标准化建设目标，落实标准化建设经费，协调解决标准化建设活动中的重要问题，监督检查标准化建设方案落实情况等工作。工作组主要承担标准化建设的各项具体工作，并指导和督促各部门安全标准化建设工作。

2016 年 6 月，结合单位实际，制定印发了《关于印发 2016 年安全生产标准化建设任务分工与计划的通知》，对水利工程管理安全生产标准化 122 个三级项目进行了进一步细化分解，明确各责任部门、人员及完成时间要求，建立了台账资料框架，为指导标准化建设的具体工作和深入推进打下了坚实的基础。

3. 委托咨询和过程评审

2016 年 6 月，与北京达飞安评管理顾问有限公司签订了《水利安全生产标准化技术服务合同》，委托其开展全过程的咨询服务工作。经过北京达飞安评管理顾问有限公司的咨询辅导、自评检查、评审申请、现场评审及报告送审、水利部现场核查等一系列的全过程服务工作，全面提高了创建工作水平。

4. 摸底排查和整改提高

2016 年 3 月，对照评审标准，工作组对工程现场安全管理工作进行了全面的摸底排查，查看了现有的安全管理台账资料，形成了自查报告。同时，提出了下一阶段工作重点，包括进一步补充完善安全管理制度和完善应急预案体系，进一步细化安全生产标准化建设各项具体任务等。

2016 年 8 月，由分管局领导牵头、各部门安全管理人员参加的自查小组，对照评审标准，对安全标准化建设情况逐项进行全面检查。对检查发现的 31 个问题，以《关于印发 2016 年安全生产标准化整改项目分解表的通知》印发各部门，逐一落实责任部门和具体责任人员，提出整改要求，限定完成时间。工作组负责实时跟踪、督促整改，并及时汇报和反馈，确保问题整改落到实处。相关部门和具体责任人积极响应，努力完成各自整改项目，创建成果得到不断积累和提升。

5. 汇编文件和宣贯培训

2016 年 5 月—8 月，针对评审标准中的 122 个三级项目逐条逐项对照检查，对原有的安全管理制度、安全操作规程、应急预案等全面梳理后进行补充完善，汇编形成了：①《苏州管理局安全生产标准化管理工作手册》，共 20 项内容，汇编了工作机构组织、实施方案、工作细化分工、工作计划和依据等内容。②《苏州管理局安全生产标准化管理制度汇编》，共 13 部分 45 项制度，明确了每个项目的管理目标、管理程序、管理内容和要求，同时配套了相关记录表格，该制度汇编是开展安全生产标准化建设工作的指导书，也是做好安全生产工作必须遵循的行为准则。③《苏州管理局安全生产标准化管理应急预案汇编》，共 17 项，其中 1 个综合预案、6 个专项预案、10 个现场处置方案。④《苏州管理局安全生产标准化管理适用的法律法规和其他要求汇编》，共 114 项，其中法律 25 项，法规、规章和规范性文件 89 项。⑤《苏州管理局工程管理工作手册》《太浦闸工程运行管理工作手册》《望亭水利枢纽运行管理工作手册》，2016 年汇编册，2018 年进行了修编，包含了安全操作规程方面的内容，是制度方面的进一步细化和完善。

工作组深入各部门，具体检查指导安全生产标准化建设工作，在局机关和直属机构分别召开了多次安全生产标准化宣贯会议，组织学习印发安全生产管理制度、适用法律法规、安全操作规程等，对标学习、寻找差距、落实整改、自我评价，掀起了安全生产标准化建设高潮。

6. 启动自评和上级审核

2016 年 10 月，苏州管理局召开了自评工作会议，对本阶段取得的成果进行了评估，形成自评报告。根据评审标准，自评工作小组进行了逐项评定，实际得分 963 分，其中 13 个一级评审项目得分均大于应得分的 70%，换算自评得分为 96 分，达到水利工程管理单位安全生产标准化一级标准。按照规定，苏州管理局向太湖局提出评审书面申请。

2016 年 11 月，太湖局组织专家对苏州管理局安全生产标准化建设工作进行审核。通过查看现场、审阅资料，认为苏州管理局安全生产标准化自评报告框架结构清晰，内容翔实全面，申报程序规范，各项工作符合《水利安全生产标准化评审管理暂行办法》等有关要求，达到水利安全生产标准化一级标准。

2016 年 12 月，苏州管理局向水利部水利安全生产标准化评审网申报了评审申请。2017 年 1 月，水利部安监司同意对苏州管理局开展安全生产标准化机构评审工作。

7. 机构评审和水利部审定

2017 年 3 月，评审机构组成的专家组对苏州管理局安全生产标准化建设工作进行评审，形成评审报告。经评审，苏州管理局具备申报安全生产标准化评审条件，推荐为水利工程管理安全生产标准化一级单位，提请水利部安全生产标准化评审委员会审定。

2017 年 5 月，经过水利部安全生产标准化评审委员会办公室初审，中国水利企业协会同意推荐至水利部安全生产标准化评审委员会审定。2017 年 11 月，水利部开展了标准化评审现场核查。

2018 年 3 月，水利部公布苏州管理局为水利安全生产标准化一级单位。2020 年底，根据《水利部办公厅关于水利安全生产标准化等级证书延期换证工作的通知》，向水利部安全生产标准化评审委员会办公室提交安全生产标准化一级证书延期申请材料，于 2021 年 4 月实现了延期换证。

5.7.2 安全组织体系健全

2009 年之前，按照工作惯例，苏州管理局设立安全生产领导小组及办事机构，办事机构设立在办公室，成立安全生产管理网络，配备专兼职安全生产管理人员。2009 年 3 月，苏州管理局印发《太湖流域管理局苏州管理局安全生产责任制实施办法》，以制度形式明确成立局安全生产工作领导小组及日常办事机构。其中，局安全生产领导小组由局领导和各部门主要负责人组成，局长兼任组长；领导小组下设办公室，由局履行安全生产管理职责的部门主要负责人兼任安全生产领导小组办公室主任。文件中还明确了局安全生产工作领导小组、局领导、各部门的安全生产责任，并明确了责任追究、考核和监督检查等要求。2011年，根据太湖局《关于印发太湖流域管理局苏州管理局主要职责机构设置和人员编制规定的通知》，设立建设与安全科，为局履行安全生产管理职责的专职部门。后续，根据人员变动情况，及时调整安全生产领导小组成员和兼职安全员。

苏州管理局制定并实施了《安全生产目标管理制度》《安全生产目标总体规划（2016—2020年）》和《年度安全生产目标与计划》。为确保安全生产责任目标的有效实施，将单位安全生产目标分解至各部门，逐级签订安全生产目标责任状至个人，各部门每季度对职工安全目标执行情况进行考核；安全生产领导小组办公室每半年对各部门安全生产目标执行情况进行考核，年底组织年度考核奖惩，实行“一票否决”。2018年5月，在继续优化安全生产岗位责任状内容的基础上，系统梳理各部门各岗位安全生产职责，创新形成安全生产责任状岗位模块化，个性化定制各岗位的安全生产责任内容，进一步规范了安全生产责任状格式，各部门可根据岗位分工实际灵活组合，使安全责任与岗位职责、工作内容一一对应，单位全员安全生产责任制落实到位。单位的安全管理体系总体运行平稳、有效，确保了单位实现了多年安全生产无责任事故目标。

5.7.3 制度建设与教育培训

在安全生产工作开展过程中，注重制度建设，形成了安全生产目标管理制度、安全生产责任制度、特种作业人员管理制度、设备设施管理制度、安全设施管理制度、消防安全管理制度等32个管理制度，定期进行制度评估和修订，确保制度符合单位实际，安全生产工作有章可循。印发《苏州管理局安全生产标准化管理工作手册》《苏州管理局安全生产标准化管理适用法律法规汇编》《苏州管理局安全生产标准化制度汇编》《苏州管理局安全生产标准化管理应急预案汇编》，便于职工传阅学习与查找。按照《安全教育培训管理制度》，苏州管理局对照年初制定的安全教育培训计划组织开展安全生产教育培训工作，主要包含安全生产标准化知识、有关法律法规、管理制度、操作规程、应急预案、危险源辨识、新职工三级安全教育等方面内容，每次培训后均对培训效果进行评价，及时做好记录，形成管理台账。新职工经岗前安全教育培训合格后上岗，在岗人员进行经常性安全生产教育培训。经过培训，职工的安全生产知识和思想意识明显提高，培训实施效果良好。

建立“双预防”机制与安全检查手册。把构建安全风险分级管控和隐患排查治理“双预防”机制作为安全生产监管工作的重中之重。2017年组织开展了业务范围内的危险源辨识与安全防控措施分类工作，编制完成了《危险源辨识清单》《安全防控手册》等。同时，结合直管工程运行管理特点，对安全检查中可能涉及的安全危险因素进行分析，编制完成了《安全检查手册》。通过初步建立的安全管理“双预防”机制与《安全检查手册》，进一步规范了安全隐患排查工作内容与程序。修编《苏州管理局危险源清单》和《苏州管理局安全生产防控手册》，根据水利部《水利水电工程（水库、水闸）运行危险源辨识与风险评价导则（试行）》和太湖局监督处相关要求，重新识别苏州管理局危险源，形成苏州管理局危险源清单。

开展“每月课堂”业务培训活动。创新学习模式，持之以恒开展互教互学培训方式。“每月课堂”，即每月举行一次集中学习，互为老师、教学相长。不管是职工还是干部，通过“每月课堂”活动，将自己所知、所学和所会，包括规章制度、规程规范以及外出培训学习到的知识，有计划地与职工共同分享、共同促进和共同提高，形成了良好的学习氛围和习惯。同时，依托劳模创新工作室平台，组织开展应急预案修订、泵闸运行业务培训等活动，提高职工安全生产技能。

深化安全文化建设。将安全文化建设纳入单位组织文化建设体系中，在全局营造浓厚的安全文化氛围，促进全体职工强化自我保护意识，杜绝违章行为，养成良好的安全行为习惯。工会、团支部在开展相关活动中均考虑融入安全文化元素，年度内至少组织一次安全文化方面的主题活动。“安全生产月”宣传活动进社区，发放具有单位特色内容的安全宣传单，开展安全生产有奖答题等活动。组织职工开展身边“安全隐患随手拍”竞赛活动，定期进行评比，通过活动，不断提高全员参与安全意识，提升发现隐患和解决隐患的能力。

5.7.4 安全生产措施到位

1）重视安全生产投入。制定了《安全生产投入管理制度》，对安全费用的提取标准、使用范围、使用程序、统计责任、会计核算等内容进行了明确。安全生产费用的使用范围包括：安全技术和劳动保护措施、应急管理、安全检测、安全评价、事故隐患排查治理、安全监督检查、安全教育及安全月活动等。各项安全生产费用实行专款专用，并按年度编制安全投入计划，按季度进行安全投入统计。财务科会同建设与安全科每半年对安全投入实施情况进行检查，对安全投入状况进行分析，针对分析状况必要时调整安全投入计划，年终进行总结和披露。

2）定期开展安全检查。制定安全生产隐患排查方案，扎实开展隐患排查治理和专项整治活动，按月、季开展安全检查与督查，排查安全生产隐患，并开展安全防护、作业安全、车船行驶安全、消防设施情况、特种设备持证上岗情况等专项检查。同时组织开展水利安全生产大检查、汛期检查、危化品易燃易爆物品安全、电气火灾综合治理专项整治等检查活动。对排查出的安全隐患进行分析评价，确定隐患等级，登记建档，及时整改治理，对整改情况复查，确保整改到位，实现闭环管理。

3）规范安全生产标志标牌标准，安全标志齐全。制定印发了《太湖局直管工程标识标牌设置标准》，统一制作安装直管工程的标识标牌，规范标志标牌内容、颜色、尺寸和设置部位、数量、制作安装等内容。对直管工程现有标志标牌进行全面检查，对内容满足要求但尺寸不规范的，可至报废更换时参照标准执行；对新设置的标识标牌，按照该标准要求统一制作安装。为便于全局范围内标识标牌的统一和制定，明确规定，市场能采购到的标准产品，由建设与安全科统一采购，各部门领用；市场上如无标准产品，由建设与安全科与有关部门会商同意后统一制作。

苏州管理局自成立以来未发生较大及以上安全生产事故及其他造成社会不良影响的重大事件。2015 年 5 月，水利部以《水利部办公厅关于表扬全国水利安全监督工作先进集体和先进个人的通报》表彰苏州管理局为全国水利安全监督工作先进集体。2018 年 3 月，水利部公布了苏州管理局为水利安全生产标准化一级单位。在 2019 年全国水利安全生产标准化建设成果展评活动中，苏州管理局上报的“实现安全生产达标，筑牢安全生产根基”成果荣获“二等奖”。2020 年 3 月，望亭水利枢纽管理所被评为“2019 年度苏州市青年安全生产示范岗”。

5.8 实践探索

太浦闸于 2012 年 9 月—2014 年 9 月开展了除险加固，2015 年 6 月通过竣工验收；望亭水利枢纽于 2010 年 12 月—2012 年 3 月实施了上部结构及闸门系统更新改造，2012 年 11 月通过竣工验收；2017 年望亭水利枢纽经安全鉴定为一类闸，2019 年太浦闸工程经安全鉴定为一类闸；按规定进行了注册变更登记；管理范围已完成划界确权，领取了土地使用证；依法进行水行政管理，危险区设置了警示标志；防汛责任明确，组织机构健全，建立了地方防汛抢险协调机制，编制了太浦闸、望亭水利枢纽应急预案，落实了抢险队伍并进行了培训和演练；安全生产组织网络健全，制定了生产安全事故综合应急预案，责任明确，未发生安全生产责任事故。组织开展了水利安全生产标准化建设并通过水利部评审。苏州管理局在开展水闸工程安全鉴定工作中，能够结合实际，程序规范、工作高效；创新建立了防汛抢险协调机制，落实了流域机构直管工程的地方防汛抢险职责；创新建立了水行政执法联合巡查机制，发挥了较好的作用。

5.8.1　安全鉴定工作实践与探索

1. 加强安全鉴定工作的组织管理

尽管水闸安全鉴定工作的规程规范比较健全，但是在工作实践中，各检测单位和技术人员对安全鉴定管理办法及规范的理解和掌握程度不同，在现状调查、安全监测、计算复核等方面的内容和深度上把握不一，安全检测报告与安全评价报告质量良莠不齐，直接影响了水闸安全鉴定工作质量。《水闸安全鉴定管理办法》规范了水闸安全鉴定的组织管理工作，鉴定组织单位需要加强对《水闸安全鉴定管理办法》《水闸安全鉴定评价导则》的学习，高度重视并认真组织好安全鉴定前期工作，注意通过市场化的手段，选择符合资质、能力要求的鉴定承担单位，为保障安全评价成果质量奠定基础。

2. 按规定开展安全鉴定工作

水闸安全鉴定是确保水闸安全运行的重要手段和途径。《水闸安全鉴定评价导则》规范了水闸安全鉴定工作的技术标准。安全鉴定工作实践中，需要按规定加强安全检测内容与方法、计算复核内容与方法的监督管理，提高安全检测的可操作性、安全复核的合规性和安全评价的客观性，客观、真实地反映水闸安全运行状况。在组织开展望亭水利枢纽工程安全鉴定时，管理单位立足于已有的水下工程检查成果，组织召开由上级业务主管部门、特邀专家参加的安全检测工作方案技术审查会议，对于水下工程的检查检测内容与方法进行了规范，取得了较好的效果。

3. 发挥安全鉴定成果的运行指导作用

安全鉴定是对工程的全面体检，安全鉴定成果应在工程管理中发挥重要的指导作用。2000 年太浦闸安全鉴定为三类闸后，除险加固工程前期立项工作历经 10 余年，管理单位精心组织病险水闸工程控制运行和应急管理，对存在的安全隐患或病险情况，提出控制运行方案、应急处理建议和应急保闸措施，避免出现严重险情，在确保工程安全和防洪安全的前提下，切实发挥了病险工程的重要防洪作用。对于一类闸、二类闸，管理单位也应重视安全鉴定中发现的问题，及时进行处理，消除安全隐患，做到闭环管理。

5.8.2　探索建立防汛抢险协调机制

1. 积极探索，建立防汛抢险应急协调机制

2005 年以来，苏州管理局每年汛前与直管工程所在地防汛抗旱指挥部办公室召开直管工程防汛抢险应急协调机制座谈会，会议通报双方汛前准备工作情况和直管工程应急预

案，并通过会议纪要的形式，明确将直管工程纳入工程所在地防汛抗灾抢险行动方案，明确相应的抗灾抢险队伍负责直管工程的防汛抢险工作，并由相应的专业抢险保障队负责防汛抗灾抢险保障措施，有效落实了直管工程防汛抢险的主体责任和抢险物资、抢险队伍。

2. 夯实责任，签订防汛应急抢险物资及抢险队伍协议

2016 年，苏州管理局与直管工程所在地防汛抗旱指挥部办公室签订了防汛应急抢险物资及抢险队伍协议，明确由直管工程所在地防汛抗旱指挥部组建专业抢险队伍，负责直管工程的防汛应急抢险工作；由直管工程所在地防汛抗旱指挥部负责储备防汛物资，每年汛前提供直管工程防汛应急抢险队伍人员名单、防汛物资清单、联系方式等，在直管工程发生重大险情时，根据工程防汛应急抢险需要可服从调用。

3. 强化落实，定期察看防汛物资储备情况

苏州管理局定期察看直管工程所在地防汛物资仓库，了解各类防汛抢险物资设备的数量、质量及维护保养情况，确保直管工程发生险情时能够及时调用到工程所在地的防汛抢险物资。通过实地调查研究，苏州管理局制定了防汛抢险物资调运路线图，确保防汛抢险物资能够第一时间运送到工程现场，并在工程现场的备品备件仓库上墙张贴明示防汛抢险物资调运路线图。

4. 加强联动，开展防汛抢险应急演练

苏州管理局每两年联合直管工程所在地防汛抗旱指挥部办公室开展一次防汛应急演练。通过演练，提高双方的防汛抢险应急处置和协调协作能力，保障直管工程的度汛安全；通过演练的总结和评估，检验苏州管理局防汛抗旱应急预案的适用性和可操作性，为适时修订应急预案提供实践依据；通过演练，检验太湖局直管工程所在地防汛抗旱指挥部的防汛抢险物资储备及调度情况、防汛抢险队伍的应急抢险实战水平。

5. 及时总结，组织召开防汛工作总结会议

苏州管理局坚持执行防汛工作总结会议机制，每年汛后联合直管工程所在地防汛抗旱指挥部办公室召开防汛工作总结会议，通报双方年度防汛工作总结情况，交流防汛工作新的难点和发现的突出问题，分享防汛工作面临的新形势和积累的宝贵经验，努力去建立更加畅通的合作机制，以实现更加安全高效的工程运行和应对更加紧急的突发险情，切实保障直管工程度汛安全。

5.8.3 创新建立水行政执法联合巡查机制

1. 水行政执法联合巡查机制的建立

为进一步加强“一湖两河”的管理和保护，发挥水行政执法队伍的合力优势，在苏州管理局组织开展的水政联合巡查工作实践基础上，太湖局组织制定了《太湖流域“一湖两河”水行政执法联合巡查制度》。2005 年 11 月 24 日，水行政执法联合巡查制度正式施行，这标志着太湖流域流域和区域的水行政执法合作迈上了新台阶。“一湖两河”水行政执法联合巡查，包括太湖局水政监察总队和两省一市水政监察总队联合巡查、太湖局直属水政监察支队和地方水政监察支队联合巡查两种形式。

2. 水行政执法联合巡查的组织实施

2005 年、2006 年和 2007 年，太湖局直属苏州管理局水政监察支队会同苏州、无锡、嘉兴市水利（水务）局，上海市水务行政执法总队水利大队，江苏省太湖地区水利工程管理处，分别组织开展了“一湖两河”水行政执法联合巡查活动。每一次联合巡查活动都

得到了相关单位的积极响应和充分参与，太浦河、望虞河和太湖苏州区域沿线有关县（市、区）水行政主管部门、水政监察队伍、工程管理单位分别派员参加了各自管辖内的岸线巡查，收到了良好效果。

在开展水行政执法联合巡查工作前，太湖局苏州管理局在与“一湖两河”沿线各水行政主管部门充分协商后，研究制定联合巡查实施方案，提前对太浦河、望虞河及太湖苏州区域进行全线巡查，拟定联合巡查线路、重点查看地段，明确联合巡查活动的时间、内容、方式、线路以及巡查人员等有关事项。联合巡查活动中，检查有无重大或有特殊影响的水事违法事件，对违法事实清楚、情节轻微的行为，当场提出处理意见，填写《太湖流域“一湖两河”水行政执法联合巡查登记表》，并对上一次联合巡查中发现问题的整改情况进行认真复查。联合巡查活动结束后，及时组织召开联合巡查座谈会，各相关参与单位汇报上次联合巡查活动中发现问题的整改情况，对本次联合巡查过程中发现的问题进行研究讨论并提出解决措施。各相关参与单位还分别介绍工作经验，探讨开展水行政执法联合巡查工作的新机制和新方法。

3. 水行政执法联合巡查所取得的成效

水行政执法联合巡查为开展水行政执法工作、维护良好的水事秩序奠定了基础。联合巡查得到了“一湖两河”沿线各级水行政主管部门的大力支持与配合，也得到了沿线水政监察队伍和各相关工程管理单位的积极响应和充分参与，各相关单位和部门分管领导都全程参加了联合巡查活动，起到了扩大影响、提高效率的目的。

水行政执法联合巡查有利于及时发现、制止各种水事违法行为，维护良好的水事秩序。通过联合巡查，加大了查处力度，提高了案件的查处率和办结率，对水事违法案件形成了高压态势，违法水事案件呈下降趋势。针对水行政执法联合巡查发现的水事违法事件，各相关单位和部门分管领导都当场提出了处理意见和要求，同时落实了相关责任单位和责任人，为水事违法事件的妥善处理创造了条件。特别是有些建设项目，地方水行政主管部门很难查处，借助联合巡查可以起到事半功倍的效果，有效地推动有关问题的解决。

水行政执法联合巡查是流域管理和区域管理相结合的有效切入点和重要途径之一，达到了优势互补的理想效果。流域水政监察从流域的整体利益出发，综合考虑区域利益和关系，合法、公平、公正地提出处理水事违法案件的建议和要求；区域水政监察具有地方行政执法的良好环境和优势，且有长期积累的执法经验。

水行政执法联合巡查整合了流域和区域水政监察力量，发挥了流域机构和地方两个积极性，体现了合作优势，对于联合上下游、沟通左右岸具有很好的效果。各区县水利（水务）局是最基层的水行政主管部门，对管理范围内的实际情况最为了解。每次联合巡查都由区县水利部门主动带路、主动摆出问题，联合巡查组集中会商处理方案，为违法水事案件的快速、有效查处发挥了重要作用。水行政执法联合巡查为水行政执法工作搭建了交流平台，融洽了上下游、左右岸水行政执法部门之间的关系，营造了良好的水行政执法环境，为维护正常的水事秩序创造了条件。

5.8.4　探索建立 1+4+N 预案体系

1. 加强应急管理工作组织

制定有《太湖流域管理局苏州管理局安全预测预警和应急管理制度》，成立了以单位主要负责人为组长的应急管理领导小组，负责应急管理工作组织实施；设立了应急管理领导小组办公室，负责应急预案的编制，处理应急管理的日常事务。

2. 建立健全应急预案体系

2022年针对本单位可能发生的安全生产事故制定并形成安全生产事故应急预案体系，包括综合应急预案、专项应急预案和现场处置方案。应急预案按照《生产经营单位生产安全事故应急预案编制导则》要求编制和发布。建设与安全科负责综合应急预案和生产安全方面专项应急预案修订，并指导管理所开展生产安全事故类现场处置方案的修订；工程管理科负责组织防汛抗旱专项应急预案（2022年后为水旱灾害防御专项应急预案）修订，负责业务指导管理所修订防汛抢险现场处置方案；管理所负责组织修订工程防汛抢险、安全生产事故类现场处置方案修订；办公室负责牵头完善反恐专项应急预案，并按照保密要求进行管理。苏州管理局1+4+N应急预案体系框架见图5-2。

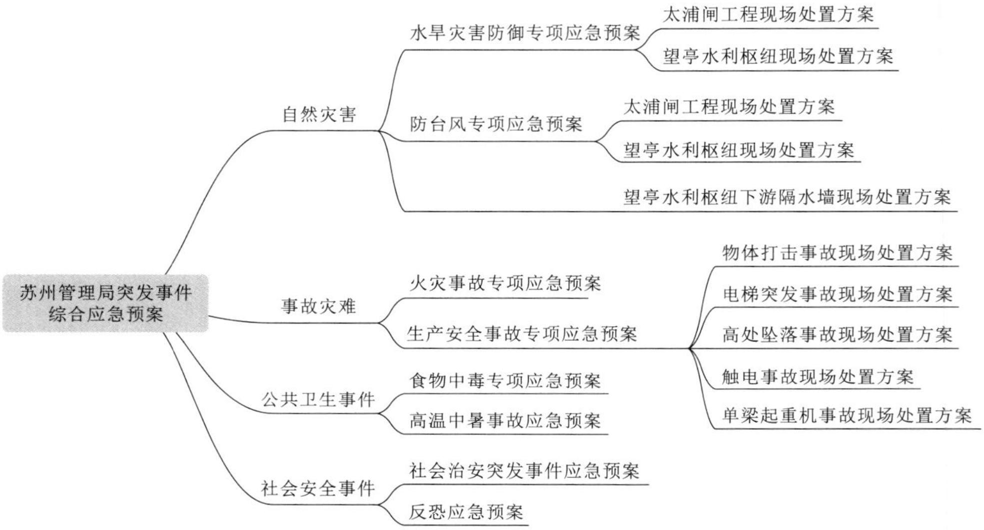

图5-2　苏州管理局1+4+N应急预案体系框架图

3. 加强应急预案管理

加强应急预案培训，对参与实施应急预案有关人员进行培训，使其熟悉相应职责、流程，对本单位其他人员进行必要的培训和宣传教育，使其掌握事故发生后应当采取的自救和救援行动。各部门结合实际，有计划地组织对相关预案的演练；每年根据安全生产工作实际，至少组织1次有针对性的应急预案演练。应急预案在相关的法律、法规、标准等发生变化或发现存在问题时，及时进行修订；原则上应急预案每3年修订1次。制定的应急预案须报上级主管部门备案，并抄送工程所在地县级水行政主管部门。

第 6 章　直管工程运行管理工作实践与探索

6.1　管理细则

6.1.1　技术管理实施细则的制定与修订

2003 年 7 月，根据水利部《水闸技术管理规程》（SL 75—1994），苏州管理局针对直管工程的具体情况，参考水利工程管理考核办法及其考核标准，组织对原有的《望亭立交管理办法》进行了大幅度地修改，制定了《望亭水利枢纽技术管理实施细则》；同时，根据太浦闸三类闸的现状和《太浦闸工程控制运用方案研究报告》，相应制定了《太浦闸技术管理实施细则》。两工程的技术管理实施细则着重在控制运用、检查观测、养护修理等方面规范水闸技术管理工作行为，强化技术管理工作的具体操作规定，明确闸门操作规程要求。2004 年 7 月，太湖局以《关于太浦闸和望亭水利枢纽技术管理实施细则的批复》批准两工程技术管理实施细则。

2012 年 11 月，望亭水利枢纽更新改造工程通过竣工验收。改造完成后的望亭水利枢纽工程状况发生了较大变化，闸门和启闭机已经更新，工作桥进行了加固，新增了跨运河的人行交通桥、运河翼墙防撞设施等。2013 年苏州管理局依据水利部《水闸技术管理规程》（SL 75—1994），结合望亭水利枢纽工程现状，组织修订了《望亭水利枢纽技术管理实施细则》，并以《太湖局苏州管理局关于上报望亭水利枢纽技术管理实施细则的请示》行文上报太湖局。本次修订的主要内容包括：修订工程概况；修订工程控制运用、检查观测等内容，以适应更新改造后工程安全运用条件的变化，并增加了望亭电厂取水口节制闸控制运行规定；修订养护和修理有关内容，增加了防撞设施、人行交通桥等维修养护；增加安全管理及资料整编与归档章节；修订工程特性表、工程剖面图、工程检查表等附件。2014 年 2 月，太湖局以《水利部太湖流域管理局关于望亭水利枢纽技术管理实施细则的批复》批准同意。修订后的技术管理实施细则更加切合实际，可操作性更强。

2015 年 6 月，太浦闸除险加固工程通过竣工验收。除险加固工程采用了原址拆除重建方案，新太浦闸与老太浦闸工程规模、建筑物级别发生较大变化，工程安全等别迥异。根据水利部《水闸技术管理规程》（SL 75—2014），结合新工程特性和实际情况，2015 年苏州管理局组织修订了《太浦闸工程技术管理实施细则》，并以《太湖局苏州管理局关于上报太浦闸工程技术管理实施细则的请示》行文上报太湖局。本次修订的主要内容包括：修订工程概况；修订工程控制运用、检查观测等内容，增加了套闸操作运用；修订养护和修理，增加了钢结构及幕墙维修养护；增加安全管理及资料整编与归档章节；修订工程特性表、工程剖面图、工程检查表等附件。2015 年 11 月，太湖局以《水利部太湖流域管理局关于太浦闸技术管理实施细则的批复》批准同意修订后的技术管理实施细则。

太浦闸和望亭水利枢纽技术管理实施细则文档结构见图 6-1。

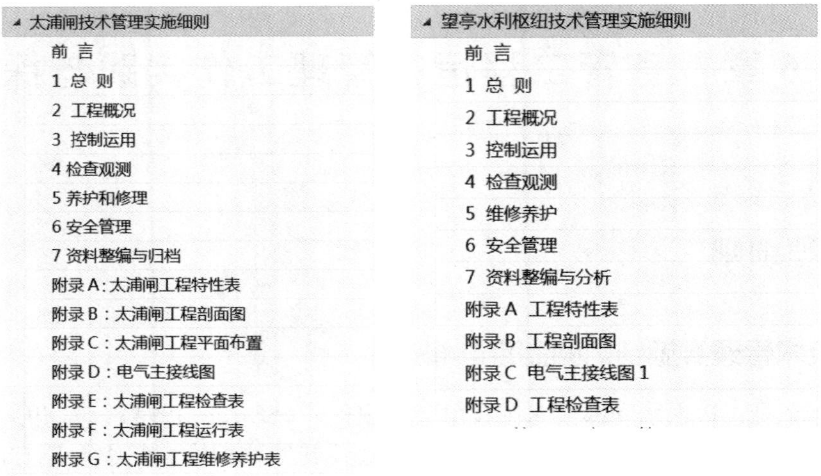

图 6-1 太浦闸和望亭水利枢纽技术管理实施细则文档结构图

6.1.2 技术管理实施细则的特色

1. 技术管理实施细则符合上位法规定并切实工程实际

现行的太浦闸和望亭水利枢纽技术管理实施细则，内容全面，涵盖检查观测、控制运行、维修养护和安全管理、资料管理等技术管理全部内容，符合《水闸技术管理规程》的规定，同时也引用了闸门及启闭机设备管理有关技术标准，并与《太湖流域管理局中央级预算项目验收管理实施细则》《太湖流域管理局直管水利工程维修养护技术质量标准》等有关管理要求、技术标准进行了衔接。太浦闸和望亭水利枢纽技术管理实施细则，按照规定由上级主管部门进行了审批，制定与印发的程序符合规定。

现行的太浦闸和望亭水利枢纽技术管理实施细则，在修订时，增加了工程特性表、工程剖面图、电气主接线图、工程检查表等附件，基本形成了开展水闸技术管理工作的操作手册，内容齐全，查找方便，实用、好用。

2. 技术管理实施细则与相关技术标准、操作规程形成体系

作为一般的水闸工程，能够出台专门的技术管理设施细则并经过主管部门审批，已经能够满足工程技术管理工作需要，也符合水利工程管理考核工作要求。鉴于太浦闸工程和望亭水利枢纽工程的特殊重要性，工程的规范管理和安全运行需求更高，苏州管理局除了在工程管理中严格执行技术管理实施细则外，还按照制度建设要求，持续动态关注《水闸技术管理规程》《水工钢闸门和启闭机安全运行规程》《水闸安全监测技术规范》等规程规范的修订变化，及时关注并执行新的管理规定、技术要求。考虑到水闸技术管理实施细则的修订需要经过上级主管部门的审批，就太浦闸和望亭水利枢纽工程来说，就需要由太湖流域管理机构来审批，行文请示、审查审批工作量较大，工作流程要求较高。为了及早执行最新的技术管理要求，及时总结运用工程管理中积累的经验和创新成果，苏州管理局在已有技术管理实施细则和《太湖流域管理局直管水利工程维修养护技术质量标准》的基础上，又针对检查观测、运行维护等具体工作事项，按照标准化、精细化、科学化的要求，进一步细化明确了各管理事项的技术标准、工作流程，并陆续出台了《太湖局直

管工程检查工作管理规定》《太湖局直管工程观测工作管理规定》《太湖局直管工程控制运用方案》《苏州管理局水利工程维修养护项目管理规定》《太湖局直管工程闸门及启闭机设备管理等级评定实施细则》《太湖局直管工程标识标牌设置技术标准》以及《望亭电厂取水口节制闸运行管理办法》《太浦闸套闸运行管理办法》《东茭嘴引河工程管理办法》等制度，并针对太浦闸和望亭水利枢纽的工程特性出台了闸门、启闭机、发电机组、配电系统等具体的操作规程和安全要求。

这样，太湖局直管工程形成了两个层次、系统完整的技术管理标准体系。技术管理实施细则、水利工程维修养护技术质量标准、直管工程应急预案等由太湖局批准印发的管理规定、技术标准为第一个层次；由苏州管理局自行印发的管理规定、技术标准为第二个层次，主要包括检查观测、运行维护、操作规程和专项工程管理办法等。第二个层次的管理规定、技术标准更加具体、细致，而且修订或更新更加及时、快捷。

6.2　标识标牌

6.2.1　标识标牌工作管理

苏州管理局制定了《太湖局直管工程标识标牌设置技术标准》，规范标识标牌的设计、制作和安装工作。

太湖局直管工程技术图表与标识标牌的形状、尺寸根据工程规模、周边环境、制作工艺和美观要求等情况合理设计。内容要求准确、清晰、简洁。设置要牢固稳定、安全可靠。文字规范、正确、工整，每个工程相同用途的标识标牌所用字体、字号统一标准，以美观、清晰为宜；文字字号、间距、行距与标识标牌尺寸协调。

管理所至少每月检查一次技术图表与标识标牌，如发现有破损、变形、褪色等影响使用时应及时整修或更换。

6.2.2　标识标牌技术要求

太湖局直管工程技术图表与标识标牌分为公告类、运行类、安全类、指引类四大类。公告类包括工程宣传牌、水法规宣传牌、制度规程牌、社会公告牌、工程建设永久性责任牌、界桩、划界确权标识牌、公里桩（百米桩）等。运行类包括工程平、立、剖面图，以及电气主接线图、启闭机控制图、主要技术指标表、主要设备规格检修情况表、机电金结设备序号牌、机电设备管理责任牌、监测设施名称牌、管路标识牌、仪表牌等。安全类主要包括安全标志（禁止标志、警告标志、指令标志）和安全标记（警示标线）等。指引类主要包括安全出口标识牌、巡查线路指引牌及交通标志标线等。

6.2.2.1　公告类技术要求

1. 标注内容

①工程宣传牌内容包括流域治理与管理情况、工程概况等。②水法规宣传牌内容包括水利相关法律法规等。③制度规程牌内容为工程运行管理规章制度、操作规程和参数图表等，在显著位置加注单位形象标志（LOGO）。④社会公告牌为面向社会设置的工程管理、水资源保护等公共管理公告牌。⑤工程建设永久性责任牌内容包括工程建设、勘察、设计、施工、监理等单位名称及开工竣工日期等。⑥界桩是用于指示水利工程管理范围边界

的标志物。直管工程宜采用长方体界桩。界桩面向管理范围内立面为正面，面向管理范围外立面为背面。长方体界桩地面以上各面均应标注，正面、背面应采用阴文标注，左面、右面可采用喷涂方式标注。长方体界桩正面标注“严禁破坏”4个汉字，背面标注中国水利标志图形和“管理范围界”5个汉字，左面标注水利工程名称，右面标注界桩编号。⑦划界确权标示牌是由管理单位告知水利工程管理与保护范围及其划定依据、管理要求的标志物。划界确权标示牌正面和背面均应标注，面向管理范围外立面为正面，面向管理范围内立面为背面。⑧公里桩（百米桩）内容为堤防名称和公里数（百米数）。

2. 标注颜色

①工程宣传牌为浅蓝底、黑字，以流域风光或工程图片衬底。②水法规宣传牌为蓝底、白字。③制度规程牌为浅蓝底、黑字，以工程图片衬底。④社会公告牌为蓝底、白字。⑤工程建设永久性责任牌底色为原材料颜色，字体颜色采用金色。⑥界桩标注均应采用白色作为底色，中国水利标志应采用蓝色，其他标注文字均应采用红色。⑦划界确权标示牌采用铝合金等金属材质时，面板底色为蓝色，标注文字颜色为白色；采用混凝土材质时，面板底色为白色，标注文字颜色为红色。⑧公里桩（百米桩）底色为白色，文字进行凹形填色处理。

3. 材质

①工程宣传牌采用铝塑板、亚克力、PVC 板等材料制作，外边框为铝合金材质，可开启宜更换。②水法规宣传牌采用不锈钢板、铝板、耐候钢板等材料。③制度规程牌采用铝塑板、亚克力、PVC 板等材料制作，外边框为铝合金材质，可开启宜更换。④社会公告牌宜选用不锈钢板、铝板、耐候钢板等材料。⑤工程建设永久性责任牌宜选用不锈钢板材料制作。⑥根据工程所在地建筑材料和实际管理需求，界桩桩体可采用钢筋混凝土或易于从当地获得的青石、花岗岩等坚硬石材制作；界桩基座宜采用混凝土材质。界桩桩体的混凝土强度等级应不低于 C30；界桩基座的混凝土强度等级应不低于 C20。⑦划界确权标示牌采用铝合金、钢筋混凝土等坚固、耐久材料制作。⑧公里桩（百米桩）采用钢筋混凝土材料制作。

4. 形状尺寸

除界桩、公里桩（百米桩）外，公告类标识牌的边框形为矩形，并宜符合下列要求：①工程宣传牌宽高比宜为 2：3，推荐尺寸为 80cm×120cm。②水法规宣传牌宽高比宜为 3：2，推荐尺寸为 3m×2m。③制度规程牌宽高比宜为 2：3，推荐尺寸为 60cm×90cm，横向布置时推荐尺寸为 120cm×80cm。④社会公告牌宽高比宜为 3：2，推荐尺寸 4.5m×3m。⑤工程建设永久性责任牌宽高比宜为 3：2，推荐尺寸为 60cm×40cm。⑥划界确权标示牌的外形采用矩形，尺寸宜为 2.5m×2m、2m×1.5m 或 1.5m×1m；标示牌尺寸可根据工程实际选择；对临近村镇的工程，可选用较大尺寸的标示牌。

长方体界桩横截面尺寸采用 200mm×200mm（长×宽）。无基座时桩体高度应不小于 1 200mm；设置基座时桩体高度应不小于 1 000mm；地面以上桩体高度应不小于 500mm。

公里桩（百米桩）形状为长方体，上部长方体（边宽 0.2m、边高 0.3m、边厚 0.1m）、基座长方体（边宽 0.2m、边高 0.2m、边厚 0.1m）。

5. 编号规则

水闸界桩的编号格式为“工程名称-界桩序号”。其中，工程名称用其中文拼音的首个大写字母；界桩序号按照管理需要排列。

划界确权标示牌编号书写于背面右下角。划界确权标示牌编号格式为“管理单位-序号”，序号根据管理需要排列。

6. 布设要求

公告类布设要求见表6-1。

表6-1　公告类布设要求

公告类类型		部　　位	数量要求
公告类	工程宣传牌	桥头堡一楼大厅	6~8
	水法规宣传牌	河道堤防、主要进出道路	2~5
	制度规程牌	中控室、启闭机房	需上墙的规程
	社会公告牌	管理区主要进出道路	1~2
	工程建设永久性责任牌	桥头堡外墙	1
	界桩	管理范围边界	（1）界桩布设间距宜为100m。 （2）管理范围边界的拐点和县级行政区域边界、工程交叉处或近村镇处等复杂段应加密布设。 （3）对堤防等水利工程，可在管理难度较大、易发生侵占管理范围情况的近村镇段界桩间安装适当长度的边界防护网
	划界确权标示牌	水利工程起点、终点等	（1）水利工程起点、终点各设一个标示牌，起点、终点之间标示牌间距应小于3000m。 （2）在近村镇处或工程交叉点、拐点等处可适当加密安装标示牌
	公里桩（百米桩）	河道堤防	按1km和100m设置

6.2.2.2　运行类技术要求

1. 标注内容

工程平、立、剖面图主要包括工程总平面布置图、立面图和剖面图；电气主接线图主要为变配电一次电气接线图；启闭机控制图主要为启闭机控制回路图。主要技术指标表标注内容为工程主要特性表；主要设备规格检修情况表标注内容为主要机电设备名称、规格型号、出厂日期、检修周期、检修日期、责任人等；机电金结设备序号牌标注内容为设备编号；机电设备管理责任牌标注内容为机电金结设备名称、编号和管理责任人等；监测设施名称牌标注内容为监测设施的简称和编号等；管路标识牌标注内容为管路涂色、管路内物质流向和管路内物质名称等；仪表牌标注内容为仪表简称和编号等。

2. 标注颜色

机电金结设备序号牌宜为白底红字、红底白字、蓝底白字和白底蓝字。机电设备管理责任牌宜为白底黑字。监测设施名称牌为原材料底色，字体颜色为蓝色或黑色，重点标注可用红色。管路标识颜色参考表6-2选用。仪表牌为原材料底色，字体颜色为蓝色或红色。

表 6-2 管路标识颜色与内容

管道名称	管道颜色	流向颜色	文字颜色	图例
压力油	红	黄	白	
无压回油	黄	红	白	
供水	蓝	白	白	
排水	绿	白	白	

3. 材质

工程平立剖面图、电气主接线图、启闭机控制图、主要技术指标表、主要设备规格检修情况表采用铝塑板、亚克力、PVC 板等材料制作，外边框为铝合金材质，可开启宜更换。机电金结设备序号牌材质为铝塑板、有机玻璃。机电设备管理责任牌外边框为有机玻璃，内置纸质卡片。监测设施名称牌材质为不锈钢板、铝板。管路标识材质为塑料胶带。仪表牌材质为不锈钢板、铝板。

4. 形状尺寸

工程平立剖面图、电气主接线图、启闭机控制图宽高比宜为 3∶2。主要技术指标表、主要设备规格检修情况表宽高比宜为 2∶3。机电金结设备序号牌形状为圆形；机电设备管理责任牌宜为矩形，宽高比为 4∶3（推荐尺寸为 12cm×9cm）。监测设施名称牌宜为矩形，宽高比为 4∶3（推荐尺寸为 12cm×9cm）。管路标识为 3cm 宽线条及箭头；仪表牌形状为圆形，直径为 20cm。

5. 布设要求

运行类布设要求见表 6-3。

表 6-3 运行类布设要求

运行类类型		部　位	数量要求
运行类	工程平、立、剖面图	控制室	各 1 张
	电气主接线图	配电房	1
	启闭机控制图	启闭机房	1
	主要技术指标表	控制室	1
	主要设备规格检修情况表	启闭机房	1
	机电金结设备序号牌	启闭机	根据启闭机数量设置
	机电设备管理责任牌	发电机、启闭机、配电柜、油泵房	根据机电设备设置
	监测设施名称牌	测压管、沉降观测点	根据检测站点设置
	管路标识	动力线路	根据需要设置
	仪表牌	启闭机操作柜	根据仪表数量设置

6.2.2.3　安全类技术要求

1. 标注内容

禁止标志主要为“严禁烟火”“禁止吸烟”“禁止用水灭火”“禁止放置易燃物”“禁止启动”“禁止合闸”“禁止转动”“禁止靠近”“禁止入内”“禁止通行”“禁止跨越”“禁止攀登”“禁止游泳”“禁止捕鱼”“禁止触摸”等；警告标志主要为“注意安全”“当心触电”“当心碰头”“当心夹手”“当心坠落”等；指令标志主要为“必须戴安全帽”“必须系安全带”“必须穿救生衣”“必须戴防护手套”“必须穿防护鞋”等；安全标记（警示标线）包括警告潜在危险和禁止进入两类。

2. 标注颜色

安全标志（禁止标志、警告标志、指令标志）颜色按照《图形符号 安全色和安全标志》（GB/T 2893）、《安全标志及其使用导则》（GB 2894）、《消防安全标志》（GB 13495）要求设置。安全标志（警示标线）按照《图形符号 安全色和安全标志》（GB/T 2893）要求设置，室外警示标线采用黄色和黑色相间，室内警示标线采用红色和白色相间。

3. 材质

室外的安全标志（禁止标志、警告标志、指令标志）宜选用不锈钢板、铝板、耐候钢板等材料；室内的安全标志（禁止标志、警告标志、指令标志）宜选用铝塑板、亚克力、PVC板等材料；安全标记（警示标线）宜选用带黏性的塑料制品材料或常温溶剂型、加热溶剂型和热熔型等材料粘贴。

4. 形状尺寸

安全标志（禁止标志、警告标志、指令标志）尺寸按照《图形符号 安全色和安全标志》（GB/T 2893）、《安全标志及其使用导则》（GB 2894）、《消防安全标志》（GB 13495）要求设置；安全标记（警示标线）尺寸，室外线宽可采用100~300mm，室内线宽可采用50mm。安全标记中色带的宽度应相同并以大约45°倾斜。

5. 布设要求

安全类布设要求见表6-4。

表6-4　安全类布设要求

安全类类型			部位	数量要求
安全类	禁止标志	严禁烟火	办公室、中控室、发电机房、配电房、启闭机房	根据需要设置
		禁止吸烟	办公室、中控室、发电机房、配电房、启闭机房	根据需要设置
		禁止用水灭火	发电机房、配电房、启闭机房	根据需要设置
		禁止放置易燃物	发电机房、配电房	根据需要设置
		禁止启动	启闭机房、发电机房	根据需要设置
		禁止合闸	启闭机房、发电机房	根据需要设置
		禁止转动	启闭机房、发电机房	根据需要设置
		禁止靠近	启闭机房、发电机房	根据需要设置
		禁止入内	启闭机房、发电机房	根据需要设置
		禁止通行	根据工作需要	根据需要设置

续表

安全类类型			部　位	数量要求
安全类	禁止标志	禁止跨越	闸门工作区域	根据需要设置
		禁止攀登	围墙、管理所大门、交通桥护栏	根据需要设置
		禁止游泳	河道堤防	上下游、左右岸各1块
		禁止捕鱼	河道堤防、交通桥	上下游、左右岸各1块，交通桥适宜位置
		禁止触摸	发电机房、配电房、启闭机房	根据需要设置
	警告标志	注意安全	根据工作需要	根据需要设置
		当心触电	根据工作需要	根据需要设置
		当心碰头	根据工作需要	根据需要设置
		当心夹手	根据工作需要	根据需要设置
		当心坠落	根据工作需要	根据需要设置
	指令标志	必须戴安全帽	根据工作需要	根据需要设置
		必须系安全带	根据工作需要	根据需要设置
		必须穿救生衣	根据工作需要	根据需要设置
		必须戴防护手套	根据工作需要	根据需要设置
		必须穿防护鞋	根据工作需要	根据需要设置
	安全标记（警示标线）	警告潜在危险	室外道路	根据需要设置
		禁止进入	闸门启闭区域	根据需要设置

6.2.2.4 指引类技术要求

1. 标注内容

安全出口标识牌主要为方向标记和图形标志；巡查线路指引牌内容为巡视线路和巡视点；道路交通标志标线内容应符合《道路交通标志和标线》（GB/T 5768）的规定。

2. 标注颜色

安全出口标识牌颜色应符合《图形符号 安全色和安全标志》（GB/T 2893）、《安全标志及其使用导则》（GB 2894）的规定；巡查线路指引牌颜色为绿底、白字；道路交通标志标线颜色按《道路交通标志和标线》（GB/T 5768）设置。

3. 材质

安全出口标识牌选用铝塑板、亚克力、PVC板等；巡查线路指引牌宜选用带黏性的塑料制品材料或常温溶剂型、加热溶剂型和热熔型等材料粘贴；道路交通标志标线材质按照《道路交通标志和标线》（GB/T 5768）的规定设置。

4. 形状尺寸

安全出口标识牌形状尺寸应符合《安全标志及其使用导则》（GB 2894）、《水域安全标志和沙滩安全旗》（GB/T 25895）的有关规定；巡查线路指引牌形状为矩形，用于标识线路的标牌宽高比为2∶1（推荐尺寸为200mm×100mm），用于标识工作点的标牌宽高比宜为1∶1（推荐尺寸为200mm×200mm）；交通标志标线形状尺寸按照《道路交通标志和标线》(GB/T 5768)的规定设置。

5. 布设要求

指引类布设要求见表6-5。

表6-5　指引类布设要求

指引类类型		部　位	数量要求
指引类	安全出口	根据消防安全需要设置	根据需要设置
	巡查线路标识设置	根据巡查线路设置	根据需要设置
	交通标志标线	根据交通标线要求划设	根据需要设置

6.2.3　标识标牌制作安装

1. 技术要求

户外标识标牌为单面板式，底板厚度应根据底板材料强度、刚度合理确定，底板厚度宜不小于1.5mm，底板折边可取20~40mm。户外标识标牌为双面板式，采用两块标牌正反固定一起或正反两面均有标识信息的标牌，堤防标识标牌宜采用双面板式。

标识标牌的安装方式主要分为柱式、附着式和落地式。各类标识标牌的安装方式见表6-6，实际安装时应结合现场情况选择。柱式一般有单柱式、双柱式。单柱式标识标牌安装在一根立柱上，适用于尺寸较小的标识标牌。双柱式标识标牌安装在两根立柱上，适用尺寸较大的标识标牌。附着式标识标牌安装、悬挂或捆绑在构筑物上，适用于构筑物附近或室内有附着物的标识标牌等。落地式标识标牌直接坐落于地面，适用于尺寸较大的标识标牌。

表6-6　标识标牌安装方式

标识标牌类型		柱式	附着式	落地式
公告类	工程宣传牌		√	
	水法规宣传牌	√		
	制度规程牌		√	
	公告牌	√		
	工程建设永久性责任牌		√	
	界桩			√
	划界确权标示牌	√		
	公里桩(百米桩)			√
运行类	工程平、立、剖面图		√	
	电气主接线图		√	
	启闭机控制图		√	
	主要技术指标表		√	
	主要设备规格检修情况表		√	
	机电金结设备序号牌		√	
	机电设备管理责任牌		√	
	监测设施名称牌		√	
	管路标识		√	
	仪表牌		√	

续表

标识标牌类型			柱式	附着式	落地式
安全类	禁止标志	严禁烟火		√	
		禁止吸烟		√	
		禁止用水灭火		√	
		禁止放置易燃物		√	
		禁止启动		√	
		禁止合闸		√	
		禁止转动		√	
		禁止靠近		√	
		禁止入内		√	
		禁止通行		√	
		禁止跨越		√	
		禁止攀登		√	
		禁止游泳	√		
		禁止捕鱼	√	√	
		禁止触摸		√	
	警告标志	注意安全		√	
		当心触电		√	
		当心碰头		√	
		当心夹手		√	
		当心坠落		√	
	指令标志	必须戴安全帽		√	
		必须系安全带		√	
		必须穿救生衣		√	
		必须戴防护手套		√	
		必须穿防护鞋		√	
	警示标志	警告潜在危险		√	
		禁止进入		√	
指引类	安全出口			√	
	巡查线路标识				√
	交通标志标线		√		√

立柱式标识牌下边沿离地高度一般为 700~1 200mm。标识牌立柱、底座应牢固、耐久，具有一定的强度和刚度，立柱材料可选用热镀锌圆管。立柱的断面尺寸、连接方式、基础大小等，应根据设置地点的风力、版面大小及支撑方式计算确定。标识牌和立柱的连接应根据板面大小、连接方式选用。在设计连接部件时，应保证安装方便、连接牢固、板面平整。

标示牌中有人员信息、联系方式的宜做成活动牌，信息宜采用不干胶直接粘贴等方式标注，以便于更换。条件允许时，应充分考虑标识牌夜视功能，增加反光、照明等装置。

2. 数量统计

太浦闸工程现场共设置标识牌 799 个，其中，公告类 123 个、运行类 418 个、安全类 155 个、指引类 103 个。望亭水利枢纽现场共设置标识牌 968 个，其中，公告类 104 个、运行类 498 个、安全类 220 个、指引类 146 个。

6.3 工程检查

6.3.1 明确检查分类与频次

1. 工程检查工作分类

2020 年在《望亭水利枢纽技术管理实施细则》《太浦闸技术管理实施细则》基础上，制定了《太湖局直管工程检查工作管理规定》，结合直管工程实际和运行管理需要，进一步细化明确了工程检查工作分类、检查频次、检查记录及报告，区分水上工程、水下工程，按照不同工程设施的不同部位细化明确了检查内容、质量要求，补充了网络安全、信息化系统的检查内容、检查要求，并优化了工作流程。太湖局直管工程检查工作在开展过程中，能够严格执行上述制度要求，实现了工程检查工作科学化、标准化，有助于全面掌握工程运行状态和运用情况，及时发现工程隐患并采取措施。

太湖局直管工程检查划分为每日巡视、日常检查、定期检查和专项检查，其中日常检查、定期检查和专项检查是《水闸技术管理规程》中规定的检查类别，而每日巡视是管理单位根据工程管理需要，结合工程实际而额外增加的检查活动。

2. 工程检查频次

1）每日巡视。在日常检查的基础上，增加了工程每日巡视工作。每工作日至少检查 1 次。

2）日常检查（2014 版之前的《水闸技术管理规程》中为“经常检查”）。每月至少检查 1 次，由管理所组织开展，通过眼看、耳听、手摸的方法对工程及设备分部位地进行观察和巡视。汛期及遭遇特殊工况，如大流量泄洪、出现较高水位、冬季冰冻以及暴风雨时，根据需要增加检查次数。日常检查由管理所负责人复核。

3）定期检查。每年汛前（5 月 1 日前）、汛后（太湖流域汛期为 5 月 1 日—9 月 30 日，汛后检查一般安排在 10 月份完成）进行。管理所组织专业人员对工程进行全面的现场自查，苏州管理局按规定的程序组织复查。现场自查由管理所主要负责人组织，并编制定期检查报告。定期检查通常结合当月的日常检查一起开展。以 2020 年为例，

1 月，苏州管理局印发了《关于做好直管工程 2020 年汛前检查的通知》，对直管工程汛前检查工作进行了布置；5 月，向太湖局上报《太湖局直管工程 2020 年汛前准备工作情况报告》；10 月，及时下发《关于开展直管工程汛后检查和上报防汛工作总结的通知》，部署直管工程汛后检查和总结工作；11 月，向太湖局上报《2020 年太湖局直管工程汛后检查情况的报告》；12 月，上报《太湖流域管理局苏州管理局 2020 年防汛工作总结》。

4）专项检查。工程经受特大洪水、台风、地震或其他自然灾害或超过设计水位运行后，发现较大隐患、异常或拟进行技术改造时，苏州管理局及时组织专业人员进行专项检查，必要时派专人进行连续监视。2016 年，太湖流域发生了流域性特大洪水，太湖最高水位 4. 87m，仅次于 1999 年的 4. 97m。8 月上旬，组织开展了防御超标准洪水的特别检查；汛后，全面开展了水下工程专项检查，针对望亭水利枢纽水下工程发现的问题，委托专业单位开展了水下工程复查及混凝土修补工作。2016 年，按照防台风制度及时开展了防御“尼伯特”“莫兰蒂”等台风检查工作。2020 年，太湖流域发生了流域性大洪水，太湖最高水位 4. 79m，为 1954 年以来历史第三高水位；8 月中旬，组织开展了超标准洪水过后的专项检查。2020 年，按照检查制度及时开展了防御“黑格比”等台风检查工作。

工程检查中发现有异常现象，及时分析查找原因，采取措施，防止危及工程正常运行和安全。对于不能及时处理的问题，根据其性质、严重程度和紧迫性，提出维护或检修意见。工程检查工作按照规定的工程检查流程和工程检查路线进行，主要依靠目视、耳听、手摸、鼻嗅等直观方法，辅以量尺、照相摄像设备等工（器）具，有时也利用视频监视系统辅助现场检查，根据需要还会进行适当的检测与探测。

6. 3. 2 规范开展工程检查

1. 工程检查工作组织

工程检查工作落实工程检查工作责任制，谁检查谁负责。每日巡视、日常检查是对事先选取、明确的部分区域、设备的巡视检查，由管理所组织具有工程设施运行管理相关经验的专业人员进行。定期检查、专项检查是全面检查，由苏州管理局组织经验丰富的各相关专业人员进行。一般情况下，水工技术管理人员检查建筑物及河道堤防，水工闸门运行工检查水工钢闸门和启闭机，机电及通信设备运行人员检查电气设备，机房管理员或信息及自动化管理人员检查自动控制设备。

2. 工程检查工作内容及质量要求

（1）水工建筑物及河道堤防

每日巡视主要检查水上部分，内容包括：①闸室结构有无明显位移。②闸室混凝土有无破损，混凝土是否有裂缝、剥蚀、冻胀及钢筋出露情况。③交通桥结构有无破损。④启闭机房、桥头堡有无变形破损、开裂渗漏，钢结构有无明显锈蚀。⑤岸墙及上、下游翼墙混凝土是否有裂缝、剥蚀及钢筋出露情况，岸坡尤其是土石结合部有无渗漏、坍塌、错动、开裂迹象。⑥近闸段及过闸水流流态是否平稳，有无折冲水流、回流、漩涡等不良流态，以及河道水面漂浮物情况。

日常检查和定期检查内容包括：①每日巡视工作全部内容。②伸缩缝有无明显的开合、错动，伸缩缝填料有无流失、老化脱落。③水上门槽埋件有无破损。④岸墙及上、下游翼墙分缝是否错动。⑤堤岸顶面有无塌陷、裂缝，堤顶已硬化路面有无破损，迎水坡及青坎有无渗漏、破坏。

专项检查内容包括：①日常检查和定期检查工作全部内容。②一般每 5 年开展 1 次水下检查，当太湖发生超标准洪水、超过控制运用流量指标运行后及时开展水下检查，检查混凝土护坦是否完整，混凝土是否破损，消能防冲设施有无磨损、冲蚀，排水孔是否淤堵，水下门槽埋件有无破损。③幕墙竣工验收后，每 5 年专项检查 1 次；幕墙使用 10 年后进行专项安全检测，以后每 3 年专项检查 1 次。

（2）闸门

每日巡视主要检查水上部分，内容包括：①闸门迎水面有无附着物，有无异物撞击引起的明显变形。②闸门背水面梁格、顶部及吊杆上有无淤泥、杂草、锈皮等污物。③闸门梁格排水孔是否通畅。④门槽附近的安全走道、扶手栏杆、爬梯、盖板是否完善和牢固。⑤搁门器、工字钢梁等锁定装置有无变形、损伤或脱落。

日常检查内容包括：①每日巡视工作全部内容（其中，望亭水利枢纽关闸挡水期间，闸门日常检查内容可据实简化）。②需要润滑的转动轴、转动铰等部件润滑是否良好。③闸门滚轮及其附近区域有无污物，滚轮运转是否正常。④闸门启闭过程中有无卡阻、跳动、异常振动和响声。⑤闸门在关闭状态时门体附近有无异常的水流流动现象。⑥闸门上的连接螺栓有无明显松动、变形、损伤或脱落。⑦止水橡皮有无明显磨损、老化、龟裂、变形、破损等缺陷，止水垫板、压板、挡板等构件有无损坏。

定期检查和专项检查内容包括：①日常检查工作全部内容。②门叶梁格、吊耳、吊杆等主要受力部件有无变形、损伤，其焊缝有无明显开裂现象，闸门有无表面涂层剥落、锈蚀。③滚轮支撑外观有无裂纹、破损或严重磨损，支承结构有无变形、损伤。④检修闸门滑动支承有无明显变形、损伤、脱落或严重磨损。⑤活动门槽和门槽埋件水上部分有无变形、损伤、脱落、焊缝开裂或其他影响设备运行的缺陷，门槽及其埋件水下部分工况通过水下检查掌握。⑥闸门超载、限位保护及位置指示是否正确。

（3）启闭机

1）固定卷扬式启闭机。

每日巡视内容包括：①启闭机机架、减速器、齿轮罩、护罩等外露部位，是否保持清洁、干燥。②高度指示装置、荷载装置工作是否正常。③启闭机钢丝绳有无变形、打结、折弯、部分压扁、明显断股等情况。④减速器断面、密封面有无明显油液渗漏。

日常检查内容包括：①每日巡视工作全部内容。②启闭运行是否平稳，有无卡阻、冒烟、焦煳气味、跳动、异常振动和响声。③启闭设备转动轴、钢丝绳、转动轮、齿轮等需要润滑的部件润滑状况是否良好。④减速器油位是否正常，运行时有无异常响声、振动及发热。⑤各部位连接螺栓有无明显松动、断裂、缺失情况。⑥制动器工作是否灵活可靠，运行时有无打滑、焦煳和冒烟现象。⑦各铰接点的润滑是否良好，紧固件有无松动，定位块有无位移。⑧液压制动器的工作是否正常，液压油有无渗漏现象，负载弹簧有无变形、裂纹现象。⑨高度指示器指示高度是否准确。

定期检查和专项检查内容包括：①日常检查工作全部内容。②启闭机各零部件和构件是否有变形、损伤及开裂等异常情况。③联轴器、传动轴等零件有无锈蚀、裂纹、变形、松动情况。④联轴器的转动是否平稳，其中齿轮联轴器的齿套、键、销以及弹性联轴器的螺栓等零件有无裂纹、超标变形、松动、脱落等情况。⑤卷筒、卷筒轴有无裂纹、变形，启闭机卷筒与开式齿轮的连接螺栓、定位销、抗剪套有无松动、错位、变形情况。⑥钢丝绳压板有无松动、脱落现象，各压板的紧固程度是否一致双吊点启闭机的两钢丝绳吊点高程是否一致。⑦齿轮啮合面润滑情况是否良好，有无裂纹、断齿。⑧开式齿轮侧隙及啮合是否符合《水利水电工程启闭机制造安装及验收规范》（SL 381）的规定。⑨制动轮表面有无裂纹、划痕。⑩制动轮与闸瓦间隙是否处于0.5~1.0mm规范值之间，制动轮是否与闸瓦紧密贴合。⑪液压制动器液压油位是否正常，液压油有无明显变质。⑫机架、吊板、连接轴等主要部件的防腐涂层是否完好。⑬手摇装置及连锁机构的工作是否可靠有效。⑭滑轮组是否转动灵活，轮缘及轮体有无裂纹，绳槽的磨损量是否符合标准要求。

2）液压启闭机。

每日巡视内容包括：①各部位连接螺栓有无松动、断裂、缺失情况。②油箱内液压油的液位是否正常。③油箱、油泵、阀组、压力表及管路连接处有无渗漏等现象。④吸湿空气滤清器干燥剂是否变色。

日常检查内容包括：①每日巡查工作全部内容。②高度指示、荷载装置工作是否正常。③启闭运行是否平稳，有无卡阻、冒烟、焦煳气味、跳动、异常振动和响声。④油泵、液压油温升是否符合要求，压力表的显示是否符合要求。⑤油缸与支座、活塞杆与桥面的连接是否牢固，油缸各部位连接件有无变形。⑥油缸有无外泄露，油缸运行有无异常响声、爬行等现象。

定期检查内容主要包括：①日常检查工作全部内容。②运行速度、同步性是否满足要求。③机架、油缸等防腐蚀涂层是否完好，结构有无变形、裂纹。④每年1次液压油检测。⑤液压油有无浑浊、变色、异味、沉淀等异常现象。

定期检查和专项检查内容包括：①日常检查工作全部内容。②液压启闭机的活塞环、油封是否出现断裂，失去弹性、变形或磨损严重。

3）螺杆启闭机。

每日巡视内容包括：①启闭机机架、电机等外露部件，是否保持清洁。②机箱油封和结合面有无漏油情况。③螺杆、螺纹是否完好，螺杆有无明显变形。

日常检查内容包括：①每日巡视工作全部内容。②启闭运行是否平稳，有无卡阻、异常振动和响声等。③手摇装置及连锁机构的工作是否可靠有效。④各部位连接螺栓有无松动、断裂、缺失情况。

定期检查及专项检查内容包括：①日常检查工作全部内容。②螺杆、螺母、蜗轮、蜗杆及轴承等需要润滑的部件，润滑状况是否良好。③机械限位是否工作正常。④开关指示表运行是否正常。⑤机架防腐涂层是否完好，结构有无变形、裂纹现象。

（4）电气设备

每日巡视内容包括：①变压器机柜表面是否清洁，温度是否正常，风机运转是否正常，运转声响是否正常。②配电柜柜体是否保持清洁干燥，是否有外接电线供电现象，显示屏、仪表及显示按钮等的状态是否正常，配电柜进线三相电压是否正常，操作记录是否完整并按要求摆放。③配电房是否整洁，门窗是否关闭，有无渗水漏雨现象，安全用具摆放是否整齐。④柴油发电机组表面有无油垢，是否整洁；有无渗漏油现象；蓄电池表面是否清洁，电解液位是否正常，有无漏液现象，接线是否牢固；油箱油桶是否盖好，是否完整，是否按要求摆放，有无缺失。⑤发电机房是否整洁，门窗是否关闭，机房有无渗水漏雨现象。⑥供（配）电线路电杆是否倾斜，电缆沟及电缆架是否明显损坏。⑦照明线路、灯具是否完好。

日常检查内容包括：①每日巡视工作全部内容。②变压器示温片有无熔化、脱落现象；高低压相序标识是否清晰正确；分接开关运行挡位是否正确，挡位指示是否准确，接触是否良好；温控仪接线是否牢固，温度指示是否清晰、准确；变压器接地线是否牢固可靠；风机接线是否牢固，运行是否良好。③配电柜桩头接线有无积尘，是否牢固，桩头有无放电痕迹；绝缘子有无裂纹、脏污；熔丝有无熔断；示温片有无熔化、脱落现象；电缆接头有无发热现象，进出孔封板是否完整；负荷开关 SF_6 气体压力是否符合运行要求，操作机构是否灵活可靠；低压柜断路器分合闸是否灵活可靠；低压柜一二次接线绝缘是否良好，排列是否整齐；电容器运行是否正常，外壳有无膨胀、漏液现象；电容器柜无功功率自动补偿控制器是否运行正常；各种声光电保护装置是否可靠有效。④柴油发电机组润滑油位、冷却水位是否正常；蓄电池接线是否牢固；机油压力是否符合运行要求；发电机转子是否卡阻，风扇与机罩间隙是否符合要求；机旁控制屏元件和仪表安装是否紧固，熔断器是否损坏；机旁控制屏的各种开关是否灵活有效；是否按要求进行试机，运行记录是否完整，是否按要求摆放。⑤供（配）电线路是否老化，接头是否牢固。⑥灭火器是否按要求摆放，有无缺失，是否在有效期内，压力是否符合要求。⑦安全用具是否齐全，是否完好。⑧中央空调制冷、制热是否正常。⑨电梯有无杂音、漏油，轿厢停靠是否到位或其他异常。

定期检查内容包括：①日常检查工作全部内容。②变压器高低压桩头接线是否牢固，有无破损或裂纹，有无放电痕迹。③每年 1 次电气设备预防性试验、防雷（静电）装置检测。④每年定期开展安全用具试验，试验标签是否完好。

专项检查内容包括：①定期检查工作全部内容。②柴油发电机集电环转向器是否干净，电刷压力是否及时调整。

（5）自动控制设备

每日巡视内容包括：①每工作日至少 2 次检查局机关机房，每工作日至少 1 次检查管理所机房。②视频监视系统的视频工作站各通道图像是否清晰；硬盘录像机各通道指示灯是否正常；摄像机图像是否清晰；液晶拼接屏显示是否正常，表面是否脏污；图像拼接控制器多路视频输出是否正常。③闸门控制系统的 PLC 控制器指示灯是否正常；触摸屏控制是否灵活；仪表数据是否正常，现地控制柜及集控操作台的按钮、指示灯是否完好。④局机关机房的主机是否正常工作，指示灯是否显示正常；杀毒软件的病毒库是否已更新为最新版本，是否感染病毒、木马等；是否有未完成的漏洞修补；CPU、内存占用率是否符合使用要求；基础软件系统垃圾是否清理；交换机、防火墙等网络设备是否正常，指示灯是否正常显示；采用网络测试工具测试局机关网络是否通畅；机房内 UPS 有无异常声响，电压指示灯是否正常，箱子外形是否正常，接触是否良好；机房环境是否整洁，是否有随意堆放的物品，是否设置防鼠板等。⑤局机关机房监测参数是否在合理范围之内，是否有预警信息；空调机组运行有无异常杂音，是否有报警信息；各种警示提醒功能可靠。⑥机房内是否有未经许可的施工作业，是否私拉乱接，是否使用电热器具，是否有烟火等；机房门窗是否损坏；局机关机房进出是否办理登记手续。⑦局机关机房内的 FT 8030 气体灭火控制器故障指示灯是否点亮，主电工作灯是否点亮，工作状态灯是否点亮，控制面板故障灯是否点亮，声光警报器是否报警。⑧中控室室内是否整洁，有无渗水漏雨现象；记录资料是否按要求摆放；灭火器是否按要求摆放，有无缺失。

日常检查内容包括：①每日巡视工作全部内容。②视频监视系统的视频工作站操作软件能否正常控制，摄像机能否正常控制。③闸门控制系统的闸门控制工作站操作软件有无故障，单孔、群组控制是否正常；接触器、继电器运行是否正常；现地控制柜及集控操作台的按钮控制是否可靠；PLC 设备工作是否正常，通信是否良好。④视频会议系统的音响功放设备音质是否清晰，有无杂音、啸叫等异常；摄像及控制设备图像是否清晰，能否正常控制；投影仪及投影幕图像是否清晰，有无其他异常；会议终端信号输入、输出是否正常。⑤机房内主机服务器是否重启；接口、端子是否紧固，电源、风扇等辅助设施是否损坏，主机是否存在故障等；配置文件是否符合要求，是否备份；磁盘剩余存储容量是否满足要求；系统时间和日期是否正确。⑥通信线路、网络设备是否有连通性故障，接口、端子是否紧固，电源、风扇等辅助设施是否损坏等；配置文件是否符合要求，是否备份。⑦局机关机房内环境监测软件是否重启，空调滤网是否影响使用。⑧每月检查消防设备，消防设备外观是否生锈、污浊、损坏；喷射管是否老化、灵活；压力表是否完好，压力是否在绿色区以上；保险销铅封是否完好。局机关机房内 FT 8030 气体灭火控制器自检是否正常。

定期检查内容包括：①日常检查工作全部内容。②局机关机房主机配置文件备份策略是否及时调整，系统密码是否符合要求。③机房内 UPS 是否定期充放电。④局机关机房环境监控系统传感器是否有效。⑤定期检查局机关机房内 FT 8030 气体灭火控制器。

根据设备受损情况，有针对性地组织技术人员进行专项检查。

3. 工程检查记录和报告

为规范检查工作，依据水闸技术管理实施细则制定了各类检查的检查记录表。每次检查均详细填写现场检查表，必要时附简图、照片或影像记录。及时整理现场记录，必要时结合相关仪器监测资料进行综合分析，如发现异常，立即在现场对该检查项目进行复查。重点缺陷部位和重要设备，设立专项记录。检查记录形成电子文档。定期检查和专项检查时，将本次检查结果与上次或历次检查结果对比分析。

每日巡视、日常检查中发现异常情况，影响工程正常运行时，除了做好记录外，及时上报苏州管理局。报告内容和格式未做具体规定，仅要求简明扼要，必要时附上影像资料，以提高问题发现、处理的时效性。定期检查和专项检查工作结束后，及时提交水闸现场检查报告，包括以下内容：检查日期；本次检查的目的和任务；检查环境条件及结果（包括文字记录、略图、影像资料）；历次检查结果的对比、分析和判断；异常情况发现、分析及判断；检查结论（包括对某些检查结论的不一致意见）；检查组的建议。水闸现场检查报告存档备查。

4. 执行工程检查工作流程

为规范检查工作，保证工作质量，各类工程检查按照规定的工程检查流程和检查巡视路线进行。每日巡视、日常检查工作流程见表 6－7。定期检查、专项检查工作流程见表 6-8。太浦闸工程检查路线见图 6-2。望亭水利枢纽工程检查路线见图 6-3。

表 6-7　每日巡视、日常检查工作流程

1. 目的：按规定项目、频次开展现场检查，掌握工程运行状态和运用情况，及时发现工程隐患并采取措施。
2. 适用范围：适用于工程现场每日巡视、日常检查。
3. 流程图：

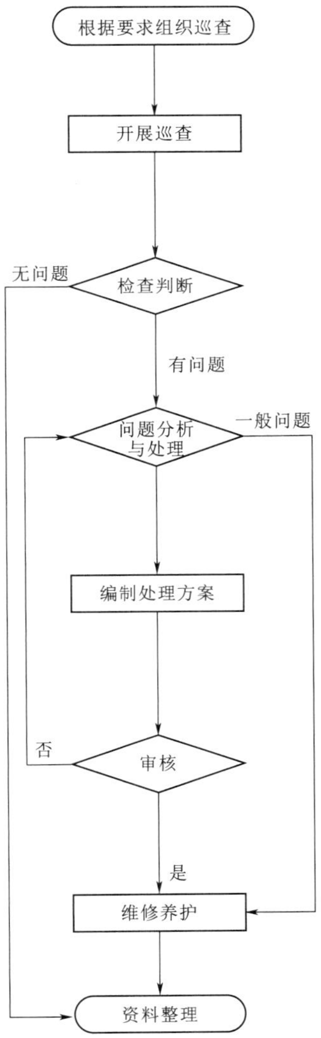

工作流程图	责任部门	责任岗位	使用表单	流程说明
	管理所	负责人		管理所组织实施
	管理所	各相关岗位	每日巡视表、日常检查表	按规定的项目、频次和时间开展检查工作，并做好现场记录
	管理所	各相关岗位		根据检查情况初步判断是否存在问题
	管理所	各相关岗位		初步判断属于一般性可解决问题还是难以解决问题
	管理所	各相关岗位		对于难以解决问题编制处置方案和建议
	管理所	负责人		审核难以解决问题的处理方案，研究维修养护措施，异常情况报苏州管理局
	管理所	各相关岗位		对检查发现的问题开展维修养护
	管理所	各相关岗位		现场检查结束后及时整理记录及资料

表 6-8　定期检查、专项检查工作流程

1. 目的：通过开展定期检查、专项检查，掌握工程运行状态和运用情况，及时发现工程隐患并采取措施。
2. 适用范围：适用于工程定期检查、专项检查。
3. 流程图：

工作流程图	责任部门	责任岗位	使用表单	流程说明
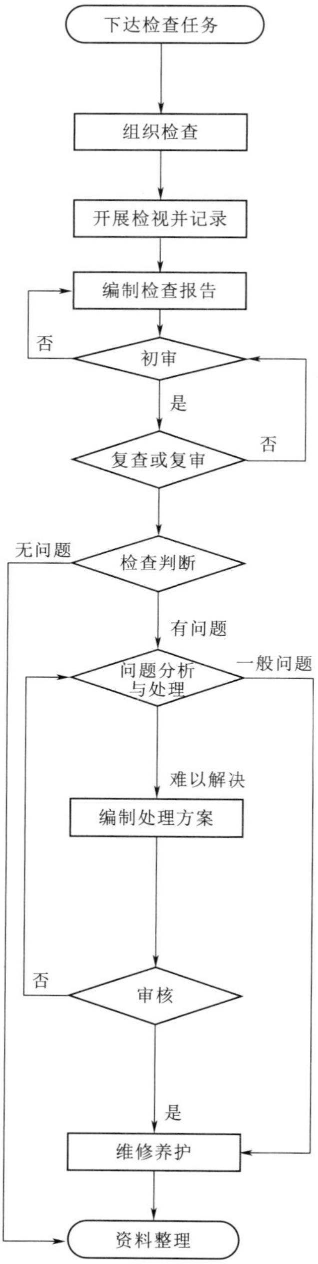	苏州管理局	分管局领导	内部传真电报	下达定期检查任务，提出完成检查时间要求
	管理所	主要负责人		根据要求组织定期检查
	管理所	各相关岗位		开展检查工作，并做好现场记录
	管理所	水工技术管理		初步编写检查报告
	管理所	主要负责人		初审检查报告
	工程管理科	负责人		会同相关部门开展复查，掌握二程运行情况
	工程管理科、管理所	各相关岗位		根据检查情况判断是否存在问题
	工程管理科、管理所	各相关岗位		初步判断属于一般性可解决问题还是难以解决问题
	管理所	各相关岗位		对于难以解决问题编制处置初步方案和建议
	管理所	负责人		审核难以解决问题的处理方案，研究维修养护措施，异常情况报苏州管理局
	管理所	各相关岗位		对检查发现的问题开展维修养护
	管理所	各相关岗位		现场检查结束后及时整理记录及资料

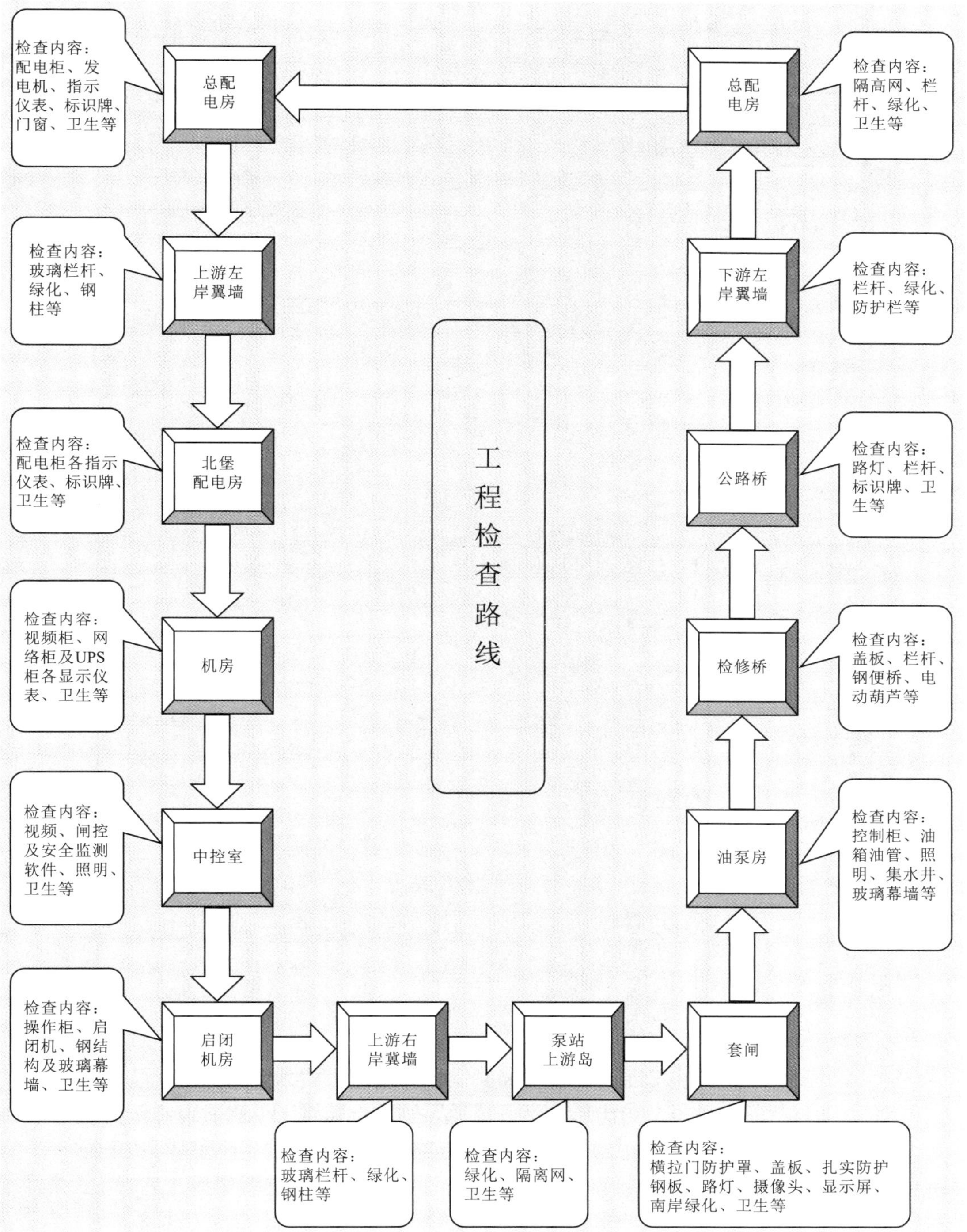

图 6-2　太浦闸工程检查路线图

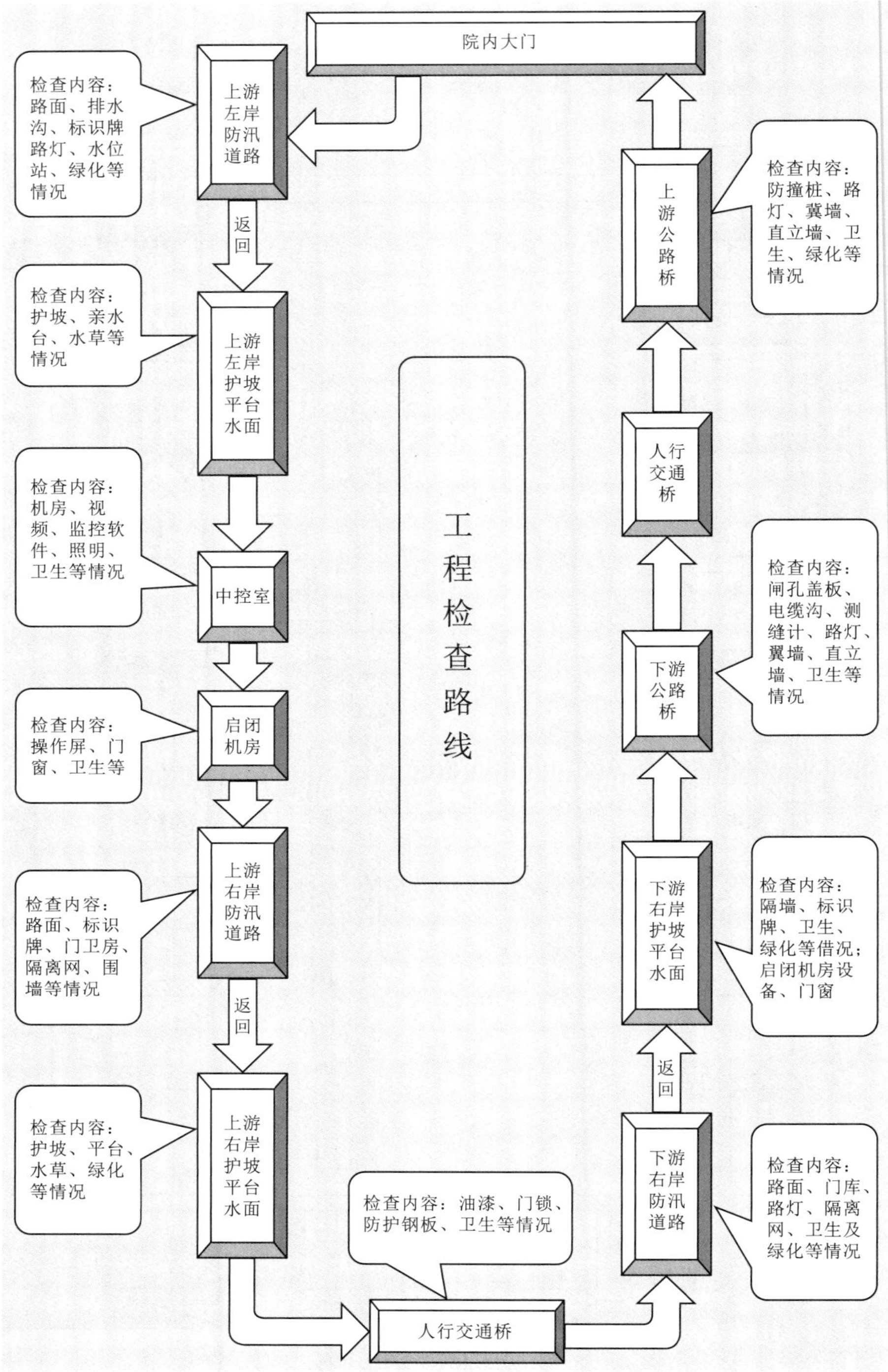

图 6-3　望亭水利枢纽工程检查路线图

6.3.3　望亭水利枢纽管涵的水下检修

望亭水利枢纽管涵洞底距离检修桥平台 15.6m，倒虹吸有压涵洞和深孔闸门的检查与维修非常困难。自从1999年接管工程以来，管理单位已经对有压涵洞等水下工程，采用水下摄像、潜水员水下探摸、小型遥控机器人水下检查、干水检查等方式，开展了多次水下工程检查，及时全面掌握了工程设施变化和安全状态。

1. 水下摄像法检查

1）1999年水下工程检查。1999年10月26日—11月3日，管理单位委托专业公司进行了望亭水利枢纽水下工程检查，检查范围涵盖了管涵的管身（包括底板、闸墩）和工作门槽、检修门槽；管涵的上下游胸墙、翼墙和伸缩缝；管涵的出口向下游50m范围的河道护砌；京杭运河渡槽两侧直立墙、翼墙和伸缩缝等。本次检查采用SCOM-Ⅲ电子控制观测仪水下录像法，由潜水员携带水下摄像机潜入水下，根据事先拟订的检查次序进行逐孔逐块的水下录像，并根据岸上技术人员的指令进行工程特定部位的专门录像。录像资料经过剪辑，重要的部分可以翻拍成照片，最后形成图像、声音和文字资料为工程管理提供依据。本次检查中发现水下工程除存在部分淤积、少量施工遗留杂物外，工程本身情况完好，未发现混凝土裂缝和冲刷破坏，伸缩缝、门槽等无异常。

2）2016年水下工程检查。2016年11月30日—12月7日，管理单位委托专业公司对水下工程进行了水下摄像检查，检查范围与1999年基本一致，仅仅缺少了涵管管身内部的检查。本次检查安排在2016年流域特大洪水之后，基于已经开展的水下检查成果，重点检查了管涵上下闸首检修门槽、工作门槽及其周边混凝土、底板伸缩缝等，在经历超设计标准泄洪后，有无明显缺陷及损坏现象。本次检查发现了闸门门槽区域的底板和闸墩混凝土有局部轻微的冲蚀水毁，并对发现的缺陷部位进行了PBM水下混凝土修补。

2. 潜水员探摸检查

由潜水员水下探摸检查是管理单位开展闸室门槽部位和上下游连接段等水下工程检查的传统作业方式。苏州管理局定期组织开展潜水员水下探摸检查，结合每年一次的上下游河道断面冲淤观测，来掌握望亭水利枢纽门槽区域和上下游连接段水下部分的安全现状。在潜水员探摸检查中，一般能够发现比较明显的水下工程破损缺陷和水下异物，但是这种检查更多依赖于潜水员的潜水作业能力和水利工程业务知识与经验。

3. 水下遥控小机器人的摄像检查

2009年管理单位引进了小型水下遥控机器人（ROV）系统，这是一种可以遥控的、自身带有动力的水下摄像机，可实时进行水下视频检测和观测。小型水下遥控机器人有水平推进器、垂直推进器、前后摄像头、前后照明灯、压力/深度传感器、脐带缆、水面控制台、液晶显示屏、记录设备，以及音频注释系统、换流器/逆变器、压力传感器校准计和图像扫描声呐系统、短基线定位系统、小型遥控机械手等。小型水下遥控机器人所有运动和操作都在地面完成，可视频观测、记录、回放，可精确定位，可进入狭小空间，在浑水中可使用二维多波束声呐或图像扫描声呐，可进行简单的水下作业，可计算机控制。小型水下遥控机器人（ROV）系统一次性购置成本较大，但是作业水深大、时间长、安全度高，能够适应潜水员不能够作业的工作环境。

4. 管涵水下工程的干水检查

2005年、2006年和2011年，管理单位曾三次组织开展了望亭水利枢纽管涵内部的干水检查。其中，2005年检查了4号管涵，2006年检查了2号、8号管涵，2011年检查了全部9孔管涵。检查发现个别管涵底板局部有凹凸，钢筋头露出，并有少量砖块等杂物，大部分管涵侧壁均有渗水情况；伸缩缝多处有渗水、滴水、冒水及喷水现象；管涵多处出现竖向裂缝，裂缝开度在 0.1~0.4mm 之间，均已贯穿，并伴有渗水现象；经回弹法检测，实测混凝土强度推定值介于 23.8~27.2MPa 之间，满足设计要求；开展碳化深度检测，实测碳化深度在 8.5~14.5mm 之间，均小于钢筋保护层厚度设计值，表明钢筋目前仍处于保护层混凝土的碱性环境之中，钢筋未锈蚀。2011 年望亭水利枢纽更新改造项目对管涵干水检查中发现的明显缺陷进行了修复处理。

管涵内部干水检查作业的主要工作流程如下：

1）根据《望亭水利枢纽检修门操作规程》吊装检修门，吊装过程中记录检修门及门槽运行状况，包括检修门及门槽的锈蚀情况、预埋件有无损坏情况；门槽有无变形或卡阻现象；止水装置是否完整等。

2）堵漏。由潜水员在上下游分别采用长 15m、宽 8m 的整幅彩条布对检修门临望虞河侧进行全面覆盖，以堵塞检修门间接合处的横向缝隙；同时在检修门与门槽两侧及底部接合处用棉絮条进行封堵。

3）排水。在涵洞内安装水泵，将涵洞内积水抽出，在排水的过程中若上下游检修门有漏水现象，由潜水员下水堵漏。在排水的过程中，注意记录检修门的止水性能，潜水员在堵漏的同时，注意检查检修门与检修门槽临望虞河侧有无异常，记录人员做好记载。

4）管涵内水体抽出后，静止 1h，若管涵内水位没有上涨趋势，负责检查管涵内部的工作人员携带工具及仪表有序从检修孔（兼做通气孔）进入。

5）管涵内部的检查采用测量、摄像、拍照、水下探摸等方法，检查作业的同时做好记载。检查内容包括闸门门槽、检修门门槽锈蚀情况，预埋件有无损坏；门槽有无变形或卡阻现象，并测量门槽的垂直度；闸门止水装置是否完好；管涵内淤积、沙石堆积等情况；管涵墙体有无发生异常沉降、倾斜、滑移等情况；涵洞连接处错位情况等。

6）闸门运行检查。根据管涵内工作人员的现场指令进行闸门的启闭（升降），在管涵内观察闸门、门槽、滚轮以及止水橡皮的运行状态，并做好记录。

7）检查人员撤离管涵，按照《望亭水利枢纽检修门操作规程》移除检修门，管涵内恢复通水。

5. 局部破损混凝土的水下修补

在应对 2016 年流域特大洪水期间，望亭水利枢纽累计排水 31.32 亿 m^3，日平均流量超设计标准运行累计 14 天，最大日平均排水流量达到 $452m^3/s$，年度排水量和日均排水流量均超过历史最高纪录。汛后，根据潜水员水下探摸发现，闸门门槽附近混凝土有不同程度的水毁。2016 年 11 月 30 日—12 月 7 日，管理单位又专门委托专业公司对望亭水利枢纽 1~9 号检修门槽、工作门槽及周边混凝土、底板伸缩缝等疑似存在明显缺陷及损坏的部位，进行水下摄像复查，并对发现的缺陷采用 PBM 聚合物混凝土进行了修补。

此次水下混凝土修补的施工作业流程主要包括：

组织人员、设备进场，落实作业现场的施工条件；施工现场布置水上作业平台，将施工用潜水装具、空压机、PBM 拌制设备、发电机等布置在平台上，现场配备移动电话、无线对讲机，以解决相互之间的联络和沟通，方便施工任务的布置调整。

施工时，由潜水员采用水下工具，将混凝土损坏部分凿撬清挖干净，用高压水枪将松散卵石和浮渣进行清理，对混凝土、钢筋上的附着物和青苔用钢丝刷清洗，并对处理过的接触面残渣和淤积物全部冲洗干净，以保证补强加固混凝土有一定的浇筑厚度，确保新老混凝土的足够黏结面积、强度。

混凝土浇筑之前，由潜水员进行水下安装浇筑模板。潜水员每隔一定距离设模板拉筋，将模板进行固定。模板上口预留浇筑混凝土导口位置，模板可为钢模或木模。

现场进行 PBM 混凝土试配，严格按照施工水温、气温控制要求，执行试配并确定最终配合比。施工时采用桶装法将拌和物传递给潜水员，潜水员在水下根据需要定点倾倒，让其自动流平，实现自密实。

新浇 PBM 聚合物混凝土在水下养护后，由潜水员先把浇筑模板拆除，然后用水下液压砂轮将浇筑导口部位多余混凝土磨平。

6.4　工程观测

6.4.1　明确观测项目与频次

在技术管理实施细则基础上，2016 年苏州管理局组织制定了《太湖局直管工程观测工作暂行规定》。2019 年苏州管理局组织了修订并印发了《太湖局直管工程观测工作管理规定》，结合直管工程实际和运行管理需要，进一步细化明确了观测项目、观测频次、质量措施、观测记录及资料审查、整编要求，补充了启闭机房等上部建筑物观测要求和工程观测成果安全限值，并优化了工作流程。太湖局直管工程观测工作在开展过程中，能够严格执行上述制度要求，实现了工程观测工作科学化、标准化，有助于全面准确掌握工程状态和运用情况，及时发现安全隐患，保障工程运行安全。

太湖局直管工程观测项目分为一般性观测项目和专门性观测项目，一般性观测项目包括：水位、流量、垂直位移、水平位移、扬压力、冲刷淤积等。专门性观测项目包括：伸缩缝、底板内力、地基反力等。观测方式分为人工观测和自动观测。

太浦闸工程为大型水闸，其工程观测项目和测次见表 6-9。望亭水利枢纽工程为中型水闸，其工程观测项目和测次见表 6-10。

表 6-9　太浦闸工程观测项目和测次

观测类别	观测项目	太浦闸		
		项目	测次	备注
一般性观测	上、下游水位	●	6 次/d	水文站提供
	流量	●	6 次/d	水文站提供
	闸墩垂直位移（静力水准）	●	4 次/d	自动观测
	垂直位移	●	2 次/a	人工观测
	水平位移	●	2 次/a	人工观测
	扬压力	●	4 次/d	自动观测（渗压计）
	冲刷淤积（断面）	●	1 次/a	人工观测

续表

观测类别	观测项目	太浦闸		
		项目	测次	备注
专门性观测	伸缩缝	●	2 次/a	人工观测
	混凝土裂缝	●	—	未发现，未设
	底板内力（钢筋计、混凝土应变计、无应力计）	○	4 次/d	自动观测
	地基反力（土压计）	○	4 次/d	自动观测
	钢结构建筑变形	●	2 次/a	人工观测
其他项目	工作基点校验	●	1 次/3a～1 次/5a	人工观测

注：1. ●为应设项目；○为可选项目。
2. 表中测次均系正常情况下人工测度的最低要求，特殊时期（如洪水、地震、风暴潮等）增加测次，自动观测可根据需要适当加密测次。
3. 具有相关性的观测项目需同时进行。

表 6-10 望亭水利枢纽工程观测项目和测次

观测类别	观测项目	望亭水利枢纽		
		项目	测次	备注
一般性观测	上、下游水位	●	2～4 次/d	水文站提供；开闸 4 次/天，关闸 2 次/天
	流量	●	2～4 次/d	
	垂直位移	●	1 次/a	人工观测
	水平位移	○	—	未设
	扬压力	●	1 次/旬	人工观测（测压管）
	冲刷淤积（断面）	●	1 次/a	人工观测
专门性观测	伸缩缝	●	1 次/月	人工观测
	人行桥桥台接缝	●	1 次/月	人工观测

注：1. ●为应设项目；○为可选项目。
2. 表中测次均系正常情况下人工测度的最低要求，特殊时期（如洪水、地震、风暴潮等）增加测次，自动观测可根据需要适当加密测次。
3. 具有相关性的观测项目需同时进行。

6.4.2 规范开展工程观测

1. 工程观测工作组织

工程管理科是工程观测的业务指导部门，负责工程观测及资料整编工作技术指导并组织审查，主要职责是：组织编制工程观测规章制度，以适应工程观测技术发展，满足工程观测管理要求；会同管理所对发现的异常数据作专项分析，提出初步建议；按照部门预算项目管理的相关规定做好对外委托观测任务、观测设施校验维护工作的预算申报工作；对观测资料分析报告进行初步审查，提出审查建议。

直管工程管理所是工程观测现场管理部门，明确工程技术人员担任观测工作责任人，落实工程观测及资料整编工作责任制，按要求开展观测及资料整编工作，其主要职责是：负责所辖工程现场观测，观测完成后及时整理原始记录，填制整理各种图表；负责所辖工程数据考证复核、整编分析工作，观测成果审查合格后及时装订归档；负责所辖工程观测设施检查、维护、校验、更新、补充和完善工作，保证观测设施完好率达到规范要求。

观测人员基本要求：具有相应的工程技术知识和观测工作经验的专职人员，经过专业培训，并保持相对固定；严格执行观测制度，正确使用和操作观测设施，按规定开展数据采集、记录、甄别和保存，保证数据的准确、可靠；适应野外作业工作，具备安全意识；高空、水面、临水边墙处安全操作和通行时，按规定佩戴保险绳、安全带、救生衣、安全鞋帽等。

观测工作基本程序：①管理所配备必要的观测仪器与设备，观测与资料整编人员相对固定，按规定的项目、测次和时间开展观测工作，并做好现场记录。②现场观测结束后，及时对观测数据进行整理和计算，并对观测成果进行初步分析。③观测数据出现明显误差时，应立即重测；发现异常现象时应即复测，查明原因并报苏州管理局。④观测资料进行初步整理、核实无误后，管理所对所辖工程观测资料进行整编分析，并于次年3月前将年度整编分析成果等报苏州管理局。⑤每年汛前，苏州管理局组织开展工程观测资料整编分析成果审查。⑥工程观测资料审查合格后，进行装订、归档。

2. 工程观测工作质量要求

太浦闸和望亭水利枢纽水位、流量观测工作由太浦闸水文站、望亭水文站承担。

位移观测执行《工程测量规范》（GB 50026）的有关规定，变形观测符合二等测量要求。太浦闸水准工作基点由国家基准点用一等水准定期校验，望亭水利枢纽起测基点由院内的基岩标用二等水准每年校验。

扬压力观测的同时，观测上、下游水位，并注意观测渗透的滞后现象。测压管管口高程按不低于三等水准测量的要求每年校测1次。测压管灵敏度检查每3~5年进行1次。

裂缝和结构缝开合度通过卡尺量测等简易方法观测，有条件时尽量设置测缝计观测，同时观测上下游水位、气温。通过作图法分析结构缝开合度随时间、温度的变化规律性。

水闸观测方法及技术要求按《工程测量规范》（GB 50026）、《水闸安全监测技术规范》（SL 768）相关规定执行，并参考《水利工程观测规程》（DB 32/T 1713）的有关规定。观测安全限值要求参见表6-13、表6-14。

设置在工程现场的所有观测设备、设施均在其适当位置，明显标出其编号；经常进行检查、维护，及时清除影响测值的一切障碍物。观测设施与仪器如有破损，具备条件时，及时修复；如需拆除或覆盖现有观测设施，在原观测设施附近重新埋设新观测设施，并加以考证。对于埋入基础部分且无法修复的，根据评价结果停止观测，并按程序报废。除埋设在工程内部的仪器外，各项观测设施和仪器均选择在通风、干燥、平稳、牢固的地方放置，并注意防尘、防潮。工程除险加固、更新改造或工程维修施工中，对保留的观测设备与设施，须妥加保护，对传输电缆要作特殊保护。所有工作基点和观测点，均有平面布置图。

管理所对所辖工程范围内观测仪器设备进行定期保养、率定、检定，保证仪器设备的准确性及精度。电测仪器仪表定期通电检验。水准仪、全站仪每年完成检定，水准仪检定执行《水准仪检定规程》（JJG 425）有关规定，全站仪检定执行《全站型电子速测仪检定规程》（JJG 100）有关规定。工程设施完好率不低于90%。观测中发现异常测值时，在进行复测前，首先检查仪器、仪表是否正常，使用方法是否有错误。

自动化观测系统每个月校正 1 次系统时钟，监测数据每 3 个月做 1 次备份。监测自动化系统管理按《水闸安全监测技术规范》（SL 768）的相关规定执行。工程观测资料整编每年进行 1 次，主要内容按《太浦闸工程技术管理实施细则》《望亭水利枢纽技术管理实施细则》资料整编要求确定。如发现可疑数据，标注记号，并加以说明。

工程观测记录的正负号，参照《水闸安全监测技术规范》（SL 768）进行细化明确。①流量：上游向下游为正，下游向上游为负。②垂直位移：下沉为正，上抬为负。③水平位移：向下游为正，向左岸为正；反之为负。④翼墙、堤岸位移：水平向临空面为正，面向临空面向下游为正，反之为负。垂直下沉为正，上抬为负。⑤倾斜：向下游转动为正，向左岸转动为正，反之为负。⑥裂缝和永久缝开合度：张开为正，闭合为负。⑦扬压力（渗压计）：压力值为正。⑧结构应力：钢筋受拉为正，钢筋受压为负；混凝土受拉为正，混凝土受压为负。⑨特殊情况，应在观测报告中注明正负号规定。

3. 工程观测记录和报告

现场观测按照规定的项目、测次和时间进行，以保持观测工作的系统性和连续性。随观测、随记录、随计算、随校核，无缺测、无漏测、无不符合精度、无违时，测次、时间、人员、仪器相对固定。外业观测值和记事项目均在现场直接记录，需现场计算检验的项目，必须在现场计算填写。外业原始记录内容必须真实、准确，字迹力求清晰端正。记录表中任何原始记录严禁擦除或涂改。每次仪器监测后，观测人员及时对原始记录加以检查和整理，并做出初步分析。

资料分析通常采用比较法、作图法、特征值统计法等，分析观测资料的准确性、可靠度和精度。对由于测量因素产生的异常值进行处理，保证分析成果的有效性及可靠性；分析观测物理量随时间、空间的变化规律性；判断其趋势是否向不利发展，分析有无异常征兆；统计各物理量之间的有关特征值；判别观测物理量的异常值；分析观测物理量变化规律的稳定性。

观测分析报告的主要内容有：工程概况；工程设备情况，包括设施的布置、型号、完好率、观测初始值等；观测方法；主要观测成果；结论与建议。

资料整编成果执行《太浦闸工程技术管理实施细则》《望亭水利枢纽技术管理实施细则》规定要求。观测资料分析报告和整编资料，管理所负责刊印成册，工程管理科按档案管理规定及时汇总归档。在完成观测资料整编的基础上，苏州管理局组织水工、水文、观测等有关专业技术人员，必要时邀请外聘专家组成评审小组，对观测成果进行审查；审查评价观测系统的工作状况与观测数据的合理性和准确性，评判水闸的工作状态；发现异常现象时，作专项分析或专题研究，当发现有危及水闸安全的异常情况时，立即上报太湖局。

4. 执行工程观测工作流程

1）苏州管理局根据确定的观测内容、测次和频率，开展水位、流量、垂直位移、扬压力、伸缩缝等观测工作，要求观测内容齐全、记录规范、成果真实。

2）苏州管理局不断改进观测手段，及时进行观测设施维护，保障观测设施完好率满足要求。太浦闸借助自动监测设备开展垂直位移、扬压力、底板内力等观测，望亭水利枢纽借助专门工具、仪器开展扬压力、裂缝、垂直位移等观测，大部分埋设的观测设施均能满足观测需要。2017 年汛前，针对部分损坏的观测设施，组织对裂缝计和测压管进行了更新修复，保持观测设施完好。2020 年，完成太浦闸、望亭水利枢纽人工观测模块建设工作，录入历年观测数据并校核，实现观测工作的数字化管理，推动观测成果的实时分析。

3）苏州管理局及时开展观测资料分析和成果认定。观测工作完成后，开展观测资料整编分析，掌握工程运用状态和发展趋势。每年汛前，组织对上年度太浦闸、望亭水利枢纽观测资料进行整编分析，并对观测成果进行审查。通过开展观测资料整编，对周期性的观测数据进行分析判别，评估了水闸运行性态和发展趋势，进一步指导了工程运行。

现场开展工程观测外业工作时，苏州管理局执行现场观测工作流程（见表6-11）；开展观测资料整编分析内业工作时，苏州管理局执行观测资料整编与分析工作流程（见表6-12）。

表6-11　现场观测工作流程

1. 目的：按规定项目、测次开展现场观测，保持观测工作的系统性和连续性。
2. 适用范围：适用于工程现场观测及初步分析。
3. 流程图：

工作流程图	责任部门	责任岗位	使用表单	流程说明
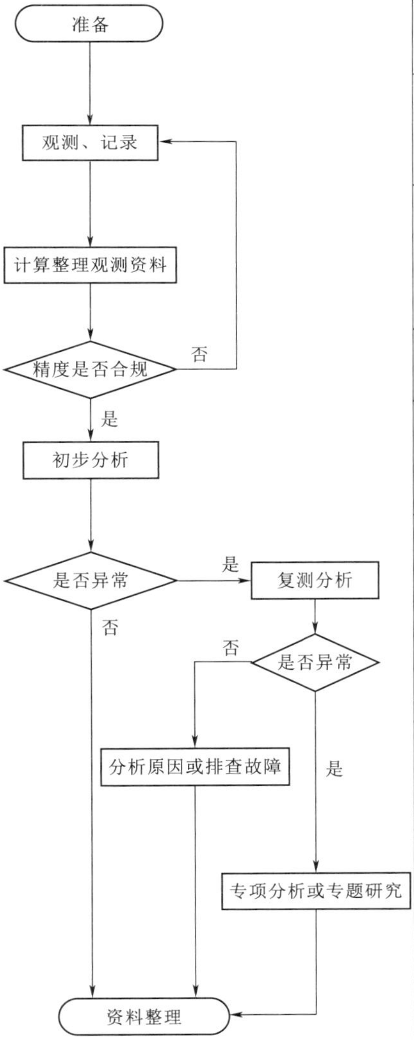	管理所	水工技术管理		检查观测仪器与设备，准备记录表；自动化观测系统定期校正与备份
	管理所	水工技术管理和闸门运行工	水准测量记录表，测压管、永久缝、接缝等观测记录表等	按规定的项目、测次和时间开展观测工作，并做好现场记录
	管理所	水工技术管理	测压管、永久缝、接缝等观测成果报表，位移观测成果汇总表等	对人工观测数据、自动观测数据进行整理和计算
	管理所	水工技术管理		符合规定要求
	管理所	水工技术管理	测压管与水位关系表，永久缝、接缝与温度关系表等	符合观测安全限值要求
	管理所	水工技术管理和闸门运行工		发现异常应立即复测和分析
	管理所	水工技术管理		确认是否异常
	管理所	水工技术管理		应检查仪器等是否正常，使用方法是否有误，观测客观条件是否变化
	工程管理科	水工技术管理		工程管理科会同管理所对发现的异常数据作专项分析，提出初步建议；必要时组织对异常现象或数据作专题研究
	管理所	水工技术管理		观测完成后，及时整理资料与备份

表 6-12 观测资料整编与分析工作流程

1. 目的：通过资料整编分析，掌握工程运行状态和运用情况。
2. 适用范围：适用于观测资料整编分析工作。
3. 流程图：

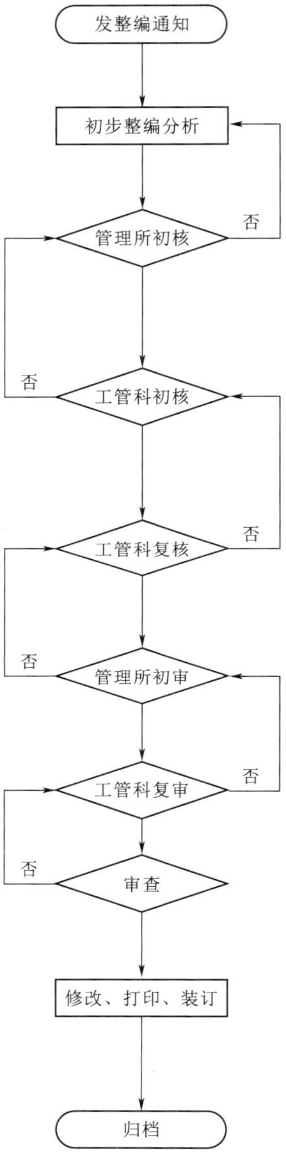

工作流程图	责任部门	责任岗位	使用表单	流程说明
发整编通知	工程管理科	水工技术管理	内部传真电报	下达整编任务，提出完成整编时间要求
初步整编分析	管理所	水工技术管理		初步完成资料整编分析
管理所初核	管理所	副所长		初核资料整编分析的完整性、准确性，对异常数据进行初步甄别
工管科初核	工程管理科	水工技术管理		初核资料整编分析的完整性、准确性，对异常数据进行初步甄别
工管科复核	工程管理科	副科长		复核资料整编分析的完整性、准确性，对异常数据进行初步会同甄别
管理所初审	管理所	所长		初审报告，初步评判水闸的工作状态
工管科复审	工程管理科	科长		复审报告，初步评判水闸的工作状态
审查	苏州管理局	分管局领导		组织评审会，评估水闸的工作状态
修改、打印、装订	管理所	水工技术管理		根据评审意见修改报告，完成打印装订，并提交工程管理科
归档	工程管理科	水工技术管理		完成管理所观测资料整编归档工作

6.4.3 研究确定观测安全限值

依据规程规范和工程实际，与设计单位沟通后，明确了各观测项目成果的安全限值，包括警戒值指标和最大安全指标，以利于观测工作成果的应用，更好地指导工程安全管理和控制运用。

太浦闸工程观测安全限值见表 6-13。望亭水利枢纽观测安全限值见表 6-14。

表 6-13　太浦闸工程观测安全限值

观测项目	观测内容或观测仪器	警戒值指标	最大安全指标或安全范围
垂直位移（人工观测）	最大沉降量	不超过 7.82cm	不超过 15cm
	相邻部位的最大沉降差	不超过 1.9cm	不超过 5cm
闸墩垂直位移（静力水准）	闸墩顶部沉降		-20~20mm
扬压力	渗压计（P 值）		10~90kPa
结构应力	钢筋计		-100~50MPa
	混凝土应变计		-500~250$\mu\varepsilon$
	无应力计		-500~50$\mu\varepsilon$
地基反力	土压计	不超过 80kPa	10~150kPa
钢结构建筑变形	最近 100d 的沉降速率	小于 0.01~0.04mm/d	
	连续两次半年沉降量	不超过 2mm	
	南、北岸桥头堡基础沉降（或抬高）		不超过 20mm
	启闭机房任一测点的沉降（相对建成后的位置）		不超过 25mm
	北岸桥头堡悬挑端、南岸管理用房悬挑端任一测点的沉降（相对建成后的位置）		不超过 30mm

注：1. 垂直位移（人工观测）警戒值、最大安全限值来源于《太浦闸除险加固工程初步设计报告》（上海勘测设计研究院工程设计证书号 A131003723）第 5.3.2.4 条。
2. 闸墩垂直位移（静力水准）、扬压力、结构应力、地基反力警戒值及最大安全限值来源于上海勘测设计研究院提供并调整的数据。
3. 钢结构建筑变形警戒值、最大安全限值来源于《太浦闸建筑钢结构运行管理要求》（档案号 THSZ-JJ.64-0275）。

表 6-14　望亭水利枢纽观测安全限值

观测项目	观测内容或观测仪器	警戒值指标	最大安全指标或安全范围
垂直位移	最大沉降量		不超过 15cm
	相邻部位的最大沉降差	相邻测点发生不均匀沉降累计不超过 10mm（或相邻浇筑块不超过 20mm）	不超过 5cm
扬压力	翼墙测压管	正常运行工况下挡土墙墙前、墙后的水位差可取 0.5~1.0m	

注：1. 垂直位移最大安全指标来源于《水闸设计规范》（SL 265—2016）。
2. 垂直位移相邻部位的最大沉降差警戒值来源于《望虞河立交工程管理运行操作要求》（上海勘测设计研究院 1995 年 3 月编）。
3. 翼墙测压管扬压力警戒值来源于《水工挡土墙设计规范》（SL 379—2007）第 5.2.5 条条文说明规定。

6.4.4 明确异形钢结构建筑物观测要求

太浦闸启闭机房为异形空间刚架结构体系。每 27m 为一个结构单元，包含 7 片由方钢管焊接而成的异形刚架，刚架跨度为 5.2m，刚架根部连接在设置于水工结构侧壁上的预埋件上。刚架之间由不同规格的圆钢管作为系杆连接，从整体上看，这些杆件犹如在一定的规则下“编织”在一起，错落有序。桥头堡基础采用预制钢筋混凝土方桩。上部结构为钢结构，存在大跨度双向悬挑，最大长度为 8m，每个支点处由两根斜圆柱共同受力。现行水利技术标准和房屋建筑技术标准中，缺少对这种异形钢结构建筑物的观测要求，而且工程观测难度大，精度控制比较困难。太浦闸异形钢结构启闭机建筑物示意图见图 6-4。

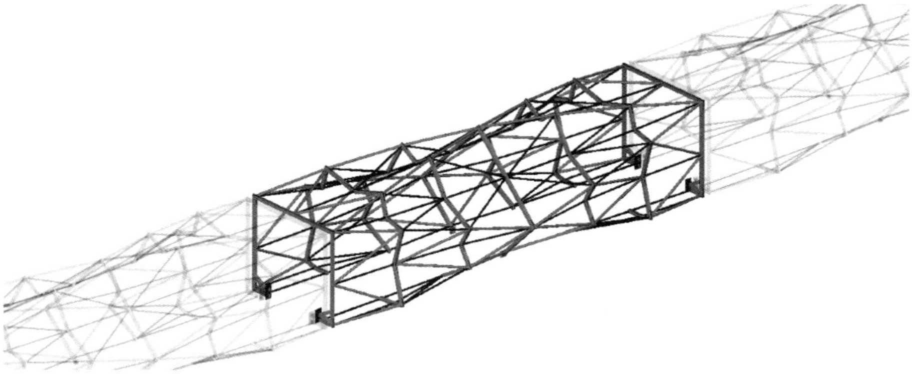

图 6-4 太浦闸异形钢结构启闭机建筑物示意图

经过与设计单位研究、沟通，提出了太浦闸启闭机等异形钢结构的安全观测要求并严格执行。

1）太浦闸钢结构建筑沉降观测要求。

沉降观测点应按《太浦闸建筑钢结构运行管理要求》布置。必要时经原设计单位、运行管理单位认可，可增设或调整。

竣工后的使用阶段，正常情况下半年内每两个月观测一次，以后每隔半年观测一次，直至稳定为止。

观测过程中，若有基础附近地面荷载突然增减、基础四周大量积水、长时间连续降雨等情况，均应及时增加观测次数。当建筑突然发生大量沉降、不均匀沉降或严重裂缝时，应立即进行逐日或 2~3d 一次的连续观测。

建筑沉降是否进入稳定阶段，应由沉降量与时间关系曲线判定。当最近 100d 的沉降速率小于 0.01~0.04mm/d 或连续两次半年沉降量不超过 2mm 时，可认为已进入稳定阶段。

北岸桥头堡基础、南岸桥头堡基础应 1 年两次开展定期观测，台风后宜加强观测。基础观测点的沉降（或抬高）超过 20mm 时，应及时通知上海勘测设计研究院。

启闭机房应 1 年 2 次开展定期观测，台风后宜加强观测。任一测点的沉降（相对建成后的位置）超过 25mm 时，应及时通知上海勘测设计研究院。

2）太浦闸钢结构建筑位移观测要求。

建筑主体倾斜和水平位移观测宜与沉降观测同步进行。

应特别注意加强北岸桥头堡和南岸管理用房的共计10根斜钢柱的水平位移，以及北岸桥头堡和南岸管理用房悬挑段的挠度。

北岸桥头堡悬挑端、南岸管理用房悬挑端应1年两次开展定期观测，台风后宜加强观测。悬挑端任一测点的沉降（相对建成后的位置）超过30mm时，应及时通知上海勘测设计研究院。

3）正常情况每2年进行受力构件全面检查，在遭遇台风、8级以上大风或地震作用后，应立即进行检查。检查项目如下：

梁柱连接节点，重点查看螺栓有无松动、断裂，焊缝有无松动、断裂。

包括钢柱、钢梁、支撑在内的受力构件有无裂纹、屈曲或过大的挠度。

4）变形监测和结构质量状况检查结果应根据管理需要或设计单位要求定期通知设计单位，有异常情况应立即通报设计单位。

6.5 维修养护

6.5.1 维修养护工作分类

1. 按工作内容分类

太湖局直管工程维修养护按工作内容可分为养护和维修。

养护是指对太浦闸、望亭水利枢纽开展经常性的保养，使之保持工程完好、设备完整清洁、操作灵活，例如，闸门杂物清理、启闭机钢丝绳涂抹防水油脂养护等。

维修一般指经常性修复和年度修复，不涉及除险加固和更新改造工程施工。苏州管理局结合每日巡视、日常检查开展经常性修复，发现问题及时处理，例如，发现启闭机、机电设备零部件损坏时应及时更换。苏州管理局结合定期检查开展年度修复，汛前检查发现的一般问题在当年4月上旬前完成修复，汛后检查发现的一般问题在当年11月中旬前完成修复。

经常性修复和年度修复不能解决的问题，有时根据项目的复杂以及紧急程度，称为大修和抢险。

大修是指技术水平较高、工程量较大的维修工程。例如：2016年太湖流域发生特大洪水后，苏州管理局开展水下专项检查，发现工程水下设施总体完好，但局部混凝土存在破损情况。苏州管理局组织开展水下工程设施修复，采用潜水员水下作业方式，用HK-PBM-3聚合物混凝土完成9处缺陷修补，消除了安全隐患。

抢险是指紧急防汛期或突然发生的建筑物险情、设备（设施）故障或损坏时立即进行的维修。2016年12月15日，望亭水利枢纽在采用自动监控系统操作闸门时，发现4号闸门运行至预置开度仍继续上升，现场操作人员发现自动监控系统所有控制回路都不起作用，紧急时刻果断关断4号开关柜总电源，避免了大的工程事故的发生。事后发现事故的主要原因有三个方面：一是主电路交流接触器吸合后不释放；二是自动控制系统紧急停止按钮主要控制二次回路，在主电路交流接触器发生故障时无法对主电路电源进行切断；三是现场控制柜主电路控制空气开关不具备分励功能，自动控制紧急停止按钮就无法起到作用。苏州管理局立即组织进行抢修，及时更换主电路交流接触器，对现场控制柜、自动控制系统进行紧急维修，实现控制柜主电路空气开关的远程、现地分励脱扣控制功能，使自动控制系统紧急停止按钮能够对主电源进行切断，避免类似安全隐患的发生。

2. 按费用分类

太湖局直管工程维修养护按费用可分为水利工程维修养护项目、防汛设施修复项目。

水利工程维修养护任务是对工程进行日常养护和及时修理，维持、恢复或局部改善原有工程面貌，以保持工程的设计功能，保持工程的完整、安全与正常运行。水利工程维修养护项目包括日常维修养护项目和专项维修养护项目。日常维修养护是对工程进行经常性的维修养护，是工程维修养护工作的基础，养护、经常性修复和年度修复主要从水利工程维修养护项目列支。专项维修养护项目是对部分工程进行重点维修养护，是有计划地对工程维修养护范围内部分项目进行集中治理，解决靠日常维修养护难以处理的问题，在资金允许的情况下一般解决大修。

防汛设施修复项目主要用于水利工程设施水毁修复、防汛通信设施修复、抢险应急物资及设备购置等，一般解决水毁情况下的大修或抢修。

维修养护经费必须专款专用，按照维修养护工作内容，做好经费的使用管理和监督，力求做到科学合理，资金安全，讲求效益。

6.5.2 维修养护组织实施

1. 明确维修养护主要任务和管理职责

苏州管理局统筹维修养护项目管理，主要任务是：①根据工程需要提出维修养护项目建议，根据预算项目储备管理的有关规定做好项目储备工作，按要求编报项目预算。②推动维修养护项目市场化、专业化管理，按规定选定维修养护合作单位；按照有关管理规定和程序决策，签订维修养护合同。③定期检查维修养护项目实施情况，按项目内容和性质，组织做好检查考核工作。④做好项目质量、安全、进度等管理工作，推进进度支付、工程决算审查和必要的工程审计工作。⑤统筹做好项目档案资料收集、整理工作。⑥合同完工后做好合同验收和项目验收工作。

维修养护项目实行苏州管理局统一管理与各部门分工负责相结合的管理体制。苏州管理局成立维修养护项目组，承担维修养护日常管理工作。项目负责人一般为工程管理科负责人，项目组成员一般由工程管理科、办公室、建设与安全科、财务科、太浦河枢纽管理所、望亭水利枢纽管理所相关人员组成。相关部门人员按照维修养护项目主要内容，分别履行维修养护管理部门职责，发挥资金使用绩效，充分发挥工程效益。

工程管理科是维修养护项目的业务主管部门，主要职责是：①根据有关规定和工程实际组织测算维修养护需求，汇总提出项目建议，组织编制维修养护项目储备申报文本。②根据要求组织编制维修养护项目预算。实施过程中如有重大变动的，负责做好调整方案的编制工作。③协助直管工程管理所做好所辖工程维修养护合同的洽谈工作，负责本部门承办合同的签订和价款结算等工作。④项目实施期间，负责维修养护项目实施情况的监督检查，组织开展维修养护季度考核工作。⑤配合财务科做好项目经费管理工作，参与项目的审计、财务检查等。⑥业务主管部门组织编制维修养护项目工作总结，汇总收集维修养护档案资料，按规定组织承办合同验收，按规定组织维修养护项目验收和绩效考评工作。

直管工程管理所是维修养护项目现场管理部门，其主要职责是：①根据维修养护需要，结合直管工程实际，提出维修养护项目建议、储备内容。②负责所辖工程的检查工作，及时掌握工程现状，合理提出年度维修养护工作内容。③通过市场调研，负责推荐维修养护合作单位，做好所辖工程维修养护合同的洽谈工作，承办所辖工程维修养护经费的报销结算工作。④负责所辖工程维修养护工作质量、进度、安全的现场管理，组织所辖工程维修养护项目的经常性检查、月度考核，并参与季度考核。⑤编制所辖工程维修养护项目工作总结，收集维修养护项目档案资料。⑥按规定组织承办合同结算和验收，参加维修养护项目验收。

办公室是维修养护项目的档案、资产管理部门，其主要职责是：根据维修养护特点，提出维修养护档案、资产管理要求；根据需要，组织开展档案、资产的监督检查工作；指导维修养护档案资料的整编，做好档案归档工作。

建设与安全科是维修养护项目安全生产监督部门，其主要职责是：根据工程维修养护特点，组织开展安全生产监督管理工作；每季度定期督查，提出整改意见，并督促整改；项目完成后，参加维修养护项目检查考核和验收工作。

财务科是维修养护项目经费管理部门，其主要职责是：①组织上报维修养护项目建议、项目储备、项目预算，审核项目预算的文本合规性。②根据经费管理规定和项目预算，办理项目资金申请和核算工作。③督促、检查维修养护经费执行情况，保障资金安全。④参与项目合同会签，按规定支付合同款项。⑤协调有关单位或部门进行项目审计、检查工作。⑥参与项目检查考核、合同验收、项目验收和绩效考评等工作。

2. 做好项目建议、储备、申报

维修养护项目建议、储备、申报应符合《太湖流域管理局苏州管理局项目管理办法》的有关规定。维修养护项目预算控制数下达后，应明确维修养护项目组组成人员，编制维修养护实施方案，经局长办公会议审议通过后，纳入部门预算由财务科统一上报。维修养护实施方案的主要内容包括项目目标、项目详细工作内容、技术路线、预期成果、项目工作进度安排、实施组织形式、项目实施预算安排情况。

维修养护实施方案的编制应遵循以下原则：①严格执行维修养护经费的使用规定。②立足现状，实事求是，保证工程完整和安全运行的需要。③统筹兼顾，突出重点，合理安排日常维修养护项目和专项维修养护项目，优先安排日常维修养护项目，控制专项维修养护项目所占的比重。

参照定额，结合直管工程当年实际情况，合理确定维修养护实际工作（工程）量。维修养护实施方案是维修养护工作的基础和依据，一般不做调整。确因特殊情况需要调整的，须按照程序和有关规定办理相关变更手续，并在变更申请得到同意后实施。对涉及工程安全等紧急情况的，应在及时处理的同时上报变更申请。

3. 项目实施和资金管理

（1）采购管理

集中采购目录以内或采购限额标准以上的维修养护，应按规定实行政府采购。

集中采购目录以外且低于采购限额标准的维修养护，应按以下要求做好采购管理：①对于合同金额较小的（10 万元以下），或者专业性较强、市场竞争不充分的，或者必须保证该合同服务的一致性和服务配套的要求的，或者因不可预见性、紧急性和客观实际无法由其他供应商提供服务的，可选用直接委托的方式签订合同，以简化工作流程、节约成本、提高效率。②对于金额较大且市场上供应商较成熟的，可引入竞争机制，在两家及以上供应商中，依据符合维修养护工作要求且报价最低的原则确定成交供应商。③直管工程管理所提出维修养护需求并推荐合格供应商；工程管理科审核维修养护需求并牵头集中讨论、选择供应商，集中讨论结果可形成书面报告，由参与集中讨论人员在书面报告上签字；按照合同管理办法履行送签、审批和签订等程序。

（2）合同及资金管理

维修养护项目合同管理应执行《太湖局苏州管理局经济合同管理办法》的有关规定。维修养护项目资金管理应按《太湖流域管理局苏州管理局项目管理办法》的有关规定执行。直管工程管理所应切实履行所辖工程维修养护现场管理职责，协调好施工、运行管理以及地方等各方面的关系，为维修养护项目的实施提供良好的内、外部条件。应督促合作单位落实工程质量、安全保证措施，及时完成维修养护工作内容，做好施工记录，合同完成后及时汇总提交施工资料。

维修养护项目中比较特殊、临时性、零星、难以计量的工作（工程）量，合作单位应及时提交合同签证单，由直管工程管理所审查确认。

（3）项目绩效管理

在申请项目预算时制定项目绩效目标计划表，在实施过程中，按规定完成维修养护工作量，做好质量控制、时效控制，项目完成后及时编制绩效评价报告，对项目的投入、过程、产出、效果等进行总结分析。

（4）考核和验收管理

维修养护实施过程中做好日常检查、合同考核，依据合同考核结果和合同约定支付合同进度款。合同完成后及时组织合同验收。项目完成后编制项目执行情况总结，及时组织项目验收。

4. 资料管理

（1）维修养护记录和报告

记录内容应主要包括：设施设备名称、实施单位、人员，实施时间，问题及处理情况，实施工作前后设施设备的状况，使用的主要设备和检测仪器等。工作完成后，相关人员应在记录上签字。维护及检修后的设备应进行试机，并对试机情况进行记录。记录内容应详尽真实，真实准确反映维修养护过程。可量化的记录内容应以数值形式填写，不易量化的内容，文字描述应准确、规范。

设施设备实施的维护和检修工作较为复杂，且影响到设备安全运行时，宜委托具有资质的专业检测机构进行检验，并出具正式的检测报告。出具检测报告的单位应具有国家相关部门颁发的检测资格。检测报告内容应主要包括：工程名称、设施设备名称、委托单位、检测依据、检测数据及分析、检测结论和建议，以及编写人、审核人、批准人签字等。

（2）资料收集与整理

资料是指在维修养护工作前期、实施、验收等各阶段过程中形成的，具有保存价值的文字、图表、声像等不同形式的历史记录。直管工程管理所和维修养护合作单位在维修养护工作过程中，应认真做好资料记录、收集和整理工作，注重维修养护前后照片、录像资料的收集整理，照片、录像需保留拍摄日期。资料的收集、积累和整理应与维修养护工作同步进行。资料须完整、准确、真实、系统，并做到字迹清楚、图面整洁、装订整齐、手续完备。直管工程管理所负责所辖工程维修养护项目资料及维修养护合作单位、监理单位移交资料的收集、整理，确保有关文件材料完整。对维修养护工作进行检查、考核时，应同时检查技术资料的收集、整理规范情况。资料达不到规定要求的，维修养护项目不得进行验收。

6.5.3　维修养护技术质量要求

6.5.3.1　混凝土工程维修养护

1. 技术要求

1）水闸的混凝土结构严重受损，影响安全运用时，应凿除并修复损坏部分。

2）混凝土结构的局部破损（包括磨损、撞击损坏、钢筋腐蚀等），应用高等级混凝土（砂浆）、聚合物混凝土（砂浆）或其他高抗冲耐磨的混凝土（砂浆）修补。

3）混凝土裂缝处理，应考虑裂缝所处的部位及环境，根据《水工混凝土结构设计规范》（SL 191）的要求，按裂缝深度、宽度及结构的工作性能，选择相应的修补材料和施工工艺进行修复：①表层裂缝宽度小于最大裂缝宽度允许值时，可不予处理；如有防止裂缝拓展和内部钢筋锈蚀的必要，可采用表面喷涂料封闭保护。②表层裂缝宽度大于最大裂缝宽度允许值时，为防止裂缝拓展和内部钢筋锈蚀，宜采用表面粘贴片材或玻璃丝布、开槽充填弹性树脂基砂浆或弹性嵌缝材料进行处理。③深层裂缝和贯穿性裂缝，为恢复结构的整体性，宜采用灌浆补强加固处理。④影响建筑物整体受力的裂缝，以及因超载或强度不足而开裂的部位，可采用粘贴钢板或碳纤维布、增加断面、施加预应力等方法补强加固。⑤渗（漏）水的裂缝，应先堵漏，再修补。

4）钢筋腐蚀引起的混凝土损害，应先凿除已破损的混凝土，处理锈蚀的钢筋，然后采用下列方法处理：损害面积较小时，可回填高抗渗等级的混凝土（砂浆），并用防碳化和耐其他介质腐蚀的涂料保护，可直接回填聚合物混凝土（砂浆）。损害面积较大、施工作业面许可时，可喷射混凝土（砂浆），并用涂料封闭保护。回填各种混凝土（砂浆）前，应在基面上涂刷与修补材料相适应的基液或界面黏结剂。

5）处理混凝土表面碳化，应按不同的碳化深度采用相应的措施：若碳化深度接近或超过钢筋保护层时，应先凿除损伤的混凝土，再回填水泥混凝土（砂浆）或聚合物混凝土（砂浆）；若碳化深度较浅时，应首先清除混凝土表面附着物和污物，然后喷涂防碳化涂料封闭保护。

6）混凝土表面防护，宜在混凝土表面喷涂涂料，预防或阻止环境介质对建筑物的侵害。

7）混凝土结构修补施工技术要求详见《水闸技术管理规程》（SL 75—2014），并可参考《混凝土坝养护修理规程》（SL 230）有关规定。

2. 质量标准

混凝土表面保持清洁整齐，无积水、杂草及杂物等；混凝土表面无局部破损、露筋、起鼓、剥落现象；混凝土表面无明显裂缝。混凝土抗压强度、保护层厚度满足设计和规范要求；混凝土碳化深度小于混凝土保护层厚度；半电池电位法检测钢筋锈蚀程度钢筋电位大于-200mV；混凝土主要构件垂直度在允许偏差范围之内。

6.5.3.2　砌石工程维修养护

1. 技术要求

护坡、护底和挡土墙浆砌石勾缝局部脱落，应用水泥砂浆重新勾缝。砌石护坡、护底遇有松动、塌陷、不均匀沉陷、隆起、底部淘空、垫层散失等现象时，按原状修复。

浆砌石工程不能满足防渗要求时，可采用灌浆、迎水面喷射混凝土（砂浆）或浇筑混凝土防渗墙等措施。

2. 质量标准

干砌石、浆砌石护坡应保持砌块完好、砌缝紧密，无局部松动、损坏、风化现象。砂浆强度检测应满足设计值要求。

6.5.3.3 土工建筑物维修养护

1. 技术要求

工程范围内出现雨淋沟、浪窝、塌陷和岸、翼墙后填土区发生跌塘、下陷时，随时修补夯实；工程发生裂缝时针对其特征进行处理，干缩裂缝、冰冻裂缝和深度小于0.5m、宽度小于5mm的纵向裂缝，一般可采取封闭封口处理；深度不大的表层裂缝，可采用开挖回填处理。

2. 质量标准

岸墙、翼墙、防汛墙后填土区无积水，排水沟、排水孔排水应畅通。土工建筑物无雨淋沟、塌陷和明显裂缝等。土工压实度检测结果应符合设计要求。

6.5.3.4 闸室维修养护

1. 技术要求

①闸室应定期进行清理，及时清除水闸河道内的沉船、块石、木桩等阻水障碍物。②工程运行期间，利用较大水位差，通过闸门调整不定期地对闸室进行冲淤。③清障使用的船舶、设备应保持安全完好，清障人员要遵守交通安全规定，落实水上作业安全措施。

2. 质量标准

应保持水闸工程上下游河面整洁，水流畅通，无鱼簖、渔网等阻水设施。不得有妨碍工程运行的块石、沉木等异物。

6.5.3.5 水下工程维修养护

1. 技术要求

水下检查发现局部冲蚀损坏时，应及时修补；暂时不能处理的，应加强跟踪观测，掌握变化情况；修补工程量较大，维修养护经费当年不能安排的，应申报专项经费进行修复。突然发生的水下建筑物险情、设施损坏应立即进行抢险维修。

水下混凝土缺陷修补是一项难度较大的施工技术，采用水下普通混凝土施工工艺难以满足要求，太浦闸、望亭水利枢纽采用水下聚合物混凝土进行水下混凝土修复。聚合物混凝土是以高分子材料为黏结剂，将其与骨料（石子、砂、水泥）固结而形成的混凝土，它具有高分子材料和无机材料的综合性能。水下修复时可选择不同的树脂品种，并通过固化剂用量的调节，使它在水中快速固化。聚合物混凝土强度的增长可以大大快于水下不分散混凝土，在一天内即可达到30MPa以上的抗压强度，同时具有在水下不分散、自流平、自密实的性能。它的低稠度使其在4~8℃低温下仍具有良好的流动功能，可采用手工、电动或混凝土强力搅拌机进行拌和，并在水下直接进行浇注。该砂浆在水下固化后具有很高的抗压和抗折强度，可用于水闸、桥墩等水下建筑物的止封、加固和补强处理。

2. 质量标准

水下工程无冲刷破坏；消力池、门槽内无砂石杂物；伸缩缝止水及门槽、门坎的预埋件等无损坏。根据规定结合实际开展水下检查，水下检查无影响正常运行的缺陷。

6.5.3.6　排水设施、永久缝维修养护

1. 技术要求

排水设施应定期进行清理，保持畅通。

永久缝填充物老化、脱落、流失时，应及时充填封堵。永久缝处理应按其所处部位、原止水材料以及承压水头选用相应的修补方法。修补施工技术要求详见《水闸技术管理规程》（SL 75—2014）要求。

2. 质量标准

排水沟无淤泥、杂物、沉陷和严重损坏，保持排水畅通；伸缩缝填充物无流失和老化脱落。

6.5.3.7　钢结构幕墙维修养护

1. 技术要求

1）钢结构工程。钢结构包括启闭机房和桥头堡钢框架、钢转接件以及螺栓、螺母、螺柱等钢紧固件等设施。钢框架上不得随意增设静荷载，如构筑物、雨篷、大型广告牌、大型管线等。应定期对裸露在外的钢结构进行保洁维护，保持表面清洁无积尘。当钢结构表面出现涂层损伤或锈蚀后，应对损伤或锈蚀部位进行重新涂装，新漆种应与原涂层材料性质相同或相近。雨天、雾天、雪天以及湿度大于85%时不宜进行涂装施工。涂装时环境温度宜控制在5~38℃之间，钢材表面温度应高于露点3℃以上。

2）幕墙工程。幕墙包括启闭机房和桥头堡玻璃幕墙、铝板幕墙和石材幕墙等设施。幕墙的保养应根据幕墙墙面污染程度，确定清洗幕墙的次数与周期，启闭机房和桥头堡幕墙每年至少应清洗2次。应避免清洗设备（如清洗机或吊篮等）擦伤幕墙面；清洗剂应使用环保材料，不得腐蚀幕墙，污染水质、环境。幕墙保养与维修应加强安全管理，不得在4级以上风力或大雨天气进行幕墙外侧检查、保养与维修作业；检查、清洗、保养维修幕墙时，所采用的设备必须操作方便、安全可靠。幕墙出现开裂、破损、变形的，应及时维修或更换。

2. 质量标准

钢结构框架表面无锈蚀，防腐层无剥落。复合涂层的最小局部厚度不应小于设计规定的金属涂层厚度和涂料涂层厚度之和，主要构件涂层蚀余厚度满足规范要求。启闭机房钢结构的主要构件杆件不平直度不超过杆件长度的千分之一。高强螺栓无松动，焊缝无开裂，焊缝开裂应及时补焊并分析原因。焊缝检测一类、二类焊缝应符合规范要求，无超标缺陷。

幕墙保持整洁，无开裂、破碎、变形等。玻璃面板性能检测、幕墙型材性能检测、硅酮密封胶检测、幕墙连接节点检测满足设计和规范要求。

6.5.3.8　交通桥、检修桥维修养护

1. 技术要求

1）混凝土交通桥、检修桥。对局部破损的交通桥桥面，可根据情况凿除老混凝土，浇筑新混凝土。交通桥混凝土栏杆出现破损、断裂时应及时修复。检修桥钢结构栏杆每年应进行一次除锈刷漆。

2）钢结构交通桥。对钢结构表面涂膜（包括金属涂层表面封闭涂层）进行定期检查，发现局部锈斑、针状锈迹时，应及时补涂涂料。当涂层老化严重或达使用寿命时，应全部重作新的防腐涂层。

2. 质量标准

①交通桥路面应保持清洁、平整，排水设施良好，无积水现象；伸缩缝完好。②钢结构外观保持清洁，无裂纹、无脱焊。③钢结构交通桥涂层厚度、蚀余厚度检测满足设计和规范要求；焊缝检测一类、二类焊缝符合规范要求，无超标缺陷。

6.5.3.9 闸门维修养护

1. 技术要求

定期清理闸门门叶、行走支撑装置、锁定装置及止水装置，保持清洁。

1）闸门门叶：①门体上的落水孔应保持畅通，梁格间不得有积水。②及时紧固松动的构件连接螺栓，并补齐丢失的螺栓。③闸门运行中发生振动，应查找原因，及时采取措施解决。④闸门构件强度、刚度或蚀余厚度不足的，按设计要求补强或更换。⑤闸门构件变形的，矫正或更换。⑥门叶的一类、二类焊缝开裂，在确定深度和范围后及时补焊。⑦门叶连接螺栓孔腐蚀的，可扩孔并配相应的螺栓。⑧牺牲阳极与门体的固定及连接应保持良好，牺牲阳极的工作面不得污损。

2）行走支承：①每年检查滚轮油腔，如出现渗油或锈蚀，应及时拆卸清洗滚轮油腔，添注润滑脂。②轴销磨损、腐蚀量超过设计标准时，应修补或更换。③滚轮踏面磨损的可补焊，并达到设计圆度；滚轮发生裂纹应更换，确认不影响安全时，可补焊。

3）吊耳、吊杆及锁定装置：①吊耳、吊杆及锁定装置的部件变形时，可矫正；如出现裂纹、开焊时，应及时修复或更换。②吊耳、吊杆及锁定装置的轴销裂纹、磨损、腐蚀量超过原直径的10%时，应更换。③吊耳、吊杆及锁定装置的连接螺栓腐蚀的，可除锈防腐，腐蚀严重的，应更换。

4）止水装置：①应根据闸门止水橡皮漏水情况，及时调整止水橡皮的预压量。②止水橡皮断裂的，可粘接修复或更换。③止水橡皮严重磨损、变形或老化的，应更换。④止水压板局部变形的，可矫正；严重变形或腐蚀的，应更换。

5）钢闸门防腐要求。①钢闸门表面喷涂涂料有下列情形之一的应进行修补或重新防腐，所用涂料宜与原涂料性能匹配：防腐蚀涂层裂纹较深、面积达10%以上，或已出现深达金属基面的裂纹；生锈鼓包的锈点面积超过2%；脱落、起皮面积超过1%；粉化，以手指轻擦沾满颜料或露底。②钢闸门喷涂金属层的蚀余厚度不足原设计厚度的1/4时，应重新防腐蚀。③采用牺牲阳极保护的钢闸门，如保护电位不合格时，可重焊、更换或增补牺牲阳极。④钢闸门防腐蚀技术要求参见《水闸技术管理规程》（SL 75—2014）。⑤钢闸门防腐措施、施工工艺、质量检查等按《水工金属结构防腐蚀规范》（SL 105）有关规定执行。

2. 质量标准

1）闸门门叶：①应保证面板、梁系及支臂表面清洁，梁格排水孔应保持畅通。②闸门构件防腐蚀涂层完好，无明显起皮、脱落现象。③闸门的连接紧固件应保持牢固，无松动、损坏、缺失等。④闸门构件无明显变形。⑤闸门焊缝无明显开裂，焊缝检测一类、二类焊缝符合规范要求，无超标缺陷。⑥闸门运行中无异常振动。⑦材料检测闸门材料硬度合格率应满足规范要求。

2）行走支承：①应保持行走支承装置表面清洁；滚轮及其零部件应保持完好，无损伤、磨损、变形、裂缝、断裂等情况，与门体连接牢固可靠。②各转动部位的滚轮应根据需要定期注油，保持运转灵活。

3）吊耳、吊杆及锁定装置：①吊耳、吊杆及锁定装置无变形、裂纹、开焊。锁定装置安全可靠，操作方便，动作灵活。②吊耳、吊杆及锁定装置的连接螺栓、轴销无明显腐蚀。

4）止水装置：①闸门橡皮止水装置应密封可靠。闭门状态时，门后无明显的翻滚、冒流现象。②止水橡皮应连续、完整，无卷曲、脱落、凹陷、撕裂、龟裂、老化等缺陷。③止水压板应无明显缺陷，连接螺栓应无松动、变形、损伤、缺件、脱落等缺陷。

5）防腐涂层：①闸门表面涂层应基本完整，无大范围涂层脱落缺陷；闸门表面应无明显锈蚀；闸门构件表面单个锈蚀面积不得超过 8.0cm^2，总锈蚀面积不得超过闸门防腐蚀面积的 1%；闸门构件表面不得出现锈蚀深度超过钢板厚度 15% 的进行性锈坑。②采用涂膜—牺牲阳极联合保护的钢闸门，牺牲阳极与闸门的固定及连接应保持良好，阳极材料表面不得沾有油漆、油污、杂物等；汛前、汛后定期测量保护电位差；牺牲阳极电位值允许范围为-850～-1 200mV。③涂层厚度检测复合涂层的最小局部厚度不应小于设计规定的金属涂层厚度和涂料涂层厚度之和。④蚀余厚度检测满足规范要求。

6.5.3.10　启闭机维修养护

1. 技术要求

（1）卷扬式启闭机

1）每周清理启闭机表面，检查连接件是否牢固。

2）每月检查液压制动器是否运转灵活、制动可靠，制动轮与闸瓦间隙应处于 0.5～1.0mm 之间，实际接触面不得小于总面积的 75%，否则应及时调整。制动器制动轮磨损在设计壁厚的 30% 以内，可修理。制动轮出现裂纹、砂眼等缺陷，须进行整修或更换。制动瓦块磨损严重，应予更换。制动闸瓦的固定螺钉断裂、脱落，应立即更换补齐。主弹簧变形，失去弹性时，应予更换。

3）每年汛前向转动件注油孔加注润滑脂。

4）每年汛前、汛后两次清理钢丝绳并涂脂保护；钢丝绳两端固定部件应紧固、可靠；双吊点启闭机钢丝绳两吊轴高差超±3mm 时，应调整。

5）保持滑轮组润滑、清洁，钢丝绳卡阻、偏磨应调整。滑轮组轮缘裂纹、破损以及滑轮槽磨损超过 3.0mm 时，应更换。

6）机架焊缝出现裂纹、脱焊，应补焊。

7）减速箱箱体上各螺孔螺纹损伤时，应修复或更换新件。减速箱运行出现异常时，及时检查维修。

8）联轴器与橡胶圈间隙超过 1.5mm 时，应修复。

9）启闭机卷筒绳槽磨损在允许值以内，应进行修理；磨损超过 2.0mm 或出现裂纹时，应更换新件。

10）钢丝绳断丝超过允许值时，应更换新绳。更换钢丝绳时，缠绕在卷筒上的预绕圈数，应符合设计要求（应大于 4 圈，其中 2 圈为固定用，另外 2 圈为安全圈）。钢丝绳的使用、保养和维护等应符合《起重机钢丝绳保养、维护、安装、检验和报废》（GB/T 5972）。

11）滑动轴承的轴瓦、轴颈，出现划痕或拉毛时，应修刮平滑。轴与轴瓦配合间隙超过规定时，应更换轴瓦。滚动轴承的滚动体及其配件，出现损伤、变形或磨损严重时，应更换。

（2）液压启闭机

1）检查油泵及油路系统，如发现渗漏油现象及时处理；油泵出油量及压力应达到设计要求，运行应平稳，无异常噪声及振动；供油管、回油管油漆应保持良好，色标应清晰，敷设应牢固。

2）油管及附件如有裂纹、砂眼、焊缝脱落及漏油时，必须及时修理或更换。修理前应先将管内油液排净后再进行补焊，严禁在未排净油液的管路上进行补焊；油缸解体维修后，必须做耐压试验。试验压力应按设计要求，上、下端盖法兰及缸壁不得有渗漏油现象；维修后应做注油渗漏试验，要求保持12h无渗漏现象。

3）检查油缸支架与基体承接是否牢固，出现松动及时紧固；液压缸的密封垫片和油管接头、阀件以及油箱、管路如出现泄漏、渗油现象应及时维修或更换。

4）活塞杆如有轻微锈蚀、划痕、毛刺，应修平磨光，如有单面压磨痕迹，应分析原因后进行处理；活塞环及油封如有较大磨损或老化变形时，必须及时更换。

5）液压系统压力保护装置应可靠、有效。

6）液压系统维修时，必须确保管路系统内的清洁，严禁铁屑、杂物掉入。

7）液压系统维修后，必须排除液压系统内的空气，并进行压力与密封性试验，试验压力为工作压力的1.25倍，保持30min系统无任何渗漏。

8）各种阀件应定期检查维护，确保动作灵活、可靠，无渗漏，压力表指示准确。节流阀、压力阀调节正常。

9）液压油每年过滤及检验一次，油质与油量应符合要求，过滤装置按产品要求定期清洗或更换。

（3）输水廊道螺杆式启闭机

1）定期清理螺杆，并涂脂保护。

2）螺杆的直线度公差超过1.5mm时，应矫正调直并检修推力轴承；及时修复螺杆擦伤，更换螺纹厚度磨损超限的螺杆。

3）承重螺母破碎、裂纹及螺纹厚度磨损超过原厚度的15%时，应更换。

（4）双扉门启闭机

1）双扉门启闭机的液压推杆拨叉卡阻时，应及时维修；拨叉轴外圆的磨损量超过轴直径的1/10时以及轴套内圆、外圆的磨损量超过轴套径向厚度的1/4时，应及时更换。

2）双扉门处于全关状态时，副卷筒限位器限位挡块应准确搁置在缓冲弹簧上；限位挡块中心线与缓冲弹簧中心点左右偏差超过2mm时，应及时调整。

3）双扉门启闭机小齿轮与大齿轮圈的啮合左右偏差超过大齿轮圈的齿厚时，应及时调整。

4）双扉门启闭机副卷筒离合器左、右齿盘啮合时，轴向间隙大于1mm或径向间隙小于0.5mm或径向间隙大于2mm时，应及时调整离合位置。

2. 质量标准

启闭机应保持完好状态，保证随时投入运行。应有可靠的供电电源和备用电源，各种电器开关、继电保护元件应按规定定期检查校验。各种指示器盘面应清晰，信号指示应完好、准确。闸门开度指示器应保持运转灵活，指示准确。荷载装置工作正常。润滑设施及其部件应齐全、完好。对需注油润滑的部位按规定及时注油。所用润滑油油质、油量应符合规定。换注前，应确保油路畅通。机体表面、防护罩、开关箱应保持清洁，不得有锈斑，油漆涂层保持均匀、完整、色标正确。旋转部位涂大红色，警觉部位宜采用黄色和黑色相间的与水平面成45°的斜道。启闭力、噪声、三相电流不平衡度、启闭机的同步偏差、制动轮、制动面硬度、齿面硬度、开式齿轮副接触斑点、开式齿轮副侧隙、绝缘电阻、直流电阻、接地电阻、启闭机机架防腐蚀等安全检测符合设计和规范要求。

（1）卷扬式启闭机

①传动系统应保持紧固，转动平稳、无冲击声或异常噪声。②制动装置应保持动作灵活、制动可靠。制动拉杆、弹簧等部件应无锈蚀、变形、断裂等情况。制动轮外表面无油污、裂纹等状况。制动轮与闸瓦之间的间隙应处于 0.5~1.0mm 之间。③传动轴不得有裂纹、斑坑或锈蚀。④减速器内应保持油位正常，油封良好，连接螺栓无明显损伤。⑤卷筒表面、幅板、轮缘、轮毂不得有裂纹或明显的损伤。卷筒轴、轴承、轴承体安装定位应准确，转动应灵活。⑥双吊点启闭机应保持同步，两吊轴高差应满足规范要求。⑦定期检查清理钢丝绳并涂脂保护。更换钢丝绳润滑油时应检查钢丝绳破坏和磨损情况。钢丝绳应符合《起重机钢丝绳保养、维护、安装、检验和报废》（GB/T 5972）的规定。⑧钢丝绳在卷筒上应固定牢固，压板、螺栓应齐全。⑨钢丝绳应有序逐层缠绕在卷筒上，不得挤叠、跳槽或乱槽。当吊点在下极限时，钢丝绳留在卷筒上的缠绕圈数应不小于 4 圈，其中 2 圈作为固定用，另外 2 圈为安全圈；当吊点处于上极限位置时，钢丝绳不得缠绕到卷筒绳槽以外。⑩手摇装置及连锁机构的工作应可靠有效。⑪保持滑轮组润滑、运转灵活，轮缘不得有裂纹、破损。滑轮组滑轮槽的磨损量不超过规定标准。

（2）液压启闭机

①活塞杆行程内无障碍物，长期暴露于缸外的活塞杆应有防腐蚀保护措施。②油箱油位应保持在允许范围内，吸油管和回油管口保持在油面以下。油位下降应及时补充同品种规格液压油，新油应过滤，并达到设计要求。③液压启闭机的缸体、端盖、活塞杆、支承凸缘、轴套等零件不得有损伤或裂纹。油缸活塞杆的伸缩速度、同步性能满足要求。④油缸下滑量值应满足规定。⑤液压阀动作应灵活准确、安全可靠。安全阀在每年汛期前必须进行测试，节流阀、压力阀调节应正常。⑥限位开关和超行程卸载保护装置应准确可靠、动作灵活。⑦液压缸解体维修后，必须做耐压试验，试验应符合设计要求。⑧液压系统有滴、冒、漏现象时，应及时修理或更换密封件。

（3）螺杆式启闭机

①定期检查清理螺杆，并涂脂保护。②螺杆螺纹无擦伤、裂纹、严重磨损。螺杆的直线度不超过允许值。③承重螺母螺纹无破损、裂纹及严重磨损。④机箱油封和结合面无漏油情况。

（4）双扉门启闭机

①各部件应紧固，无松动，运行平稳，无异常振动和杂音。②拨叉液压推杆器动作应灵活可靠，无卡阻。轴套磨损量不得超过允许值。③副卷筒限位器运行可靠，齿轮啮合良好。限位挡块应安装牢固。双扉门处于全关状态时，限位挡块应准确搁置在限位支承装置上。④离合器齿盘应啮合良好。⑤PLC 程序参数正确，上、下扉门同时升启至设定位置时，搁门器必须准确同时入位或同时失效。

6.5.3.11　电气设备维修养护

1. 技术要求

（1）干式变压器

1）每月对干式变压器周围装置进行检查，及时清理危及变压器安全运行的装置和杂物，确保运行正常。

2）每年对变压器进行检测。检测时，对变压器进行全面清理，修复损坏或缺损的部件。

（2）低压供（配）电线路

1）及时清理影响低压供（配）电线路安全运行的装置和杂物。

2）供（配）电线路老化，应及时更新，电缆头损坏应及时更换或重新浇筑。

3）及时修复损坏的电缆沟及电缆架。

（3）低压配电屏（柜）

1）检查接线是否牢固、标识是否明显，发现问题及时维修。

2）检查转换开关及按钮通断是否完好、灵活可靠，触点有无烧蚀。

3）检查指示仪表和信号灯是否完好、指示正确，固定螺栓有无松动。

4）经常清扫端子排、元器件上的灰尘，保持配电柜线路整齐、清洁。

5）接地母线等按规定进行电气试验及更新。

（4）启闭机现地控制设施

1）经常清扫启闭机房现地操作柜，保持操作柜清洁、整齐。

2）检查接线是否牢固，接地是否良好。

3）指示仪表应按规定检测校验，损坏应更换新件，固定螺栓应紧固。

4）及时更换动作不灵活、接触不良的转换开关、空气开关、交流接触器及操作按钮。

5）闸门开度传感器、荷重传感器、限位开关出现故障时，应及时修复，保证准确、灵敏；元件损坏，应更换新件。

6）检查电气闭锁装置动作是否灵敏可靠，能否自动切断主回路电源，及时修复故障缺陷或更换零部件。

7）按规定进行整体传动试验。

（5）自备发电机组

1）柴油发电机检查维修主要要求：检查柴油机各部位油位是否正常，油质是否合格；检查绝缘电阻是否符合要求；及时修复有卡阻的发电机转子、风扇与机罩间隙；擦拭干净集电环换向器，及时调整电刷压力；检查机旁控制屏元件和仪表安装是否紧固，损坏的熔断器及时更换；更换动作不灵活、接触不良的机旁控制屏的各种开关。

2）检查维护频次：每周对柴油发电机进行检查，做好日常清洁维护；每半月对柴油发电机进行试运行；转动部位应保持润滑；对蓄电池充电，保持电量充足；对柴油机油量进行检查，必要时补油；每年冬季前更换或添加冷却液；柴油发电机每年全面检修 1 次。

（6）避雷设施

1）按规定检测接地电阻，超过设计允许值的 20% 时，应补充接地板。

2）及时修补局部破损的避雷带及其支架。

3）避雷带及其支架、引下线的防腐涂层局部破损、锈蚀，应及时进行防腐蚀处理，腐蚀量超过截面的 30% 时，应更换新件。

4）每年汛前委托有资质单位对避雷设施进行检测。不满足要求的，应修复或更换。

（7）照明系统应保持完好，出现故障应及时修复。

2. 质量标准

各种开关、继电保护装置应接触良好，触点无烧蚀；各种元件应保持紧固；按钮通断完好、灵活可靠。各指示仪表和信号灯应清晰、准确，完好无缺。所有接线应牢固、连接良好、标识明显，接头无锈蚀，固定螺栓无松动。所有接地设备应良好，接地母线不得锈蚀或损坏，接地电阻值应符合要求。保护接地不大于4Ω，防雷接地不大于10Ω，与弱电设备联合接地电阻不大于1Ω。应定期测量导线绝缘电阻，绝缘电阻应大于0.5MΩ。所有机电设备应保持无尘、无污、无锈，应注意防雨、防潮。各种电力线路、电缆线路、照明线路等应整齐，无破损、老化，无漏电、短路、断路、虚连等。电缆沟内应定期清理，无杂物，无积水，电缆不得浸入水中。

（1）变配电系统

①定期查看架空线路，无树障和其他杂物。②变压器运行正常，空载时无异响。无危及变压器安全的装置或杂物。③干式变压器：温控仪、风机运转灵活；铁心和夹件表面涂层无破损。④每年应委托专业机构对变压器、防护和操作器具进行检测。

（2）操作设备

①主令控制器及限位装置定位准确可靠，触点无烧毛现象。②熔断器的熔芯或熔丝规格应符合被保护设备的要求。③上、下限位设置应分别与闸门最高、最低高度一致。

（3）电动机

①电动机运转不得有异常噪声和振动。②电机铭牌应清晰，电动机运行电流不得超过额定电流。③电动机绕组要定期检测，无绝缘老化现象。④压线螺栓牢固，定期清洗轴承并换油，无松动、磨损。

（4）低压配电柜

低压配电柜应保持接线牢固，标识明显。转换开关及按钮通断完好、灵活可靠。

（5）自备发电机组

①柴油发电机组应保持清洁；转动部位润滑良好，油质、油量符合要求；电刷压力调整到位。②发电机风扇应运行正常，无卡阻现象。③蓄电池电量充足，冷却液应加满，冬季加灌防冻液。④柴油发电机应定期检查，做好保养，确保正常工作。

（6）避雷设施

①避雷设施应安全可靠，避雷支架上不得架设其他任何线路，电涌保护器应保持完好，防腐涂层无破损。②避雷针（线、带）及引下线的腐蚀量不得超过截面的30%。③接地装置各焊接点或螺栓接头焊接应牢靠，不得有脱焊或松动。④每年应委托专业机构对避雷设施进行检测。

（7）照明设施应保持完好，运行正常。

6.5.3.12　自动控制设施维修养护

1. 技术要求

1）闸门控制系统：①每天检查闸门控制系统运行是否正常，数据采集入库是否及时、准确。②及时清理控制设备（主要是可编程控制器及电器元件）上的灰尘。③定期对入库数据进行备份。④不得随意更改系统设置。⑤及时修复系统发生的故障，更换损坏的设备。

2）视频监控系统：①每天检查视频传输是否正常，图像是否清晰，控制是否灵活。②及时清理摄像机表面灰尘及杂物，紧固云台及其控制器接头。③及时修复系统发生的故障，更换损坏的设备。

3）视频会商系统：①每月调试视频会商系统，检查视频图像及声音是否清晰。②及时修复系统发生的故障，更换损坏的设备。③按规定进行整体模拟试验，做好数据维护、病毒查杀，软件升级。

4）通信设施应完好，运行正常，及时修复或更换损坏的通信设备及设施。

5）计算机网络及机房：①每周对计算机网络设备进行清理，每月对主要计算机网络设备配置文件进行备份并做好版本管理。②每月对不间断电源进行充放电。③做好计算机网络的安全管理，及时更新杀毒软件，定时杀毒，保证计算机网络的安全稳定。④机柜接地应安全、可靠。每年对接地电阻进行检测。接地设施损坏的，应及时修复。⑤机房应保持良好的运行环境，保持地面清洁；室内温湿度应满足要求，做好机柜散热。机房及其门窗等漏雨或破损，应及时修复。

2. 质量标准

闸门控制系统、视频监视系统、视频会商系统、通信设备及设施应运行可靠，准确灵敏。

（1）闸门控制系统

①数据采集正常，入库及时，运行数据库定期备份。②系统设置符合要求，杀毒和防护软件及时更新。③系统可靠稳定，无故障。

（2）视频监视系统

①云台及其控制器控制灵活，视频切换及时准确。②摄像头应保持清洁，画面清晰，无抖动、闪烁现象。③模块接线端子不得松动氧化，线路保护设施完好，接地良好。

（3）视频会商系统

①视频图像应清晰稳定，不得杂乱、抖动、模糊。②音响应无杂音，声音清晰，与视频同步，音量适中。③话筒电量应充足，与音响的连接应可靠稳定。

（4）计算机网络及机房

①制定并落实计算机网络及机房管理制度。②水利骨干网和互联网网络通信应保持畅通，防火墙，路由器、交换机等设备运行正常。③做好计算机网络的安全管理，及时更新，定时杀毒，保证计算机网络的安全稳定。④软件修改或重置，应进行备份，并做好修改记录。⑤机房应保持良好的运行环境，保持地面清洁，室内温湿度应满足要求，做好机柜散热。

6.5.3.13 水闸工程抢险

1. 渗水和漏洞

水闸的某些部位，如边墩、翼墙、涵洞与土体结合部可能会产生缝隙或空洞，在渗透压力或者地面径流侵蚀下形成渗水、漏洞等渗透破坏。发现渗水或漏洞时，按照程序，启动应急响应。采用“前截后导、临背并举”的原则抢护渗水和漏洞，即临水侧堵塞漏洞进水口，背水侧反滤导渗排水，前后结合。具体抢险措施如下：

1）观察水面是否有翻沙鼓水现象。若有，应立即联系地方防汛防旱指挥部落实社会抢险队伍。

2）平压。采取措施减小上下游水位差。

3）检查。水工建筑物是否有不均匀沉降；土工建筑物是否有塌陷；观察渗水部位渗水量和浑浊度，渗水量较小且渗水为清水时，说明渗水对土壤颗粒起不到破坏作用；当渗水量较大、出现混浊水流时，渗透水流易将土壤颗粒带出。

4）潜水探查。潜水观察止水是否破坏，结构是否断裂、破损，是否有冲坑和塌陷等异常现象，消力池、冒水孔是否异常。如闸门关闭时，发现明显的水面漩涡，通过潜水探查水下漏洞位置，漏洞不大时，潜水人员可采用棉絮堵塞孔洞或裂缝。

5）研究方案。积极联系工程运行、勘测设计、工程施工的相关专家，分析险情产生的原因，提出应急抢险方案。

6）采取措施。采用篷布盖堵、软帘盖堵、网兜盖堵、水下堵漏等方法对渗水、漏洞的进水口位置加以封堵，截断漏水通道；对渗流出逸处，可采用砂石反滤、土工织物反滤等导渗反滤措施，使渗出的水流为清水。

2. 水闸裂缝

水闸遭遇超标准洪水，交通桥、工作桥、翼墙等超载或受力不均匀，地下水超采产生不均匀沉降，地震时、爆破等对建筑物产生震动时，水闸可能会产生裂缝，结构受力状况恶化或整体性丧失，影响工程正常运行。发现明显、较大的裂缝后，按照程序，应启动应急响应，具体抢险措施如下：

1）检查观测。加强工程日常巡视和检查，必要时布置观测设施，观察裂缝变化情况。

2）限行。交通桥、堤防上出现的明显裂缝，应做好标记，并限制大型车辆通行。

3）研究方案。积极联系工程运行、勘测设计、工程施工的相关专家，分析原因，提出处置方案。

4）采取措施。可用环氧砂浆、防水快凝砂浆、丙凝水泥浆等方法对混凝土建筑物裂缝进行处理。对于易受船舶撞击的部位，可贴钢板防护。

3. 消能防冲设施破坏

当水闸超标准运用时，可能会出现消能防冲设施破坏，影响工程正常运行。苏州管理局启动应急响应，采取措施如下：

1）立即联系地方防汛防旱指挥部落实社会抢险队伍。

2）积极联系工程运行、勘测设计、工程施工的相关专家，分析险情产生的原因，提出应急抢险方案。

3）允许断流时，及时关闭闸孔断流抢护，潜水探查毁损部位，用抛填块石或石笼等方法填补缺陷。

4）不具备关闭闸孔断流防护时，对被冲刷的部位除进行抛石防护外，可在海漫末端或其下游抛筑潜坝，以增加水深，缓和冲刷。

4. 翼墙倾斜、滑动

翼墙出现倾斜、滑动迹象等情况时，可采取以下措施：

1）墙后减载、增设排水设施等措施。

2）抛石或堆土支撑翼墙等。

5. 护坡坍塌

1）局部塌陷，抛石压盖；冲刷严重时，抛石笼压盖。

2）垫层、土体已被淘刷，先抛填垫层，再抛压砂石袋、块石或石笼等。

6. 闸门启闭故障

1）自动控制设备发生故障时，可采用现地操作方式启闭闸门，并及时排除故障。

2）变配电系统发生故障时，使用第二电源或柴油发电机供电；仍无法供电时，采用人工手摇装置开启闸门或人工操纵刹车装置关闭闸门。

3）启闭机出现故障时，应立即停机检查，及时排除故障。

7. 供电中断

1）常供线路损坏造成供电中断，应立即启用第二电源或备用发电机组供电，同时通知电网紧急抢修。

2）备用发电机组发生故障，应立即抢修，设备到达前，人力启闭。

8. 通信系统故障

通信系统发生故障，应尽快查清故障部位，换件、调试；如果无法查清故障，应采取用其他应急措施。

6.5.4 维修养护检查考核与验收

1. 检查考核

维修养护检查考核涉及日常检查、合同考核。日常检查应结合项目进展情况及时组织开展。日常维修养护合同的工期较长，宜进行合同考核；专项维修养护合同的工期较短，可不进行合同考核，合同内容完成后应及时组织合同验收。检查记录、考核结果等作为合同验收的依据之一。

合同考核依据维修养护管理要求和标准，维修养护合同书，行业规程规范、管理制度，及其他经双方认可的考核依据。合同考核内容包括维修养护工作的进度、质量、效果及项目资料等，合同考核实行百分制。

合同考核分为定期考核和不定期抽查。定期考核包括月度考核和季度考核，不定期抽查作为定期考核的必要补充。苏州管理局按规定组织做好月度考核、季度考核和不定期抽查。①月度考核工作组织。直管工程管理所于每月底组织所辖工程的维修养护月度考核。考核小组组长为管理所负责人，考核小组成员为管理所相关职工。②季度考核工作组织。苏州管理局每季度末组织季度考核。考核小组组长为维修养护项目分管局领导或项目负责人，考核小组成员原则上由项目组人员组成。③不定期抽查工作组织。不定期抽查小组成员由两人或两人以上组成，采用随机抽查方式进行，抽查结果应在7个工作日内及时告知维修养护合作单位。抽查结果中的扣分值在月度或季度考核该项得分中直接扣减，直至该项分值扣完。

季度考核程序应符合下列要求（月度考核参照执行，可适当简化）：①维修养护合作单位汇报阶段工作开展情况。②考核小组查阅维修养护合作单位阶段工作开展情况项目资料，包括工作计划、施工记录、报表、报告、照片等资料，检查资料的收集与整理是否规范、完整。③考核小组查看维修养护现场，维修养护合作单位随行并现场介绍和回答质询。④考核小组依据考核办法进行季度考核赋分。⑤计算季度考核综合得分。季度考核综合得分由月度考核平均得分和季度考核得分按权重组成，月度考核平均得分权重占60%，季度考核得分权重占40%。⑥考核小组于考核结束7个工作日内将考核结果通知维修养护合作单位。

考核处置措施：①季度考核综合得分与当季维修养护经费挂钩。季度考核综合得分不低于85分时，全额支付当季维修养护经费；季度考核综合得分低于85分但不低于80分时，每扣减1分，扣减当季维修养护经费的2%；季度考核综合得分低于80分但不低于70分时，每扣减1分，扣减当季维修养护经费的3%；季度考核综合得分低于70分但不低于60分时，每扣减1分，扣减当季维修养护经费的6%；季度考核综合得分低于60分时，终止合同。②季度考核综合得分与施工单位信誉挂钩。当年季度考核综合得分均不低于90分的，选择下一年度维修养护合作单位时可优先考虑。当年季度考核综合得分均不低于60分，但有2次以上低于70分的，2年内不得推荐承担维修养护任务。季度合同考核综合得分低于 60 分时，终止合同，5 年内不得推荐承担维修养护任务。③进度款按季度考核结果进行支付。④扣减的维修养护经费应用于其他维修养护工作内容。

维修养护项目合同考核工作流程见表 6-15。

表 6-15　维修养护项目合同考核工作流程

1. 目的：按流程开展合同考核，检查合同的进度、质量、效果及项目资料等。
2. 适用范围：全年实施的日常维修养护合同考核。
3. 流程图：

工作流程图	责任部门	责任岗位	使用表单	流程说明
明确需考核的合同	项目组	负责人		项目组与管理所协商，明确需开展考核的日常维修养护合同
依据合同内容编制考核要求	工程管理科、管理所	水工技术管理		工程管理科与管理所协商，根据维护工作内容编制考核要求，并经部门负责人审阅同意
签订合同，将考核要求作为合同附件	承办部门	负责人		合同承办部门组织签订合同，将考核要求作为合同附件
月度考核	承办部门	负责人		合同承办部门负责人组织开展月度考核
不定期抽查	工程管理科、管理所	负责人		采用随机抽查的方式进行不定期考核
季度考核	苏州管理局	分管局领导或项目负责人	维修养护考核评审结果表	按定期考核程序开展季度考核
反馈考核意见	工程管理科	水工技术管理		于考核结束 7 个工作日内将考核结果通知被考核合作单位

2. 验收管理

（1）合同验收

维修养护合同履行完成后，合同承担单位提交合同成果、合同执行情况总结。合同承办部门组织相关技术专家和财务、资产、档案管理等部门进行经济合同验收，对经济合同履行情况、工作成果等内容进行审查，提出合同验收意见。合同价款以双方审定认可的决算金额进行最终结算。

（2）项目验收

合同按约定执行并已组织验收后，项目组按档案管理要求完成资料收集、整理，编写项目绩效管理报告、项目执行情况总结。

项目内容全部完成后苏州管理局按规定组织项目验收。项目验收应成立验收组，验收组实行组长负责制。验收组组长原则上应具备高级专业技术职称或处级及以上职务。验收组由有关业务、财务、档案等专家或管理人员组成。验收组成员人数为奇数，一般不得少于5人，苏州管理局维修养护项目验收组成员应包括该项目上级业务主管部门人员。验收中发现的问题，应落实责任人，及时整改。

维修养护项目合同验收、项目验收工作流程见表6-16。

表6-16 维修养护项目合同验收、项目验收工作流程

1. 目的：要按照合同管理及预算项目管理相关规定，做好维修养护合同验收和项目验收工作。
2. 适用范围：维修养护项目合同验收、项目验收。
3. 流程图：

工作流程图	责任部门	责任岗位	使用表单	流程说明
督促完成合同工作内容	承办部门	负责人		督促合作单位及时按合同完成维修养护工作内容
收集完善合同资料	承办部门	负责人		督促合作单位提交合同成果资料，做好决算审核工作
合同验收	承办部门	负责人		合同承办部门按规定组织合同验收
督促完成项目工作内容	项目组	负责人		督促承办部门及时按要求完成维修养护工作内容
收集完善项目资料	工程管理科	水工技术管理		督促承办部门提交项目成果资料
编写项目执行总结	工程管理科	水工技术管理		按规定编写水利工程维修养护项目年度执行情况总结
项目验收	苏州管理局	分管副局长	项目验收工作底稿	按规定主持项目验收，形成水利工程维修养护中央级预算项目验收报告
资料归档移交	工程管理科	水工技术管理		经整理后移交办公室归档

6.6 控制运用

6.6.1 控制运用工作组织

1. 水位高程体系

太浦闸、望亭水利枢纽控制运用的水位高程为镇江吴淞基面高程。

2. 主要任务

太浦闸、望亭水利枢纽承担的主要任务有：①太浦闸，防洪、泄洪和向下游地区供水，兼顾通航。②望亭水利枢纽，防洪、泄洪、引水，兼顾望亭发电厂供水。

3. 运用原则

太浦闸、望亭水利枢纽控制运用应遵循的原则有：①控制运用须严格执行调度指令。②太浦闸套闸运行须服从太浦闸和太浦河泵站工程的统一调度，不应影响防洪、泄洪和供水任务。③望亭发电厂取水口节制闸须服从望亭水利枢纽工程的统一调度，不应影响防洪、排涝和引水任务。

4. 运行权限

太浦闸、望亭水利枢纽控制运用权限是：①太浦闸、望亭水利枢纽控制运用应严格执行太湖流域防汛抗旱总指挥部和太湖局调度指令，不接受其他任何单位和个人的指令。②如需临时启闭闸门，管理所应报苏州管理局同意后实施；若闸门调整影响到调度指令的执行，苏州管理局应及时向太湖局报告，征得同意后方可实施。③如遇紧急情况，管理所可根据工程应急预案进行应急处理并同时上报。

5. 调度指令执行流程

管理所接到调度指令后，应及时签发操作票，执行完毕后，向太湖局、苏州管理局、水文站发送闸门调整报告。闸门操作应留存操作运行记录。苏州管理局调度指令执行流程见表 6-17。

表 6-17　苏州管理局调度指令执行流程

1. 目的：按调度指令规范做好工程控制运用。
2. 适用范围：适用于工程接到调度指令后的正常运行流程。
3. 流程图：

工作流程图	责任部门	责任岗位	使用表单	流程说明
苏州局局机关确认 ↓	局机关	值班人员		值班人员签收确认调度指令传真，并下发管理所，同时告知局带班领导查阅
管理所确认 ↓	管理所	值班人员		值班人员签收确认调度指令传真，同时告知管理所带班领导查阅
签发操作票 ↓	管理所	带班领导	闸门启闭操作票	管理所带班领导签发闸门启闭操作票
工程安全确认 ↓	管理所	闸门运行		确认工程是否安全，是否具备运行条件
执行指令并调整闸门 ↓	管理所	闸门运行		按运行操作规程进行闸门启闭，执行指令并调整闸门
发送调整报告 ↓	管理所	闸门运行	闸门调整报告	执行完毕后，向太湖局、苏州管理局、水文站发送闸门调整报告
填写留存操作记录	管理所	闸门运行	闸门运行记录	闸门操作应留存操作运行记录

工程遇有暴雨、台风等极端天气，超过设计流量或设计水头差运用时，管理所应加强巡视检查和观测工作，随时向苏州管理局报告工情、水情变化情况。

工程自动化控制应与人工控制相结合，保证在紧急情况、恶劣环境条件下仍能安全可靠运行，并保留操作记录。

6. 闸门操作基本要求

闸门操作运行应符合操作规程及下列要求：①按运行操作规程进行启闭，由中间孔向两侧依次对称开启，由两侧向中间孔依次对称关闭。②上、下扉布置的闸门，应先开启下扉门，再开启上扉门，关闭时顺序相反。③过闸水流应平稳，避免发生集中水流、折冲水流、回流、漩涡等不良流态。④开闸或关闸过程中，保持适宜的闸门开度，避免闸门停留在发生振动的位置。⑤太浦闸节制闸闸门一般应保持同等开度；套闸参与泄洪、供水运用时，上闸首宜与节制闸保持同等开度，下闸首保持敞开。⑥望亭水利枢纽 1~7 号闸门一般应保持同等开度。8 号、9 号两孔参与泄洪、引水运用时，宜与 1~7 号闸门保持同等开度。

7. 技术档案要求

苏州管理局建立直管工程控制运用技术档案，定期进行资料整编。控制运用技术档案一般包括调度指令、闸门启闭操作票、闸门调整报告、操作运行记录、运行情况（含工程运行特征值）统计分析资料等。

6.6.2 控制运用安全要求和质量标准

1. 流量控制

太浦闸、望亭水利枢纽运用按日平均流量控制，兼顾 8 时报汛流量，流量控制符合下列规定：①调度流量不超过 $100m^3/s$，允许偏差为 $\pm10m^3/s$。②调度流量超过 $100m^3/s$ 时，允许偏差宜控制在 ±5% 内，最大允许偏差为 ±10%。③若因特殊水文、气象条件影响，难以满足调度指令要求，管理所应及时将有关情况报告苏州管理局和太湖局。④调度指令要求全力排（引）水时，应根据工程现场上下游水位差、风力风向和潮汐等因素调整闸门，实现排（引）水流量最大化。

2. 太浦闸控制运用指标

根据水闸技术管理规程相关要求，依据太浦闸除险加固工程设计特征值，提出相关控制运用指标。太浦闸工程控制运用指标见表 6-18。太浦闸工程运行特征值统计见表 6-19。

表 6-18 太浦闸工程控制运用指标

项目		单位	数量	说明
流量（近期）	最大排水流量	m^3/s	931	相应闸上水位 5.33m，闸下水位 4.58m
水位差	正向最大水位差	m	1.94	相应闸上水位 5.50m，闸下水位 3.56m
	反向最大水位差	m	1.64	相应闸上水位 1.70m，闸下水位 3.34m
套闸通航水位	最高通航水位	m	3.50	
	最低通航水位	m	2.60	

表 6-19　太浦闸工程运行特征值统计表

特征值	$H_上$ (m)	$H_下$ (m)	ΔH (m)	实测 Q (m^3/s)	发生日期
闸上历史最高水位 ($H_{上max}$)	4.75	4.50	0.25	916	2016 年 7 月 15 日，10 孔闸门开高 3.7m
闸上历史最低水位 ($H_{上min}$)	2.51	2.98	-0.47	60	2020 年 5 月 30 日，太浦闸关闸，开启太浦河泵站
闸下历史最高水位 ($H_{下max}$)	4.70	4.59	0.11	875	2020 年 7 月 23 日，10 孔闸门开高 5.0m
闸下历史最低水位 ($H_{下min}$)	2.92	2.59	0.33	65.8	2014 年 1 月 28 日，4 孔闸门开高 0.5m
正向最大水位差 (ΔH_{max})	3.71	2.87	0.84	64.8	2020 年 12 月 29 日，9 孔闸门开高 0.3m
反向最大水位差 (ΔH_{min})	3.48	4.13	-0.65	—	2013 年 10 月 8 日，关闸
最大实测流量 (Q_{max})	4.69	4.56	0.13	938	2016 年 7 月 11 日，10 孔闸门开高 5.0m

注：1. 太浦闸工程运行特征值从 2013 年 5 月 15 日太浦闸工程恢复通水以来统计，截至 2020 年 12 月 31 日。
2. 统计数据来源于太浦闸水文站水文情报表、太浦闸工程闸门调整报告。

（1）太浦闸正向挡水情况（上游水位高于下游水位）控制指标

根据《太浦闸除险加固工程初步设计报告》（上海勘测设计研究院，2011 年 7 月编制），太浦闸稳定计算正向挡水校核水位最大水位差为 1.94m，相应闸上为 5.50m（校核洪水位），闸下为 3.56m（闸下多年平均年最高水位）。

（2）太浦闸反向挡水情况（下游水位高于上游水位）控制指标

根据《太浦闸除险加固工程初步设计报告》（上海勘测设计研究院，2011 年 7 月编制），太浦闸稳定计算反向挡水校核水位最大水位差为 1.64m，相应闸上为 1.70m（太浦河泵站设计低水位），闸下为 3.34m（太浦河泵站设计高水位）。

（3）太浦闸套闸通航水位指标

《水利部关于太浦闸除险加固工程设置套闸变更设计报告的批复》（水总〔2012〕572 号）批复意见如下：套闸最高通航水位 3.5m，最低通航水位 2.6m。

（4）近期最大排水流量指标

根据《太浦闸除险加固工程初步设计报告》（上海勘测设计研究院，2011 年 7 月编制），“近期规模”设计流量 784m^3/s，校核流量 931m^3/s。《关于太浦闸除险加固工程初步设计报告的批复》（水总〔2010〕278 号）批复意见如下：基本同意太浦闸除险加固工程近期按闸孔总净宽 120m，闸底板高程-1.50m，闸槛顶高程 0.00m 方案实施，在太浦河现状河道情况下，遇“1999 年南部雨型”100 年一遇洪水，太浦闸最大下泄流量为 784m^3/s。2016 年 7 月 11 日，太浦闸历史最大排水流量为 938m^3/s，超出校核流量 0.75%，超出数值较小，对工程安全运行影响不大。《太浦闸水下工程检查报告》（江苏神龙海洋工程集团有限公司，2019 年 5 月编制）认为：太浦闸水下工程设施正常，未发现明显损坏现象。因此，本方案在综合考虑满足流域规划确定的太浦河泄洪任务的条件和最大程度保证工程安全的基础上，提出太浦闸最大排水流量为931m³/s。

3. 望亭水利枢纽控制运用指标

根据水闸技术管理规程相关要求，参考望亭水利枢纽设计特征值、《望亭水利枢纽运行安全复核报告》（上海友为工程设计有限公司，2019年6月编制）等计算复核成果和工程运行实践情况，提出相关控制运用指标。望亭水利枢纽控制运用指标见表6-20。望亭水利枢纽运行特征值统计见表6-21。

表6-20 望亭水利枢纽控制运用指标

项目		单位	数量	说明
流量	最大排水流量	m^3/s	536	相应闸上水位4.86m，闸下水位4.75m
	最大引水流量	m^3/s	447	相应闸上水位2.81m，闸下水位2.90m
水位差	正向最大水位差	m	1.4	
	反向最大水位差	m	1.99	相应闸上水位不低于1.65m，闸下水位不超过5.0m
导流隔水墙	最大水位差	m	0.8	

表6-21 望亭水利枢纽运行特征值统计表

特征值	$H_上$（m）	$H_下$（m）	ΔH（m）	实测Q（m^3/s）	发生日期
闸上历史最高水位（$H_{上max}$）	5.00	4.39	0.61	285	1999年7月8日，闸门部分开启
闸上历史最低水位（$H_{上min}$）	1.65	3.64	-1.99	—	2012年8月8日，海葵台风，关闸
闸下历史最高水位（$H_{下max}$）	4.64	4.77	-0.13	—	2016年7月3日，关闸
闸下历史最低水位（$H_{下min}$）	2.83	2.82	0.01	—	2000年5月17日，关闸
正向最大水位差（ΔH_{max}）	3.92	3.11	0.81	—	2018年7月22日，关闸
反向最大水位差（ΔH_{min}）	1.65	3.64	-1.99	—	2012年8月8日，海葵台风，关闸
最大排洪流量（Q_{max}）	4.86	4.75	0.11	536	1999年7月13日，1~8孔5.5m，9孔6.5m
最大引水流量（Q_{max}）	3.40	3.50	-0.10	-321	2003年8月29日，1~7孔6.5m，8、9孔3.0m

注：1. 望亭水利枢纽运行特征值从1994年1月主体工程竣工验收以来统计，截至2020年12月31日。
2. 统计数据来源于望亭水利枢纽工情报告、望亭水利枢纽闸门调整报告。

（1）望亭水利枢纽正向挡水情况（上游水位高于下游水位）控制指标

望亭水利枢纽正向挡水的设计水位差为0.8m。望亭水利枢纽曾经承受过的历史正向最大水位差为0.81m。根据《望亭水利枢纽运行安全复核报告》成果，上游闸首在所有可能的正向挡水水位组合下，其抗滑、抗浮、地基承载力及基底应力比均满足设计要求，防渗长度及渗透稳定也均满足设计要求；下游闸首及箱涵在最不利水位组合下抗浮稳定满足设计要求。同时《望亭水利枢纽运行安全复核报告》对闸门可正常启闭的水位差限值复核成果指出，“正向挡水情况下，水位差应低于 1.4m，以保障闸门正常启闭”。综上因素，为尽可能保证望亭水利枢纽的安全运行，提出望亭水利枢纽正向最大水位差为 1.4m。

（2）望亭水利枢纽反向挡水情况（下游水位高于上游水位）控制指标

望亭水利枢纽遇有暴雨、台风等极端天气，反向挡水情况下易出现超设计工况，工程运行具有较大的安全隐患。望亭水利枢纽反向挡水能力受抗滑、抗浮、地基承载力、闸门刚度、启闭力等多种因素影响。《望亭水利枢纽运行安全复核报告》提出：当上游水位不低于 1.65m 且下游水位不超过 5.0m 时，反向最大水位差为 2.7m，其抗滑、抗浮、地基承载力均满足设计要求，防渗长度及渗透稳定也均满足设计要求，地基应力不均匀系数偏大，设计认为结构稳定满足要求；为满足闸门主梁挠度 L/750 安全限值要求，反向水位差均应不大于 2.4m；在不配重、配重 4.2t、配重 8.4t 的情况下，正向排水、反向引水时闸门可正常启闭的水位差限值见表 6-22，由此，反向工况下闸门可正常启闭的安全水位为 2.15m。《望亭水利枢纽更新改造工程初步设计报告》（上海勘测设计研究院，2009 年 5 月编制）工程特性表提出：反向设计水头差为 1.12m，反向最大水头差（截至初步设计报告编制时的实况水位）为 1.64m。依据望亭水利枢纽运行实际指标，望亭水利枢纽曾经承受过的历史反向最大水位差为 1.99m，时间为 2012 年 8 月 8 日海葵台风期间。

表 6-22　闸门可正常启闭的水位差限值

配重情况（t）	正向排水		反向引水	
	闸门可正常启门水位差（m）	闸门可正常闭门水位差（m）	闸门可正常启门水位差（m）	闸门可正常闭门水位差（m）
0	<3.00	<0.60	<3.35	<0.85
4.2	<2.40	<1.00	<2.75	<1.25
8.4	<1.80	<1.40	<2.15	<1.65

工程经历台风、暴雨、高水头等多种因素影响时，上下游水位变化迅速，工程现场需要提前预判、统筹考虑、及时处置。综合考虑，当上游水位不低于 1.65m 且下游水位不超过 5.0m 时，反向最大水位差不宜超过 1.64m，不应超过 1.99m。

（3）导流隔水墙最大水位差控制指标

根据《望亭水利枢纽运行安全复核报告》，望亭电厂取水口工程导流隔水墙桩基按照表 6-23 的要求控制水位组合时，其桩基承载力满足设计要求。导流隔水墙水位差受到上下游、左右岸的水位等因素影响，变幅较大。为确保导流隔水墙安全和保障望亭发电厂取水需要，避免对电网运行带来较大影响，需要加强预判、提前处置，以策安全。结合工程实际和实践经验，经综合考虑，拟定导流隔水墙内外水位差不应超过 0.8m。

表 6-23　隔墙桩基承载力控制指标

太湖侧水位（m）	望虞河侧水位（m）	最大安全水位差（m）	备　注
3.50	2.50	1.00	太湖侧水位高于望虞河侧水位时，两侧水位差按不大于 1.00m 控制
3.80	2.80	1.00	
4.00	3.00	1.00	

续表

太湖侧水位（m）	望虞河侧水位（m）	最大安全水位差（m）	备　注
1.60	2.50	-0.90	太湖侧水位低于望虞河侧水位时，两侧水位差按不大于0.90m控制
2.10	3.00	-0.90	
3.10	4.00	-0.90	

（4）最大流量指标

1999年7月13日，望亭水利枢纽历史最大排水流量为536m^3/s。《望亭水利枢纽泄水能力分析》（上海勘测设计研究院有限公司，2016年7月6日编制）提出：闸上水位为4.86m，闸下水位4.75m，水位差0.11m，闸门开度0.813，流量为536m^3/s，可满足最大泄水流量要求；闸上水位为5.0m，闸下水位4.39m，水位差0.61m，闸门开度0.417，流量为500m^3/s，可满足太湖水位高于5.0m时最大泄水流量要求。因此，本方案在综合考虑满足流域规划确定的望虞河泄洪任务的条件和最大程度保证工程安全的基础上，提出望亭水利枢纽最大排水流量为536m^3/s。

《望亭水利枢纽更新改造工程初步设计报告》提出：按规划工况（河道拓宽60m，立交扩大200m^2方案），最大过闸流量670m^3/s时（其中原望亭立交工程分摊447m^3/s），对应立交上下水位2.81m和2.90m，反向水头为0.09m。更新改造初步设计涵洞过流能力复核满足要求，上、下游河道的抗冲能力满足要求。因此，本方案在考虑满足流域规划确定的望虞河引水任务的条件和最大限度保证工程安全的基础上，提出望亭水利枢纽最大引水流量为447m^3/s。

4. 超控制运用指标措施

太浦闸、望亭水利枢纽如需超过本节确定的控制指标运用时，苏州管理局应进行分析论证和安全复核，提出可行的运用方案和改造措施，报经太湖局批准后施行。

6.6.3 规范开展太浦闸工程操作运行

1. 基本要求

（1）闸门运行方式

工作闸门操作运行主要采用自动控制和现地控制两种方式，一般采用自动控制。当工程主电源及备用电源均无法使用时，采用手摇装置操作。

（2）调度指令执行

收到太湖局新的调度指令，值班人员报告带班人员。带班人员签署闸门运行操作票，由具备闸门运行岗位上岗资格人员按操作票要求执行操作。

（3）闸门操作基本要求

①根据设备功能和工况合理配置操作人员，并上岗到位。②操作前应检查启闭机、电源、仪表和指示灯，并与监护人员联系，确认无故障。③操作人员查看启闭机房、上下游、闸孔等相应监视部位，确认无异常。④观察上下游水位、流态以及是否有影响安全泄流的船只及障碍物。⑤查看确认闸门、启闭机、机电及自动控制设备设施等满足运行要求方可操作。⑥闸门启闭过程中，应密切观察启闭机运行状况和仪表参数变化情况。闸门停在搁门器位置时，闭门前应先提上升门松开搁门器后再闭门。⑦闸门调整完成30min后，

检查流量是否满足调度指令要求。如满足，填写并及时将闸门调整报告发送至太湖局防御处、苏州管理局、水文基地值班室。如不满足，继续调整闸门。

（4）套闸通航操作基本要求

①有通航事项时，带班人员通知运行人员做好套闸启闭准备工作。②过闸前，船舶必须用超高检测系统检测高度。当超高监测系统检测出船舶最高点高程超过 8.5m 的，禁止过闸；当监测出船舶最高点高程位于 6.4~8.5m 的，必须开启液压开启桥过闸；当船舶最高点高程低于 6.4m 的，无须开启液压开启桥。③检查船只是否装载农药、化学品、燃油、生活及工业垃圾等，确认安全。④根据设备功能和工况合理配置操作人员、监视人员，并上岗到位。⑤操作前应检查启闭机、电源、仪表和指示灯，并与监护人员联系，确认无故障存在方可操作。⑥液压开启桥操作过程中应密切监视桥面平衡状况和控制系统运行参数变化情况。当系统故障报警时，必须查明情况及时检修。⑦操作运行结束后，应及时填写操作运行记录表。

（5）检修门操作基本要求

①一组检修门共 4 块，分为上页门 1 块（记为上 1）和下页门 3 块（记为下 1、下 2 和下 3），吊装顺序为先吊装下页门再吊装上页门。②操作前检查确认电动葫芦供电、行程开关按键、钢丝绳、吊钩、限位器、行走轨道梁及相关辅助工具是否正常。③现场配备指挥员 1 名，操作员 1 名，辅助人员 2 名。操作人员须听从指挥人员指挥，做到操作口令和动作一致。④在起吊过程中应做到垂直起吊，不许斜拉和跨越检修门；在检修门上升或下降过程中，应注意运行是否正常。一旦出现卡阻现象，应立即停车检查。⑤在电动葫芦空载运行时，应防止钢丝绳在回收过程中出现打结、扭绕。⑥下游侧检修门操作需使用汽车起重机。用电动葫芦将上游侧检修门槽中检修门起吊至停靠在 10 号孔的专用船只上，运至下游后用汽车起重机吊装至下游侧检修门槽中，吊装顺序同上游侧。⑦对检修门启用和复位的作业过程，应做好相应的记录，并做好资料的整理归档工作。⑧操作完毕后，应及时将检修门槽盖板复位盖好，电动葫芦停在指定位置，吊钩复位，同时切断电源。

2. 闸门操作运行

（1）节制闸远程自动控制操作步骤

1）操作人员打开“自动监控系统工控机”，双击桌面上“太浦闸闸门监控系统”快捷方式，弹出系统登录页面。

2）点击“登录注销”按钮，弹出系统登录窗口。

3）输入用户名和密码，点击“登录”按钮，进入自动监控系统。

4）点击“节制闸”栏目框进入节制闸集控系统。

5）点击“警报”栏目框后点击“打开警报”，30s 后点击“关闭警报”。

6）查看确认节制闸集控页面各显示状态、闸门开度及荷重数据是否正常。合理选择控制方式。

单孔启门控制：点击“闸门控制”一栏中对应闸门“上升”按钮后确认，启门到位后自动停止；或者点击“升至搁门器”按钮使闸门升至搁门器位置停止；或者点击“预设值”栏目框，输入开度值，点击“目标值投入”后确认，使闸门自动上升至设定开度。

单孔闭门控制：点击“闸门控制”一栏中对应闸门“下降”按钮后确认，闭门到位后自动停止；或者点击“预设值”栏目框，输入开度值，点击“目标值投入”后确认，使闸门自动下降至设定开度。

成组启门控制：点击“成组升降”按钮，弹出成组控制闸门参数设置窗口后勾选“成组上升”。根据需要，点击勾选“闸门”复选框，输入开度值，点击“确定”按钮，使选定的闸门自动上升至设定开度。操作完成后点击“退出成组”按钮。

成组闭门控制：点击“成组升降”按钮，弹出成组控制闸门参数设置窗口后勾选“成组降闸”。根据需要，点击勾选“闸门”复选框，输入开度值，点击“确定”按钮，使选定的闸门自动下降至设定开度。操作完成后点击“退出成组”按钮。

7）远程自动控制操作完毕。

（2）节制闸现地手动控制操作步骤

1）操作人员至“节制闸启闭机控制柜”，查看控制柜各项指示灯状态及“多功能数显表”上的电压、电流、功率读数，确认指示灯状态及电压、电流、功率等数据正常。

2）查看“闸门开度仪”上开度和荷重读数，确认闸门开度和闸门荷重数据正常。

3）顺时针旋转“紧急停止”旋钮（约45°）以释放该旋钮。

4）将“控制权限”转换开关打至“现地”位置。

5）将“控制方式”转换开关打至“手动”位置。

6）查看确认钢丝绳、闸门、门槽、上下游船只等情况正常。

7）启动运行：

闸门上升：按下“闸门上升”按钮，查看确认“闸门上升指示灯”点亮，闸门开度、荷重、电流、功率等数据变化正常；启门到位后自动停止。

闸门下降：按下“闸门下降”按钮，查看确认“闸门下降指示灯”点亮，闸门开度、荷重、电流、功率等数据变化正常；闭门到位后自动停止。

8）当闸门启门到位时，查看确认“闸门全开指示灯”点亮。当闸门闭门到位时，查看确认“闸门全关指示灯”点亮。

9）按下“紧急停止”旋钮。

10）节制闸现地手动控制操作完毕。

（3）节制闸现地自动控制操作步骤

1）操作人员至“节制闸启闭机控制柜”，查看控制柜各项指示灯状态及“多功能数显表”上的电压、电流、功率读数，确认指示灯状态及电压、电流、功率等数据正常。

2）查看“闸门开度仪”上开度和荷重读数，确认闸门开度和闸门荷重数据正常。

3）顺时针旋转“紧急停止”旋钮（约45°）以释放该旋钮。

4）将“控制权限”转换开关打至“现地”位置。

5）将“控制方式”转换开关打至“自动”位置。

6）查看确认钢丝绳、闸门、门槽、上下游船只等情况正常。

7）点击“液晶触摸屏”进入操作界面，点击“闸门监控”进入监控画面。

8）检查核对监控画面中开度、荷重数据与“闸门开度仪”显示的数据是否一致。

9）点击屏幕上方“解锁”标志按钮，输入用户名和密码，确定后再次点击“解锁”标志按钮进行解锁。

10）启动运行。

闸门上升：点击“上升”按钮或者“闸门设定”按钮设定闸门开度值进行启门操作，查看确认“闸门上升指示灯”点亮，闸门开度、荷重、电流、功率等数据变化正常；启门到位后自动停止。

闸门下降：点击“下降”按钮或者“闸门设定”按钮设定闸门开度值进行闭门操作，查看确认“闸门下降指示灯”点亮，闸门开度、荷重、电流、功率等数据变化正常；闭门到位后自动停止。

11）当闸门启门到位时，查看确认“闸门全开指示灯”点亮。当闸门闭门到位时，查看确认“闸门全关指示灯”点亮。

12）按下“紧急停止”旋钮。

13）节制闸现地自动控制操作完毕。

（4）节制闸手摇装置操作步骤

1）操作人员至“节制闸启闭机控制柜”，查看“闸门开度仪”上开度和荷重读数，确认闸门开度和闸门荷重数据正常。

2）至“节制闸启闭机控制柜”柜后，断开“主回路电源开关”。

3）使用一字起逆时针转动手摇装置离合器侧边的“紧固螺钉”使离合器能前后移动。

4）手动移动手摇装置离合器使其结合到位。

5）使用一字起顺时针转动手摇装置离合器侧边的“紧固螺钉”使离合器固定。

6）使用专业扳手调节制动器调节螺杆，以松开电动机制动闸瓦。

7）查看确认钢丝绳、闸门、门槽、上下游船只等情况正常。

8）装上“手摇装置操作杆”，启门时逆时针转动使闸门开启至预定高度，闭门时顺时针转动使闸门关闭至预定高度。操作完成后查看确认闸门开度、荷重等数据变化正常。

9）节制闸手摇装置控制运行操作完毕。

（5）双扉门下扉门现地单动控制操作步骤

1）操作人员至“双扉门启闭机控制柜”，查看控制柜各项指示灯状态、电压表和电流表读数，确认指示灯状态和电源电压、电流数据正常。

2）查看“触摸屏”上开度和荷重读数，确认闸门开度和闸门荷重数据正常。

3）查看确认卷筒离合器处于分离状态，同时“离合器分离到位”指示灯点亮。

4）顺时针旋转“紧急停止”旋钮（约45°）以释放该旋钮。

5）将“本控/远控”转换开关打至“本控”位置，查看确认“本控状态”指示灯点亮。

6）将“单动/联动”转换开关打至“单动”位置，查看确认“单步状态”指示灯点亮和钢丝绳、闸门、门槽、上下游船只等情况正常。

7）启动运行。

下扉门启门：按下“下扉门启门”按钮，查看确认“下扉门启门状态”指示灯点亮，副卷筒位置正常，闸门开度、荷重、电流等数据变化正常。启门到位后自动停止。当下扉门启门到位时，查看确认“下扉门启门到位”指示灯点亮。

下扉门闭门：按下“下扉门闭门”按钮，查看确认“下扉门闭门状态”指示灯点亮，副卷筒位置正常，闸门开度、荷重、电流等数据变化正常。闭门到位后自动停止。当下扉门闭门到位时，查看确认“下扉门闭门到位”指示灯点亮。

8）按下“紧急停止”旋钮。

9）双扉门下扉门现地单动控制操作完毕。

（6）双扉门现地联动控制操作步骤

1）操作人员至“双扉门启闭机控制柜”，查看控制柜各项指示灯状态、电压表和电流表读数，确认指示灯状态和电源电压、电流数据正常。

2）查看“触摸屏”上开度和荷重读数，确认闸门开度和闸门荷重数据正常。

3）查看确认卷筒离合器状态。

现地联动启门时，查看确认卷筒离合器处于分离状态，同时“离合器分离到位”指示灯点亮。

现地联动闭门时，查看确认卷筒离合器处于结合状态，同时“离合器结合到位”指示灯点亮。

4）顺时针旋转“紧急停止”旋钮（约45°）以释放该旋钮。

5）将“本控/远控”转换开关打至“本控”位置，查看确认“本控状态”指示灯点亮。

6）将“单动/联动”转换开关打至“联动”位置，查看确认“联控状态”指示灯点亮和钢丝绳、闸门、门槽、上下游船只等情况正常。

7）启动运行。

联动启门：按下“联动启门”按钮，下扉门将提升至启门离合位置时自动停止，延时10s后离合器做结合动作，当离合器结合到位后延时10s，上下扉门同时提升至开启到位位置；过程中查看确认各项指示灯状态、离合状态、主副卷筒位置、闸门开度、荷重、电流数据等变化正常。启门到位后自动停止。当启门到位时，查看确认“下扉门启门到位”和“上扉门启门到位”指示灯点亮。

联动闭门：按下“联动闭门”按钮，上下扉门将同时下落，当下落至闭门离合位置时自动停止，延时10s后离合器做分离动作，当离合器分离到位后延时10s，下扉门继续下落至全闭位置；过程中查看确认各项指示灯状态、离合状态、主副卷筒位置、闸门开度、荷重、电流数据等变化正常。闭门到位后自动停止。当闭门到位时，查看确认“下扉门闭门到位”和“上扉门闭门到位”指示灯点亮。

8）按下“紧急停止”旋钮。

9）双扉门现地联动控制操作完毕。

（7）故障及应急处理措施

1）操作时的紧急停止。

发生紧急危险情况时，应迅速按下“紧急停止”旋钮。“停止”或“紧急停止”旋钮操作方式如下：节制闸控制操作时，若出现异常情况，可点击对应闸门“停止”或“紧急停止”旋钮后将闸门停在任何位置；双扉门下扉门现地单动控制操作时，若出现异常情况，可按下“下扉门停止”按钮或者“紧急停止”旋钮将下扉门停在任何位置；双扉门现地联动控制操作时，若出现异常情况，可按下“联动停止”按钮或“紧急停止”旋钮将闸门停在任何位置。

2）停电时，由电气专业人员进行检查处理，并根据停电情况适时启动柴油发电机。

3）熔丝烧断时，应更换熔丝。但在更换前，应先检查是否有短路或接地现象，处理之后再行更换。

4）限位开关误动作时，应重新调整好。

5）过电流保护器动作时，说明电动机电流过大，应检查闸门是否发生倾斜，制动器是否有过紧现象。

6）闸门下滑时，应检查制动器闸瓦间隙、工作弹簧长度等，发现异常及时调整。

7）双扉门发生故障报警时，应及时查明原因。排除故障后，按“故障复位”按钮可继续操作。

3. 套闸操作运行

（1）船舶运行程序

船舶从上游向下游过闸操作步骤：①确认闸室外的船舶在指定停泊区内停靠牢固。②关闭横拉门和输水廊道闸门。③开启上闸首双扉闸门。④待闸室内水位与上游水位相平后，向上游发出绿色交通信号灯。⑤广播喇叭通知上游船舶驶入闸室。⑥确认船舶在闸室内停靠妥当，关闭上闸首双扉门。⑦开启下闸首输水廊道。⑧待闸室内水位与下游水位相平后，开启下闸首横拉门。⑨广播喇叭通知闸室内船舶驶离闸室。⑩船舶过闸操作完毕。

船舶从下游向上游过闸操作步骤：①向下游发出绿色交通信号灯。②广播喇叭通知下游船舶驶入闸室。③确认船舶在闸室内停靠妥当。④关闭下闸首横拉门和输水廊道。⑤开启上闸首双扉闸门。⑥待闸室内水位与上游水位相平后，广播喇叭通知船舶驶离闸室。⑦关闭上闸首双扉闸门。⑧打开输水廊道闸门。⑨待闸室水位与下游水位持平后，打开横拉门。⑩船舶过闸操作完毕。

（2）液压开启桥运行管控

上闸首开启后船舶最高点高程位于6.4~8.5m之间时，须开启液压开启桥过闸。

液压开启桥运行管控基本程序：①公路桥发出红色交通信号灯，广播喇叭和电子显示屏发出公路桥禁止通行的通知。②专人负责确认公路桥上无车辆和行人，关闭公路桥两侧隔离门。③专人负责液压启闭机的操作，同时监视液压启闭机的运行情况。④专人负责监视开启桥的运行情况。⑤启闭过程中，操作、监护等岗位保持通信畅通，一旦发生异常情况，及时停机检查。⑥运行结束后，做好人员疏导，恢复正常交通。

（3）液压开启桥现地控制操作

1）操作人员至“顶升桥控制柜”，查看控制柜各项指示灯状态及仪表上的电压、电流读数，确认指示灯状态及电压、电流等数据正常。

2）查看“触摸屏”上各油缸高度、偏差读数，确认油缸高度及偏差数据正常。

3）将“本控/远控”转换开关打至“本控”位置。

4）将“调整/同步”转换开关打至“同步”位置。

5）查看确认液压开启桥附近已封闭且无车辆及人员逗留。

6）启动运行。

桥面上升：按下“桥面上升”按钮，油泵启动延时10s后，桥面自动上升；查看确认“桥面上升状态指示灯”点亮，油缸高度、偏差、电流、电压等数据变化正常；上升到位后自动停止，途中也可按下“桥面停止”按钮或者“紧急停止”旋钮将液压开启桥停在任何位置；当液压开启桥上升到位时，查看确认“桥面升到位指示灯”点亮。

桥面下降：按下“桥面下降”按钮，油泵启动延时10s后，桥面自动下降；查看确认“桥面下降状态指示灯”点亮，油缸高度、偏差、电流、电压等数据变化正常；下降到位后自动停止，途中也可按下“桥面停止”按钮或者“紧急停止”旋钮将液压开启桥停在任何位置；当液压开启桥下降到位时，查看确认“桥面降到位指示灯”点亮。

7）液压开启桥操作运行完毕。

4. 检修门操作运行

（1）检修门检修吊装操作步骤

①将检修门槽盖板搬移至合适的闸孔检修桥上。②用电动葫芦挂钩钩住检修门吊耳。③按住电动葫芦行程开关<上>按钮，吊起检修门后取下锁定门栓。④以门槽顶面为参照，调整检修门为水平状态。如非当前检修孔检修门，需操作电动葫芦行程开关，将检修门平移至当前检修闸孔对应的门槽处。⑤按住电动葫芦行程开关<下>按钮，将检修门沿着当前检修门槽下放至水中。⑥重复上述操作步骤，将需调用的检修门逐扇吊装到位，检修门各门叶间应紧密结合。⑦检修门检修吊装操作完毕。

（2）检修闸孔检修完毕后，检修门复位吊装操作步骤

①将检修闸孔检修门槽盖板搬移至相邻闸孔检修桥上。②将检修门拟复位的闸孔检修门槽盖板搬移至相邻闸孔不用的检修桥上。③操作电动葫芦行程开关，将电动葫芦挂钩平移至检修闸孔门槽处。④用电动葫芦挂钩钩住检修闸孔检修门吊耳。⑤按住电动葫芦行程开关<上>按钮，按顺序吊起检修门。⑥以水面为参照，调整检修门为水平状态。⑦操作电动葫芦行程开关，将检修门平移至拟复位的闸孔门槽处。⑧安装检修门锁定门栓。⑨按住电动葫芦行程开关<下>按钮，将检修门下放安装到位，同时将下一扇拟复位的闸孔检修门槽盖板吊放至该闸孔处，将盖板复位盖好。⑩重复上述操作步骤，将需复位的检修门逐扇吊装到位。⑪检修闸孔和最后复位的闸孔检修门槽盖板复位盖好。⑫检修门复位吊装操作完毕。

6.6.4 规范开展望亭水利枢纽操作运行

1. 基本要求

（1）闸门运行方式

工作闸门操作运行主要采用自动控制和现地控制两种方式，一般采用自动控制方式。当工程主电源及备用电源均无法使用时，采用手摇装置操作。

（2）调度指令执行

在收到新调度指令后，管理所负责人签署闸门运行操作票，由具备闸门运行岗位上岗资格的人员按操作票要求执行操作。

（3）闸门操作基本要求

①合理配置操作人员，并上岗到位。②详细检查闸门、启闭机及机电设施是否正常，及时排除故障。③将视频监视系统切换至闸门运行所需监视画面，密切监视上下游河道、启闭机室、交通桥等处是否存在异常情况。④若闸门运行可能会对望亭电厂取水带来影响，应通知电厂。⑤查看上下游水位、流量，观察风向，对照闸门控制参数表，拟定闸门调整参数。⑥按规定完成闸门操作，闸门运行过程中应密切关注各运行参数及闸门、启闭机运行情况。⑦确认闸门操作运行无误后，自动操作退出系统登录账户，现地操作关闭控制柜并上锁，手摇操作检查装置复位状态。⑧闸门调整完成后大约30min，查询闸门调整后上下游水位及流量，若流量不满足调度指令要求，对闸门开度进行微调。⑨告知望亭水文站闸门调整情况，要求其做好测流准备。⑩详细检查操作运行后闸门、启闭机及机电设施是否正常。⑪收到水文站实测流量传真后，填写闸门调整报告，并报送太湖局防御处、苏州管理局。

2. 闸门操作运行

(1) 自动监控系统操作

1) 确认主体工程1~7号现地控制柜功能转换开关是否处于“远程”位置。

2) 打开闸门自动监控系统，输入用户名和密码，登录系统。

3) 合理选择控制方式。

单孔控制：点击所要操作闸门的孔号，设置目标开度。

成组控制：设置成组控制目标开度，点击“设定”按钮。

4) 启动运行：点击“升”或“降”。

(2) 现地控制操作

1) 打开闸门现地控制柜，确认三相电压是否在360~420V范围内，控制仪表、指示灯有无异常。

2) 选择控制方式。

自动控制（触摸屏）：将功能转换开关置于“自动”位置，点击“开度数值”界面，输入闸门开度数值。

手动控制（按钮）：将功能转换开关置于“现地”位置。

3) 启动运行。

自动控制（触摸屏）：点击“上升”或“下降”按钮。

手动控制（按钮）：点击“上升”或“下降”按钮，待闸门接近预定开度时，采用点按操作方式以使闸门精确到达指定开度。

(3) 手摇装置操作

1) 断开启闭机电源，将手摇法兰与电机法兰啮合，旋动制动器调节螺杆松开闸瓦，装上摇柄，并将限位开关断开。

2) 摇动手摇装置，逆时针使启闭机卷筒卷绕钢丝绳开启闸门，顺时针使启闭机卷筒松开钢丝绳关闭闸门。

3) 操作结束后，旋动制动器调节螺杆抱紧闸瓦，脱开手摇装置离合器，取下摇柄，将手摇柄归位。

3. 检修系统运行操作

(1) 检修闸门操作

检修闸门运行操作前的检查应包括以下内容：①工程附近上下游交通道路是否畅通。②检修闸门门体、吊耳是否完好，有无变形、裂纹、锈蚀、螺栓松动及构件缺失等异常情况。③检修门槽内有无漂浮物或卡阻物等，可适当采取小开度单独开启工作闸门进行涵洞底部冲淤。④行车控制系统及配电设施是否正常，备用发电机组是否正常。⑤辅助工具和材料是否齐全，现场安全保卫等措施是否落实到位。⑥督促运输和吊装车辆做好运行前的检查工作，严禁“带病”作业。⑦检查特种作业人员是否持证上岗。

检修闸门运行操作前准备工作应符合下列规定：①组成现场临时工作组，明确参与人员的岗位职责，做到分工明确，责任到人，持证上岗。②落实好吊装、运输车辆等，明确检修闸门吊装过程中吊运、安装或拆卸的任务及要求。③检查工程上下游管理范围和安全警戒区内有无船只、漂浮物或其他施工作业，对可能影响检修闸门操作运行的情况及时处理。④开启检修门槽盖板，在工作区域周围设置安全防护及警戒设施，禁止非工作人员进入。⑤检查闸门、行车等机电设备及检修门槽等工程设施是否正常，若存在故障应及时排除。⑥检查无误后，关闭工作闸门以保证检修闸门静水操作。⑦若闸门运行可能会对电厂取水带来影响，应通知望亭电厂。

检修闸门出库安装程序：①明确检修闸门的吊运顺序和安装步骤，指挥运输及吊装车辆进入预定位置。②安装吊运检修闸门的钢丝绳，注意钢丝绳吊点至检修闸门左右两侧吊耳的长度应保持相等，以确保检修门在吊运过程中始终处于平衡状态。③利用行车将检修闸门吊运至运输车辆上，再由运输车辆运送至吊装车辆附近合适位置。④吊装车辆起吊检修闸门，调整位置后缓慢放入检修门槽。⑤待检修闸门在门槽内达到平稳状态后，解下吊运钢丝绳完成安装工作。⑥重复上述步骤完成同一扇检修闸门其余五节闸门安装工作。⑦六节检修闸门全部安装完毕后，视情况需要，可在顶部增加铸铁压重或采取其他措施，以确保检修闸门完全放至门槽底部。

检修闸门拆卸入库程序：①明确检修闸门的拆卸步骤和吊运顺序，指挥运输及吊装车辆进入预定位置。②若检修闸门顶部有铸铁压重，则将其移除。③安装吊运检修闸门的钢丝绳，注意钢丝绳吊点至检修闸门左右两侧吊耳的长度应保持相等，以确保检修门在吊运过程中始终处于平衡状态。④吊装车辆起吊检修闸门，通过人工牵引调整位置缓慢放置于运输车辆上。⑤运输车辆运送检修闸门至检修门库，闸门运行操作人员利用行车将检修闸门吊运摆放整齐。⑥重复上述步骤完成同一扇检修闸门其余五节闸门拆卸复位工作。⑦待检修闸门全部拆卸入库后，关闭检修门槽盖板。

（2）行车吊装操作

行车吊装操作前的准备工作应符合下列规定：①组成现场临时工作组，明确参与人员的岗位职责，做到分工明确，责任到人，持证上岗。②正确掌握吊件重量、形状体积、重心位置、吊点设位等，不允许超载使用。③开车前检查设备机械、电气部分和防护保险装置是否完好、可靠，吊耳和绳扣是否绑扎牢固，钢丝绳是否有损伤，各紧固螺钉是否松动及皮带松紧程度。④工作前发出信号，空负荷运行 5min 以上，检查工作机构运转是否正常，安全装置是否可靠。⑤确保非工作人员远离吊装区域。

行车吊装操作应符合下列规定：①起重操作人员服从指挥人员指挥，在得到指挥信号后方能进行操作。②吊运物件时，按装载车的核定吨位装放平衡，严禁偏装和超吨位装载。③重吨位物件起吊时，应先稍离地面 2~20cm 试吊，确认吊挂平稳，制动良好，然后升高，缓慢运行。④当重物离开地面 20cm 时，再检查绳扣是否牢靠，车身有无斜倾，钢丝绳有无脱槽；检查正常方可起吊，如发现险情要立即发出信号，停止作业。⑤作业结束后，必须将吊钩卸去负荷升到极限位置，行车停到安全位置，所有控制器放至零位，切断电源，锁好库门。

6.7 管理现代化

目前，行业内对于水利工程管理现代化尚无明确的评价标准，苏州管理局依据《水利工程管理考核办法》及其标准并参考有关省市水利工程管理现代化评价标准的经验，在直管工程管理现代化规划中明确了直管工程管理现代化的评价指标体系，对标评价指标体系，有序推进工程管理现代化。从整体上看，就是要建设现代化的工程管理人才队伍，健全现代化的工程管理制度体系，完善现代化的水利工程及管理设施，提供现代化的工程安全、综合效益、服务保障等管理成果。具体到运行管理方面来看，主要是推进标准化管理，建立健全涵盖工作标准、管理标准和技术标准的制度体系，规范并提升检查观测、运行维护、安全管理等技术管理水平；实施精细化管控，增进科学管理、可持续发展的现代化管理理念，提升精细化管理水平；探索运行智能化，适应长三角一体化高质量发展战略对于水工程安全保障能力的新需求；开展专业化运维，统筹发展与安全，提升网络安全和信息化保障水平；推广应用新技术，发挥科技创新的推动作用，提升工程管理现代化水平。

6.7.1　推进标准化管理

1. 从严从实，推进标准化管理

太湖局直管工程是保障流域“三个安全”和建设幸福河湖的重要基础设施。推进太湖局直管工程标准化管理，符合流域水利改革发展对工程管理的要求，满足工程规范管理、量化考核的需要，体现了科学管理的思想，贯彻了严和实的发展要求。推进标准化管理，也是贯彻水利部工作部署的客观要求。2018 年水利部《加快推进新时代水利现代化的指导意见》中，明确要推行水利工程标准化、物业化管理。

通过水利部水利工程管理考核和安全生产标准化一级单位达标后，2018 年 7 月，苏州管理局印发了《太湖局直管工程管理标准化建设实施方案》，明确工程管理标准化建设的指导思想、目标任务、总体要求、工作依据、优化提升方向、工作重点、实施步骤和保障措施等。通过标准化建设，进一步深化工程管理体制机制改革，构建完善的标准化管理体系，全面落实管理责任和措施，提升规范化、标准化、科学化、现代化水平，充分发挥工程的综合效益，在更高起点、更高标准上实现直管工程标准化管理，努力推动苏州管理局工程管理工作走在太湖流域前列。

2. 周密部署，形成工作机制

2018 年 10 月，以《太湖流域管理局苏州管理局关于成立太湖局直管工程管理标准化建设组织机构的通知》成立组织机构，设领导小组和工作组。领导小组负责标准化建设工作的领导、组织、检查，负责重要方案审定、职责分工、人员及经费保障，协调解决工作中的困难和问题。工作组负责具体开展标准化建设工作，按照年度计划和任务分工，按期完成工作范围的目标任务；协同做好管理事项梳理、各项标准制定；协同做好标准化平台建立、运行维护工作。

结合工作进展情况，苏州管理局不定期组织召开工程管理标准化建设工作会，总结交流前阶段工作开展情况，分析讨论当前存在的困难与问题，研究明确下一步工作的思路、方向、目标、任务、对策和措施，并对相关事项进行具体部署，统筹推进标准化建设工作。

3. 落实责任，实现事项到人

1）梳理管理事项，理清工作要求。依据《水利工程管理考核办法》及其考核标准，结合实际梳理管理事项，依据规程规范进一步摸清工作要求。2019 年 3 月，印发《太湖局直管工程运行管理工作梳理及标准制订（修订）计划》，梳理运行管理事项 14 个，工作单元 44 个，并逐项落实制度标准建设计划。2019 年 8 月，印发《太湖局直管工程组织管理、安全管理、经济管理工作梳理及标准制订（修订）计划》，梳理组织管理、安全管理、经济管理事项 18 个，工作单元 60 个，并逐项落实制度标准建设计划。

2）依据事项设岗，合理配备人员。完善《岗位说明书》，依据管理事项设置岗位。印发《科级干部选拔任用工作管理办法》《职工岗位交流管理办法》，开展人员交流，合理配备人员。岗位设置合理，人员配备满足管理需要，未突破编制批复数，符合部颁标准要求。

3）明确职责分工，实现事项到人。每年印发年度工作计划，将工作任务细化、分解落实到相关部门。各部门根据岗位设置情况，落实部门和职工工作计划，确保所有事项均“有人负责”，实现事项对岗、岗位对人。制度中进一步明确职责分工，解决了“工作谁来做”的问题。印发《苏州管理局绩效考核办法》《苏州管理局督办工作管理办法》，推动管理事项及时完成，取得成效。

4）开展职工培训，提高职工素质。每年均制定职工培训计划，组织开展政治理论、综合素质、业务知识、安全生产等培训，并做好学习培训记录。近年来，苏州管理局职工年培训率均达到 100%。

4. 依规管理，健全制度体系

1）印发制度计划，完成制度建设。在识别、获取适用的工程管理法律法规及规章制度的基础上，对管理事项所依据的工作标准、管理标准和技术标准进行梳理、评估，经过单位内部充分沟通后，提出了制度体系建设与修订计划。2019 年编制印发了《太湖局直管工程运行管理工作梳理及标准制订（修订）计划》《太湖局直管工程组织管理、安全管理、经济管理工作梳理及标准制订（修订）计划》。2020 年编制印发了《太湖流域管理局苏州管理局 2020 年度制度评估结果》《太湖流域管理局苏州管理局 2020 年度制度修订计划》。按照《太湖流域管理局苏州管理局制度管理办法》体例格式要求，参照《水利技术标准编写规定》，按计划对制度进行修订，明确工作职责、基本程序和工作流程等。两年多来，按计划完成制度修订 101 个，其中组织管理制度 20 个、安全管理制度 37 个、运行管理制度 42 个、经济管理制度 2 个。

2）明确工作流程，明晰工作要求。检查、观测、运行、维护等技术管理工作均建立流程图。继续加强组织管理，进一步完善工作机制，建立健全制度体系，推动正向激励，保障补短板、强监管工作有效开展。继续加强安全管理，深化水利安全生产标准化建设，进一步明确安全生产目标、责任和措施。继续加强运行管理，编制控运方案，修订操作规程，明确检查观测要求，提高维修养护技术水平。继续加强财务管理，严格预算管理，排查整改内控风险，修订印发财务相关制度。

3）及时汇编成册，形成制度体系。组织汇编印发《太湖流域管理局苏州管理局综合管理制度汇编》《苏州管理局安全生产标准化制度汇编》《苏州管理局工程管理工作手册》《太浦闸工程运行管理工作手册》《望亭水利枢纽运行管理工作手册》《水行政管理工作相关制度汇编》，形成健全的制度体系。

5. 协调发展，补齐工作短板

1）补齐组织管理短板。开展党支部标准化规范化建设，全面提升党支部组织力，推动党支部在围绕中心、建设队伍、服务群众上更好发挥作用。加强档案工作标准化管理，对历年档案资料进行全数字化扫描，构建了档案管理网络查询系统，档案管理达到江苏省机关事业单位档案工作规范五星级标准。

2）补齐安全管理短板。积极争取经费，按规定开展太浦闸安全鉴定工作。规范开展太浦闸工程和望亭水利枢纽的闸门、启闭机设备等级评定工作。在已建立的直管工程防汛抢险应急协调机制的基础上，与工程所在地防指签订了防汛应急抢险物资及抢险队伍协议，细化落实了地方政府防汛抢险责任。

3）补齐运行管理短板。研究水闸超过设计控制指标运用时的安全流量、安全水位差，报请太湖局批准印发《太湖流域管理局直管工程控制运用方案》，提前做好防御 2020

年超标准洪水的技术准备。修订《太浦闸操作规程》《望亭水利枢纽操作规程》，细化明确作业人员在操作设备时必须遵循的程序、步骤和注意事项。修订《太湖局直管工程检查工作管理规定》，区分各类工程设施，细化明确检查内容、频次、责任岗位和记录要求。修订《太湖局直管工程观测工作管理规定》，进一步明确观测项目、测次和安全阈值。结合实际修订《太湖流域管理局苏州管理局水利工程维修养护项目管理规定》，进一步明确采购管理、检查考核的相关要求。

4）补齐经济管理短板。加强财务和内部控制管理，规范资金使用程序。加强资产管理，保证资产的安全完整、合理配置和有效使用。规范政府采购行为，提高资金使用效益。规范项目和合同管理，防范经济风险，促进项目验收程序化，提高项目管理水平。

6. 对标对表，实现常态管理

1）建立考核平台，加强动态管理。依据《水利工程管理考核办法》及其考核标准，对照 32 个管理事项，编制《水利工程管理考核平台建设方案》，建立水利工程管理考核模块，加强水利工程日常管理，及时、准确掌握工程动态，推动日常管理资料的数字化管理，实现数据的在线查阅，满足水利工程管理考核需要，也适用于安全生产标准化一级单位、文明单位的资料台账管理要求。

2）开展年度自检，上报自检结果。2017 年通过水利工程管理考核验收后，每年按规定正常开展年度自检并上报自检结果。认真落实年度考核意见要求，不断改进和提高工程管理标准化、信息化、现代化水平。

7. 创新发展，推进管理现代化

1）整合信息资源，建立标准化平台。依托工情业务系统，构建工程管理标准化平台，进一步优化值班管理、工程运行、工程检查、设备管理、巡查督查、预案管理等信息化模块；编制《工程观测模块建设方案》，完成太浦闸、望亭水利枢纽人工观测模块建设工作，录入历年观测数据并校核，实现观测工作的数字化管理，推动观测成果的实时分析。将水利工程管理考核、OA 办公、太浦闸工程 BIM 等纳入工程管理标准化平台。完成工情移动 APP 升级，在手持终端开展工程检查、运行工作，提升工作效率。

2）开展 BIM 建模，推进运行智能化。对照“数字工程、智慧管控”技术方案，有序推进工程运行智能化建设。结合工程运行管理实际需要，开展工程 BIM 建模、数据看板建设等，借助人工智能神经网络，建立数据学习机制，初步实现流量智能提取、流量跟踪监控、闸门智能调整等智能控制功能，有助于更准确高效地执行调度指令，提高了工程运行智能化水平。

3）应用新技术，推动管理创新。在“水工程管理”劳模创新工作室的引领带动下，苏州管理局通过组织开展闸门运行工技能竞赛、电工实训技能竞赛，以及 QC 小组专项研讨会等系列活动，打造有本领、敢创新的技术核心团队。2020 年，组织开展了钢丝绳自动抹油装置、闸门启闭声光报警器装置、闸门拉杆安装纠偏装置等技术创新活动；“一种离合卷筒式固定卷扬启闭机缓冲限位装置”被国家知识产权局授予国家发明专利。

6.7.2　实施精细化管控

苏州管理局高度重视工程管理精细化，坚持用绣花功夫管理工程，规范管理行为，优化管理流程，建立精细模式，理顺管理机制，营造文化氛围，推动水闸的科学管理，使其充分发挥效益，为工程管理现代化打下扎实的基础。

1. 规范管理行为

结合标准化建设，苏州管理局对已有的制度体系进一步细化，明确工作要求和行为准则。工程检查细化明确岗位职责、检查频次、检查线路、设施设备检查要求、记录及报告的内容及要求；工程观测细化明确职责、项目、测次、符号、安全阈值、仪器管理、整编与分析要求；控制运行细化明确运用指标、流量精度、操作运行、超设计控制指标运用措施等；维修养护细化明确管理职责、预算管理、技术措施、质量标准、考核验收等。

2. 优化管理流程

梳理工作流程。梳理检查、观测、运行、维护工作流程，明确流程的目标及关键因素，画出流程图 47 个，规范各环节工作和使用图表，明确各环节责任部门和岗位，印发工作流程并及时汇编，指导日常工作。

优化工作流程。废止 18 个制度，取消不必要的工作流程，提高工作效率；合并操作运行、内部管理等 35 个制度，简化工作环节，优化工作步骤，使作业更有条理。

3. 建立精细管理模式

通过信息化平台推动流程优化和再造工作。①组织管理。建立 OA 办公系统，落实内部管理责任，实现办公自动化、流程化、数字化；建立档案管理网络查询系统，实现对档案资源的科学和高效管理；建立水利工程管理考核模块，及时、准确地掌握工程动态，推动日常工作的流程化管理。②安全管理。水政业务流程通过太湖局统一建立的太湖流域水政执法监控系统开展；建立太浦闸工程运行信息监控平台，实现安全信息的及时掌握、处置和闭环管理；实现预案响应的流程化、数字化。③运行管理。建立工程管理标准化平台，实现防汛值班、调令执行、维修养护的流程化管理，工程观测的数字化管理；通过移动信息平台开展太浦闸、望亭水利枢纽及两河工程检查，实现巡查动态管理。④经济管理。通过 OA 系统开展财务内部管理；通过水利部财务信息系统进行预算管理、账务处理、政府采购、国库支付管理及资产管理等相关工作。

4. 理顺管理机制

梳理管理事项，摸清工作要求，完善《岗位说明书》，依据管理事项设置岗位。印发《科级干部选拔任用工作管理办法》《职工岗位交流管理办法》，开展人员交流，合理配备人员。各技术管理岗位分工明确；技术工人经培训上岗。每年印发年度工作计划，将工作任务细化、分解落实到相关部门。各部门根据岗位设置情况，落实部门和职工工作计划，确保所有事项均“有人负责”，实现事项对岗、岗位对人。苏州管理局制定工作规则，规范工作行为；制定请示报告制度，规范工作程序；制定督办工作管理办法，加强政务监管；制定审计检查等发现问题追责管理办法，加强问题整改。

依据《太湖流域管理局苏州管理局绩效考核办法》《太湖流域管理局苏州管理局绩效工资分配办法》等制度，定期对工程管理全过程进行评估，对组织管理、安全管理、运行管理、经济管理进行管控，根据技术含量、劳动强度、工作负荷等确定岗位分配基本系数，结合考核，奖优罚劣，调动干部职工的积极性，推进精细化管理，促进工作持续改进。

采取“自上而下”和“自下而上”两个渠道建立内控方面长效机制。修订完善了《廉政风险防控手册》，整合了原有的《廉政风险防控手册》和《内控业务流程手册》，形成针对性强、便于操作的措施，加强宣贯培训，做到前移关卡、防患未然，落实“自上而下”的管控。“自下而上”提炼总结形成了《局务公开清单》和《党务公开清单》，在非涉密的原则下，公开内容涵盖内部管理的方方面面，既让职能部门的工作计划更加明确，也让内部管理更加公开透明，干部职工明显感觉到有被监督的压力，同时也多了一份相互监督的责任，真正发挥好内控作用。

5. 营造文化氛围

依据《太湖局苏州管理局组织文化建设工作方案（2016—2020年）》，加强精细管理文化建设，提炼单位精神，提升单位软实力，不断培养扎实、严谨的工作风格，把精细化管理的文化理念渗透到工程管理的每一个环节，真正消除管理上的盲点，提高管理水平，发挥工程效益。同时，组织文化建设中，切实发挥党建引领作用，以党建精细化引领工程管理精细化，并推动党建与业务深度融合。

6.7.3　探索智能化运行

1. 直管工程信息化建设取得长足进步

信息化是推动现代化管理的重要手段，苏州管理局历来重视信息化建设，在太浦闸工程除险加固和望亭水利枢纽更新改造期间，分别建立了闸门控制系统、视频监视系统。围绕直管工程管理的需要，逐步实施了工程自动控制、工程视频监控、通信网络、汛情会商、自动化办公系统和门户网站等信息化项目，建立了工情业务应用系统，在此基础上形成了工程管理标准化平台。

2014年苏州管理局首先编制了《太湖局苏州管理局信息化规划》，用于指导直管工程信息化建设。其后，随着流域工程管理工作发生较大的变化，智慧太湖总体要求、工程管理标准化建设等新形势也对信息化提出了更高的要求，2019年根据《智慧太湖技术方案》提出的分三个阶段进行智慧太湖建设的总体安排，结合苏州管理局信息化发展现状和需求，对原有的《太湖局苏州管理局信息化规划》进行了修编，明确要围绕直管工程的运行、管理与维护等中心工作，以标准化建设为契机，融合新技术、新理念，实现工程运行、控制、检查、维修、养护、安全、指挥、会商等的全方位、全流程、全要素的数字化管理，建立预测、预警、预判、预评估的智能应用体系，形成以直管工程管理为核心，兼顾水政监察、水行政执法、涉水建设项目督查等业务的综合业务应用平台，实现直管工程数字化管理、运行调度智能管理、巡查督查动态跟踪、资源共享工作协同、会商决策科学高效的应用目标，满足工程运行管理、巡查督查、安全管理、综合信息服务、综合办公、应急会商等业务需要，逐步实现“数字工程、智慧管控”的总体目标。

（1）信息采集能力不断增强

通过太浦闸除险加固工程、防汛工程设施应急修复等项目建设，建成了太浦闸闸门监控系统、视频监视系统。其中闸门监控系统实现了太浦闸各闸门实时监测信息采集与处理、运行监视和事故报警、工程远程控制，视频监视系统实现了太浦闸闸门两侧、上下游河道、中控室、套闸闸室、交通桥等重点区域实时视频监视。

通过望亭水利枢纽更新改造工程、防汛工程设施应急修复、预警系统项目工程信息监测系统等项目建设，建成了望亭水利枢纽闸门监控、视频监视系统。其中闸门监控系统实现了闸门运行和上下游水位监测、工程远程控制等功能，视频监视系统实现了望亭水利枢纽闸门两侧、上下游河道、中控室等重点区域实时视频监视。

（2）业务应用全面拓展

经过多年建设，苏州管理局建立了多个业务应用系统，包括工情业务应用系统、OA系统、档案管理系统等。其中，工情业务应用系统主要为苏州管理局机关、太浦河枢纽管理所、望亭水利枢纽管理所的日常值班管理、工情水情信息统计、应急预案管理、巡查督查等提供服务，包括日常值班管理、传真收发、短消息报汛、应急响应发布、巡查督查信息上报、移动终端查询等功能；OA 系统主要为苏州管理局机关、太浦河枢纽管理所、望亭水利枢纽管理所日常办公提供服务，包括通知公告、公文处理、考勤管理、用车管理等；档案管理系统主要用于档案资料的数字化管理等。

苏州管理局积极探索太浦闸、望亭水利枢纽等太湖局直管工程智慧化管控，已实现调度指令起草、签批、传输、执行、反馈全流程数字化管理，基于大数据分析和机器学习技术建立太浦闸开闸流量分析模型，着力解决平原感潮河网地区工程调度模拟难题；利用 BIM 技术建设了太浦闸三维模型，实现了工程实时运行工况、安全监测、视频监控、工程巡检等业务工作的可视化管理。

（3）基础设施与安全保障能力逐步提升

近年来，通过水利信息化项目建设，进一步整合了现有的计算、存储、数据库、网络、信息安全等资源，接入了太湖局网络安全态势感知平台、统一安全管理平台，为网络安全实战演练提供了必要的监测预警手段。

1）数据库。苏州管理局通过信息化项目建设，初步实现了直管工程工情水情信息、值班管理信息、工程管理信息、预案信息等的数据存储与管理。数据库管理系统采用 Oracle 数据库管理软件，部署在苏州管理局机房服务器中，服务器操作系统采用 Windows Server 2016。

2）会商显示。苏州管理局在三楼已建会商室，设置拼接屏一套，会商桌椅一套，用于视频会议和日常工作会议使用，可以链接太湖局召开视频会议；一楼大厅已建 1 台 84in（1in＝2.54cm）的触摸屏用于政务及多媒体展示。望亭水利枢纽二楼会商室已建一套投影和会议系统，用于视频会议和日常工作会议使用，可与太湖局召开视频会议；一楼大厅已建 1 台 84in 的触摸屏用于工程运行及多媒体展示；中控室设置 1 套显示屏，用于工程监控信息展示。太浦闸工程在南侧二楼会商室配置了一套投影机和会议系统，用于汛情会商、视频会议和日常工作会议使用，可以链接太湖局召开视频会议；在太浦闸北侧大厅设置 1 台 55in 触摸屏，用于工情信息及多媒体展示；中控室设置 1 套 LED 拼接屏，用于工程监控信息展示。

3）通信网络。作为太湖局直管工程管理单位，苏州管理局通过流域骨干网建设，建立了上连太湖局的 50MB 专线网络，下连太浦闸工程和望亭水利枢纽的 30MB 专线网络。现有通信网络主要用于太湖局、苏州管理局、工程管理所之间进行工程管理信息调阅、水文水资源管理信息调阅、异地视频会商等业务。

4）运行环境。苏州管理局局机关建有 $18m^2$ 小型机房，配备了基本的网络设备、安全设备、服务器、工作站及精密空调，机器性能和数量基本能满足当前苏州管理局数据存储、工程运行监控、防汛值班和 OA 办公等系统运行需要。根据太湖局重要信息系统安全等级保护初步设计，苏州管理局机房等级保护定级为二级，配有入侵检测、安全审计、机房环境监控等安全防护和环控设施。太浦闸、望亭水利枢纽管理所现场均有独立机房，用于工程现场网络通信、工情数据传输等，基本满足系统运行需要。

2. *有序推进直管工程运行智能化建设*

按照智慧太湖建设总体部署，2018 年苏州管理局组织编制了《太湖局直管工程“数字工程、智慧管控”技术方案》，2019 年上半年通过太湖局网信办审查。根据方案，结合工程实际，2019 年苏州管理局依托流域调度指令执行流程更新改造项目、水资源监控与保护预警项目结余资金等经费渠道，组织实施了太浦闸运行智能化建设，包括太浦闸智能调度运行、太浦闸 BIM 建模、数据看板、数据中心建设四部分，整合了现有信息系统和数据资源，初步实现流量智能提取、流量跟踪监控、闸门智能调整等智能控制功能，更高效地执行调度指令，实现了工程运行管理数字化，达到了太浦闸运行智能化。2020 年初，随着太浦闸新年第 1 号闸门调整报告的自动生成，太浦闸智能运行管控系统（1.0 版）正式上线运行，标志着太湖局直管工程运行管理开始从信息化迈向智能化，也意味着苏州管理局信息化补短板取得了新进展。

太浦闸智能运行管控系统（1.0 版）结合工程运行管理实际需要，成功应用了人工智能、大数据、BIM、数据看板等当前热门技术，亮点纷呈。在科学精细运行方面，借助人工智能神经网络，建立数据学习机制，利用太浦闸工程运行历史数据及经验公式，对太浦闸上下游水位、开度、风力、太浦河沿线站点水位流量、潮位等与过闸流量之间的关系进行分析，找出规律并建立关系，破解了闸门调整只能依靠人工经验的难题；在流量动态监控方面，当实测流量与调度指令要求偏差较大时，系统可自动做出流量异常提醒，智能给出闸门调整建议，同时自动开启现场安全确认和闸门远程调整流程，可实现闸门自动调整；在现场安全保障方面，通过安装警示装置，在闸门启动前、启动中均会自动启动声光报警和语音提醒，结合现场视频跟踪等方式加强现场安全防控，防范安全事故发生；在工程信息展示上，借助 BIM 技术，建立了太浦闸会商展示动态模型，同时叠加了数据看板，更为形象、直观、充分地展示工程运行实时信息及流域实时信息；在业务数字化方面，对原有数据资源进行了整合和补充，实现了不同业务系统之间的数据互通。

为确保太浦闸智能运行管控系统（1.0 版）按期投入使用，在系统开发完成后，苏州管理局及时组织开展专题培训，通过集中讲解、现场操作、手册学习等方式，对带班领导、值班人员等进行闸门智能化操作运行全过程的业务知识和实操培训，确保相关人员能够熟悉系统操作使用流程，掌握系统故障等应急处理方法。随着太浦闸智能运行管控系统（1.0 版）如期建成，直管工程运行管理信息化水平再上新台阶。围绕“数字工程、智慧管控”的目标，苏州管理局组织技术力量进一步研究提高人工智能分析的准确性，加强和改进现场安全条件判别的可靠性，加强运维经费保障、不断优化完善系统功能等，同时不断总结经验、改进不足，按照信息化建设规划和“数字工程、智慧管控”技术方案，2020 年底按计划实现了望亭水利枢纽智能化运行，同时继续加强直管工程信息化建设，不断提高直管工程现代化管理水平。

2021 年 4 月 8 日，水利部部长李国英在太湖局直管工程调研时对太浦闸精细化、智能化运行给予充分肯定。在现有直管工程智能运行管控系统（1.0 版）基础上，苏州管理局加强与相关科研院所、水文部门、工程管理单位、信息化公司、系统开发单位合作，致力于打造数字孪生太浦闸工程，进一步提升直管工程信息化、数字化、智能化水平。同时，总结基于 BP 神经网络的水位流量关系研究成果和工程数字调度、工程 BIM、工程安全监测等成果，组织撰写专著、论文，申报专利和软件著作权登记，积极开展申报大禹水利科学技术奖的准备工作。

6.7.4 开展专业化运维

信息化是推动实现现代化的重要手段。没有网络安全，信息化建设就没有保障；没有网络安全，就没有国家安全。为规范信息系统安全防护和运行维护管理，苏州管理局积极推进信息系统运行维护专业化，选择并委托专业公司开展业务应用系统运行维护，定期检查检测，保障系统运行安全可靠。2015 年苏州管理局制定印发了《太湖流域管理局苏州管理局信息系统运行维护管理办法》。2019 年 12 月，依据《水利网络安全管理办法（试行）》以及《水利部太湖流域管理局政务外网信息系统网络安全管理规定》《太湖流域管理局桌面及外围设备运维管理办法（试行）》，又修订印发了《太湖流域管理局苏州管理局网络安全及信息系统运行维护管理办法》，补充了网络安全管理、网络接入管理、用户行为管理等相关规定，补充完善了工作流程图，以加强苏州管理局网络安全管理，进一步规范苏州管理局机关及直属机构的业务应用系统、移动 APP、通信网络、外围设备及运行环境等网络安全和软硬件运行维护管理工作，保障各类系统安全可靠运行。

另外，为规范机房等信息基础设施重要场所的运行管理工作，确保机房设施设备安全、可靠运行，2019 年制定印发了《太湖流域管理局苏州管理局机房管理规定》，落实机房管理责任，明确机房环境监测、机房用电安全、机房环境保护、机房出入管理等要求，并完善了工作流程图。

1. 加强运行维护工作组织

网络安全管理坚持“明确责任、依法合规、重点保护、分级负责、主动防御、强化监管”总体原则，按照“谁主管谁负责、谁建设谁负责、谁运行谁负责、谁使用谁负责”的原则进行责任分工。

网络安全监督检查工作由网信办承担，局机关和直属机构信息系统日常运行维护管理分别由工程管理科和直属机构负责。

工程管理科承担工情业务、综合办公等系统，以及局机关的通信网络、外围设备、机房及值班室等运行环境的运行维护管理工作。直属机构承担本地监控系统、通信网络、外围设备、机房及控制室等运行环境的运行维护管理工作，重大维护及关键设备的维护更新由网信办组织有关部门统一实施。具体运行维护可以委托专业化运行维护服务单位承担。

工程管理科和直属机构应分别指定本地信息系统（网络安全）管理员，负责日常运行维护管理及外委合同的检查考核。

工程管理科负责机房管理工作的协调和业务指导，按照部门预算管理的相关规定申请运行维护经费，组织做好局机关机房的管理、监督、检查、维护等工作；直属机构负责所辖机房的管理、监督、检查、维护等工作。具体运维可以委托运行维护服务单位承担。机房管理部门应指定机房管理员，具体负责机房日常管理及外委合同的日常检查考核。

2. 严格执行运行维护工作质量标准

（1）明确运行维护内容

业务应用系统包括工情业务、综合办公、太浦闸工程监控、望亭水利枢纽监控、太湖流域重点区域实时监控、预警系统工情监测等业务应用系统。移动 APP 包括苏州管理局移动信息平台、综合办公移动 APP 等。通信网络包括局域网、城域网（政务网、互联网）、数据通信骨干网。外围设备包括：异地会商终端、音响、显示屏等附属设备，办公用户终端（含台式机、便携式计算机），网络打印机、扫描仪，固定电话、传真机等。运行环境包括：机房、控制室等。

业务应用系统（含移动 APP）运行维护，包括软件安装调试、数据库备份、新增需求开发性维护以及服务器、数据存储设备、工作站等硬件设备的检查维护，保障业务系统正常运行。服务器和工作站运行维护，包括硬件及操作系统等基础软件的检查维护，保障其正常运行使用。

通信网络维护，包括路由器、防火墙、交换机、光纤收发器等通信设备运行维护管理，保障苏州管理局至太湖局、直属机构等数据通信骨干网以及本地局域网、城域网的畅通。

外围设备维护，包括异地视频会商终端及附属设备调试、用户终端硬件故障排查和送修、设备网络接入、网络打印机通信维护；固定电话的开通、变更和维护等。

运行环境维护，包括对机房、控制室的电源、接地、空调、环境监控设备及消防设施进行日常维护管理，保障运行环境良好。对于具备动力及环境监控系统的机房，苏州管理局密切关注系统监测动态，及时掌握机房环境、动力、安防状态。

系统安全维护，包括防火墙、安全审计等设备的安全策略管理，各业务应用系统、服务器、工作站、用户终端及外设的密码及用户权限检查管理。

（2）明确运行维护质量要求

1）业务应用系统（含移动 APP）。

制定各业务应用系统（含移动 APP）运行维护手册，详细说明系统安装配置及操作使用步骤。每个工作日检查各业务应用系统运行状况，发现系统故障及时处理，查明故障产生原因，当无法排除故障时，及时与有关单位联系。当新系统投入使用时，开发单位应提供系统用户手册、运行维护手册、原始代码等技术资料。每 3 个月做 1 次系统备份。完整保存相关设备的驱动程序、系统应用软件、运行档案等。

每个工作日检查服务器和工作站的工作状态，指示灯是否显示正常；检查杀毒软件的病毒库是否已更新为最新版本，是否感染病毒、木马等；检查系统是否有未完成的漏洞修补；检查 CPU、内存占用率是否符合使用要求；关闭闲置进程、优化启动项等，及时释放 CPU、内存闲置占用。每月检查服务器是否需要重启操作；检查电源、风扇等辅助设施是否损坏，服务器和工作站是否存在故障等；检查磁盘剩余存储容量是否满足要求。定期检查配置文件备份策略，每月至少 1 次对服务器设备配置文件等进行备份，设备配置变化后应及时备份。每年检查服务器和工作站的基础软件正版授权是否有效。每年更换系统密码，密码应不少于 8 位，应为大小写英文字母、数字和特殊字符中两者以上的组合。服务器和工作站的检查、维护应及时做好记录。

2）通信网络。

每个工作日检查交换机、防火墙等网络设备是否正常，指示灯是否正常显示。每月检查配置文件是否符合要求，是否备份，网络设备系统、固件、版本等是否需要升级。采用网络测试工具密切监视网络运行状况，当网络出现故障时，及时查明原因并修复。根据用户需要，及时检查、排除办公区网络面板故障，确保终端网络畅通。每年检查网络设备基础软件正版授权是否有效。

3）外围设备。

做好设施设备的日常检查和操作记录，及时掌握设备的运行状况。制定设施设备维护计划，明确规定维护的项目、步骤、周期、责任人等工作要求，严格按照维护计划定期进行系统设备的保养和维护，并做好记录。当设施设备发生故障时，管理员应及时排除，无法排除时，及时通知技术支撑单位或上级主管部门。建立系统设备维护检修档案，详细记录设备的基本情况、故障现象、故障分析、维修过程、处理结果等内容。

4）运行环境。

机房监测项目包括环境监测、动力监测、安防监测。环境监测包括温湿度、烟感、漏水等；动力监测包括市电、UPS（不间断电源）等；安防监测包括视频监控、门禁等。监测数据应接入机房环境和设备监控系统中，管理员应密切关注监控系统，掌握机房安全状态。发生报警时，管理员及时查明原因并处置，同时做好记录。若管理员不在岗的情况下，值班人员应立即通知管理员到场处置。应积极采用先进、实用、成熟、可靠的新技术，提高机房监测的自动化和信息化水平。

做好机房内各信息系统、物理环境、安全设施的检查、维护工作。每个工作日检查环境监测软件是否有预警信息，监测数据是否在合理范围之内；空调机组运行有无异常杂音，有无报警信息；UPS 有无异常声响，电压指示灯是否正常，箱子外形是否正常，接触是否良好；机房、控制室环境是否干净、整洁，是否有水、食物及随意堆放的物品，是否设置防鼠板等。

每月检查机房环境监控系统传感器是否有效。通过电压电流采集通信模块，实时监测配电柜市电及 UPS（不间断电源）状态，发生断电、电压电流异常时报警。做好动力及环境监控系统的运行维护工作，每周 1 次重启系统，若发现系统监控数据异常或设备设施损坏，及时修复传感器及设备设施，确保监控数据准确性。可根据机房管理需要，及时升级完善系统，扩大监测范围，提高监测精度，完善监测结果推送、告警机制，逐步提高环境监控的预警能力。

密切关注空调运行状态，检查空调滤网是否影响使用，发生故障及时修复，保障空调运行正常。通过温湿度传感器实时感应机房温湿度变化，机房温度应控制在 18~28℃，湿度应控制在 35%~75%（相对湿度），不得结露；通过烟雾报警器实时探测机房室内烟雾情况，确保第一时间发现火灾隐患；通过漏水感应器实时监测机房室内漏水状态。

每月中旬检查消防设备，检查消防设备外观是否生锈、污浊、损坏；检查喷射管是否老化、灵活；检查压力表是否完好，压力是否在绿色区以上；检查保险销铝封是否完好；及时更换失效的手提式灭火器，确保安全有效；检查 FT8030 气体灭火控制器控制面板指示灯是否正常，自检状态下系统是否正常。

每半年检查供电系统是否正常，检查 UPS 充放电功能是否正常，每年对 UPS 电池蓄电能力进行 1 次检测。当发生停电时，管理员应及时到场巡检处置，管理员不在岗的情况下，值班人员应立即通知管理员到场处置。

每年 2 次对机房设备进行除尘、保洁、线路整理；每年请专业机构对精密空调进行 1 次维修养护。

运行环境检查、维护应及时做好记录，及时更新台账资料，详细记录机房的布线、设备设施的分布和变动等情况。做好机房内标识标牌和上墙图表的管理，保持清晰整洁。

管理员应熟悉机房供配电情况，熟悉整个机房内电源线路分布情况，正确区分市电和 UPS（不间断电源）供电系统。机房机柜的电源应使用机柜专用的 PDU（机柜用电源分配插座），非机房设备未经允许不得使用机房电源。禁止随意对设备断电、更改线路，禁止随意串接、并接、搭接机房线路等。机房内严禁使用微波炉、电水壶等大功率电热器具，在使用低功率设备设施作业时，要有第二人在场监督，涉及强电的，可请运行维护服务单位安排专业人员处理，禁止无证作业。

机房内施工作业应注意保护设施设备，严禁烟火，禁止明火作业；做好粉尘防护；不得随意用水。机房常用工具配件应存放在工具柜内，禁止堆放其他物品；门口应设置挡鼠板；定期清扫机房地面及门窗，保持机房干净、整洁。管理员下班离开时，应检查机房门窗、照明是否关闭。

机房进出应办理登记手续，执行出入登记。机房钥匙应妥善保管，不得随意转借。外来人员进入机房由管理员全程陪同。通过摄像头、门禁系统等监测机房安防状态。进入机房维护和施工作业人员，不得操作与维护和施工作业无关的其他设备，其他人员禁止操作任何设备。

5）系统安全。

建立系统安全防护机制，配置合理的安全审计策略，保障网络安全防护和系统安全。严格保密用户密码，定期更新以防止他人盗用。管理员岗位变动时，应及时修改相关密码、口令。系统管理员应及时安装有关补丁或升级程序，防止黑客恶意攻击，备份操作系统日志文件。每周做好计算机病毒的防范工作，查看病毒软件的日志文件，发现病毒，控制病毒的传染源，及早采取相应措施，并定期更新病毒库。每月至少1次对主机进行全盘杀毒。严禁泄露和传播单位内部资料和信息，未经批准，禁止将机房、控制室相关的钥匙、设备、密码等物品和信息外借或透露给其他人员。对于遗失钥匙、泄露安全信息的情况要即时上报，并积极主动采取措施保证安全。

（3）加强网络安全管理

1）加强网络安全管控，采取措施防范网络攻击。严格控制机房和控制室的进出访问，加强安全监控和巡检，确保网络运行环境安全；在不同网络间设置物理或逻辑隔离，按照最小权限的原则对网络进行分区分域管理，实施严格的设备系统接入和访问控制策略；遵循最小授权、最小安装原则，加强对主机账号、口令、应用、服务、端口的安全管理，定期开展漏洞扫描和恶意代码检测，及时安装安全补丁和更新恶意代码库；加强业务应用系统的用户管理、认证管理和审计管理。重要系统应当采用口令、密码技术、生物技术等鉴别技术对用户进行身份鉴别；采取技术措施监测、记录网络运行状态、网络行为和网络安全事件，并留存网络日志不少于6个月；避免网站等后台管理系统相关页面和信息暴露在互联网，应当严格管控门户网站信息的发布；严格邮件系统用户注册审批和注销管理，严禁将工作邮件自动转发至境外邮箱，加强安全意识教育，避免存在弱口令和访问钓鱼邮件等情况；按照“谁使用、谁负责”的原则，明确终端安全的使用和管理责任，定期开展针对终端的弱口令检查、病毒查杀、漏洞修补、操作行为管理和安全审计等工作。

2）加强对外包服务和远程技术服务的安全管理。需要外包服务或远程技术服务的，应当与提供者签订安全保密协议，采取技术措施有效记录技术服务操作行为，进行远程维护时应当采取认证、加密、审计等管控措施。

3）加强网络安全监测和风险评估，及时升级完善网络及各信息系统，及时排查修复网络安全隐患。

4）对未使用时间超过3个月的已上线信息系统，应采取断电、断网等下线措施，再次上线使用前应当先进行漏洞修补、病毒库更新等安全加固工作。

5）及时废止不再使用的信息系统，废止前应当妥善处理数据、软件及相关设备资产，确保安全。

6）加强国家重要活动、汛期等特殊时期网络安全保障，做好事前检查和漏洞修补。

7）管理员对网络参数及配置信息应严格保密，未经网信办批准，任何人不得改变网络拓扑结构、网络设备布局、网络设备参数等。

8）风险漏洞处理实行限期修复。对于通用型网络产品和服务的风险漏洞，应当在厂商和安全机构修复方案公开发布后立即核查整改；对于国家、地方网络安全管理部门和水利部等通报的高危漏洞，应当按照时限要求组织整改。

9）健全网络安全事件应急机制，结合单位实际编制网络安全事件应急预案或实施细则，定期检验评估完善应急预案。

（4）加强网络接入管理

1）局机关、直属机构网络出口实行统一管理，未经网信办同意，任何部门或个人不得接入其他网络。

2）网络结构需进行重大调整时，经网信办同意后由工程管理科组织实施；涉及骨干网结构调整的，必须经太湖局水文局（信息中心）同意。

3）局机关 IP 地址申请、分配、使用、变更、注销等，由工程管理科依据《苏州管理局 IP 地址分配表》进行统一管理，并及时做好登记。直属机构 IP 地址申请、分配、使用、变更、注销等工作由直属机构负责管理，工程管理科给予指导。

4）网络终端接入按照“谁使用、谁负责”的原则，实行登记管理。因工作需要，内部人员的终端设备，由管理员登记后接入；外来访客的终端设备，经对口部门同意，报管理员登记后接入。

（5）加强用户行为管理

1）任何个人或部门应遵守国家有关法律法规及苏州管理局规章制度，配合管理员进行相关运行维护管理工作，积极参加相关技术培训，提高使用技能。

2）任何个人或部门应当对其使用网络的行为负责。不得设立用于实施诈骗，传授犯罪方法，制作或者销售违禁物品、管制物品等涉及违法犯罪活动的网站、通信群组；不得利用网络发布涉及实施诈骗，制作或者销售违禁物品、管制物品以及其他违法犯罪活动的信息。

3）个人终端运行维护及安全责任由用户自行负责，并接受网信办组织的弱口令检查、病毒查杀、漏洞修补等工作。用户应做好个人终端的防尘、防潮、防震等处理；及时对重要数据进行备份；应设置并定期更换登录密码，密码应不少于 8 位，为大小写英文字母、数字和特殊字符中两者以上的组合；在离开视线范围前，应锁定（如有此功能）用户终端，防止被非法使用；应及时更新操作系统补丁或系统软件；应安装苏州管理局推荐的防病毒软件并定期更新病毒库和补丁；在遇到网络故障、攻击、事故，收到非法信息，感染网络病毒时，应及时向网信办报告。

4）任何个人或部门对其终端在网络上的所有行为负责，并不得有下列行为：

私自安装影响网络运行的软件或系统；私自接入他人的网络端口；私自接入未经允许的网络设备；在网络上发布和传播涉密信息或不良信息；停用或卸载统一安装的防病毒软件和桌面管理软件；故意制作、下载、传播计算机病毒等破坏性程序；向社会发布虚假的计算机病毒疫情；未经允许，登录他人终端或者使用终端信息资源；故意损毁网络设备、安全设备及相关软件系统；其他危害网络信息安全的行为。

5）对于违反本办法的任何个人或部门，由工程管理科将其行为向苏州管理局通报，并同时停止使用网络资源的权利，触犯法律法规的，按其规定处理。

3. 严格执行运行维护工作流程

开展网络信息系统检查时，严格执行信息系统检查流程（见表 6-24）。

表 6-24　信息系统检查流程

1. 目的：通过信息系统的检查，确保系统安全和运行可靠。
2. 适用范围：适用于局机关及直属机构。
3. 流程图：

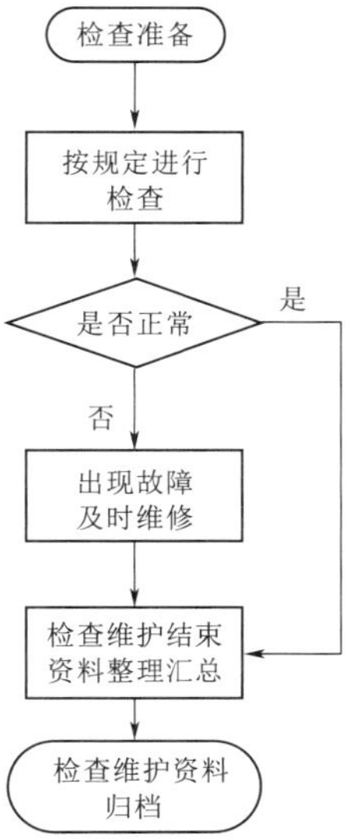

工作流程图	责任部门	责任岗位	使用表单	流程说明
	工程管理科、直属机构	信息系统管理员		检查准备，确定检查类别、项目及内容
	工程管理科、直属机构	信息系统管理员		按规定频次、内容等进行检查
	工程管理科、直属机构	信息系统管理员		初步判断信息系统是否正常
	工程管理科、直属机构	信息系统管理员		若出现故障及时进行维护检修，必要时联系专业单位维修
	工程管理科、直属机构	信息系统管理员		检查维护结束，整理资料汇总
	工程管理科、直属机构	信息系统管理员		完成检查维护及归档工作

开展网络信息系统故障处理时，执行信息系统故障处理流程（见表 6-25）。

表 6-25　信息系统故障处理流程

1. 目的：及时解决设备及系统故障，保障用户正常工作及使用系统资源。
2. 适用范围：适用于局机关及直属机构。
3. 流程图：

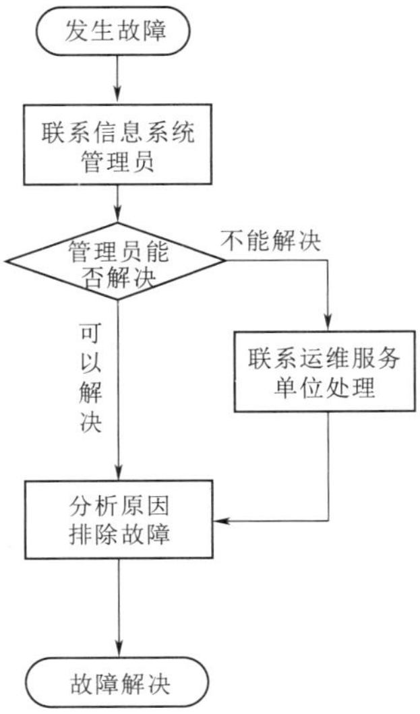

信息系统检查流程图	责任部门	责任岗位	使用表单	流程说明
	局机关各部门	用户		局机关及直属机构用户发现设备及系统故障问题
	工程管理科	信息系统管理员		联系信息系统管理员说明故障情况
	工程管理科	信息系统管理员		管理员确认能否解决故障
	运维服务单位	运维服务单位技术员		若管理员无法解决故障，联系运维服务单位解决
	工程管理科	信息系统管理员		分析故障产生的原因，及时排除故障，必要时可联系运维服务单位
	工程管理科	信息系统管理员		故障排除

开展网络安全权限申请时，执行权限申请流程（见表 6-26）。

表 6-26 权限申请流程

1. 目的：合理使用网络资源，保障网络安全。
2. 适用范围：适用于苏州管理局。
3. 流程图：

网络检查流程图	责任部门	责任岗位	使用表单	流程说明
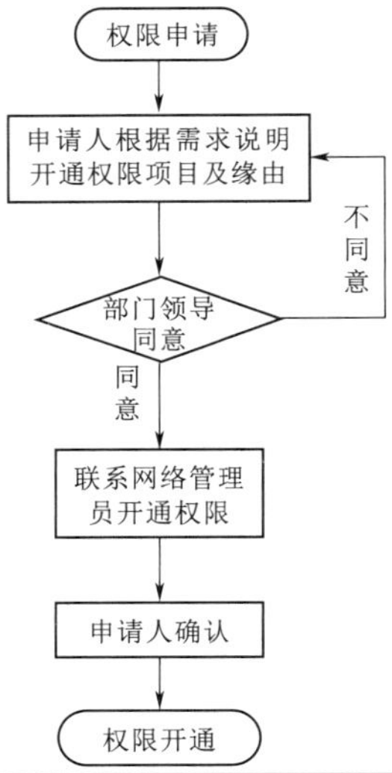	局机关各部门			权限申请
	局机关各部门			局机关网络用户根据需求说明开通的权限项目及缘由
	局机关各部门			是否通过申请人所在部门领导同意
	工程管理科	信息系统管理员		联系信息系统管理员帮助开通所需的权限
	申请人部门			申请人确认所开通的权限
	工程管理科	信息系统管理员		权限开通

6.7.5 推广应用新技术

1. *在工程建设管理中，开展工程技术、设备设施创新*

（1）太浦闸闸槛设计别具特色，取得实用新型专利

根据工程可研报告和初步设计的批复意见，“太浦闸除险加固工程近期按闸孔总净宽 120m，闸底板高程-1.50m，闸槛顶高程 0.00m 方案实施”，远期“通过工程手段降低闸槛高程，扩大水闸泄流规模”。

为了统筹近期、远期建设规模需要，太浦闸除险加固工程在闸槛设计中，首次采用了“一种可降低高度的闸槛结构”。这种可降低高度的闸槛结构，由底板和近期闸槛组成，底板上预埋有远期预埋件，近期闸槛设在底板上，近期闸槛中预埋有近期预埋件，近期预埋件和远期预埋件均与闸门底槛对应；近期闸槛为由钢筋混凝土浇筑而成的中空堰，中空堰内设有砖砌填芯。这种新型可降低高度的闸槛结构，能够统筹工程建设远期目标和近期需要，具有工程量小、工程总投资少，且方便拆除，易施工等特点。2015 年“一种可降低高度的闸槛结构”申请了专利，2016 年 6 月取得国家知识产权局授予的实用新型专利（专利号 ZL 2015 2 1129821.1，证书号第 5311710 号，见图 6-5）。

（2）钢管柱柱脚刚性连接结构及其安装方法取得国家发明专利

太浦闸除险加固工程设计中，根据上部钢结构建筑物生根于水工结构上的施工安装需要，首次采用“钢管柱柱脚刚性连接结构及其安装方法”，2014 年 12 月取得国家知识产权局授予的发明专利（专利号 ZL 2012 1 0310575.4，证书号第 1532458 号，见图 6-6）。这种钢管柱柱脚刚性连接结构设计，将各种方形、圆形钢管柱和混凝土柱基础进行刚性连

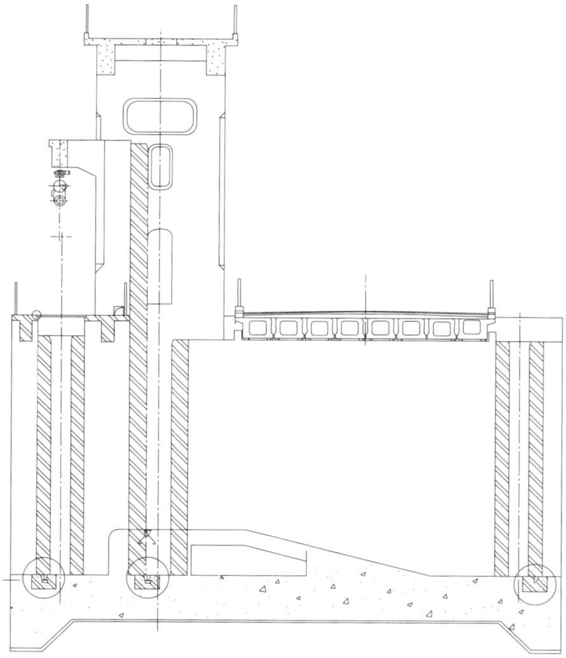

闸室纵剖面结构示意图

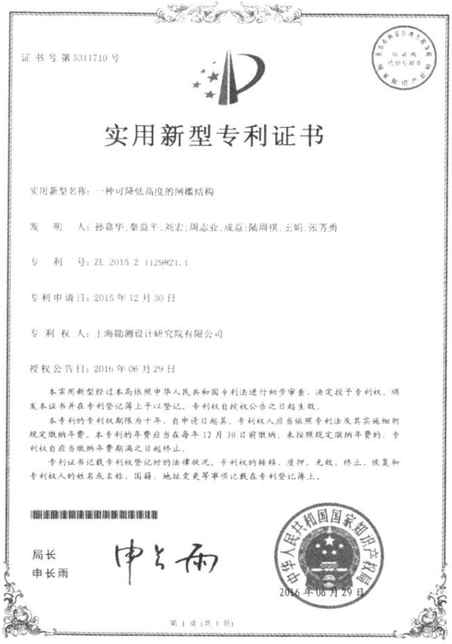

证书号第5311710号

实用新型专利证书

实用新型名称：一种可降低高度的闸槛结构

发　明　人：孙嘉华；秦益平；刘宏；周志业；成益；陆周祺；王娟；张芳勇

专　利　号：ZL 2015 2 1129821.1

专利申请日：2015 年 12 月 30 日

专 利 权 人：上海勘测设计研究院有限公司

授权公告日：2016 年 06 月 29 日

本实用新型经过本局依照中华人民共和国专利法进行初步审查，决定授予专利权，颁发本证书并在专利登记簿上予以登记。专利权自授权公告之日起生效。

本专利的专利权期限为十年，自申请日起算。专利权人应当依照专利法及其实施细则规定缴纳年费。本专利的年费应当在每年 12 月 30 日前缴纳。未按照规定缴纳年费的，专利权自应当缴纳年费期满之日起终止。

专利证书记载专利权登记时的法律状况。专利权的转移、质押、无效、终止、恢复和专利权人的姓名或名称、国籍、地址变更等事项记载在专利登记簿上。

局长
申长雨

2016 年 06 月 29 日

第 1 页（共 1 页）

图 6-5　“一种可降低高度的闸槛结构”获得实用新型专利

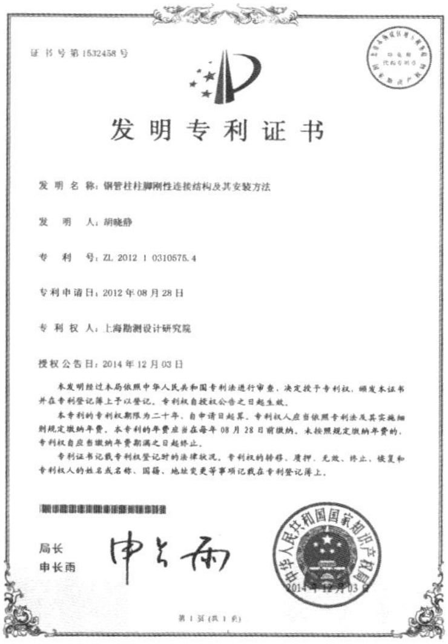

证书号第1532458号

发明专利证书

发 明 名 称：钢管柱柱脚刚性连接结构及其安装方法

发　明　人：胡晓静

专　利　号：ZL 2012 1 0310575.4

专利申请日：2012 年 08 月 28 日

专 利 权 人：上海勘测设计研究院

授权公告日：2014 年 12 月 03 日

本发明经过本局依照中华人民共和国专利法进行审查，决定授予专利权，颁发本证书并在专利登记簿上予以登记。专利权自授权公告之日起生效。

本专利的专利权期限为二十年，自申请日起算。专利权人应当依照专利法及其实施细则规定缴纳年费。本专利的年费应当在每年 08 月 28 日前缴纳。未按照规定缴纳年费的，专利权自应当缴纳年费期满之日起终止。

专利证书记载专利权登记时的法律状况。专利权的转移、质押、无效、终止、恢复和专利权人的姓名或名称、国籍、地址变更等事项记载在专利登记簿上。

局长
申长雨

2014 年 12 月 03 日

第 1 页（共 1 页）

图 6-6　“钢管柱柱脚刚性连接结构及其安装方法”获得发明专利

接。安装时，先由预埋锚栓临时固定钢管柱柱脚，再外层包覆封闭柱脚外包钢管，再压力灌注灌浆料，形成钢管柱柱脚刚性连接整体结构。这种新型钢管柱柱脚刚性连接结构及其安装方法，具有用钢量省、方便现场施工和外观简洁美观的优点。

（3）“太湖美 QC 小组”工作成效突出

太浦闸除险加固工程水下工程工期紧、任务重，在保证工程质量的前提下狠抓工程进度始终是参建单位关注的主题。经过分析比较，闸门槽埋件对工期影响较大，参建单位决定将闸门槽埋件安装由二期改为一期预埋，并成立了一期闸门槽安装质量控制 QC 小组，课题名称为：“太湖美 QC 小组提高闸门槽埋件安装质量优良率”。经过有针对性地加强操作工人安装培训，加强埋件安装支撑，加强焊接过程定位控制，加强混凝土浇筑过程质量控制，以及避免各施工队交叉施工、相互干扰等，达到了预期目标。工作闸门埋件安装共 10 个单元，单元工程优良率 100%。闸门安装后，止水密封良好，闸门起落锁定正常。“太湖美 QC 小组”工作成效突出，提高了安装质量，节约了施工工期，2016 年 6 月获得中国水利电力质量管理协会授予的 2016 年水利行业优秀质量管理小组 QC 成果一等奖（见图 6-7）。

图 6-7 “太湖美 QC 小组提高闸门槽埋件安装质量优良率”获奖

（4）套闸下闸首横拉式启闭机取得实用新型专利

太浦闸套闸下闸首设一孔工作闸门，门型采用横拉式钢闸门，闸门孔口宽 12.0m，挡水高度 5.5m，门体重量 40 余 t。在现有横拉式启闭机技术中，一般采用油缸横拉式或齿条横拉式，但是技术上存在一定难度、成本较高，同时限制行船的高度，安全性较差。

太浦闸除险加固工程中采用了新型横拉式卷扬启闭机，采用单卷筒双缠绕技术，卷筒正反旋转，带动卷筒上缠绕的钢丝绳实现收绳和放绳，可以使得钢闸门做水平往返运动。这种新型横拉式卷扬启闭机，启门力 2×100kN，工作行程为 13.6m，开启速度为 1.33m/min，在太浦闸应用取得成功，运转安全、操作方便，体积小巧且省力可靠，制造成本低，不影响行船的高度。2014 年 9 月，“一种横拉式启闭机”申报了实用新型专利，2015 年 1 月取得了实用新型专利证书（专利号 ZL 2014 2 0530545.9，证书号第 4090006 号，见图 6-8）。

（5）新型离合卷扬式启闭机在套闸工程上的首次应用

套闸上闸首工作闸门为双扉门。双扉门分为上下两节，均为平面钢闸门，孔口净宽为 12.0m，下扉门挡水高度 5.0m，重 21.4t，上扉门挡水高度 2.84m，重 12.3t。闸门双向挡水，采用悬臂轮支承。按照以往的实践经验，上下扉门通常采用两套驱动和两套卷扬装置的启闭机来分别控制闸门运行，但是启闭机机架体积大、结构松散、联控难、成本高。

太浦闸除险加固工程双扉门启闭机采用了新型离合卷扬式启闭机，容量为 2×250kN（下扉门）/2×125kN（上扉门），扬程为 11.5m（下扉门）/7.5m（上扉门）。这种新型联动启闭机在江苏万福闸（节制闸）工程上曾有试用，但尚未通过竣工验收。本工程对这种新型启

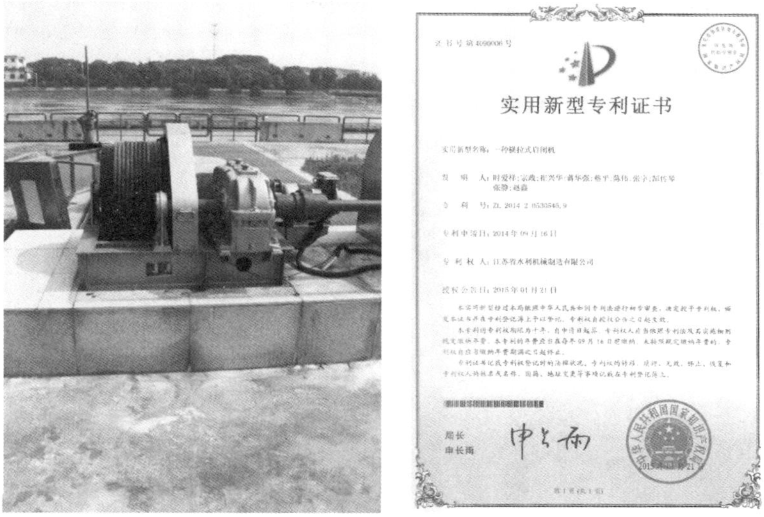

图 6-8　“一种横拉式启闭机”获得实用新型专利

闭机进行了优化和改进，增强了设备的本质安全设计，实现了自动化控制和联动运行，以适应套闸工程的运行管理需要。经过优化与改进后，这种离合卷筒启闭机实现了在太浦闸套闸工程上的首次运用，并首次实现了自动化控制运行。2015 年 6 月，“一种联动启闭机”成功获得国家发明专利（专利号 ZL 2011 1 0255328. 4，证书号第 1704824 号，见图 6-9）。

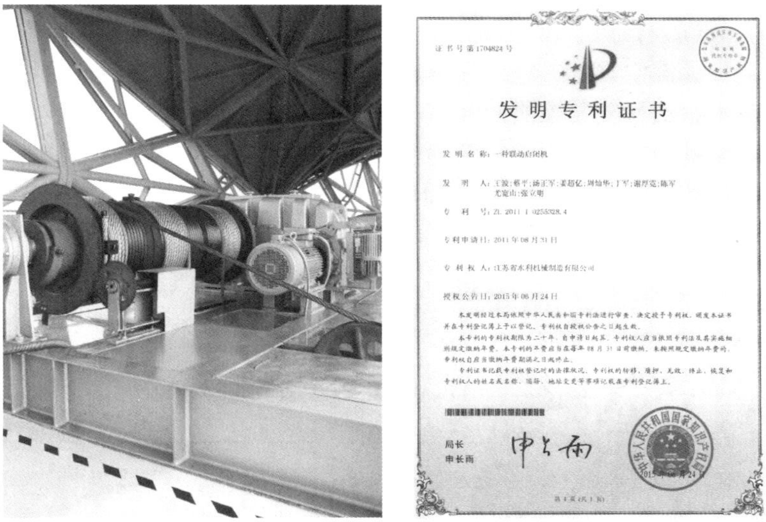

图 6-9　“一种联动启闭机”获得发明专利

（6）启闭机操控台获得外观设计专利

太浦闸除险加固工程启闭机房宽敞通透，启闭机房内的操控台摈弃了传统控制柜的缺点，结合现场实际进行了人体工程学的创新设计。本工程所采用的启闭机操控台，完全具备现场操控闸门的相关功能，能够精确实现启闭机的现场控制操作，且便于现场的检查、运行和维护。这种操控台体积小巧，结构紧凑，外观新颖，操作方便，2016 年 7 月“操控台”获得外观设计专利（专利号 ZL 2016 3 0052447. 3，证书号第 3762675 号，见图 6-10）。

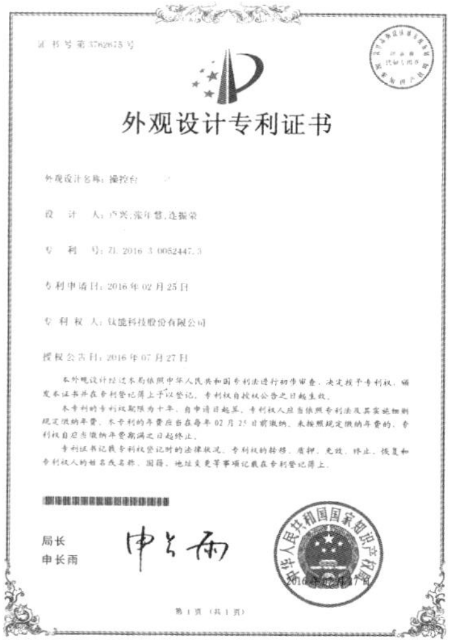

证书号第3762675号

外观设计专利证书

外观设计名称：操控台

设　计　人：卢兴；陈年慧；连振荣

专　利　号：ZL 2016 3 0052447.3

专利申请日：2016年02月25日

专 利 权 人：钛能科技股份有限公司

授权公告日：2016年07月27日

本外观设计经过本局依照中华人民共和国专利法进行初步审查，决定授予专利权，颁发本证书并在专利登记簿上予以登记。专利权自授权公告之日起生效。

本专利的专利权期限为十年，自申请日起算。专利权人应当依照专利法及其实施细则规定缴纳年费。本专利的年费应当在每年02月25日前缴纳。未按照规定缴纳年费的，专利权自应当缴纳年费期满之日起终止。

专利证书记载专利权登记时的法律状况。专利权的转移、质押、无效、终止、恢复和专利权人的姓名或名称、国籍、地址变更等事项记载在专利登记簿上。

局长
申长雨

第1页（共1页）

图 6-10 “操控台”获得外观设计专利

（7）开展异形钢结构安装工法研究

太浦闸启闭机房和桥头堡均为空间刚架结构体系，主要材料为钢结构和玻璃、蜂窝铝板及穿孔铝板组合幕墙，其中钢结构制作安装约 620t，各种幕墙 6 800m^2。启闭机房和桥头堡结构设计非常新颖，但钢结构和玻璃、铝材等异形空间结构复杂、造型独特，加工制作、施工安装要求高，且须进行三维空间立体施工。2013 年施工安装期间适逢多年少见的高温气象灾害天气，台风、雷电和强降雨多发，同时工程建设面临边施工边运行的困难，施工场地局促、高空临水，施工安全隐患多，质量控制难。参建单位组织开展了技术攻关，进行了异形钢结构安装工法研究，经过多次专家咨询、审查修改完善后，形成了独具特色、切合实际的专项施工方案，明确了材料选购、加工运输、现场转运、三维定位、施工纠偏和检查检测验收等方面的要求和措施。2014 年 9 月，包括启闭机房在内的主体工程顺利通过完工验收。2015 年 11 月，主体工程施工单位印发通知，发布“启闭机房异形钢结构安装工法”（见图 6-11），并在公司内部推广实施。

江苏省水利建设工程有限公司

苏水司工〔2015〕15号

关于发布江苏省水利建设工程有限公司
2015年度企业工法的通知

各单位、部门：

由机电安装分公司编制的《轴承外置式高扬程卧式双吸离心泵组安装工法》、第三工程分公司太浦闸项目部编制的《启闭机房异形钢结构安装工法》，已通过了公司专家委员会评审，并经公司总工程师批准，予以发布，并于2015年12月起在公司内部实施。

特此通知。

江苏省水利建设工程有限公司
2015年11月15日

抄送：省水机公司，筑宇工程技术有限公司。

省水建有限公司办公室　　2015年11月15日印发

共印10份

图 6-11 “启闭机房异形钢结构安装工法”获得推广应用

（8）应用水利部重点推广的 TAS9000 水利站群集控与信息化系统技术

太浦闸自动化控制系统应用了“TAS9000 水利站群集控与信息化系统技术”（2015 年度水利先进实用技术，见图 6-12），采用全开放、模块化结构设计，实现数据采集与处理、闸门集控、优化调节控制等功能，在系统配置、功能、性能、安全性、可靠性等方面均符合有关的国家标准和行业标准相关规定。自动化系统实现了“无人值班、少人值守”，提高了太浦闸工程运行管理自动化水平。

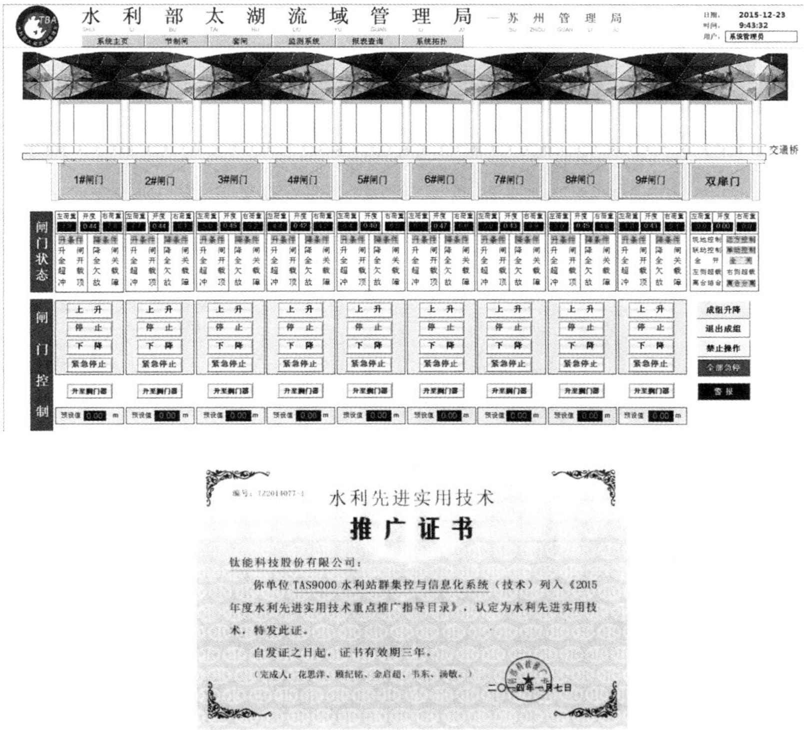

图 6-12　“TAS9000 水利站群集控与信息化系统技术”获得推广应用

（9）太浦闸除险加固工程信息管理系统的应用

根据项目建设科学管理、精细化管理、信息化管理需要，工程建设过程中，组织建立了太浦闸除险加固工程信息管理系统（见图 6-13），实现对工程基本信息管理、施工组织、施工管理、进度管理、费控管理、文档资料管理、系统管理等功能，能够将通知公告、天气预报、上下游水情、现场照片、工作动态、工程简报、现场视频监控、施工日志、施工进度、监督与投诉等信息，利用信息化手段进行动态采集、实时处理、安全存储和个性化服务，有力地促进了项目建设管理的规范化、现代化。

2. 在工程运行管理中，开展工程检修、控制运用技术创新

（1）引进小型遥控水下机器人并用于水下工程检修

由于望亭水利枢纽为深孔涵洞，曾经在 1999 年、2001 年的运行过程中发生正向挡水、反向挡水情况下的闭门困难，水下工程运行状况难以掌握，存在较大的安全隐患。2006 年苏州管理局引进 VideoRay Pro III XE 型小型遥控水下机器人（ROV）系统（见图 6-14），并成功用于望亭水利枢纽和太浦闸等太湖局直管工程的水下检查与维护，2009 年 10 月，该项目通过了水利部 948 项目管理办公室组织的验收。

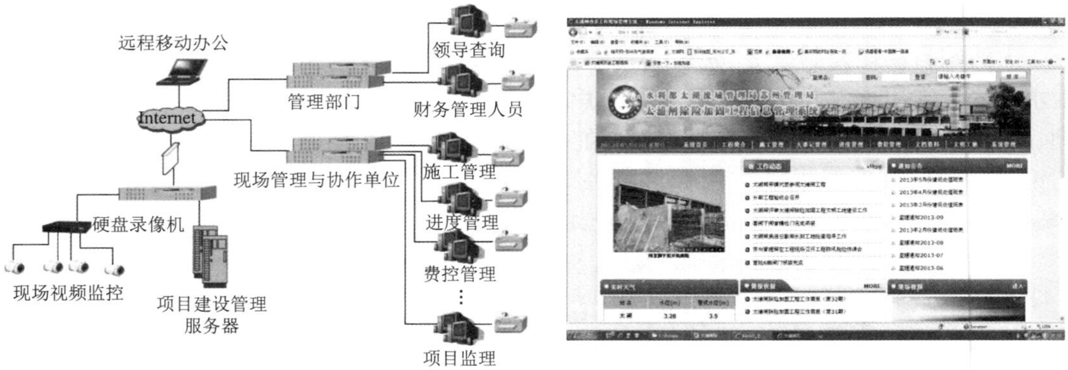

图 6-13　建立了太浦闸除险加固工程信息管理系统

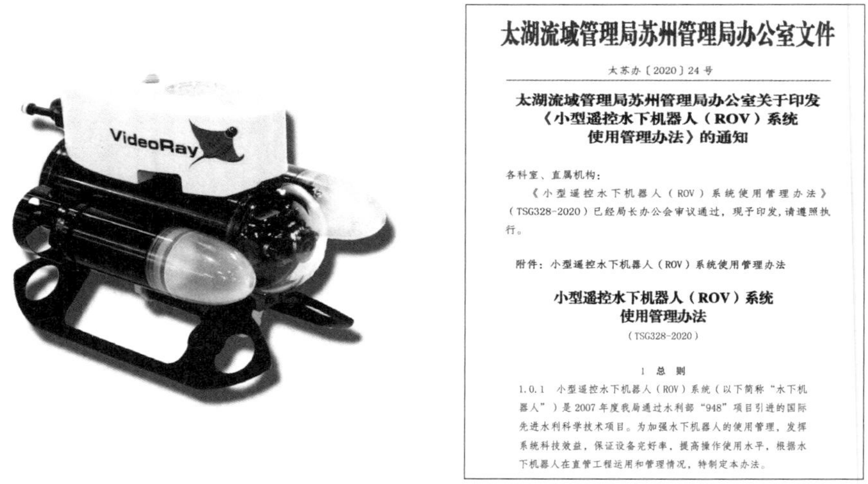

太湖流域管理局苏州管理局办公室文件

太苏办〔2020〕24 号

太湖流域管理局苏州管理局办公室关于印发《小型遥控水下机器人（ROV）系统使用管理办法》的通知

各科室、直属机构：

《小型遥控水下机器人（ROV）系统使用管理办法》（TSG328-2020）已经局长办公会审议通过，现予印发，请遵照执行。

附件：小型遥控水下机器人（ROV）系统使用管理办法

小型遥控水下机器人（ROV）系统使用管理办法

（TSG328-2020）

1　总　则

1.0.1　小型遥控水下机器人（ROV）系统（以下简称"水下机器人"）是 2007 年度我局通过水利部"948"项目引进的国际先进水利科学技术项目。为加强水下机器人的使用管理，发挥系统科技效益，保证设备完好率，提高操作使用水平，根据水下机器人在直管工程运用和管理情况，特制定本办法。

图 6-14　推广应用小型遥控水下机器人（ROV）系统

小型遥控水下机器人由水下潜器、脐带缆、水面控制台三部分组成。水下潜器是水下摄像头、传感器、水下作业工具等的运动载体；脐带缆将水面的动力和控制命令下传给潜器，将潜器获得的视频、声呐以及其他传感器数据上传给控制台；水面控制台则可对潜器的运动、灯光、云台、焦距、搭载的传感器进行控制或调节并显示相应的观测数据或水下图像。VideoRay Pro III XE 水下机器人具有如下优点：

1）安全可靠。标称最大工作水深是 152m，脐带缆及机器人中使用的是 48V 直流，系统包含故障短路接地电路。

2）小巧灵活。最大尺寸仅为 35cm，可进入潜水员和大型机器人不能进入的狭小空间，携带方便。可用 220V 交流、12V 直流、汽车电瓶供电，可在野外任何地方使用。前后都配置有摄像头，175°的云台俯仰范围，几乎可对水下进行垂直观察。机器人的所有运动（含选件）都可通过水面的控制台单人操作完成，操作简单易学；除可通过控制台控制外，还可通过计算机、游戏控制杆（无线）、Internet 网络控制。

3）配置丰富。可同步为视频记录进行语音注释，为将来视频回放提供丰富信息；记录设备可对实时水下观测进行记录，用于回放、报告、刻盘存档；TDS 脐带缆收放系统可防止脐带缆在操作时凌乱和受损；搭载多种传感器，如深度压力传感器、罗经、开机时间累加计数器。为满足不同用户或不同工程的需要，可为机器人选配图像扫描声呐（多频，用于浑浊水域；或多波束二维图像扫描声呐）、短基线或长基线声呐定位系统、单功能机械手、远距离操作（加长脐带缆）、辐射和水质传感器、维修备件包等。

小型遥控水下机器人（ROV）系统实现了在工作闸门不能完全关闭时水下工程情况的了解，为解决水下工程设施的检查维护问题提供新的手段。自从设备引进以后，已经在太湖流域多座水利工程的运行管理、建设施工中得到应用，发挥了重要作用。为加强水下机器人的使用管理，保证设备完好率，提高操作使用水平，2009 年制定了《小型遥控水下机器人（ROV）系统使用管理办法》。2020 年 10 月，进行了修订，进一步落实了管理职责，细化了水下机器人的保养管理、操作使用等工作要求，补充了操作流程图。

（2）取得 3 项国家实用新型专利并应用于闸门与启闭机检修

1）一种闸门主滑轮检修吊装装置。

闸门主滚轮检修是工程日常检查维护的重要内容。受制于检修空间狭小和主滚轮重量大，传统检修方法需搭建脚手架，使用起重机起吊，拆卸、安装工序复杂，耗时、耗力、成本大。2016 年，“水工程管理”劳模创新工作室针对此难题开展技术攻关，组织职工自己动手，制作了一套简易吊装工具，通过在排架检修孔上安装导轨，利用移动小车和手动葫芦的协同运作，解决了主滚轮在拆卸、移动、检修和安装过程中的难题。该装置为一种闸门悬臂式主滑轮维修吊装装置，包括上横梁、下横梁及其之间连接的多根螺杆，下横梁两侧设置有轨道及可沿其长度方向滑动的移动小车，移动小车上安装有手动葫芦。该装置使用时将上横梁固定在主滑轮上方检修孔的底部，下横梁借助与上横梁连接的螺杆固定在下方检修孔的顶部，用手动葫芦将待检修的主滑轮固定后，拉动手动葫芦的链条抬升主滑轮使其处于悬空状态，而后通过移动小车将其移动至检修孔洞外进行检测维护。借助本装置，可有效地解决在狭窄空间内拆卸、移动定滑轮等质量较大的部件，取代搭建脚手架等繁琐方式，大大提高检修效率，节省人力成本。该装置拆装方便，调节简易，检修快捷，安全高效，而且通过调节上下横梁之间连接螺杆的距离和手拉葫芦吊钩的位置，能够在各类水闸的检修孔内进行主滑轮检修作业，适用范围广泛。2017 年，“一种闸门主滑轮检修吊装装置”被国家知识产权局授予国家实用新型专利（专利号 ZL 2017 2 0019841.6，证书号第 6377741 号，见图 6-15）。

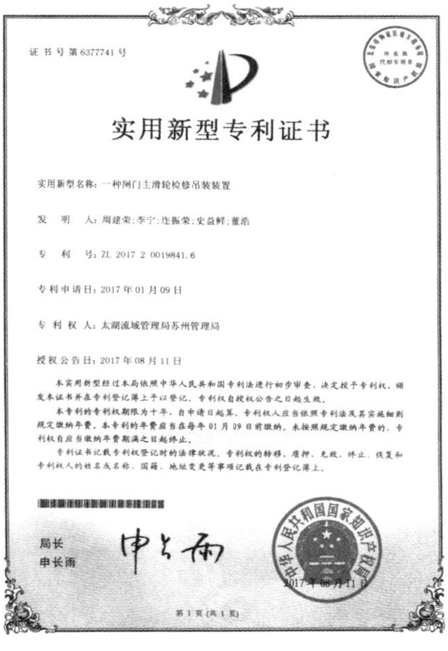
证书号第6377741号

实用新型专利证书

实用新型名称：一种闸门主滑轮检修吊装装置

发　明　人：周建荣;李宁;连振荣;史益鲜;董浩

专　利　号：ZL 2017 2 0019841.6

专利申请日：2017 年 01 月 09 日

专 利 权 人：太湖流域管理局苏州管理局

授权公告日：2017 年 08 月 11 日

本实用新型经过本局依照中华人民共和国专利法进行初步审查，决定授予专利权，颁发本证书并在专利登记簿上予以登记。专利权自授权公告之日起生效。

本专利的专利权期限为十年，自申请日起算。专利权人应当依照专利法及其实施细则规定缴纳年费。本专利的年费应当在每年 01 月 09 日前缴纳。未按照规定缴纳年费的，专利权自应当缴纳年费期满之日起终止。

专利证书记载专利权登记时的法律状况。专利权的转移、质押、无效、终止、恢复和专利权人的姓名或名称、国籍、地址变更等事项记载在专利登记簿上。

局长
申长雨

中华人民共和国国家知识产权局
2017 年 08 月 11 日

第 1 页（共 1 页）

图 6-15　“一种闸门主滑轮检修吊装装置”获得实用新型专利

2）一种闸门拉杆收口装置。

望亭水利枢纽闸门拉杆是连接闸门和启闭机设备的重要构件，开展闸门检查与维护时，需要拆装闸门拉杆。由于在闸门频繁运行中，拉杆长时间振动、受力，拉杆安装部位连接轴的键槽与轴端挡板难免会发生微小的偏差，使轴端挡板无法卡入键槽，安装十分困难。闸门拉杆材质硬，工作面局促，以往主要是依靠人工和借助机械工具来完成闸门拉杆拆装，作业难度大，精度控制难，且有机械损伤风险，施工操作费时费力。管理单位根据工程检修需要，研制了一种专门用于精细调整拉杆收口尺寸的机械装置。这种水工机械辅助装置，由支撑架、框体、千斤顶和结构板组成，能够替代现有的拉杆收口操作的手工方式，操作方便快捷，避免了机械敲打对拉杆本身强度的影响，使用安全高效，能够提高工作效率；通过控制收缩量可精准调控拉杆的张口；可快速更换不同型号的千斤顶，可通过调节板调节千斤顶的垂直位置，能够满足各类水闸不同型号拉杆的安装作业。2021 年，“一种闸门拉杆收口装置”被国家知识产权局授予国家实用新型专利（专利号 ZL 2021 2 0109758. 4，证书号第 14917336 号，见图 6-16）。

3）一种油缸活塞杆简易拆卸装置。

在对液压启闭机的油缸活塞杆进行拆卸时，需要摆放在相应的指定位置，拉动活塞杆进行拆卸。过程中，需要对活塞杆的端部进行夹持并施加向外侧的拉力，同时将活塞装置摆放在地面上进行拆卸，摆放及夹持定位过程中易造成活塞杆损坏。针对现有油缸活塞杆拆卸中的不足，管理单位研究提供了一种油缸活塞杆简易拆卸装置，通过带动限位装置在同一水平线上进行移动，减小夹持装置出现位置偏差，同时通过对滚筒大小进行调节，即可对不同大小的活塞杆进行夹持，并通过滚筒滚动移动，在滚动过程中减小对活塞杆外侧造成磨损。借助本装置，通过转动螺纹夹套，即可带动螺纹夹套与螺纹杆之间进行运动，带动装置底部支撑套向另一侧移动，从而在拆卸过程中，可方便对底部支撑套与螺纹杆之间的位置进行调节，增加装置移动时的灵活性并对活塞杆进行有效保护。2022 年，“一种油缸活塞杆简易拆卸装置”被国家知识产权局授予国家实用新型专利（专利号 ZL 2021 2 1387126. 0，证书号第 16942095 号，见图 6-17）。

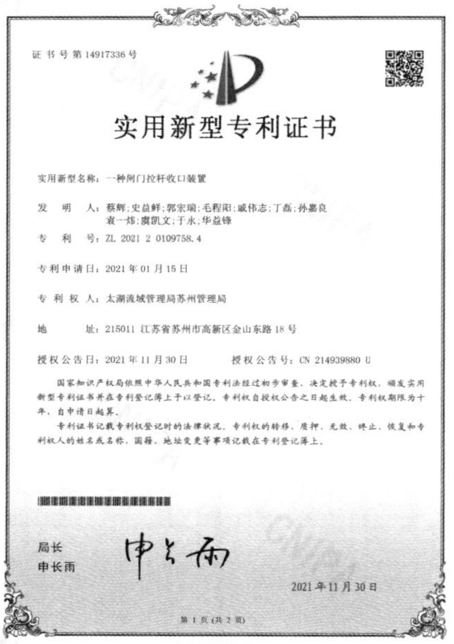
证书号第 14917336 号

实用新型专利证书

实用新型名称：一种闸门拉杆收口装置

发　明　人：蔡辉；史益鲜；郭宏瑞；毛程阳；戚伟志；丁磊；孙嘉良；袁一炜；虞凯文；于永；华益锋

专　利　号：ZL 2021 2 0109758. 4

专利申请日：2021 年 01 月 15 日

专利权人：太湖流域管理局苏州管理局

地　　址：215011 江苏省苏州市高新区金山东路 18 号

授权公告日：2021 年 11 月 30 日　　授权公告号：CN 214939880 U

国家知识产权局依照中华人民共和国专利法经过初步审查，决定授予专利权，颁发实用新型专利证书并在专利登记簿上予以登记。专利权自授权公告之日起生效。专利权期限为十年，自申请日起算。

专利证书记载专利权登记时的法律状况。专利权的转移、质押、无效、终止、恢复和专利权人的姓名或名称、国籍、地址变更等事项记载在专利登记簿上。

局长
申长雨

2021 年 11 月 30 日

第 1 页（共 2 页）

其他事项参见续页

图 6-16 “一种闸门拉杆收口装置”获得实用新型专利

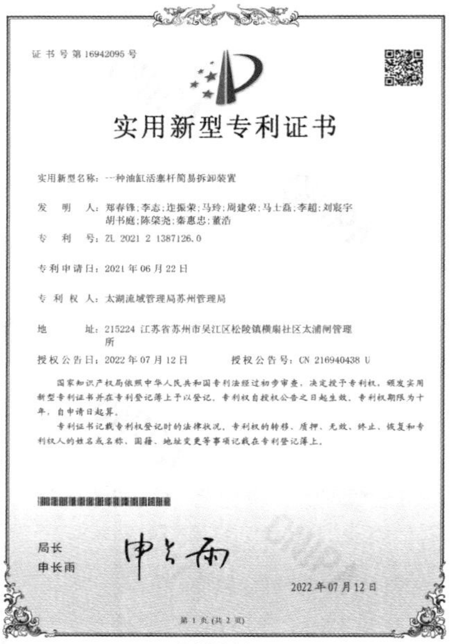
证书号第 16942095 号

实用新型专利证书

实用新型名称：一种油缸活塞杆简易拆卸装置

发　明　人：郑春锋；李志；连振荣；马玲；周建荣；马士磊；李超；刘宸宇；胡书庭；陈燊尧；秦惠忠；董浩

专　利　号：ZL 2021 2 1387126. 0

专利申请日：2021 年 06 月 22 日

专利权人：太湖流域管理局苏州管理局

地　　址：215224 江苏省苏州市吴江区松陵镇横扇社区太浦闸管理所

授权公告日：2022 年 07 月 12 日　　授权公告号：CN 216940438 U

国家知识产权局依照中华人民共和国专利法经过初步审查，决定授予专利权，颁发实用新型专利证书并在专利登记簿上予以登记。专利权自授权公告之日起生效。专利权期限为十年，自申请日起算。

专利证书记载专利权登记时的法律状况。专利权的转移、质押、无效、终止、恢复和专利权人的姓名或名称、国籍、地址变更等事项记载在专利登记簿上。

局长
申长雨

2022 年 07 月 12 日

第 1 页（共 2 页）

其他事项参见续页

图 6-17 “一种油缸活塞杆简易拆卸装置”获得实用新型专利

（3）取得 1 项国家发明专利并应用于启闭机维护

太浦闸工程右侧边孔为套闸，上闸首采用新型双扉门联动启闭机，该启闭机在主卷筒末端加装同轴副卷筒，主、副卷筒分别通过钢丝绳连接下扉门、上扉门，通过离合器的分离与结合实现下扉门独立转动或上下扉门联动。运行过程中，离合器多次出现左右齿盘啮合错位现象，影响闸门正常升降。2019 年，苏州管理局抽调技术骨干组成“太湖局苏州局太湖安澜 QC 小组”开展“提高双扉门联动启闭机离合器齿盘啮合精准率”技术创新活动。经过仔细研究，分析辨识影响离合器齿盘啮合精准率的各种因素，成功发明了一种新型的离合卷筒式固定卷扬启闭机缓冲限位装置。该缓冲限位装置具有结构稳固、受力均匀、对位精准、安全实用等特点。通过该装置的应用成功消除了太浦闸双扉门启闭机的钢丝绳松弛、冬季副卷筒跟转、限位挡块紧固螺栓剪断等安全隐患，提高了套闸设备的安全稳定性。2020 年，“一种离合卷筒式固定卷扬启闭机缓冲限位装置”被国家知识产权局授予国家发明专利（专利号 ZL 2020 1 0304309. 5，证书号第 4128396 号，见图 6-18）。

（4）取得 2 项国家发明专利并应用于闸门控制运行

1）一种闸门运行无线声光预警系统。

太浦闸闸区范围未完全封闭，闸门运行时启闭机设备周边环境存在安全隐患。原有计算机控制系统中的简易声光警报装置，操作流程繁杂，预警范围单一、预警效果差，无法满足自动化、智能化控制运行环境下的安全管控要求。2020 年，根据工程智能化运行状态下的安全管理需要，管理单位组织研制了“一种闸门运行无线声光预警系统”，已经成功应用于太浦闸工程。该系统包括信号采集装置、控制输出装置和声光报警器。当水闸工程操作人员，在计算机控制系统中点击闸门上升或下降按钮后，信号采集装置采集闸门上升或下降信号，发送信号至控制输出装置，控制输出装置接收到信号后，接通声光报警器，声光报警器基于预设的规则发出报警信号，实现预警功能。该系统能有效地避免闸门启动期间外来人员违规翻越闸门或者室内作业人员机械损伤的风险，在扩大预警范围、改进预警效果的同时，为闸门智能管控系统“四预”提供了技术保障。2021 年，“一种闸门运行无线声光预警系统”被国家知识产权局授予国家发明专利（专利号：ZL 2021 1 0852212. 2，证书号第 5073979 号，见图 6-19）。

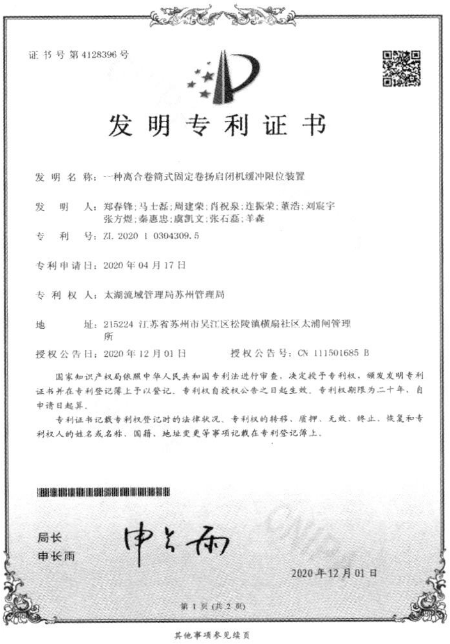
证书号第 4128396 号

发明专利证书

发明名称：一种离合卷筒式固定卷扬启闭机缓冲限位装置

发明人：郑春锋；马士磊；周建荣；肖祝泉；连振荣；董浩；刘宸宇；张方煜；秦惠忠；虞凯文；张石磊；羊森

专利号：ZL 2020 1 0304309. 5

专利申请日：2020 年 04 月 17 日

专利权人：太湖流域管理局苏州管理局

地址：215224 江苏省苏州市吴江区松陵镇横扇社区太浦闸管理所

授权公告日：2020 年 12 月 01 日　　授权公告号：CN 111501685 B

国家知识产权局依照中华人民共和国专利法进行审查，决定授予专利权，颁发发明专利证书并在专利登记簿上予以登记。专利权自授权公告之日起生效。专利权期限为二十年，自申请日起算。

专利证书记载专利权登记时的法律状况。专利权的转移、质押、无效、终止、恢复和专利权人的姓名或名称、国籍、地址变更等事项记载在专利登记簿上。

局长
申长雨

2020 年 12 月 01 日

第 1 页（共 2 页）

其他事项参见续页

图 6-18　“一种离合卷筒式固定卷扬启闭机缓冲限位装置”获得发明专利

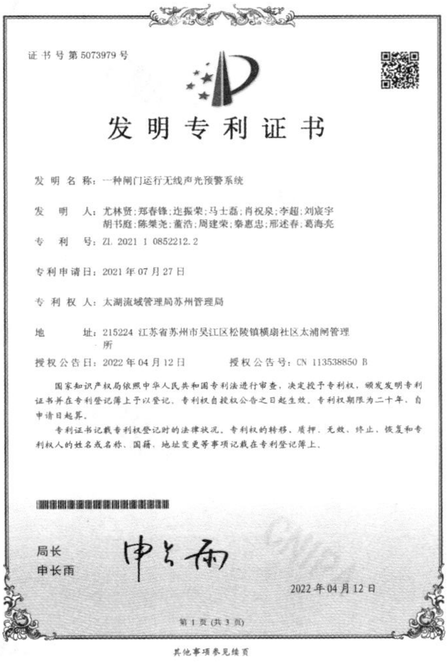
证书号第 5073979 号

发明专利证书

发明名称：一种闸门运行无线声光预警系统

发明人：尤林贤；郑春锋；连振荣；马士磊；肖祝泉；李超；刘宸宇；胡书雁；陈翠尧；董浩；周建荣；秦惠忠；邢述春；葛海亮

专利号：ZL 2021 1 0852212. 2

专利申请日：2021 年 07 月 27 日

专利权人：太湖流域管理局苏州管理局

地址：215224 江苏省苏州市吴江区松陵镇横扇社区太浦闸管理所

授权公告日：2022 年 04 月 12 日　　授权公告号：CN 113538850 B

国家知识产权局依照中华人民共和国专利法进行审查，决定授予专利权，颁发发明专利证书并在专利登记簿上予以登记。专利权自授权公告之日起生效。专利权期限为二十年，自申请日起算。

专利证书记载专利权登记时的法律状况。专利权的转移、质押、无效、终止、恢复和专利权人的姓名或名称、国籍、地址变更等事项记载在专利登记簿上。

局长
申长雨

2022 年 04 月 12 日

第 1 页（共 3 页）

其他事项参见续页

图 6-19　“一种闸门运行无线声光预警系统”获得发明专利

2）一种闸门自动锁定装置及其控制系统。

根据防洪和引江济太水资源调度的需要，望亭水利枢纽工程开闸运行频繁，但是原有的闸门锁定方式，是通过人工搬运架设工字钢来搁置闸门或者拉杆实现闸门锁定，工作效率较低，人工资源需求较大，且存在一定的作业安全隐患，已经不能够适应自动化、智能化运行管理的需要。2019 年起，根据工程智能化运行状态下的安全管理需要，管理单位组织研制成功了“一种闸门自动锁定装置及其控制系统”，可以明显提升闸门锁定工作效率和安全水平，已经成功应用于望亭水利枢纽工程。这种闸门自动锁定装置及其控制系统，包括由液压伸缩机构、驱动连接杆、限位杆、限位开关等组成的闸门自动锁定装置和可以嵌入原有闸门计算机控制系统的控制模块、锁定模块组成，能够方便地实现闸门锁定、解锁的远程控制和现地控制，操作方便快捷、准确可靠，从而有效提升了计算机自动控制系统的安全性和工作效率。2021 年，“一种闸门自动锁定装置及其控制系统”被国家知识产权局授予国家发明专利（专利号：ZL 2021 1 1105184.4，证书号第 5271905 号，见图 6-20）。

证书号第5271905号

发明专利证书

发 明 名 称：一种闸门自动锁定装置及其控制系统

发 明 人：尤林贤；郑春锋；蔡辉；丁磊；毛程阳；戚伟志；史益鲜
孙嘉良；郭宏瑞；于永；华益峰；袁一炜

专 利 号：ZL 2021 1 1105184.4

专利申请日：2021 年 09 月 22 日

专 利 权 人：太湖流域管理局苏州管理局

地 址：215224 江苏省苏州市高新区金山东路 18 号

授权公告日：2022 年 07 月 01 日　　授权公告号：CN 113960957 B

国家知识产权局依照中华人民共和国专利法进行审查，决定授予专利权，颁发发明专利证书并在专利登记簿上予以登记。专利权自授权公告之日起生效。专利权期限为二十年，自申请日起算。

专利证书记载专利权登记时的法律状况。专利权的转移、质押、无效、终止、恢复和专利权人的姓名或名称、国籍、地址变更等事项记载在专利登记簿上。

局长
申长雨

第 1 页（共 2 页）

其他事项参见续页

图 6-20 “一种闸门自动锁定装置及其控制系统”获得发明专利

（5）取得 6 项计算机软件著作权并应用于工程运行管理（见图 6-21）

开发“苏州管理局水利工程管理考核平台”并取得软件著作权，用于数字文档资料的分类保存，结合 Activiti 工作流引擎以及权限管理，做到管理人员按需发布流程，工作人员按时完成流程，实现了水利工程文档资料的电子化管理，提高了工程管理考核工作资料台账管理效率。

中华人民共和国国家版权局
计算机软件著作权登记证书
（副本）　证书号：软著登字第8114844号

软 件 名 称：苏州管理局水利工程管理考核平台
V1.0

著 作 权 人：太湖流域管理局苏州管理局；尤林贤；徐金龙；周斌；李超；李庆锁；刘毅；唐闻韬；刘宸宇；吴茜

开发完成日期：2020年06月01日

首次发表日期：未发表

权利取得方式：原始取得

权 利 范 围：全部权利

登 记 号：2021SR1392218

根据《计算机软件保护条例》和《计算机软件著作权登记办法》的规定，经中国版权保护中心审核，对以上事项予以登记。

No. 08911169

2021年09月17日

中华人民共和国国家版权局
计算机软件著作权登记证书
（副本）　证书号：软著登字第8136940号

软 件 名 称：太湖局苏州管理局移动信息平台APP
V1.0

著 作 权 人：太湖流域管理局苏州管理局；郑春锋；钟惠钰；李超；刘毅；连振荣；戚伟志；史益鲜；张石磊；唐闻韬

开发完成日期：2016年09月08日

首次发表日期：未发表

权利取得方式：原始取得

权 利 范 围：全部权利

登 记 号：2021SR1414314

根据《计算机软件保护条例》和《计算机软件著作权登记办法》的规定，经中国版权保护中心审核，对以上事项予以登记。

No. 08938766

2021年09月23日

图 6-21 获得 6 项计算机软件著作权登记（一）

中华人民共和国国家版权局
计算机软件著作权登记证书
（副本）　证书号：软著登字第8136943号

软件名称：太湖局直管工程工情业务应用系统 V1.0
著作权人：太湖流域管理局苏州管理局；尤林贤；钟惠钰；李超；刘毅；迮振荣；戚伟志；史益鲜；张石磊；唐闻韬
开发完成日期：2016年09月08日
首次发表日期：未发表
权利取得方式：原始取得
权利范围：全部权利
登记号：2021SR1414317

根据《计算机软件保护条例》和《计算机软件著作权登记办法》的规定，经中国版权保护中心审核，对以上事项予以登记。

中华人民共和国国家版权局 计算机软件著作权登记专用章
No. 08938778　2021年09月23日

中华人民共和国国家版权局
计算机软件著作权登记证书
（副本）　证书号：软著登字第7551864号

软件名称：太浦闸工程运行智能控制系统 V1.0
著作权人：太湖流域管理局苏州管理局；郑春锋；李超；钟惠钰；迮振荣；周斌；肖祝泉；马士磊；刘宸宇
开发完成日期：2019年12月05日
首次发表日期：2020年01月01日
权利取得方式：原始取得
权利范围：全部权利
登记号：2021SR0829238

根据《计算机软件保护条例》和《计算机软件著作权登记办法》的规定，经中国版权保护中心审核，对以上事项予以登记。

中华人民共和国国家版权局 计算机软件著作权登记专用章
No. 08121787　2021年06月03日

中华人民共和国国家版权局
计算机软件著作权登记证书
（副本）　证书号：软著登字第8088246号

软件名称：望亭水利枢纽水位流量智能监测软件 V1.0
著作权人：太湖流域管理局苏州管理局；蔡辉；周斌；唐闻韬；戚伟志；史益鲜；吴茜；丁磊；孙嘉良；毛程阳
开发完成日期：2019年12月10日
首次发表日期：未发表
权利取得方式：原始取得
权利范围：全部权利
登记号：2021SR1365620

根据《计算机软件保护条例》和《计算机软件著作权登记办法》的规定，经中国版权保护中心审核，对以上事项予以登记。

中华人民共和国国家版权局 计算机软件著作权登记专用章
No. 08876223　2021年09月13日

中华人民共和国国家版权局
计算机软件著作权登记证书
（副本）　证书号：软著登字第8088227号

软件名称：太浦闸水位流量智能监测软件 V1.0
著作权人：太湖流域管理局苏州管理局；郑春锋；李超；刘宸宇；迮振荣；马士磊；羊森；张方煜；陈荣尧；胡书庭
开发完成日期：2019年11月20日
首次发表日期：未发表
权利取得方式：原始取得
权利范围：全部权利
登记号：2021SR1365601

根据《计算机软件保护条例》和《计算机软件著作权登记办法》的规定，经中国版权保护中心审核，对以上事项予以登记。

中华人民共和国国家版权局 计算机软件著作权登记专用章
No. 08876130　2021年09月13日

图 6-21　获得 6 项计算机软件著作权登记（二）

开发“太湖局苏州管理局移动信息平台 APP”并取得软件著作权，采用计算机数据解析等技术，建立了合理的信息流向，实现了相关信息随时随地查询和掌握，有助于值班相关事务处理的数字化、无纸化、信息化和高效率。

开发“太湖局直管工程工情业务应用系统”并取得软件著作权，采用 B/S 结构，基于 Web Services 的数据服务模式，建立了合理的信息流向，功能完善、集成度高、实用性强，符合日常业务管理工作需要，有助于提高工程管理工作效率。

开发“太浦闸工程运行智能控制系统”并取得软件著作权，具有处理多种系统需求的能力，支持核心业务数据定期备份，并且带有信息存储加密功能，可对太浦闸工程运行智能控制产生的数据进行优化并存储记录，具有较好的稳定性。

开发“望亭水利枢纽水位流量智能监测软件”并取得软件著作权，可以实现望亭水利枢纽水位流量监测、远程监控等操作，通过添加应用程序和自定义脚本方式，可实现对更多应用的扩展，系统对服务器资源进行了均衡，有效地降低了服务器负载。

开发“太浦闸水位流量智能监测软件”并取得软件著作权，采用先进的独立存储引擎，支持大数据长久保存，具有水位流量监测、分析等功能，还能够支持标准 SQL 查询、数据聚类、分类、预测等功能，用来对工程水位流量进行智能监测及预警。

6.8 实践探索

制定了太浦闸、望亭水利枢纽技术管理细则，各项技术图表齐全并上墙明示；工程巡查、检查制度健全，并定期检查，记录规范；按规定开展了工程观测，进行资料整编和分析，有效指导工程运行管理；工程维修养护按计划及时进行，项目管理规范，金属结构和机电设备维修养护较好；严格按照太湖局调度指令控制运用，操作运行精细规范；智能化运行程度较高，建成了工程管理信息系统、防汛会商系统、闸门监控系统、视频监视系统、办公自动化系统等，并开展专业化运维，保障网络及信息系统安全。太湖局直管工程在国家级水管单位基础上融合推进更高标准的工程管理标准化、精细化、智能化建设，在工程检查、观测、控制运行等工作中开展了大胆而有益的探索，同时积极推进“数字工程、智慧管控”，尝试增强预报预测、安全预警能力，推进“四预”数字化，取得了明显的成效。

6.8.1 工程管理标准化建设的特色

1. 系统性建立健全涵盖“三个标准”的制度体系

借鉴企业标准化管理的经验，在实施方案中明确了工作标准、技术标准和管理标准。统筹管理事项及其工作标准、技术标准、管理标准，梳理归纳并尽可能量化、明晰管理事项的各类具体要求，包括：工作内容、工作依据、安全规定、频次时限、工作流程、责任落实、质量要求、工作成果、评价验收等。最终汇编形成集工作标准、技术标准和管理标准于一体的太湖局直管工程管理工作手册。

（1）关于工作标准

梳理管理事项，明确“需要做什么”。结合工程管理实际，依据有关法律法规、规程规范要求，全面梳理水利工程管理考核中组织管理、安全管理、运行管理、经济管理等管理事项，明确事项内容，解决好“需要做什么”的问题。管理事项梳理既要尽量全面、系统，确保事项不交叉、不疏漏，确保每一个管理事项均有独立模块，闭环管理；同时，管理事项梳理也要突出重点，尤其要关注工程管理的短板和弱项。

职责匹配事项，明确“工作谁来做”。对照“三定”方案和部门职责，全面梳理工作岗位，并与管理事项进行匹配，实现事项对岗、岗位对人，职责分工明确，确保所有事项均“有人负责”，解决好“工作谁来做”的问题。

（2）关于技术标准

识别工作事项的技术要求，明确“做到什么样”。依据国家标准、水利行业标准和太湖局制度要求，参考借鉴流域内精细化管理、标准化管理、网格化管理等成果，研究制定各管理事项的技术标准，解决好工作“做到什么样”的问题。技术标准明确工作实施的技术要求和验收的技术要求。

（3）关于管理标准

识别工作事项的管理要求，明确“怎么样去做”。按照全面全过程质量管理的要求，结合工作实际，定义、细化、优化工作流程，并修订完善现有工程管理制度、操作规程等，建立标准化管理制度体系，解决好“怎么做工作”的问题。管理标准明确工作实施的流程、安全、记录、检查验收等程序性、保障性管理要求。

2. 高质量融合推进工程管理标准化建设

标准化是一个过程，是持续改进的过程。所执行的“标准”也是随着经济发展、社会进步和人民需求的变化而与时俱进、逐步上升的。按照事物发展的规律，在达到初级阶段的标准之后，可以循序渐进去实现高级阶段的标准，以此类推，持续提升。太湖局直管工程的工作标准、技术标准和管理标准的起步较高，直接对标国家级水管单位考核标准和安全生产标准化考核标准，并在此基础上结合经济发达地区和长三角一体化发展的更高需求，进行查漏补缺、完善改进。

直管工程管理标准化建设并非另起炉灶，而是与国家级水利工程管理考核、安全生产标准化等日常管理工作有机结合。实际操作中，管理单位对照单位职责逐一梳理明确工程管理事项，并以《水利工程管理考核办法》以及考核标准为重要依据，在水闸工程四大类 33 项考核事项的基础上进一步细化、量化工作标准、技术标准和管理标准。工程管理标准化建设与原有的水利工程管理考核日常工作内容保持一致，不另外增加检查观测、维修养护等工作表格与记录，而是对相应工作的进一步细化、量化、规范化，可以实现管理事项、工作人员、工作要求、记录台账等的有机统一。

6.8.2　水下工程检查工作的探索

水闸技术管理规程等规程规范中对于水上工程和水下工程的检查没有区别性的规定，苏州管理局结合工程实际，创新性地区分工程设施不同类别、不同部位，分别明确检查内容和检查要求。同时，区分水上工程和水下工程，分别明确检查要求，并对直管工程组织开展了多次水下检查，积累了水下工程检修的宝贵经验。

1. 区分工程设施不同部位，分别明确检查要求

2020 年在《望亭水利枢纽技术管理实施细则》《太浦闸技术管理实施细则》基础上，制定印发了《太湖局直管工程检查工作管理规定》。制度建设过程中，借鉴了水利工程施工质量控制的经验，参照《水利水电工程施工质量检验与评定规程》中项目划分、质量评定的做法，在《水闸技术管理规程》及其实施细则基础上，按照水闸工程设施的不同类别、不同部位来明确各类检查内容和要求，便于查找和系统掌握不同部位、设施设备的检查要求。

2. 区分水上工程和水下工程，分别明确检查要求

《水闸技术管理规程》（SL 75—2014）中规定了水闸检查类别和频次，其中 3.2.3 条明确检查内容包括“混凝土铺盖是否完整；黏土铺盖有无沉陷、塌坑、裂缝；排水孔是否淤堵；排水量、浑浊度有无变化”“消能设施有无磨损冲蚀；河床及岸坡是否有冲刷或淤积”等。

《水闸安全监测技术规范》（SL 768—2018）中 3.2.1 条规定的检查内容与此一致。《水闸安全评价导则》（SL 214—2015）中也有对于水下检测的明确要求，3.2.3 条中明确“对长期未做过水下检测（查）的，或水闸地基渗流异常的，应进行水下检测”，并明确

了检测的具体要求。

但是，上述规程规范的规定比较笼统，并未区分水上工程、水下工程检查的特点、难易程度、重要程度而作出针对性的要求，操作性不强。由于水下工程检查工作难度大、成本高，在日常检查、定期检查和专项检查中落实水下工程检查比较困难。特别是经历过大流量泄洪后，水下工程若发生水毁，难以及时发现，进而日积月累产生更大的破损，以至于危害工程安全。

3. 规范组织开展水下工程检修

水下工程检查工作十分必要。水利工程在运行过程中，特别是经历过大流量泄洪后，水下工程若发生水毁，不开展水下工程检查则难以及时发现，进而日积月累产生更大的破损，以至于危害工程安全。但是水下工程检查工作难度大、成本高，在日常检查、定期检查和专项检查中落实水下工程检查比较困难，水下工程检查的内容、频次等要求应该符合实际。

太湖局直管工程能否正常运行和发挥效益，直接影响太湖流域防洪安全和供水安全。苏州管理局高度重视太湖局直管工程的水下工程检修工作，在水下工程检查的水利行业技术标准出台之前，区分水上工程和水下工程，结合实际需要，在《太湖局直管工程检查工作管理规定》中提出了明确的水下工程检查频次、范围等要求并严格执行。自从 1999 年接管工程以来，管理单位已经采用水下摄像、潜水员水下探摸、小型遥控机器人水下检查、干水检查等方式，开展了多次水下工程检查，及时全面掌握了工程设施变化和安全状态。同时，水下工程检查维修工作一般涉及水下潜水作业和水下修补作业，专业性强，危险系数高，需要专业的施工作业队伍和专用的工具设备。随着人工智能、信息化技术的迅速发展，各种先进的检查检测维修技术兴起，在太湖局直管工程的水下工程检查工作中，支持水下工程检查技术研究与创新，鼓励引进水下检修先进实用技术，提高水下工程检查维修工作质量和水平，更好保障工程安全运行和工程效益充分发挥。

6.8.3 平原河网地区水闸扬压力观测工作的探索

1. 望亭水利枢纽扬压力监测资料整理

由于平原河网地区水位差较小，部分水闸工程没有按时开展扬压力监测。但是水闸技术管理规程中历来都将扬压力监测作为一项重要的专门性观测项目。望亭水利枢纽自从建成以来，立足于严格执行规程规范要求和确保水道立交工程安全的需要，长期坚持开展扬压力监测，并定期开展监测资料的分析研究，研判工程的安全状态。经过对监测资料初步分析，历年测压管水位变化趋势与河道水位变化趋势一致，扬压力各测点水头稳定保持在 4.5m 以下，最大值没有明显增大趋势，渗压较为稳定。

为进一步分析各渗压管水位与水闸上下游水位及降雨量等外部因素之间的关系，苏州管理局采用回归模型来分析其因素关系。多变量回归分析模型已应用多年，方法趋于成熟，利用它可以便捷地分析表明自变量和因变量之间的显著关系，也可以表明多个自变量对一个因变量的影响强度。利用回归模型求取到上游水位分量、下游水位分量、运河水位分量、温度分量、降雨分量、时效分量等各影响因子的回归系数及复相关系数后，为便于分析各影响因子对测压管扬压力的作用大小，将回归系数转换成标准系数。标准回归系数是消除了因变量和各个自变量所取单位影响之后的回归系数，其绝对值的大小直接反映了各影响因子对自变量的影响程度。

根据回归分析结果显示，望亭水利枢纽扬压力监测数据能够客观、准确地反映工程基底扬压力的动态变化，可以指导工程的安全管理和操作运用。经过分析可知，影响扬压力变化的因素包括上游水位、下游水位、运河水位、温度等。其中，上游水位、下游水位和运河水位分量对扬压力影响较大，且具有滞后性；温度对扬压力影响较小；降雨量与扬压力之间的关系不明显，且同样具有滞后性；部分测点的时效分量对测点水头的影响较大，表明随着工程的运行，该测点所在区域的防渗性能发生了一定变化。

2. 平原河网地区水闸扬压力监测工作建议

1）现行水利行业规程规范对水闸工程规定了扬压力监测项目，同样适用于平原河网地区的水闸工程。管理单位应重视扬压力监测，并结合工程实际将扬压力监测加以落实，特别是大中型水闸或者上下游水位差较大的水闸。建议各地区水行政主管部门对照行业规程规范，结合工程实际情况，按工程规模、重要程度和危险程度等划分，组织研究出台符合本地区工程实际、操作性更强的技术要求或管理规定。

2）对平原河网地区水闸工程开展扬压力监测是必要的，技术上是可行的。扬压力监测是水利工程建设与运行管理中一项重要的监测项目，能够感知地基扬压力的动态变化，分析水工建筑物的抗滑稳定性，对保证水利工程安全运行尤为重要，并且易于利用信息化手段实现自动化实时监测，获取监测数据更为快速便捷。但是对于工程管理单位，管理人员分析监测数据的难度和工作量较大，建议从技术层面，加强对监测数据统计分析技能方面的培训，提高数据成果的处理能力，形成科学有效的分析方法，使扬压力监测更加直观地应用于水闸工程的操作运行和安全管理。

3）在观测作业中，采用钢尺水位计法观测时，注意每隔一段时间应重新测量校对测压管管口高程，减少工程沉降造成的误差；在成果分析中，注意上下游水位、降雨量等因素对扬压力的影响具有滞后性，采用的数据范围应适当向前延伸扩展；在管理实践中，重点关注扬压力监测数据的变幅（极大值）和变化趋势（过程线），遇异常数据应及时分析问题原因，排除测量操作失误、仪器故障、计算错误等主客观原因，确保监测数据真实反映工程安全运行情况。

6.8.4　平原河网地区水闸智能化运行的探索

1. 印发控制运用方案，明确精细控制的质量标准

为便于调度指令执行和考核有明确的评价标准，在 2010 年制定了《太湖局直管工程控制运行规定（试行）》，明确工程控制运行的质量要求。在此基础上，2020 年又研究制定了《太湖局直管工程控制运用方案》并报经太湖局批准后印发执行。该方案批复后，为太浦闸精确执行调度指令提供了指导依据和质量标准。根据该方案，太浦闸控制运用的总体原则是按照日平均流量进行控制，同时兼顾 8 时报汛流量。在方案中明确了执行调度指令或闸门控制运行应该达到的精度要求。比如，当调度流量不超过 $100m^3/s$，允许偏差为 $\pm10m^3/s$；当调度流量超过 $100m^3/s$，允许偏差宜控制在 $\pm5\%$ 以内，不超过 10%。

2. 采集和共享环境信息，建立智能运行的感觉系统

太浦闸下游的太浦闸水文站，建设有在线测流系统，经过多年的运行与率定优化后，能够提供实时在线（5min1 次）的太浦闸下泄流量数据。太湖局建设有太湖流域水情遥测系统，太湖流域水资源实时监控和信息采集系统等，可以实时采集到太浦闸上下游水位、风力风向、黄浦江潮位，以及太浦河下游平望、金泽水位和流量等数据，这些数据已经实现信息共享。在 2012—2015 年太浦闸除险加固工程中建设了太浦闸闸门监控系统，能够

实时采集到工程上下游水位，以及底板扬压力、底板内力、垂直位移、闸门开度等实时工情数据。以上这些水情、气象、工情数据汇聚在一起，能够建立起太浦闸智能运行的感觉系统，可以初步实现实时感知工程及环境信息的变化。

3. 借助神经网络，建立智能运行的指挥系统

平原河网地区，工程上下游的水位差较小，河流水动力弱，常见往复流，太浦闸工程初步设计中所提供的理论水位流量关系曲线难以指导工程实际操作运行。2019 年起，管理单位采用信息化手段，利用人工智能机器学习中的 BP 神经网络模型，开展太浦闸上下游水位、闸门开度、风力、太浦河沿线站点水位流量、潮位等 7 个影响因子与太浦闸过闸流量之间的相关性分析，利用历史数据成果，建立了多维（多个变量）的流量关系模型（见图 6-22）。苏州管理局将研究成果固化到闸门自动控制系统中，形成指挥闸门操作运用的大脑，结合水情的实际变化发出闸门调整的指令，实现了闸门的自动控制，初步实现了闸门智能运行。

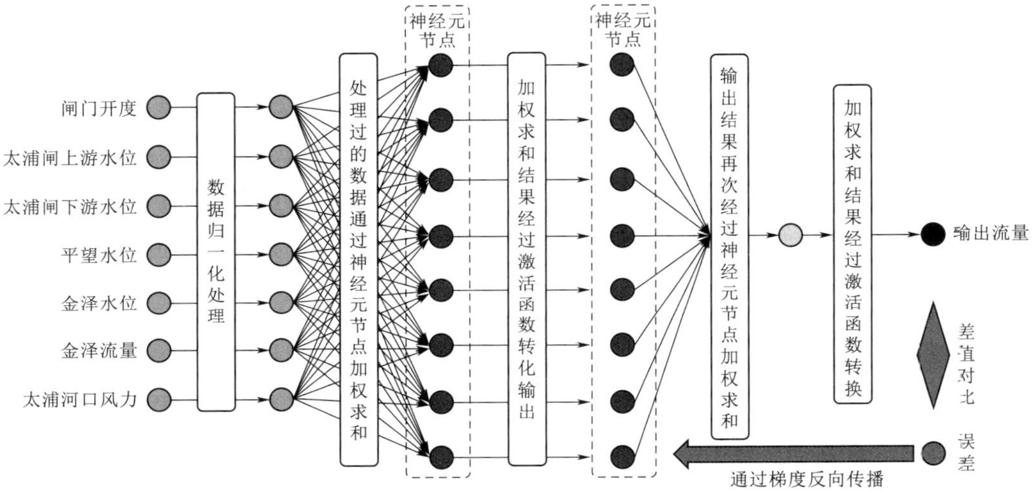

图 6-22　太浦闸 BP 神经网络训练过程示意图

这个多维的流量关系曲线模型具有 3 个特点：输入变量多，能够实时感知风力风向变化、闸上水位、闸下水位、闸门开度、下游平望水位、金泽水位、金泽流量 7 个影响因素，通过这 7 个因素的实测值来预测过闸流量；能够自我调整，通过预测流量与实测流量自动比对，迭代训练，可以动态调整 7 个因素对流量的影响权重，用得越频繁，产生的数据就越多，训练得就更准确；这个曲线是动态的，随着现场风力风向、水闸上下游水位、平望水位等因素的变化，这个曲线会跟着变化，能够实时感知现场多个因素。

4. 借助闸门监控系统，建立智能运行的执行系统

在太浦闸除险加固工程建设过程中，太浦闸现场已经建成了闸门监控系统和安全监测系统，这是闸门智能运行的执行机构，可以实现计算机对于闸门操作运行的自动化控制，可以实时监测工程垂直位移和底板扬压力变化。在接收到上级调度指令或者神经网络系统发出的闸门调整指令后，闸门监控系统可以自主进行闸门开启和关闭，以及闸门开度的调整，完整记录运行信息，并将调整信息反馈给工控系统。基于 BP 神经网络的流量关系曲线已经应用到太浦闸智能管控系统中，现场运行人员只需关注安全条件和签收新调令，调

令执行、流量监控、闸门调整建议、调整结果反馈等其他流程全部由计算机自动实现，可以有效减轻运行人员的工作压力。

5. 智能控制运行的效果及思考

太浦闸智能运行管控系统（1.0版）结合工程运行管理实际需要，成功借助人工智能神经网络，建立数据学习机制，利用太浦闸工程运行历史数据及经验公式，对太浦闸上下游水位、闸门开度、风力、太浦河沿线站点水位流量、潮位等与过闸流量之间的关系进行分析，找出规律并建立关系，破解了闸门调整只能依靠人工经验的难题；在流量动态监控方面，当实测流量与调度指令要求偏差较大时，系统可自动做出流量异常提醒，智能给出闸门调整建议，同时自动开启现场安全确认和闸门远程调整流程，可实现闸门自动调整；在现场安全保障方面，通过安装警示装置，在闸门启动前、启动中均会自动启动声光报警和语音提醒，结合现场视频跟踪等方式加强现场安全防控，防范安全事故发生，并对原有数据资源进行整合和补充，实现了不同业务系统之间的数据互通。

太浦闸智能运行管控系统（1.0版）投入运行以来，运行效果良好。借助太浦闸智能运行管控系统，太浦闸流量控制取得了较好的应用效果，调度指令执行的时效性、准确性得到了有效的保障。通过与在线实时流量比对，及时进行闸门状态的动态调整，通过加强过程流量的精细控制，成功保障了调度运行精度目标。2020年底，在总结太浦闸智能运行管控实践经验的基础上，对望亭水利枢纽自动监控系统进行了智能化改造，实现了望亭水利枢纽智能化控制运行。

6.8.5 太湖局直管工程倒流预测的实践探索

太湖是流域洪水的集散地，是长三角区域水资源的调配中心，是长三角水生态水环境的晴雨表，在推进长三角一体化发展战略中具有特殊重要的地位。太湖局直管工程太浦闸、望亭水利枢纽是太湖骨干泄洪河道太浦河、望虞河及环太湖大堤重要口门控制建筑物，对太湖流域防洪、引水及向下游地区供水发挥着重要作用，工程的精细运行受到流域、区域多方的高度关注。《太湖流域管理局直管工程控制运用方案》中明确规定，直管工程运用按日平均流量控制，并注意兼顾8时报汛流量，运行过程中严防倒流。根据这一原则，工程管理单位认真思考与探索，通过分析研究直管工程倒流的原因，来预测工程的倒流时间，通过开发日平均流量计算软件，来推算下一节点工程应控制的流量，以保障工程运行满足调度指令要求且不发生倒流情况。

1. 工程倒流预测

在工程实际运行中，因受一种或几种因素的影响，实测流量与相应水位的点据不能呈密集带状分布，无法用一条单一曲线表示，呈现不稳定的水位流量关系，引起这种水位流量关系变动的因素有断面面积、水面比降、糙率以及周边水利工程的运行状态变化等。太湖局直管工程下泄条件主要受水面比降影响，究其原因是下游降雨造成的涨水以及潮水顶托造成的水面比降变化。故太浦闸工程倒流预测选取的影响因素为下游降雨、潮位。望虞河与长江交汇处设有控制口门常熟水利枢纽，因此望虞河为非感潮河段，望亭水利枢纽倒流预测选取的影响因素为下游降雨、常熟水利枢纽的运行情况。数据统计分析时，选取了2021年1月—8月的实测数据。

（1）太浦闸工程倒流预测

太浦闸工程倒流预测选取的影响因素为下游降雨、潮位。

1）下游降雨影响。

太浦闸工程的泄水水位差主要比较工程上游与平望站点的水位差，故分析下游降雨对工程泄水的影响，只要分析下游降雨（平望站）对平望水位的影响即可。经统计，当平望站日降雨量大于 10mm 时，期间平望站水位平均涨幅为 16.7cm。其中当平望站日降雨量为中雨等级时（24h 降雨量 10~25mm），期间平望站水位平均涨幅为 14cm；当平望站日降雨量为大雨等级时（24h 降雨量 25~50mm），期间平望站水位平均涨幅为 22.4cm；当平望站日降雨量为暴雨等级时（24h 降雨量 50~100mm），期间平望站水位平均涨幅为 28cm。

2）潮位顶托影响。

太浦闸工程下游河道为太浦河，太浦河上承东太湖，下接黄浦江，是排泄太湖洪水的主要通道之一，其泄水受黄浦江米市渡潮位影响。米市渡潮位站位于太浦河排泄通道黄浦江的上游，米市渡潮位过程的预报对太浦闸工程控制运用起着重要作用。米市渡潮位过程主要受当地暴雨、太浦河泄水量、区域南排工程泄水量、下游潮位顶托等因素影响，目前已形成了完善的预报体系。经统计，米市渡潮位站水位每日 2 高 2 低、每月 2 次最高潮 2 次最低潮规律较为明显，最高潮最低潮发生在农历初一和十五左右。在每月的最高潮最低潮时，平均潮差可超过 1m，水位变化幅度大，对太浦闸工程泄流影响较大。

（2）望亭水利枢纽倒流预测

望亭水利枢纽倒流预测选取的影响因素为下游降雨、常熟水利枢纽的运行情况。

1）下游降雨影响。

望亭水利枢纽的泄水水位差主要比较工程上游与琳桥站点的水位差，故分析下游降雨对工程泄水的影响，只要分析下游降雨（甘露站）对琳桥水位的影响即可。经统计，当甘露站日降雨量大于 10mm 时，期间琳桥站水位平均涨幅为 15cm。其中当甘露站日降雨量为中雨等级时（24h 降雨量 10~25mm），期间琳桥站水位平均涨幅为 13cm；当甘露站日降雨量为大雨等级时（24h 降雨量 25~50mm），期间琳桥站水位平均涨幅为 13cm；当甘露站日降雨量为暴雨等级时（24h 降雨量 50~100mm），期间琳桥站水位平均涨幅为 60cm。

2）常熟水利枢纽运行情况影响。

经统计，在常熟水利枢纽未开泵的情况下，望亭水利枢纽的下泄条件受常熟水利枢纽关闸影响规律较为明显，且望亭水利枢纽的关闸时间较常熟水利枢纽关闸平均延后 5.75h。

2. 工程日平均流量预测推算

（1）直管工程日平均流量计算方法

日平均流量指的是 0~24 时累计水量除以累计时间的流量，或者在 0~24 时内无穷多个瞬时流量的积分的平均。在直管工程实际运行中，为了提高精度，每日 7:00、7:30、16:00、17:00 的瞬时流量由人工测量，因此为了提高计算精度，直管工程日平均流量计算采用面积包络法（见图 6-23），由人工测流流量所组成的梯形面积除以 24h 计算所得，见式（1-1）。

$$Q_{平均}=\frac{(Q_1+Q_2)\times7+(Q_2+Q_3)\times0.5+(Q_3+Q_4)\times8.5+(Q_4+Q_5)\times1+(Q_5+Q_6)\times7}{48}$$

式（1-1）

式中：Q_1为 0:00 的瞬时流量，由当日 7:00 和前一日 17:00 人工测流流量的算术平均所得；Q_2为 7:00 的人工测流流量；Q_3为 7:30 的人工测流流量；Q_4为 16:00 的人工测流流量；Q_5为 17:00 的人工测流流量；Q_6为 24:00 的瞬时流量，由当日 17:00 和后一日 7:00 人工测流流量的算术平均所得。

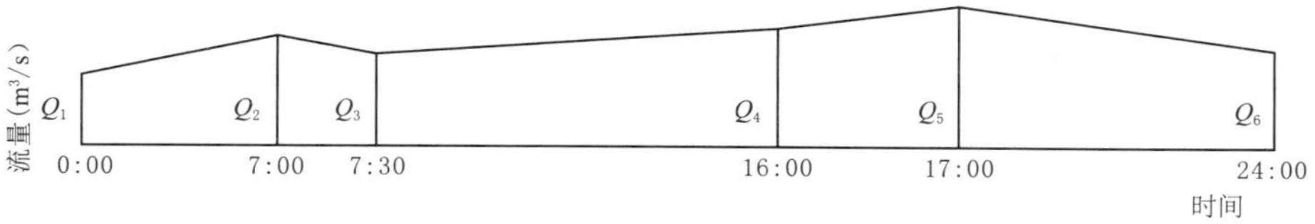

图 6-23　面积包络法计算日平均流量

（2）直管工程日平均流量预测推算程序开发

确定工程的日平均流量计算方法和公式后可以看出，已知或预设Q_1、Q_2、Q_3、Q_4、Q_5、Q_6的值，可以计算出当日的日平均流量，或者已知其中 5 个，也可推算出下一时间节点工程应控制多少流量才能满足调度要求。管理单位技术人员运用 Visual Basic 程序设计语言，开发出日平均流量计算器，方便了日平均流量的计算和推算，提高了工程控制运用的精度。比如，望亭水利枢纽日平均流量计算器操作界面见图 6-24。

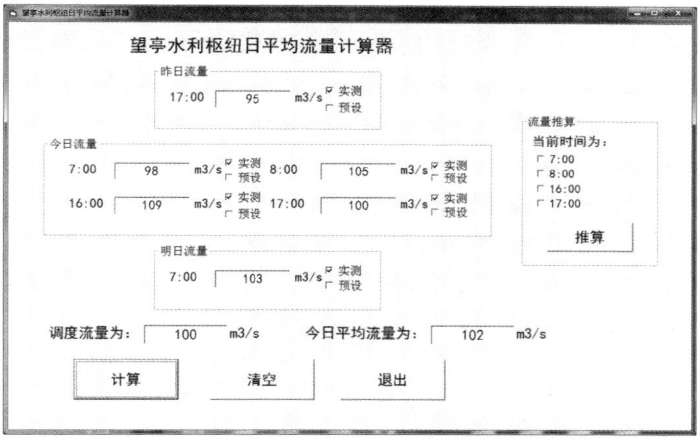

图 6-24　望亭水利枢纽日平均流量计算器操作界面

3. 倒流预报预测结论

根据太湖局直管工程的运行实际和研究分析得出，太浦闸工程的下泄条件受下游降雨和米市渡潮位影响较大，望亭水利枢纽的下泄条件受下游降雨和常熟水利枢纽的运行情况影响较大。

当太浦闸工程下游平望站预报 10mm 以上降雨时，平望站水位平均涨幅为 16.7cm，若此时太浦闸工程水位差低于 15cm，则发生倒流的可能性较大；在米市渡每月大小潮汛期间，工程发生倒流的可能性也较大。

当望亭水利枢纽下游甘露站预报 10mm 以上降雨时，琳桥站水位平均涨幅为 15cm，若此时望亭水利枢纽水位差低于 15cm，则发生倒流的可能性较大；若常熟水利枢纽未启用泵站，只运用节制闸排水时，当常熟水利枢纽节制闸因长江高潮位关闸后，望亭水利枢纽在 5.75h 后倒流的可能性较大。

《太湖流域管理局直管工程控制运用方案》指出，直管工程运用按日平均流量控制。日平均流量的计算采用面积包络法计算较为精确，日平均流量计算程序的开发，较好地方便了日平均流量的计算并实现了推算功能和辅助预报预测，有效提高了工程控制运用的精度。

6.8.6 太浦闸声光预警装置的研究与应用

声光预警是一项成熟的区域安防技术，在水利工程管理中，预警需求更多地体现为优先保障作业区域的人员安全服务。为适应工程安全要求的提升，通过分析水利工程管理范围内的切实需求，苏州管理局设计改造了一款基于智能管控运行环境下的无线声光预警装置，能够在闸门启闭时有效警示作业区域的室内外相关人员，为太浦闸工程智能化运行提供安全保障。

1. 管理需求

太浦闸智能运行管控系统可做到远程精准控制闸门，但由于闸区范围未实现完全封闭，闸门运行时，工作门槽和启闭机房周边环境存在一些安全隐患。一方面，维修养护与闸门启闭操作有时会存在交叉作业，而安装预警装置可以在闸门远控时预先警示启闭机房检修、养护等作业人员。另一方面，水利工程交通桥区域尚未封闭，安装预警装置可以预先警示闸门门槽附近的人员远离危险区域。

太浦闸计算机控制系统原本设置有简易声光警报装置，但操作流程繁琐、使用不便，每次闸门启闭前，操作人员均需要手动点击“打开警报”和“关闭警报”按钮，而且，警示范围主要为工程上下游河道等室外区域，不能够对室内维修养护作业人员进行警示；手动操作也无法满足“数字工程、智慧管控”的安全管控要求。

2. 预警装置的研制与安装

根据水利工程安全运行、智能运行管理的需要，苏州管理局研制了一种基于智能管控系统下的，更能保障工程运行安全的闸门运行无线声光预警装置，采用无线 ZigBee 传输指令，融入闸门计算机控制系统，实现闸门启闭前通过一定时间的声光预警，警示水利工程工作门槽、启闭机房室内外相关人员，降低工程运行过程中可能导致的人员受伤概率。

（1）结构组成及工作原理

硬件主要包含安装于室外的多功能声光报警器、安装于室内的语音声光报警器及低压控制器件（包括 1 个空气开关、1 个接触器、1 个继电器、1 个控制按钮及电缆）。硬件制作完成后，对原有节制闸控制系统内部 PLC 程序进行修改、优化，新增控制声光报警启动输出点、声光报警启动中间变量、电机启动中间变量、延迟启动计数器，增加延时启动计数器功能，修改后的程序接入太浦闸智能运行管控系统内。

在现地手动控制情况下，合上电源空气开关，现地手动按下自锁按钮，接触器线圈得电，主触头闭合，声光警报器启动，立即发出声光预警信号。再次手动按下自锁按钮，接触器线圈失电，主触头断开，声光警报器关闭，声光预警信号立即停止。

在远程自动控制情况下，中控室上位机作出闸门启闭动作，PLC 输出点闭合，24V 继电器线圈得电，自动声光报警器继电器常开触点闭合，接触器线圈得电，主触头闭合，声光警报器启动，立即发出声光预警信号；PLC 延迟 8s 后，发出闸门启闭动作，闸门正常启闭。若中控室上位机发送闸门停止命令、出现故障或闸门到上限位时，控制回路断开，闸门停止；同时 PLC 输出点断开，24V 继电器线圈失电，自动声光报警器继电器常开触点断开，接触器线圈失电，主触头断开，声光警报器关闭，声光预警信号立即停止。

（2）设备安装布置方式

在启闭机机架侧端焊造一高约 60cm 的支架，警报器铆接于支架上部，警报器距离地面约 90cm，每孔闸门两侧各安装一只声光警报装置，以保证光预警信号可视。

借助原有监控系统布线管路及设施，将室外声光预警装置布置于公路桥上游门槽侧闸墩或者工作桥排架上，每孔闸门两侧各安装一只声光警报装置，以保证光预警信号可视。

3. 预警装置应用实效

更新后的无线声光警报装置，外表新颖、美观，设备选型、线路布置合理。操作人员点击闸门启动或关闭按钮后，预警系统可实现自动报警 8s 后再启动或关闭闸门，全程无须操作人员再进行额外动作，优化了闸门控制操作流程，提高了运行操作效率。闸上、闸下左右侧多点的布置形式，使改进后的声光预警系统既避免了室外捕鱼人员跨越闸门所带来的安全隐患，又消除了室内裸露的启闭机卷筒和钢丝绳对临近作业人员的威胁，扩大了声光预警范围。室外声光预警装置从原有的单一布置形式改为多点布置形式，带有语音提示的声光预警，效果较为明显，能及时、可靠地提醒外来人员即将面临的危险，并留有时间供位于作业禁区的相关人员应急避险，能有效地减少意外事故的发生。带有语音提示和声音大小调控功能的预警系统，能在闸门机械部分转动前及时发出声光警报，通知室内临近设备的作业人员紧急避险，消除潜在的安全隐患。

经现场测试、调试和试运行，无线声光预警装置运行稳定，未出现过兼容问题和不良反应，能够在闸门启闭时有效警示非闸门操作人员。结合现场视频跟踪等方式，可以更加有效加强现场安全防控，防范安全事故发生。

根据无线声光预警装置的设计、制作安装和实施效果情况，管理单位组织申报了国家发明专利。2021 年“一种闸门运行无线声光预警系统”被国家知识产权局授予国家发明专利。该发明专利能有效地避免闸门启动期间外来人员违规翻越闸门或者室内作业人员机械损伤的风险，在扩大预警范围、改进预警效果的同时，为闸门智能管控系统“四预”提供了技术保障。

6.8.7　太浦闸工程智慧管控体系建设探索

太浦闸是太湖流域骨干水利工程，防洪和供水效益非常突出，工程的控制运行要求高，闸门启闭操作频繁。随着长三角一体化等国家战略在域内的落地以及人民对美好生活的需求，太浦闸智慧管控体系建设显得尤为必要和迫切。管理单位借助人工智能神经网络技术，建立数据学习机制，基于水位潮位、风力风向、工情等实时数据和太浦闸工程自动监控系统，综合统计分析太浦闸上下游水位、闸门开度、风力风向、太浦河下游站点水位流量、潮位等变量对过闸流量的影响权重，找出规律并建立关系，实现了闸门控制运行智能化，提高了工程控制运行质量和效率。苏州管理局开展 BIM 技术标准体系建设、基础平台及门户开发、业务子系统门户开发与定制。在充分利用先进的网络通信、工程三维数字化、现代测绘技术基础上，基于全信息三维模型构建工程数据中心，有效解决工程数据信息跨阶段、跨单位、跨区域损失问题，实现数据共享利用与工程可视化。基于上述技术手段，太浦闸基本建立起“可视、可测、可控、可自动预测决策”的智慧管控体系。

1. 太浦闸智慧管控体系介绍

太浦闸智慧管控体系可概括为：“物联感知、互联互通、科学决策、智能管理”，其核心就是更透彻的感知、更全面的互联互通、更深入的智能化。具体体现在：更全面、深入、灵活的辖区内物与物、物与人、人与人之间的互联互通和相互感知能力，更高效安全的水利信息处理和资源整合能力，更科学的水利监测、预警、分析、预测和决策能力，更高水平的设备远距离控制和智能化执行能力，更协调的业务跨部门、上下级、多层次、异地点合作能力

2. 智慧管控体系建设情况

（1）物联感知能力建设

2014 年太浦闸进行除险加固过程中，在建筑物关键部位内部以及上下游侧等部位埋设了相应传感器，分 2 个测站共 75 个测点，实现对上下游水位、闸墩顶部沉降、闸底板扬压力、地基反力、闸底板内力等关键数据自动采集，工作人员通过监测自动化采集系统可在终端（目前实现 PC 端）查收采集的实时信息，该系统还兼具数据自动保存功能，通过近 6 年的持续自动监控和数据收集，积累了大量的相关数据，是同等水利工程后续研究开发不可多得的数据资源。

（2）互联互通能力建设

太浦闸下游的太浦闸水文站，建设有在线测流系统，经过多年的运行与率定优化后，能够提供实时在线（5min 1 次）的太浦闸下泄流量数据。太湖局建设有太湖流域水情遥测系统、太湖流域水资源实时监控和信息采集系统等，可以实时采集到太湖湖口水位、风力风向、黄浦江潮位，以及太浦河下游平望、金泽水位和流量等数据，这些数据已经实现信息共享。在 2012—2015 年太浦闸除险加固工程中建设了太浦闸闸门监控系统，能够实时采集到工程上下游水位，以及底板扬压力、底板内力、垂直位移、闸门开度等实时工情数据。以上这些水情、气象、工情数据汇聚在一起，能够建立起太浦闸智能运行的感觉系统，可以初步实现实时感知工程及环境信息的变化。

苏州管理局（太浦闸管理单位）工情业务系统整合了值班管理、工程运行、工程检查、工程观测、设备管理、巡查督查、预案响应、工程管理考核 8 大板块业务，基本实现了工程管理运行与人在“一张网上”。通达综合办公系统实现了公告、日程安排、考勤、用车申请等综合业务“一站式办理”。

（3）科学决策能力建设

借助 BP 神经网络，建立人工智能决策推荐。平原河网地区，工程上下游的水位差较小，河流水动力弱，常见往复流，太浦闸工程初步设计中所提供的理论水位流量关系曲线难以指导工程实际操作运行。2019 年起，苏州管理局采用信息化手段，利用人工智能机器学习中的 BP 神经网络模型，结合历史数据，开展过闸流量影响因子的相关性分析，建立了多维（多个变量）的流量关系模型，并固化到闸门自动控制系统中，形成指挥闸门操作运用的大脑，可实现闸门调整方案模拟推荐，为闸门精准控制和智能运用提供依据。

这个多维的流量关系曲线模型具有 3 个特点：输入变量多，能够实时感知风力风向变化、上游湖口水位、下游平望水位、金泽水位、金泽流量、闸下水位、闸门开度 7 个影响因素，通过这 7 个因素的实测值来预测过闸流量；能够自我调整，通过预测流量与实测流量自动比对，迭代训练，可以动态调整 7 个因素对流量的影响权重，用得越频繁，产生的数据就越多，训练得就越准确；这个曲线是动态的，随着现场风力风向、河口水位、平望水位等 7 个因素的变化，这个曲线会跟着变化，能够实时感知现场多个因素。

（4）智能管理能力建设

借助闸门视频监控系统、BIM 技术，初步实现调度指令智能执行和智能化现场管理。在太浦闸除险加固工程建设过程中，太浦闸现场已经建成了闸门监控系统和安全监测系统，这是闸门智能运行的执行机构，可以实现计算机对于闸门操作运行的自动化控制，可以实时监测工程垂直位移和底板扬压力变化。在接收到上级调度指令或者神经网络系统发出的闸门调整指令后，闸门监控系统可以自主进行闸门开启和关闭，以及闸门开度的调整，完整记录运行信息，并将调整信息反馈给工控系统。基于 BP 神经网络的流量关系曲线已经应用到太浦闸智能管控系统中，现场运行人员只需关注安全条件和签收新调令，调令执行、流量监控、闸门调整建议、调整结果反馈等其他流程全部由计算机自动实现，可以有效减轻运行人员工作压力。

太浦闸 BIM 技术，通过太浦闸工程的地形及水工建筑物 BIM 建模，实现对太浦闸工程全面的数字化仿真。通过接入太湖局数据中心各类专题数据库等信息，不仅实现了对工程主体结构、主要构件的几何信息、参数属性及状态信息的数字化存储、查询、三维全景展示，而且在工程控制运行、检查观测、预报预警、调度决策、应急管理、动态模拟等方面提供直观和实时的应用。

1）工程结构三维建模。

对太浦闸工程各组成部分进行组建拆解，合理划分工程构件并进行三维模型建模，范围包括工程主体结构、启闭机房、闸室、船闸、重要构件、主要设备、监测监控设施、周边环境、部分附属设施等，形成太浦闸上下游、水上、水下建筑物的全景模式视图。

2）工程运行可视化监测。

基于工程三维模型，对太浦闸运行过程中相关实时水工情数据、运行控制数据、安全监测数据、设备设施数据、实时运行状况等进行可视化展示，通过工程三维可视化集中展示，实时掌握当前工程整体运行状态和故障报警、主要设施设备等的最新情况，同时提供历史数据查询。

3）调度操控过程动态模拟。

基于工程三维模型，结合工程现场视频监视、启闭机运行状态监控、太浦河沿线、太浦闸上下游相关监测、监控、监视，对太浦闸水文流态、闸泵操控过程及运行状态进行动态模拟，反馈闸门、钢丝绳、启闭机等设备设施的运行状态及实时数据，以及闸体的安全监测传感器数据，通过动画、数值图表等手段对闸门操控过程、工程效益、工程安全状况等进行全程模拟和动态展示。

4）综合调度决策支持。

基于工程边界条件、水文气象、运行状态与安全状况的全面感知，通过工程能力分析、启用条件判断、安全状态评估、安全保障分析等进行智能分析，实现调度指令执行情况反馈、工程运行能力提前预判、工程操控预设优化、调度执行科学精准，为流域综合调度提供技术支撑。

5）工程标准化管理。

通过接入工程标准化管理业务系统数据，将组织管理、安全管理、运行管理、经济管理中的管理事项逐一分解落实，进一步细化各管理事项在工作标准、管理标准、技术标准上的各项要求，实现基于模块化的运行管理方式，在 BIM 系统上对太浦闸各项工作的进度、质量、效果进行分析统计评估，提出在工程管理方面的问题和建议，跟踪整改过程和执行情况，提高工程标准化管理水平。

6.8.8 太浦闸工程“四预”数字化的探索

太浦闸是太湖流域防洪和供水的重要控制性建筑物，被誉为“太湖第一闸”。按照水利部党组提出的“需求牵引、应用至上、数字赋能、提升能力”智慧水利建设总要求，近几年，苏州管理局利用除险加固、智慧太湖建设等项目，对原有太浦闸自动监控系统进行 BIM 建模和应用系统集成等，实现了“BIM+应用”的全新工程运行管理模式，探索了“数字工程”和“四预”数字化，提升了调度决策支撑、标准化管理、精细化管理、智慧管控、防洪减灾五项能力，为 BIM 技术在水利行业的运行维护应用提供了示范。太浦闸工程运行 BIM 项目于 2019 年建设并投入运行，集成优化了近年来建设的其他信息系统，逐步形成了以 BIM 为基础的智慧运行管控平台。该平台以搭建数字工程应用场景为基础，提出“BIM+应用系统”集成总体架构，以 B/S 模式在 BIM 模型上深度融合各类数据流和运管流，达到模型与业务应用无缝衔接，实现水利工程运维期管理的新方式。太浦闸工程运行 BIM 获 2021 年“智水杯”全国水工程 BIM 应用大赛金奖（见图 6-25）。

图 6-25 太浦闸工程运行 BIM 获 2021 年“智水杯”全国水工程 BIM 应用大赛金奖

1. BIM 模型构建

使用 Unity 引擎开发可视化场景及管理平台，使用 Revit 创建建筑模型，使月 SolidWorks 创建设备模型，使用 3DS MAX 创建周围场景模型。各专业模型统一在 Unity 中进行总装、功能开发以及接口开发。完成的模型作为一个在服务器可独立运行的对象发布，发布的模型采用轻量级，不依赖于任何第三方软件支撑，提供基于 B/S 的三维运行场景，并为应用系统提供控制接口。采用 Spring MVC 和轻量级 Web 框架，基于 Java 实现了 Web MVC 的请求驱动模型，开发界面系统作为 BIM 操控和各项业务系统的前端，在 BIM 轻量模型基础上实现了 Web 的高效交互访问，实现 BIM 模型的控制漫游、动画模拟、数据看板和工程管理功能。

在“智慧太湖”总体技术框架内，通过建设高度仿真的“数字工程”，形成“BIM+应用”的工程智慧管控平台，让工程状态变得可感可知可控，通过工程管理标准化、管控智能化、指挥全景化，实现了“数字工程、智慧管控”的应用目标。

2. BIM 应用

1）工程数字孪生。应用 BIM+GIS 技术，对主要设施设备和部件进行精细建模，精度均在 LOD300 及以上，形成本工程的数字孪生底座，为工程基础信息管理、运行维护和数字孪生流域建设提供了坚实基础。

2）运行全景可视。建设可视化的运行场景，具备场景漫游、视角控制、空中行走、透明、聚焦、空间定位等 360°全景浏览模式，具备数据看板、实景地图、三维动画等可视化功能。

3）“四预”应用。基于 BIM 实现“四预”。

气象信息预报：通过 BIM+气象集成，汇集气象部门的风力、风向、降雨、潮位等预报信息，分析预报成果，通过 BIM 场景进行气象动态模拟，实现了工程所处的气象环境提前感知。

运行安全预警：通过 BIM+物联网监测，构建了涵盖工程安全监测、视频监视、运行监控、声光电报警的安全监测预警系统，设定运行安全阈值，通过 BIM 模型进行监测点精确定位、监测数据实时监测、预警信息滚动发布，实现了工程安全运行全覆盖、可感知、能预警。

调度执行预演：引入 BIM+AI 算法，已完成百万次级别的自主学习和进化，可在几毫秒内智能推荐闸门开度、推算过闸流量、预报工程倒流，通过 BIM 场景模拟进行运行预执行分析，实现了调度指令执行的预演。

数字应急预案：借助 BIM 模型，将太浦闸工程应急预案与 BIM 数字底座深度融合，通过 BIM 模型模拟险情状态、定位出险位置、发布响应信息、调拨应急物资、处置效果模拟等，完成应急预案的数字化应用。

4）调度决策支持。通过 BIM+GIS 底图，叠加工程区域水文、气象、水环境等实时信息，结合水位流量关系曲线和 BP 神经网络算法，给 BIM 模型装上 AI 大脑，对工程当前运行状况进行分析和演算，同时基于实时数据开展偏差分析，实时修正运行方案，辅助太浦闸工程调度运行决策。

5）工程标准化管理。通过率定的工程标准化管理流程、标准和要求，筛选和规范所需交互的数据种类、形式和类型，完善数据的内外层交互接口，并通过 RFID 技术与 BIM 模型相关组件建立关联，准确记录管理信息，形成标准化的工程管理模块。

3. BIM 创新点

BIM 平台的开发以实际需求为牵引，以应用融合为主导，以提升能力为目标，挖掘 BIM 应用潜能，延展 BIM 应用范围，主要有四个方面创新。

1）数字孪生底座驱动，全要素数字模拟仿真。对所有设备和部件的精细建模，精度均在 LOD300 及以上，接入工程运行维护各类的信息数据，形成 BIM 管理平台，对主要设备和关键部件的运行状态、几何尺寸、属性参数、维保情况等进行全要素仿真模拟，实现了工程管理全要素的数字化。

2）空天地一体化监测，全流程的运维动态管理。太浦闸 BIM 管理平台接入了空天地一体化监测数据，包括无人机倾斜摄影（工程全景）、卫星遥感（水文气象）、5G 遥测（水位流量水质）、物联网（安全监测）、GIS 数据（精准定位）等信息，将传感器从幕后搬到台前，实现了监测对象精细建模、监测位置精确定位、监测信息动态预警，管理者可直观、全面地掌握工程实时运行状态。通过 APP 端录入工程运维数据，实时展示运行维护和工程管理各类信息，实现了工程运维全流程动态管理。

3）智慧管控算法支撑，全方位的调度决策支持。太浦闸 BIM 管理平台以 AI 为大脑，以 BIM 为躯干，以工程运行实时数据、历史大数据和预报的水情气象信息为感知器，集成水文模型预测成果，嵌入基于 BP 神经网络的人工智能算法，对工程调度预期成果进行分析和推演，包括工程控制运用智能建议、闸泵联合运行预测等，同时对工程运行安全状态进行评估预警。BIM 模型与 AI 大脑协同工作，相关计算过程、推演成果可通过 BIM 模型进行实时模拟，BIM 模拟分析结果可推送执行，有效解决了平原感潮河网地区水闸精细调度问题，支撑流域全方面调度决策。

4）业务应用深度融合，全链条的“四预”技术支持。围绕水利部党组关于智慧水利的思路和流域防洪“四预”要求，太浦闸 BIM 管理平台实现气象信息预报、运行安全预警、调度执行预演、数字应急预案的“四预”措施，模拟检验应急情况下应对突发事件的能力和对策，为探索实现数字流域场景中的防御太湖洪水、重大极端天气、水安全事件等提供了强有力的技术支持。

4. 效果与效益

项目的实施有效提升了苏州管理局工程管理方面的五项能力。BP 神经网络人工算法实时滚动迭代计算，可预测预报一定预见期内的工程过流能力，通过 BIM 协同推演，动态化有效提升了调度决策支撑能力。基于 BIM 模型和数据看板的统计和分析功能，直观展现工程管理的各项信息，数字化有效提升了工程标准化管理水平。BIM 组件的结构方式和定义的属性参数，实现工程及设施设备的全生命周期管理，组件化有效提升了工程精细化管理水平。通过 BIM 三维模型和数据看板，实现“全景太浦闸”的直观展现，可实现“少人值守，无人监护”运行模式和闸泵零间隔联合运行，全景化有效提升了工程智慧化水平。通过“四预”措施的数字化应用，保障了工程的安全运行，为流域科学调度决策提供了保障，智能化有效提升了流域防洪减灾能力。

基于 BIM 的 5 项能力提升，系统部署运行至今，应用效益显著。对比应用前后 2016 年和 2020 年实测流量与调度指令，执行偏差由 18.2% 减少至 3.5%，提升 4.2 倍，在少人值守的前提下，有效提高调度决策支撑能力；系统共完成 288 个运维组件的 1 400 组数据的内外层交互，主动进行 4 300 余次运维有效性和健康度检查，主动产生 18 次有效预警和告警信息，有效提高工程标准化、精细化管理水平；2020 年 7 月 9 日 23 时流域大流量泄洪期间，视频监控自动识别出“漂浮物闯入”的安全告警，及时在 BIM 上定位出异常孔号和安全预警提示，经查为“失控渔船”被卡闸孔，经紧急处置，避免了船倾人亡的悲剧发生，有效检验了应对突发事件的能力。在支撑流域层面，在“2020 年流域超标准洪水阻击战”中，在流域水质水量模型预测的基础上，通过 BIM 平台不断推演在接近校核工况和下游承受极限水位情况下分时段的工程最大泄洪能力，抢抓潮汐时间窗口力排洪水，同时将工程安全运行风险分解到 BIM 模型构件，动态跟踪监控，出现安全风险提示立即进行处置，最终排泄太湖洪水 20 亿 m^3，占外排总量的 51%，成功将太湖最高水位控制在 4.79m（4.80m 为划定太湖流域大洪水与特大洪水的分界线），避免了因发生流域性特大洪水而导致西山岛 20 万人的紧急撤离，有效验证了防洪减灾能力。同时多次开展太浦闸和太浦河泵站的闸泵零时差联合运行，有效应对和预防锑浓度超标和 2-MIB（二甲基异莰醇）超标等突发水污染事件，保障了沿线 1000 余万人的饮水安全。

第 7 章　直管工程经济管理工作实践与探索

7.1　财务管理

7.1.1　夯实财务管理基础

苏州管理局财务管理工作秉承“依法合规、严格管理、勇于创新”的工作理念，坚持“规范化、制度化、精细化、科学化”的工作原则，以有效提供财务保障为核心，努力实现制度完善、队伍健全、内控有力、管理有序、操作规范的目标。财务管理工作从建章立制开始，从宣传教育入手，从规范运作起步，在管好钱、用好钱上落脚，切实落实中央“八项规定”精神和“过紧日子”要求，逐步建立起财务管理规范化、标准化、精细化的长效机制。通过财务内容制度化、财务管理流程化和财务评价持续化，对整个财务行为从制度上、流程上规范，并定期评价纠偏，从而实现单位财务工作规范管理，持续稳健运行。

1. 坚持制度先行，确保财务行为有章可循

自单位成立以来，苏州管理局逐步建立并完善了财务管理制度体系，制定了包括财务管理、项目管理、合同管理、资产管理、政府采购管理、项目验收管理及差旅费、会议费、培训费、接待费等一系列涵盖财务工作各环节的内部管理制度。近年来，定期对财务管理制度建设和执行情况开展评估，针对新要求、新情况和新问题，不断加以修改完善，形成了较为全面和科学的规章制度体系，使各项财务活动做到了有章可循、有据可依。

2. 完善工作流程，有效提高财务管理效率

以财务管理规范化为基础，以提高财务服务能力为目标，逐步完善内控工作流程。对涉及内部控制的各个环节、步骤、标准、要求进行科学设计，形成针对性强、便于操作的管理程序，做到关口前移、防患未然。针对不同内控事项的类别和性质，分门别类设计出一系列标准化管理的业务流程图，实现制度图表化、流程明晰化，明确相关决策机构、执行机构、监督机构在各流程中的分工和职责。

3. 加强队伍建设，强化财务人员廉洁意识

着力强化财务人员队伍建设，理清财务管理工作职责，细化分解落实责任，加强压力传导，持续改进财务人员工作作风；扎实深入开展财务专业业务学习研讨，进一步提升财务人员业务水平的同时，切实加强财经工作纪律教育和职业道德教育，不断增强财务人员底线风险意识和廉洁自律意识；加强财经制度执行情况检查监督，定期开展内部控制风险评估，营造严格遵守财经纪律，严肃工作规矩，恪守职业道德的良好氛围。

7.1.2　规范预算管理和资金管理

1. 预算管理

（1）把好预算编制关

按照量入为出、统筹兼顾、保证重点、收支平衡的原则，科学合理编制预算，提高预

算需求部门的主体意识，加强上下级、各部门间的沟通交流、密切配合，严格立项管理，加强项目审核，提高预算编制的准确性和可操作性。

以项目预算为例，项目预算编报需经历项目建议、储备、申报三个阶段。

项目建议阶段：各业务部门根据单位职能、业务工作实际需要，提出新项目或原有项目新增经费的项目建议，包含新增工作内容、经费需求、绩效目标、产出指标等内容；各业务部门提交的项目建议由财务部门汇总，经局长办公会审议后，报上级主管部门。

项目储备阶段：经核准纳入水利部项目储备库的预算项目，由项目负责人负责组织编制项目储备申报文本，经分管局领导审核业务内容和财务部门审查文本合规性后，上报水利部项目储备库。

项目申报阶段：编制部门预算时，项目负责人根据上级主管部门下达的预算控制数编报项目预算，包含项目申报文本、实施方案、委托业务费情况表及其他相关资料。

项目申报时，要进行充分的评估论证。评估论证包含必要性论证、可行性论证、绩效目标论证、经费预算论证、前期工作论证5个方面内容。必要性论证中，要详细说明项目实施对完成单位工作任务和促进水利事业发展的意义和作用。可行性论证中，要说明项目总体目标与业务工作的相关性，将工作内容细化到具体的工作活动和工作过程，对每项具体工作活动进行量化说明。绩效目标论证中，要分析项目实施后的社会效益、经济效益和生态效益，提出明确、可行、量化的绩效目标和绩效指标。经费预算论证中，要以国家有关法律法规、规范性文件和定额标准为依据，按工作内容逐项进行科学合理的测算；没有定额标准的，参照合理的市场价格确定并详细说明。前期工作论证中，要对可能制约项目执行的关键环节、实施条件以及项目实施存在的主要风险及不确定性进行分析论证，提出应对预案和保障措施。

（2）把好预算执行关

总结和固化预算管理工作经验，建立了职责清晰、运转高效的预算执行工作机制。预算执行工作由单位主要负责人总体把握并履行单位第一责任人责任，分管局领导按照分工负责指导协调分管范围内的预算执行工作并承担“一岗双责”责任，财务部门负责预算执行工作的总体统筹与协调督促并承担监督责任，业务部门负责具体实施预算执行并承担主体责任。通过细化分解预算执行任务，落实预算执行主体责任和监督责任，加强了预算执行过程管控，提升了预算资金使用效益。

财务部门年初细化分解年度预算，根据经费性质和归属部门落实预算执行归口责任部门，组织签订预算执行承诺书。财务人员定期（每旬、每月、每季度、每半年）统计执行进度，有时还根据实际需要加密统计频次，督促预算执行进度滞后的部门采取有力措施，抓紧抓实预算执行工作。对预算执行进度滞后严重的项目，采取提醒、约谈等方式，深挖细究执行不力的根源和症结，研究讨论可行的执行方案。对重点难点项目召开预算执行联席会，专题研究部署，找出影响和制约进度的因素，逐项讨论解决方案，各个击破，倒排支出计划和时间节点，精准对接，确保项目执行工作有序、安全。按照绩效考核机制有关规定，2018年起将预算执行结果与部门绩效考核评价挂钩。

（3）把好预算绩效关

在全局范围内树立绩效管理理念，增强“花钱必问效、无效必问责”意识，强化预算绩效管理。所有预算项目均纳入绩效管理范围，按照水利部制定的重点二级项目预算绩效共性指标体系框架，做好绩效目标申报工作，确保预算项目绩效指标全面准确、清晰量化、可衡量、可考核，与项目支出内容、范围、方向、效果等紧密相关，能清晰反映项目的预期产出和效果。

加强绩效全过程管理，按照严肃财经纪律、严格财务制度、严守廉洁底线、勤俭节约办事的要求，通过财务交叉检查、审计检查监督和全面绩效监控，推进预算和绩效管理深度融合，实现绩效目标管理和预算执行管理双结合。对与客观事实不符、绩效低下的项目，不再安排申报预算；对与预算执行进度不匹配、绩效目标偏离较大的项目，及时进行分析整改；因政策变化、突发事件等客观因素导致预计无法实现绩效目标的项目，及时按程序调减预算，并同步调整绩效目标。

认真组织查找工作中的短板弱项，对财务资金使用情况不定期进行自查和回头看检查，针对发现的问题，及时组织整改，严肃纠改措施，举一反三，“花钱必问效”氛围进一步形成。

2. 资金管理

根据内控管理要求，修订了财务管理办法，优化完善了工作流程，细化明确了财务部门内部岗位管理职责，根据不相容岗位分离原则及财务基础工作规范设置职责范围和工作权限，确保收款、会计核算等不相容岗位相互分离。通过制度制约、流程管理、岗位制衡三位一体的风控方式，将资金使用权力关在内控的笼子里。

（1）收入管理

在收入管理方面，明确各类收入及往来款项均应纳入经批准设立的国库集中支付账户或资金账户，集中管理、统一核算，不得以任何名义转移收入，私设“小金库”，严禁设置账外账。涉及收入的合同签订后，经办部门及时将合同等有关材料提交财务部门作为账务处理依据。财务部门按照规定开具发票等收款凭证，及时入账。定期检查收入金额与合同约定是否相符，对应收未收项目及时查明情况并组织催收。取得的非税收入，按照有关规定缴入财政汇缴专户，不得截留使用。

（2）支出管理

在支出管理方面，强化预算约束，严肃财经纪律，加强财务风险防控，严把经费管理使用审批关，前移把控关口，建立了经济事项事前审批制度。制度规定，在办理非例行性经济业务活动之前，经办人需向部门负责人或分管局领导报告经费使用理由、支出依据和开支标准，按照管理权限层层审核把关。通过事前审批机制的建立，从经费审批源头上和工作流程上对资金支出进行过程管控，有效防范舞弊和预防腐败，避免资金浪费，提高资金使用效率。

经费开支涉及需要办理事前请示程序的事项，包括未签订合同的采购、维修及其他非例行性经济业务。会议、培训及公务接待等事项的事前审批程序，按单位相关制度规定执行；依据批文或已生效的合同办理经济业务时，执行合同管理及合同条款的相关规定；职工薪酬、社会保险、住房改革支出、退休费等发生变动时，应按有关规定办理变动批准手续后，再办理经费审批手续。

明确事前请示审批的权限设置。经费支出在 1 000 元以下（含 1 000 元）的，经办部门负责人批准即可；10 000 元以下（含 10 000 元）的，经办部门分管局领导批准即可；30 000 元以下（含 30 000 元）的，单位主要负责人批准即可；30 000 元以上的，按“三重一大”事项规定办理。30 000 元（含 30 000 元）以下支出可采用书面或口头形式，由批准人决定请示的方式。若采用口头形式，批准人应在发票或实施方案、费用预算等附件单据上签字确认。30 000 元以上的，应附会议纪要或其他书面形式材料。

（3）报销管理

加强报销凭证管理。原始凭证应具备经济业务内容、数量、单位和金额、填制日期、填制单位或填制人姓名等项目。对外取得的发票或收据上须有税务或财政部门的监制章，并加盖出票单位的发票专用章或财务专用章，发票或收据抬头应使用单位全称。发票上未列清具体品目明细的，需另附明细清单，并加盖出票单位印章。购买纳入固定资产和存货管理的物品时，须验收合格并开具入库单后，方可办理报销手续。通过订立经济合同发生的经济业务款项支付，可不附合同作为凭证附件，但应在报销凭证上注明合同名称、编号。需要先预付款项再取得发票或其他收款凭据的经济业务，可填制预支款单，经审批同意后交财务部门预付或申领转账支票。

细化明确报销流程工作要求并落实责任。办理经济业务报销应有经办人、验证（复核）人、审核人、审批人的签字。经办人指直接经办经济业务的人员，对经济业务的真实性负责，并负责取得或填制合法合规的原始凭证。验证（复核）人指直接经办该业务的部门负责人或对经济业务直接证明的人员，负责检查复核经济业务的过程和成果或验证经济业务事项的真实性、准确性。其中，人事部门负责复核出差、培训及涉及职工福利方面的报销事项。审核人指财务部门负责人或其指定的人员，负责审核原始凭证是否合法合规、经济业务是否符合批准的预算（概算）、内容是否符合财经法规和制度规定，对不符合财务报销规定的，应退回或要求经办人更正和补充完善。审批人指局领导，负责对经济业务事项的真实性、合法性进行综合审核把关，并承担相应的领导责任。其中，人员经费支出由分管人事的局领导审批；合同款项的结算审批按照“谁审签合同，谁负责审批”的原则确定审批权限；其余款项结算由分管财务的局领导审批。

规范报销手续办理时限。财务部门对审核和批准后的原始凭证进行核实后办理付款手续；财务部门办理现金报销的时间原则上为工作日的上午 9 时—下午 4 时。经济事项发生后应及时办理报销手续，一般应在一个月内到财务部门办理付款手续；不及时办理财务报销手续的，财务部门可拒绝办理。应在当年支付的事项，经办人员需在当年 12 月 25 日前到财务部门办理报销及结算手续。

（4）财务票据管理

在财务票据管理方面，财务票据的领购、保管、核销业务，由财务部门按岗位分工负责。财务票据包括银行票据和非银行票据。银行票据包括支票、电汇凭证等，非银行票据包括发票、中央行政事业单位资金往来结算票据、普通收据等。其中，出纳会计负责银行票据的领购、保管，负责已领用的非银行票据的开具保管及缴回等工作。总账会计负责非银行票据的领用、核销登记，未领用的和已核销的非银行票据的保管。

财务票据须顺号签发，作废票据应注明“作废”字样，不得缺联少页，已开出的作废票据，由出纳会计负责收回。票据管理人员在发现票据遗失、票据出错和票据不实等情况时，应尽快采取相应的措施，对情形严重的应及时向分管财务的局领导汇报。票据管理人员岗位调动或离职时，应编制票据移交明细表，确认无误后由监交人和交接双方在交接明细表上签字确认。

7.1.3 规范政府采购与合同管理

1. 政府采购管理

为加强政府采购管理，规范政府采购行为，提高资金使用效益，苏州管理局组织制定了政府采购管理办法，明确了政府采购范围和岗位职责，细化了实施环节的操作流程，形成了运转高效、监督有力的政府采购工作机制。

（1）明确政府采购范围和组织形式

根据制度，政府采购范围包括纳入预算管理的各类资金，采购国务院和水利部公布的集中采购目录以内或者采购限额标准以上的货物、服务和工程。

政府采购组织形式分为政府集中采购、部门集中采购和分散采购。其中，政府集中采购项目是指纳入国务院办公厅颁布的年度《中央预算单位政府集中采购目录及标准》中必须委托集中采购机构代理采购的项目；部门集中采购项目是指纳入水利部颁布的年度部门集中采购目录内的项目。分散采购项目实行限额控制，限额标准按照采购目录的规定执行。

（2）明确政府采购工作职责分工

财务部门是政府采购工作的归口管理部门，负责制定政府采购管理制度，组织编报政府采购预算、采购计划，负责政府采购执行报送和编报统计报表，负责汇总上报政府采购备案和审批事项，参与政府采购合同的订立和验收，负责政府采购资金的审核及支付，组织本单位政府采购制度的宣传培训。

办公室和项目承担部门（项目组）是政府采购实施部门。办公室负责公用经费中设备的具体采购，项目承担部门（项目组）负责所管辖项目中设备及其他政府采购事项的采购活动。政府采购实施部门负责在编报年度预算或追加预算时提供需开展政府采购项目的基础资料，组织开展政府采购活动中涉及报备、报批事项的资料收集、专家认证、意见鉴定、文件编报等工作；负责编制采购需求、组织采购活动、答复询问质疑、配合投诉处理等工作；负责政府采购合同的订立、跟踪检查及履约验收相关事宜；配合对所经办政府采购事项的监督检查工作。

（3）编制政府采购预算和计划

在编制下一财政年度中央部门预算时，预算编制的相关责任部门分别将预算中涉及政府采购目录范围的品目和金额单独列示，财务部门归纳汇总后填列至预算表中。年中因追加预算、政府采购目录及标准调整或其他原因需要追加或调整的政府采购项目，经主管部门同意后在政府采购活动开始前补报政府采购预算。

采购实施部门于每年1月底前将政府采购项目的具体实施内容、配置参数、涉密属性等信息提交财务部门，财务部门在政府采购管理信息系统中汇总编报采购计划。

（4）执行政府采购工作流程

属于政府集中采购的项目，应通过中央政府采购中心代理采购，一般采用批量采购、协议供货、电子商城、网上竞价、定点采购及其他采购方式。采购流程及适用范围按照政采中心规定的规程规范执行。

属于部门集中采购的项目，按照水利部相关制度法规执行。

属于分散采购的项目，采购工作流程要求如下：

1）确定采购需求。对采购标的的市场技术或者服务水平、供应、价格等情况进行市场调查，根据调查情况科学、合理地确定采购需求，进行价格测算。

2）选择采购方式。根据采购项目属性、预算金额、特点等选择合法合规的采购方式。采购方式包括公开招标、邀请招标、竞争性谈判、竞争性磋商、单一来源采购、询价和国务院政府采购监督管理部门认定的其他采购方式。公开招标作为政府采购的主要采购方式，其限额按照采购目录中规定的标准执行。达到公开招标数额标准的货物、服务采购项目，拟采用非招标采购方式的，需在采购活动开始前按规定办理审批手续。

3）选择采购代理机构。采购活动委托采购代理机构在委托范围内代理采购，采购实施部门具备自行采购条件的也可以自行组织采购活动。采购代理机构在中国政府采购网公布的政府采购代理机构名单上选择。

4）编制采购文件。根据采购方式不同，采购文件可分为招标文件、谈判文件、磋商文件、询价通知书等。采购文件根据采购项目的特点和实际需求制定，以满足实际需求为原则，不得擅自提高经费预算和资产配置等采购标准。不得要求或者标明供应商名称或者特定货物的品牌，不得含有指向特定供应商的技术、服务等条件。

5）选定评审专家。评审专家在指定媒体的政府采购评审专家库中通过随机方式抽取。对技术复杂、专业性强的采购项目，通过随机方式难以确定合适评审专家的，经水利部同意，可以自行选定相应专业领域的评审专家。

6）中标信息公告。通过招标方式实施的采购活动中标人确定后，中标信息应当自中标人确定之日起 2 个工作日内，在指定媒体上公告中标结果，招标文件随中标结果同时公告。

7）签订政府采购合同。政府采购应当依法签订政府采购合同，明确采购商品或接受服务的名称、数量、规格、质量、性能、价格（酬金）以及履行合同的时间、地点、方式和违约责任等内容。政府采购合同履行中，如需追加与合同标的相同的货物或者服务的，在不改变合同其他条款的前提下，可以与供应商签订补充合同，但补充合同的采购金额不得超过原采购合同金额的百分之十。

（5）政府采购备案和审批管理

根据国家政策规定需报上级主管部门备案或审批的政府采购事项，由采购实施部门按照要求准备和编制报备或报批资料，资料齐全后交财务部门汇总上报。

（6）政府采购统计信息管理和档案管理

财务部门根据要求报送政府采购统计信息，总结和分析年度政府采购工作情况。采购实施部门妥善保存采购资料并及时归档。采购资料包括采购活动记录、采购预算、采购文件、评标标准、评标报告、定标文件、合同文本、验收证明、质疑答复、投诉处理决定及其他有关文件资料等。

2. 合同管理

合同管理水平的高低直接决定了项目管理的质量，苏州管理局在合同管理中始终坚持问题导向，着力解决实际工作中暴露出来的痛点难点问题。从合同洽谈、合同送签程序、合同文本格式、文本内容把关、质量进度跟踪检查、价款支付到完工履约验收的合同管理全过程，不断探索并持续开展合同管理的优化手段和改进措施。

（1）规范合同文本

单位对外发生的各项经济业务，除即时结清的事项外，均需签订书面经济合同，原则上 3 万元以上的经济业务必须签订合同。

在合同文本方面，按合同类别结合单位实际制定了货物采购类、服务类、工程类等合同文本模板。合同文本须具备标的，数量或质量，价款或酬金，履行的期限、地点和方式，违约责任，以及根据法律规定或按经济合同的要求必须具备的条款。文本中要包括合同双方名称或姓名、法定代表人、委托代理人、联系人、联系地址、联系电话、开户银行、银行账号等要素内容，并需填列齐全完整；5万元及以上的合同需签署廉洁协议；涉及项目建设施工安装及维修养护类的合同需签署安全责任协议。

（2）明确合同管理职责

各科室、直属机构或者临时成立的项目组作为经济合同的承办部门，具体承办经济合同的洽谈、送签、跟踪检查、档案归集以及评价验收等，对合同洽谈报告和合同内容、合同价款的真实性、合法性、合理性和完整性负责。

财务部门归口管理经济合同，负责拟定经济合同相关管理制度；负责对经济合同进行统一编号，登记合同台账，按年度进行整理归档；负责对合同支付条款的合规性进行审查，参与合同验收等。

办公室负责合同用章管理，对合同中涉及的资产移交予以确认，对合同档案资料进行验收。

分管局领导负责审核分管范围内的经济合同，掌握经济合同签订和履约的全过程，指导经济合同洽谈、签订、跟踪检查和项目评价验收。

单位主要负责人审签经济合同，或委托他人签订经济合同并签发《太湖局苏州管理局法人代表授权书》。

局领导班子负责对重要经济合同（合同金额10万元及以上）或需要集体研究决定的经济合同事项进行研究决策。

（3）规范合同洽谈与送签

根据批准的投资计划、预算及其他工作安排，合同承办部门与拟合作单位进行合同洽谈，洽谈人数应不少于2人，合同洽谈前须对拟合作单位的履约能力进行核实确认。洽谈结束后填写《太湖局苏州管理局经济合同洽谈报告表》，反映合同洽谈的主要情况、合作单位基本情况，报请分管局领导批准。

待合同洽谈报告表批准后，合同承办部门填写《太湖局苏州管理局经济合同送签申请表》，提出项目名称、合作单位、合同金额、项目依据、经费来源、合同时限等，以及具体签订理由。承办部门、会签部门及分管局领导需签署“拟同意”或“不同意”等意见。单位主要负责人审批需明确是否同意签订合同。

（4）严格合同变更及结算管理

合同承办部门要加强合同过程管理，开展动态管控，及时掌握合同执行中的变量因素，在执行过程中发生未预见到的合同内容或工程量调整需签订签证单时，按以下程序办理：

单项或总额增加金额（以下简称增加金额）在10 000元以下的，由合同承担单位在编制合同决算时列明变更内容，由合同经办部门负责人审核、合同审签局领导审批确认决算审定表；增加金额在10 000元以上（含10 000元）到30 000元以下的，由合同承担单位填制合同变更签证单，由合同经办部门负责人审核确认后报合同审签局领导审批同意；增加金额超过30 000元（含30 000元），或者增加金额比例超过原合同10%且增加金额在10 000元以上（含10 000元）的，签订补充协议或者另外签订新合同。

因实际工作需要减少部分合同内容或工程量的，减少金额在30 000元以下的，由合同承担单位在编制合同决算时列明变更内容，由合同经办部门负责人决算审核、合同审签局领导审批确认；减少金额在30 000元以上（含30 000元）的，由合同承担单位填制签证单，由合同经办部门负责人审核确认后报合同审签局领导审批同意。

按实结算并涉及价款变更的合同，在实施完成后，由合同承担单位编制合同价款决算表，承办部门对决算进行审核，并报合同审签局领导审定。审定价格经合同承担单位认可后，双方在决算审定单中签字盖章确认。委托中介机构进行审价的，以审价报告确认合同结算价格。

（5）规范合同评价验收

经济合同履行完成后，合同承担单位除提交相关合同成果等资料外，如工作需要还应提交合同执行情况总结，承办部门应组织相关技术专家和财务、资产、档案管理等部门进行经济合同验收，对经济合同履行情况、工作成果等内容进行审查，提出合同验收意见，对于50万元以上（含50万元）或涉及较高专业技术的合同验收应由单位局领导主持。专业技术较简单且合同金额较小（10万元及以下）的经济合同验收，可采取经济合同评价验收表形式进行验收，不再出具合同验收意见。

经济合同验收须具备如下条件：合同所确定的工作内容、任务已经全部完成；合同成果质量达到合同要求；对于设备购置、维修维护类合同等，设备设施已完成调试或维护并正常运行；信息系统已经试运行，无异常问题；合同成果资料已经整理完成，满足归档要求。

合同中形成的资产，由承办部门在合同验收后一个月内至办公室办理资产移交手续。

7.1.4 规范资产管理

遵循资产管理与预算管理相结合、资产管理与财务管理相结合、实物管理与价值管理相结合的基本原则，坚持统一管理、以存定增、合理配置、责任到人。苏州管理局制定的资产管理办法中，将固定资产配置、日常管理、清查盘点、对外使用及处置等有关要求具体化，明确管理职责，规范细化工作内容和流程。在执行过程中，严格对照制度要求，按规定办理资产配置、采购、出入库领用、年度盘点等管理程序，对需要办理审批手续的对外投资、出租出借、资产处置等重要事项，严格履行“三重一大”决策程序后上报上级主管部门办理审批手续。

1. 管理机构及其职责

资产管理涉及财务部门、实物资产管理部门、实物资产使用部门等，各有关部门各司其职、相互配合，共同做好资产管理工作。

财务部门负责对苏州管理局资产实行综合管理，主要职责是：制定资产管理制度，负责资产账务管理；对货币资金、债务债权等非实物资产，按国家及单位有关制度管理；审核年度实物资产购置计划，经局领导批准后，纳入年度预算；对实物资产购置原始凭证审核无误后，及时办理款项支付；及时做好购置、接受调剂、基建移交、接受捐赠、自行研制等方式配置资产的账务处理工作；会同实物资产管理部门做好资产配置、处置和对外投资、出租、出借等事项的审核工作；对负责监管的投资企业资产管理情况实施财务监管责任；按规定办理对外投资形成的股权（权益）的出售、出让、转让收入入账等手续；配合实物资产管理部门开展实物资产的盘点、核对工作；配合实物资产管理部门编制资产决算报告；负责涉及资产的资产评估工作。

办公室为实物资产、无形资产管理部门，主要职责是：负责实物资产的日常管理，建立和维护实物资产卡片、台账和档案；组织开展年度实物资产购置计划编报，依据资产存量和配置标准审核各部门的购置计划；负责实物资产的采购管理工作；涉及政府采购的，按政府采购制度办理；负责办理实物资产的入库、验收、领用、内部变动等手续；及时做好购置、接受调剂、基建移交、接受捐赠、自行研制等方式配置的实物资产的验收登记工作；办理实物资产使用、处置和对外投资等事项的报批手续；定期对实物资产进行盘点，及时查明盘盈、盘亏等原因，并履行相关报告程序；定期与财务部门和固定资产使用部门对账，做到账账相符、账实相符、账卡相符；组织编报资产统计报告，保证报告各项数据资料真实、准确、完整；负责涉及的资产产权登记工作；负责专利权、土地使用权、非专利技术等无形资产管理及公共基础设施管理。

实物资产使用部门的主要职责是：落实实物资产使用管理的具体规定，对本部门占有、使用资产的安全性、完整性负责；负责本部门使用的实物资产日常保管和维护工作，明确本部门资产管理员，检查资产日常使用情况，及时将发现的问题报告实物资产管理部门，对发生资产丢失、毁损的提供书面说明材料及证明材料；提出本部门实物资产配置、使用和处置的申请，报实物资产管理部门审核；配合资产清查、盘点、调拨以及报废、报损鉴定等工作；对于因部门人员变动引起的资产变动，及时与实物资产管理部门会商办理资产变动手续；配合做好实物资产管理的其他工作。

2. 资产管理程序

（1）资产配置

资产配置须坚持厉行勤俭节约、讲求绩效和绿色环保的原则，根据履行职能的需要，按照国家有关资产配置标准，结合单位资产存量和处置计划等进行配置。国家无资产配置标准的，从实际需要出发，从严控制，避免浪费。

资产使用部门根据本部门工作需要和资产占有、使用情况提出下一年度资产购置计划，实物资产管理部门汇总编报并会同财务部门审核，经局长办公会审议后随单位预算一同报上级主管部门审批。未按要求编制购置计划的，原则上不得申请新增资产购置预算。基本建设项目形成的资产一般应在工程竣工验收三个月内，由项目组负责组织办理交付使用资产移交手续，移交的资产应做到账实相符，并保证资产完整。

行政事业类项目中形成的固定资产，由项目主办部门负责及时办理资产移交手续。

（2）资产使用

实物资产使用部门负责本部门固定资产的领用、保管、清点工作。使用人发生工作调动、退休、辞职、辞退等情况的，在办理离职手续前完成所用资产的变动手续。实物资产管理部门每年年末组织对实物资产进行盘点，做到账账相符、账卡相符、账实相符。实物资产对外投资、出租、出借的，由实物资产管理部门按规定履行审批手续。货币资金对外投资的，由财务部门具体办理审批手续。未经批准不得对外投资、出租、出借。对外投资收益以及利用资产出租、出借等取得的收入作为预算收入，纳入预算，统一核算，统一管理。依照法律法规等规定对投资企业履行出资人职责，履行事业单位监管职责。

（3）资产处置

资产处置方式包括出售、出让、转让、对外捐赠、报废、报损以及货币型资产损失核销等。需处置的资产范围包括闲置资产，报废、淘汰资产，产权或者使用权转移的资产，盘亏、呆账及非正常损失的资产，以及依照国家有关规定需要处置的其他资产。货币型资产损失核销由财务部门办理报批手续，实物型资产处置事项由实物资产管理部门办理报批手续，报批程序及所需附件材料依据上级主管部门资产处置相关规定执行。依据上级主管部门资产处置事项的批复文件，办理产权变动和进行账务处理。资产处置收入属于国家所有，按照政府非税收入管理的规定，实行“收支两条线”管理。

（4）资产清查

明确有下列情形之一的，进行资产清查：①根据国家专项工作要求，被纳入统一组织的资产清查范围的。②进行重大改革或者整体、部分改制为企业的。③遭受重大自然灾害等不可抗力造成资产严重损失的。④会计信息严重失真或者国有资产出现重大流失的。⑤会计政策发生重大更改，涉及资产核算方法发生重要变化的。⑥同级财政部门认为应当进行资产清查的其他情形。

资产清查由财务部门组织，实物资产管理部门及其他资产使用部门配合，非国家专项工作要求进行的资产清查向上级主管部门提出申请，并按照规定程序报同级财政部门批准立项后组织实施。资产清查工作的内容主要包括基本情况清理、账务清理、财产清查、损益认定、资产核实和完善制度等。

3. 存货管理

根据事业单位存货管理的有关规定，结合工作实际，制定了存货管理办法，加强存货管理。存货的管理和使用实行统一管理、分部门负责的原则。存货按照使用地点由局机关和太浦河水利枢纽管理所、望亭水利枢纽管理所、太湖水事管理中心等直属机构分别负责日常管理。

存货主要包括材料、燃料和低值易耗品等，其中材料主要包括业务开展及工程运行管理需要购置的防汛物资、备品备件等，燃料主要包括业务开展及工程运行管理需要购置的柴汽油或加油卡等，低值易耗品主要包括办公用品和日用品等。

（1）管理机构及职责分工

财务部门负责存货核算工作，登记存货总账，设置辅助核算明细备查簿，对存货收入、发出和结余的数量、金额进行系统、全面的会计核算。办公室负责存货的统一管理，负责组织存货的定期清查盘点、损益事项的报批手续办理，负责局机关存货采购、入库、领用、调拨、清点及台账登记。直属机构分别负责各自管理范围内的存货采购、入库、领用、调拨、清点及台账登记。

（2）存货的日常管理流程

1）采购申请及审批。由需求部门提出采购申请，按支出权限履行采购审批手续。其中，采购金额在500元以下的由部门负责人审批；500~10 000元（含10 000元）的由部门分管领导审批；10 000~30 000元（含30 000元）的由单位主要负责人审批；30 000元以上的由局领导班子集体研究决定。

2）采购实施。存货采购按照存货类别确定采购责任部门。其中，办公用品、日用品类存货由办公室统一负责采购；防汛物资、备品备件类存货由工程管理科或直属机构负责采购。属于政府采购范围内的按政府采购程序办理。

3）存货验收。购入存货后，需对所购存货的品种规格、数量、质量等进行检查核对，保证入库材料的数量准确、质量合格、品种规格符合要求，对于不合格的存货以及采购过程中出现的短缺、损耗，要及时查清原因，明确责任，索取赔偿。验收人与采购人不能为同一人。验收合格后，验收人在购入存货的报销单验证栏签名。

4）存货入库。合格的存货入库时，由存货管理员填写“入库单”，其中一联交财务部门随购物发票报销。有质量问题或其他原因需退货的，须开具红字“入库单”，及时通知采购经办人退还供货单位。

5）存货保管。存货需按种类、规格分区堆放，不得混合乱堆，保持库区整洁有序。

6）存货领用。存货领用时，应填写“领料单”，注明领用存货的名称、品名、规格、用途，经部门负责人签字后，向存货管理员申请领用。存货管理员根据领料单发料。“领料单”一式三联，一联存根联，一联领料单位存查，另一联每月终了由存货管理员统计、编制“存货收发存月报表”后一并交财务部门核销存货账面数（如数量较少可按季编报）。

7）存货调拨。涉及单位内部的存货调拨事项，需开具存货调拨单，调出部门做出库处理，调入部门做入库处理。

8）存货盘点。存货按永续盘存制进行定期盘点，盘点分半年盘点和年度盘点，半年盘点由存货保管部门负责，年度盘点由办公室牵头，组织对单位所有存货进行统一盘点。盘点完成后，存货管理员填制盘点表，反映存货的名称、规格、数量，有质量使用保证期的应注明质保期限。存货管理员须将盘点表、存货台账与财务部门存货明细账相核对，如有盘盈、盘亏、毁损、报废等情形，应及时查明原因，填制“存货盘点报告表”报办公室审核，经分管领导同意后，盘盈存货按照确定的入账价值入账，盘亏、毁损、报废由办公室统一按照资产处置程序报上级主管部门审批，经批复后，按照资产处置规定办理报废及变卖流程，财务部门相应进行账面核销。

7.2　工资福利及社会保障

1. 工资福利执行同城待遇

作为水利部事业单位养老保险制度改革试点单位，苏州管理局从1993年1月起参加水利部养老保险基金统筹，具体按照当时的《上海市城镇职工养老保险暂行办法》实施。由于政策变化，2008年苏州管理局职工养老保险关系转回到苏州，工资福利执行苏州市事业单位工资福利相关政策，初步稳定了职工生活福利待遇，保障了单位正常运转和事业发展。根据《国务院关于机关事业单位工作人员养老保险制度改革的决定》，自2014年10月1日起实施机关事业单位工作人员养老保险制度改革。2018年，苏州管理局完成驻苏中央预算单位工作人员养老保险关系转移，养老和职业年金执行江苏省有关政策。根据水利部关于事业单位实施绩效工资的有关文件规定，为规范工作人员绩效工资管理，完善收入分配激励机制，调动干部职工的工作积极性，结合单位实际，2018年实施完成了单位绩效工资改革。

2. 工资、福利及社会保障较好

苏州管理局每月按时足额发放职工工资、国家统一规定的津补贴、改革性补贴以及绩效工资，职工平均收入福利待遇不低于苏州市平均水平。人员经费来源主要是国家财政拨款、两省经费及自筹资金。

职工的工资由基本工资、国家统一规定的津贴补贴、改革性补贴、绩效工资，以及暂时保留工资组成。

基本工资分为岗位工资和薪级工资两项。岗位工资主要体现职工所聘岗位的职责和要求。现有的管理岗位、专业技术岗位、工勤技能岗位均按国家规定设置岗位等级，不同等级的岗位对应不同的工资标准，职工按所聘岗位执行相应的岗位工资标准。职工岗位变动后，从变动的下月起执行新聘岗位的岗位工资标准。薪级工资主要体现职工的工作表现和资历，按国家规定执行对应的薪级工资，每个薪级对应一个工资标准，对不同岗位执行国家规定的起点薪级。

国家统一规定的津贴补贴，按照国务院或人力资源社会保障部（原人事部）、财政部、国家机关事务管理局等部门出台的津贴补贴项目执行。改革性补贴，按照人力资源社会保障部（原人事部）、财政部、国家机关事务管理局等部门出台的津贴补贴项目执行，改革性补贴不纳入绩效工资。

2018年绩效工资改革后，绩效工资分为基础性绩效工资和奖励性绩效工资两部分。基础性绩效工资占比60%，根据岗位津贴分配系数确定，按月发放。奖励性绩效工资占比40%，根据季度工作检查考核结果按月发放，金额根据绩效奖励分配系数确定；年度绩效考核奖励根据年度绩效考核指数确定，年度考核后一次性发放。

3. 绩效考核切合实际

在摸清家底、充分调研、征求意见的基础上，建立了工作业绩与绩效工资分配相挂钩的绩效考核制度，定性与定量相结合，注重对工作绩效的考核。绩效考核以“目标管理、过程控制、结果导向、持续改进”为基本模式，坚持“实事求是、客观公正、严肃规范、突出实绩”的原则，体现日常评价与年度考核相结合、定性与定量相结合，通过绩效管理考核，提高了团队的组织力与执行力，激发了职工的积极性和创造性，提高了完成各项工作的效率，加快了人才队伍的培养，促进了单位健康发展。在实践的过程中，注重对制度进行及时评估，不断适应新政策、新形势、新要求而修订完善，持续做好对人才队伍的激励保障。

7.3 水土资源利用

7.3.1 摸清水土资源家底及存在的问题

1. 水土资源基本情况

太浦闸工程管理范围内土地共112.6亩。其中，管理所占地26亩，房屋建筑面积3 819m²，主要建有办公室、档案资料室、设备物资储备仓库和食堂等办公和生活设施；管理所内除了房屋建筑、道路外，均进行了植树和种草皮等植物绿化，以美化环境和防止水土流失。太浦闸堤防长度2.57km，堤防的青坎、堤坡等采用护坡和绿化带保护，以防止水土流失。管理单位已经和地方人民政府联合创建了以太浦闸工程、堤防为主要载体的太湖浦江源国家水利风景区。

望亭水利枢纽工程管理范围内土地共118亩。其中，管理所占地44亩，房屋建筑面积2 160m²，主要包括办公楼、宿舍楼、检修门库及仓库等；管理所内除了房屋建筑、道路外，均进行了植树和种草皮等植物绿化，以美化环境和防止水土流失。望亭水利枢纽堤防长度1.33km，通过河道堤坡绿化、平台整治，稳定堤防、防止水土流失，河道岸线已建成为一条望虞河沿线的风景带。

2. 水土资源开发利用现状及存在问题

（1）水资源开发利用现状

20多年来，太浦闸和望亭水利枢纽工程在保障太湖流域水资源供给、服务太湖流域经济社会发展等方面发挥了重要的作用，取得了显著的效益。通过工程科学调度、控制运行，成功应对 2011 年、2013 年气象干旱对太湖流域带来水资源短缺的不利影响；通过工程控制运行有效应对了 2007 年无锡供水危机；2014 年、2015 年太浦闸向太浦河下游应急增加供水，在应对太浦河锑浓度异常等突发水污染事件中发挥了关键作用；在保障 2010 年上海世博会、2016 年杭州 G20 峰会的水资源供给中，发挥了重要的基础作用，取得了良好的环境效益和社会效益。

（2）土地资源开发利用现状

太湖局直管工程管理范围内土地资源面积共 230.6 亩，包括管理设施占地面积 16.7 亩（其中太浦闸面积 11 亩，望亭水利枢纽面积 5.7 亩），道路占地面积 34.5 亩（其中太浦闸 13.8 亩，望亭水利枢纽 20.7 亩），可绿化土地面积 179.4 亩（其中太浦闸 87.8 亩，望亭水利枢纽 91.6 亩）。已绿化土地面积 156.4 亩（其中太浦闸 79.5 亩，望亭水利枢纽 76.9 亩），绿化率 87.2%（其中太浦闸 90.5%，望亭水利枢纽 84.0%）。太湖局直管工程土地资源开发利用情况统计（2016 年）见表 7-1。

表 7-1　太湖局直管工程土地资源开发利用情况统计表（2016 年）

序号	工程名称	土地面积（亩）	管理房面积（亩）	道路面积（亩）	可绿化面积（亩）	已绿化面积（亩）	绿化面积率（%）
1	太浦闸	112.6	11	13.8	87.8	79.5	90.5
2	望亭水利枢纽	118	5.7	20.7	91.6	76.9	84.0
合计		230.6	16.7	34.5	179.4	156.4	87.2

直管工程土地资源开发利用为保障直管工程的精细化、科学化、现代化运行管理，为保障太湖流域引江济太、水环境的综合治理、水资源的科学调度和有效配置，发挥了关键的基础性作用。

（3）水土资源开发利用中存在的问题

直管工程运行管理的规范化、标准化、信息化、精细化，工程安全管理水平的不断提高，都给水土资源开发利用提出了更高的要求。水土资源开发利用，对于工程管理范围的环境保护、河流水环境改善、水利风景区建设等，都有着十分重要的作用。同时，水土资源开发利用可以增强水利工程管理单位经济实力，是改善水利工程管理条件的基础性工作，是水利工程管理单位的重要任务之一。

近年来，苏州管理局积极推进直管工程水土资源开发利用健康、持续发展，在水土资源开发利用方面取得了长足的进步，水土资源开发利用率明显提高，但是与流域经济社会发展需求和上级要求还有一定的差距。

一是水土资源开发利用缺乏中长期规划。部分职工对水土资源开发利用重要性的认识不足；单位对于水土资源开发利用的政策研究还需要加强，资金投入还有缺口；水土资源开发利用的形式还比较单一，综合开发利用水平还有待于提高。

二是太浦闸工程管理区未实现封闭管理，水土资源开发利用条件受到了制约，也给工程安全管理带来了一些困难。由于历史原因，太浦闸工程交通桥和堤防上，有时会聚集众多钓鱼者和社会闲杂人员，给太浦闸安全管理和环境形象造成不利影响。太浦闸堤防管理区特别是居民密集居住处的堤段，还存在部分居民随意倾倒生活垃圾的现象；在部分堤段，有时候还存在私自利用堤防进行农业种植的现象。同时，堤顶公路来往车辆较多，交通繁忙，影响了堤防管理区的环境卫生与工程形象，对堤顶绿化带也会造成一定的损坏。

三是望亭水利枢纽工程水费收取协调工作尚未取得实质性进展。1998 年望亭水利枢纽移交由苏州管理局运行管理后，望亭水利枢纽工程 8 号、9 号孔继续向望亭电厂不间断供应冷却用水，但是由于历史原因，望亭水利枢纽工程管理单位尚未完成工程水费收取工作。

7.3.2 编制印发水土资源开发利用规划

太湖局直管工程管理范围内水土资源丰富，但是开发利用水平还存在不足。开展水土资源开发利用，可以为保障工程安全运行创造良好条件，更好地适应流域经济社会发展对水利工程的新需求、新要求。按照加快太湖流域水生态文明建设的要求，为合理开发利用直管工程管理范围内水土资源，2016 年苏州管理局结合直管工程实际，组织编制了《太湖局直管工程水土资源开发利用规划（2016—2025 年）》，明确了水土资源开发利用的指导思想、原则、目标、任务、计划和保障措施等，是科学合理、生态高效地开展直管工程水土资源开发利用的指导性文件。

1. 明确指导思想

深入贯彻落实科学发展观和习近平总书记系列重要讲话精神，紧紧围绕可持续发展和“十六字”治水新思路，加快水生态文明建设，结合直管工程实际，对照国家级水利工程管理单位和国家水利风景区的要求，从维护太浦河清水走廊和保护望虞河入湖水质出发，科学、合理地利用管理区内的水土资源，保护好工程周边水生态环境，注重工程安全、水生态安全，不断提高工程管理水平，充分发挥工程效益，为流域经济社会发展提供强有力的支撑。

2. 确定基本原则

遵循安全可靠、经济合理的原则。直管工程水土资源规划要为直管工程的规范管理、安全运行和充分发挥工程效益创造条件，促进工程范围水土资源开发利用的科学化、规范化，不断提高水土资源开发利用水平。

遵循功能配套、因地制宜的原则。直管工程水土资源规划要按照国家级水利工程管理单位标准和水利风景区规划要求，正确处理好重要区域与一般区域、近期目标与远期目标的关系，结合工程周围环境和工程管理实际需求进行。

遵循全面规划、统筹兼顾的原则。直管工程水土资源规划要树立统筹兼顾、生态发展的理念，妥善处理好上下游、左右岸、全局与局部、继承与发展、开发与保护等方面的关系，坚持河道堤防的有效利用、综合治理、安全保障、科学管理的总体布局，保障河道岸线“流畅、岸绿、景美”。

3. 明晰总体目标

根据“三定方案”赋予的职责权限，按照“保安全、树形象、高标准、求效益”的工作要求，科学有效地开发利用直管工程管理范围的水土资源，实现工程的安全运行，打造直管工程运行管理品牌，树立直管工程的良好窗口形象。

在明确水土资源开发利用思路、原则、任务、计划和保障措施的基础上，更加科学、合理、有效地开发利用直管工程管理范围内的水土资源，实现管理区域园林化，突出太湖水文化特色，创建集工程管理规范、生态景观优美于一体的国家级水利工程管理单位。

在合理利用河道堤防资源、保护好河道堤防和维护好水生态环境的基础上，使河道堤防工程成为既满足防洪和供水要求，又充分体现水文化特色的河道岸线风景。为保障工程安全运行管理打下基础和创造良好环境条件，更好地适应流域与区域经济社会发展对水利工程运行管理的新要求。

4. 确定水资源开发利用规划目标和主要任务

（1）水资源开发利用规划目标

在太湖流域水资源规划、水功能区划中，上海、嘉兴等城市都把太浦河作为向下游城市供水的重要水源地，作为向下游供水的清水走廊。望虞河是开展太湖流域引江济太水资源调度与配置的重要通道。太浦闸和望亭水利枢纽是两河出入湖口门的控制建筑物，是开展水资源调度和配置的重要工程手段。在太湖流域水资源调度、配置和保护的过程中，需要加强直管工程运行管理，确保直管工程安全运行，正常发挥工程效益，以达到有效开展太湖流域水资源调度、配置和保护的水资源开发利用目标。

在 2016—2025 年规划年期限内，根据太湖局调度指令，保持太浦闸按 $50\sim80m^3/s$ 向下游供水，望亭水利枢纽每年引长江水入太湖 8 亿～12 亿 m^3，保障供水水源地水质标准不低于《地表水环境质量标准》三类水质标准。逐步实现由工程管理单位收取望亭电厂工程水费，推进太浦闸工程向太浦河下游地区用水户收取工程水费。

（2）太浦闸水资源开发利用主要任务

加强太浦闸工程管理，提高工程检查观测、运行维护水平，保证工程运行安全，保障向太浦河下游地区供水水量满足需求；加强太浦河沿线控制工程运行情况督查，推进清水走廊建设，加强太浦河水资源节约与保护，保障向太浦河下游地区供水水质满足需求。

上海市黄浦江规划明确金泽水库将作为上海主要供水水源地之一，远景供水规模达 500 万 t/d；嘉兴、嘉善、平湖规划 2020 年供水规模就达 95 万 t/d。

从太湖流域水资源需求实际状况和引江济太实践来看，引江济太已成为太湖流域水资源调度配置的常态化工程。按太浦河沿岸区域用水规划，太浦河作为下游城市重要供水水源地，按太浦闸向太浦河下游供水 $80m^3/s$ 规划目标，其供水规模达 694 万 t/d，从水资源量上考虑可以满足下游沿岸城市用水的实际需求。

近几年太浦河庙港大桥断面和吴江太湖水厂（庙港）的水质监测资料表明，太浦河源头水质常年满足《地表水环境质量标准》三类水质标准，太浦闸向下游地区供水水质能够达到水资源规划的水质目标。

（3）望亭水利枢纽水资源开发利用主要任务

加强望亭水利枢纽工程管理，提高工程检查观测、运行维护水平，保证工程运行安全，加强望虞河沿线控制工程运行情况督查，加强望虞河水资源节约与保护，保障望虞河引水入湖水量、水质满足需求。

太湖是苏州、无锡等城市主要的供水水源地，目前在太湖取水量约 300 万 t/d。在 2016—2025 年的规划年期限内，苏州、无锡等城市在太湖取水量暂按 400 万 t/d 的规划目标。

近年来太湖流域水环境综合治理的总体情况表明，太湖水环境日趋稳定并趋向改善；在规划年期限内，根据引江济太调水方案，保持望虞河常熟水利枢纽每年引江水量 20 亿 m^3 的水平，通过望亭水利枢纽每年入湖 10 亿 m^3，可以满足太湖水源地的用水量规划目标需要。

随着望虞河西岸扩建工程的建设和无锡城市污水治理的深入推进，加上水质监测自动化水平的不断提高，科学的水资源调度和标准化的工程运行管理，都有助于保障和改善望虞河水质，有助于保障通过望亭水利枢纽的入湖水质符合三类水质标准。

（4）直管工程水费收取主要任务

1）逐步完成望亭电厂工程水费收取工作。目前已初步完成对望亭电厂取用水工程水费的前期调研和沟通协调工作。接下来将继续保持与望亭电厂等相关方的沟通协商；继续争取太湖局的大力支持，能够在更高层面上进行协调，稳步推进望亭水利枢纽工程水费的解决。同时，成立相关工作组，做好收取工程水费各项准备工作。

2）稳步推进太浦闸工程向太浦河下游地区用水户收取工程水费。太湖流域水资源短缺和水污染形势严峻，流域内绝大部分水利工程水费都是采用财政性收费的做法，造成企业污染，政府和社会掏钱的局面，也是太浦河下游突发性水污染事件多发的体制机制根源，这不符合国家资源利用政策和社会主义市场经济规则，这种困局是不能持续的。按照以水资源的可持续利用支撑经济社会可持续发展的要求，以太湖流域强大的经济实力和市场机制为支撑，以流域性工程管理体制机制为切入口，保障水利工程管理单位的合法权益，保证水利工程的安全运行，保证太湖流域水资源的节约、保护和科学配置。在规划年限内，稳步推进太浦闸工程向太浦河下游地区用水户收取工程水费，同时积极争取引江济太期间的工程运行管理经费补助。

5. 确定土地资源开发利用规划目标和具体任务

（1）土地资源开发利用规划目标

按照规划，科学合理地开发利用工程管理范围内的土地资源，促进土地资源开发利用提质增效，进一步改善管理区域内生态环境，保障工程的安全运行管理，保障太湖流域防洪、供水、水资源调度和水生态环境安全。

在2016—2025年的规划年期限内，推进直管工程可开发水土资源利用率进一步提高，宜绿化土地的绿化率不低于90%，土地资源开发利用收益进一步提高，管理区生态环境不断改善。

（2）土地资源开发利用主要任务

太湖局直管工程管理范围土地确权划界工作已经全部完成。太浦闸工程、望亭水利枢纽管理范围土地产权明晰，界桩、标志规范。在工程管理范围内规划建设有管理设施、办公设施、维修养护场所、设备仓库和生活设施等与工程运行管理密切相关的基础设施。直管工程开展土地资源开发利用具备了良好的基础条件。

1）落实太湖浦江源国家水利风景区规划。

稳步推进太浦闸工程管理区封闭式管理，加强河道堤防安全管理、环境保护。以太浦闸工程为主体的太湖浦江源国家水利风景区，按照水利部批准的《太湖浦江源国家水利风景区总体规划》要求，把太浦闸工程管理范围内及上下游堤防之间区域，建设成为绿化成林、环境优美、生态低碳风景示范区，既提高工程环境形象，又有效保护太浦河水资源和水生态环境。

在太浦闸工程管理范围内筹划建设太湖流域水利治理展示厅、爱国主义教育基地、水情科普教育基地，使之成为太湖浦江源国家水利风景区的新亮点。

2）推进望亭水利枢纽创建国家级水利风景区工作。

按照太湖局直管工程水利风景区建设规划，积极推进望亭水利枢纽创建国家级水利风景区相关工作。管理区实现封闭管理后，逐步完善工程管理范围内的安全设施和环境管理设施，做到工作生活区域环境优美舒适，为工程管理和水利风景区创建提供良好的环境保障。开展植树绿化等生态环境建设，同时种植高附加值的经济类树木，如葡萄、枇杷、酥梨等果木和其他观赏性林木，提高土地资源的附加值。

近期适度发展土地房屋资源租赁经济。进一步完善经营管理模式，完善经营管理制度，责任到人，确保项目管理安全、经济效益较好。远期规划应根据区域城市发展需要，考虑工程管理区部分土地转化为建设用地的可能性，更好地发挥土地资源的经济效益和社会效益。

6. 水土资源开发利用规划实施安排

水土资源开发利用规划采用总体规划、分期实施。

完成苏州管理局 2016—2025 年水土资源利用规划目标，估算需要投入经费 1 000 万元。经费来源于苏州管理局事业经费和自有资金中支出，也可以利用水土资源优势，吸引社会资金投入。

7.3.3　有序开发利用水土资源

五年来，按照水土资源利用规划和阶段实施计划，组织分解落实水土资源开发利用任务，有计划推进水土资源开发利用，太湖局直管工程水土资源开发利用水平和质量有明显提升。

1. 水资源开发利用规划目标初步实现

2016—2020 年，根据太湖局调度指令，太浦闸保持按 50~80m^3/s 向下游供水，望亭水利枢纽按照太湖局调度指令，每年引长江水入太湖，保障供水水源地水质标准不低于《地表水环境质量标准》三类水质标准。初步实现向望亭电厂收取工程水费，继续推进太浦闸工程向太浦河下游地区用水户收取工程水费。

（1）太浦闸水资源开发利用主要任务完成情况

2017 年水利部批准苏州管理局通过水利部水利工程管理考核验收。2018 年水利部批准苏州管理局为水利安全生产标准化一级单位。2018—2020 年，苏州管理局利用三年的时间有序推进更高标准的工程管理标准化建设，以较高的质量和效率实现《太湖局直管工程现代化规划（2016—2025 年）》中明确的 2020 年“初步建成制度完善、管理规范、设施完好、技术先进的工程管理体系”的阶段目标。太浦闸工程管理力量得到加强，工程检查观测、运行维护水平进一步提高，有力保证了工程运行安全，保障了向太浦河下游地区供水水量满足需求；推动建立太浦河水资源节约与保护协作机制，按制度组织开展太浦河沿线控制工程运行情况督查，推进清水走廊建设，太浦河下游地区供水水质满足需求。

2016 年底金泽水库建成投入使用（服务受益人口 670 万），以及浙江嘉善平湖水源地（服务受益人口 125 万）投入使用以来，保障太湖下游地区集中水源地供水安全成为太浦闸工程调度运行的重要任务。2017 年太湖局主持召开太浦河金泽水源地供水安全保障座谈会，强化太浦河闸泵工程联合调度，共保太浦河下游地区供水安全。太浦闸工程安全运行，长年向下游地区供排水，在太浦闸因倒流被迫关闸情况下，根据需要及时启动太浦河泵站应急供水。太浦河闸泵工程在多次成功应对下游河道锑浓度异常现象中发挥了重要作用。2016—2020 年，太浦闸累计向下游地区增加供水 93.99 亿 m^3。监测资料表明，太浦河源头水质常年满足《地表水环境质量标准》三类以上水质标准，太浦闸向下游地区供水水质能够达到水资源规划的水质目标。

（2）望亭水利枢纽水资源开发利用主要任务完成情况

通过开展国家级水管单位创建和安全生产标准化一级单位达标建设，以及开展工程管理标准化建设，望亭水利枢纽工程管理力量得到加强，工程检查观测、运行维护水平进一步提升，保证了工程运行安全。同时在引江济太期间，定期开展望虞河沿线控制工程运行情况督查，加强望虞河水资源节约与保护，保障望虞河引水入湖水量、水质满足需求。

2016—2020 年，因为雨量较为丰沛，2016 年、2020 年太湖流域均发生超标准洪水，根据太湖局引江济太水资源调度，望亭水利枢纽工程保持安全运行，通过工程累计入湖 19.7 亿 m^3，可以满足入湖太湖水源地的用水量规划目标需要。

望虞河西岸扩建工程已经基本建成，沿线城市污水治理的深入推进，通过科学的水资源调度和标准化的工程运行管理，以及精细的监测，保障了通过望亭水利枢纽的入湖水质符合三类水质标准。

（3）直管工程水费收取主要任务完成情况

1）完成望亭电厂工程水费收取协调工作。在太湖局的大力支持下，经过对望亭电厂取用水工程水费的前期调研和沟通协调，以及与望亭电厂等相关方的沟通协商，自 2017 年起，每年按照分成比例收取望亭电厂工程水费，用于望亭水利枢纽工程供应望亭电厂冷却用水的运行管理经费补助。

2）继续推进太浦闸工程向太浦河下游地区用水户收取工程水费。借助太浦河生态补偿机制的研究、探索，继续加强工作沟通汇报，稳步推进太浦闸工程向太浦河下游地区用水户收取工程水费，同时继续向浙江省、上海市等积极争取引江济太期间的工程运行管理经费补助。

2. 土地资源开发利用规划目标初步实现

2020 年，直管工程可开发水土资源利用率进一步提高，宜绿化土地的绿化率达 91.1%，已经不低于 90%，土地资源开发利用收益进一步提高，管理区生态环境不断改善。2020 年太湖局直管工程土地资源开发利用情况统计见表 7-2。

表 7-2 太湖局直管工程土地资源开发利用情况统计表（2020 年）

序号	工程名称	土地面积（亩）	管理房面积（亩）	道路面积（亩）	可绿化面积（亩）	已绿化面积（亩）	绿化面积率（%）
1	太浦闸	112.6	11	15.8	85.8	79.5	92.7
2	望亭水利枢纽	118	5.7	26.4	85.9	76.9	89.5
合计		230.6	16.7	42.2	171.7	156.4	91.1

（1）落实太湖浦江源国家水利风景区规划

落实地方政府关于闸区控制管理的公告要求，稳步推进太浦闸工程管理区封闭式管理，加强河道堤防安全管理、环境保护。加强与地方政府的沟通，积极推动太湖浦江源国家水利风景区管委会各项工作，按照水利部批准的《太湖浦江源国家水利风景区总体规划》要求，加强太湖浦江源水利风景区建设，保护太浦河水资源和水生态环境。水利风景区坚持一张蓝图绘到底，强化规划的战略引领和刚性约束作用。截至 2021 年底，已完成 24 个景观节点中幸福港湾、湖光塔影、西峰秀色、岸芷汀兰、部分酒店配套等 19 个景点建设，总投资近 20 亿元，完成总体规划方案的 80%；近期，以“深化水利文旅融合——助力乡村振兴”为主题，成功申报了国家水利风景区高质量发展典型案例。

在太浦闸工程南堡建成太湖治理展示馆，成为太湖浦江源国家水利风景区的新亮点。加强与地方政府沟通，贯彻落实新发展理念，共同做好浦江源水利风景区的管理，根据地方政府和周边群众需求，配合地方政府做好亭子港溇港文化风貌带与浦江源水利风景区融合工作，开放共享太浦河枢纽管理所院内亭子港闸两侧部分区域，满足周边群众参观了解水利工程和日常休闲需要。做好治水名人阵地及太湖治理展示馆的日常维护工作，服务周边群众，定期开放太湖治理展示馆，讲解和宣传太湖治理成果。

（2）推进望亭水利枢纽创建国家级水利风景区工作

按照太湖局直管工程水利风景区建设规划，加强与太湖局业务主管部门的沟通汇报，推进望亭水利枢纽创建国家级水利风景区相关工作；加强与工程所在地地方政府的沟通交流，借助《大运河文化保护传承利用规划纲要》印发实施和苏州市着力打造运河十景等机遇，推动周边地区水环境改善和水文化建设。望亭水利枢纽管理区实现封闭化管理，工程管理范围内的安全设施和环境管理设施逐步完善，工作生活区域环境更加优美舒适，为工程管理和水利风景区创建提供了更好的环境保障。在管理区内，开展植树绿化等生态环境建设，同时种植了高附加值的经济类树木，如李子、枇杷、酥梨等果木和其他观赏性林木，提高了土地资源利用的附加值。

7.4　实践探索

工程维修养护和管理经费渠道畅通，经费落实；人员工资及时足额发放，职工收入高于当地平均水平；按规定办理了养老、医疗、失业等社会保险；财务制度健全、管理较规范；编制并印发实施了《太湖局直管工程水土资源开发利用规划（2016—2025 年）》，水土资源开发利用水平进一步提升，经济、生态和社会效益较好。高度重视内控管理，建立了内控联席会议机制，并创新组织开展合同供应商评价与运用，取得了较好的实践效果。

7.4.1　内控管理实践中的探索

2016 年，苏州管理局制定内部控制建立与实施方案，成立了内部控制领导小组和工作组，从组织层面有力保障了内控管理工作的开展和实施。为了及时解决业务工作个别环节存在的管理漏洞和难点问题，苏州管理局建立了内部控制联席会机制，适时召开内控专题联席会，逐项列出问题清单，深入分析问题成因，落实整改措施。近年来，相继召开了资产管理、项目管理、预算管理、合同管理、企业监管、合同变更处理等专题专项联席会，讨论问题，研究解决方案，制定改进措施，形成会议纪要，推进内控管理。下面以资产管理、项目管理、预算管理等内控联席会为例介绍内控成果及措施。

1. 资产管理内控联席会

2017 年 4 月 19 日，苏州管理局召开 2017 年度内部控制（资产管理专题）联席会，对新出台的《太湖局苏州管理局存货管理办法》进行宣传和解读，通报了近几年财务审计检查中太湖局系统资产管理中发现和存在的共性问题，梳理了资产管理各环节的工作流程，对存在的问题和管理缺陷逐项进行了分析和讨论，形成会议纪要如下：

（1）存货管理

《太湖局苏州管理局存货管理办法》出台后，苏州管理局组织对现有存货进行了盘点，盘点中发现，在办法出台之前购置的部分办公用品、日用品、防汛备品备件等，未纳入存货管理，且账面与实物存在差异。由于存货购入资金来源渠道多样，且种类品目繁多，单个资产金额较低，一一对应确定价格工作量大、难度大。为保证资产的完整性，达到账实相符，会议决定对盘盈存货只登记品名、型号规格和数量，不进行金额管理，一并纳入存货明细表，统一进行日常收发存管理。后续的存货管理中，应注意避免再出现类似的问题。

（2）固定资产管理

1）资产配置管理。经局领导班子审批的下年度资产配置计划，如果在“二上”预算申报时需要调整，部门不得擅自调整预算，需按资产配置流程，经局领导审批同意后报财务科修改预算。

2）资产入账管理。资产盘点中发现部分历史遗留的账外资产，主要是以往项目中形成的资产，因部门间缺乏沟通及认识不到位等原因尚未办理资产移交。请工程管理科牵头梳理，明确资产出处，尽快办理资产移交手续，抓紧入账。各部门应按照修订后的经济合同管理办法，加强对合同中形成资产的确认及移交管理。

3）资产转移管理。资产的使用保管人发生变更时，应统一到办公室办理资产转移手续，保证资产管理信息的准确性。

4）临时资产管理。太湖局信息化系统中实施的部分项目，在竣工验收及办理资产移交手续之前，部分资产已交苏州管理局使用。对该部分实物资产的管理，请项目联系人做好相关资产的台账资料登记，张贴临时标签，做好备查管理，同时将登记台账报备办公室。

5）资产处置管理。各科室或直属机构使用保管的资产已损毁且无法修复时，应及时报办公室办理资产处置申请，经批复同意后统一进行处置。

2. 项目管理内控联席会

2017 年 9 月 21 日，苏州管理局召开内部控制（项目管理专题）联席会，讨论梳理项目管理工作中的薄弱环节，查找风险点，分析原因并研究部署改进措施。与会人员结合工作实际，提出了自身在项目管理过程中碰到的困难和困惑，并就加强项目储备、项目实施过程控制和项目档案管理等方面进行了讨论，达成了共识。会议纪要如下：

（1）加强项目储备管理，提高项目前期工作质量

项目前期工作准备的充分程度直接决定着项目预算的编报质量，影响到项目实施和执行的结果。应继续加强项目储备，高度重视项目前期工作，通过充分开展实地勘察，精准测算工程量，做好询价比较和市场调研，不断提升项目预算的精细化和准确性，提高预算资金的使用效率，确保项目绩效目标的实现。

（2）开展项目管理调研，细化完善相关制度

对外委托合同在承担单位选择、合同价款确定、比价程序及要求等方面的相关规定和制度约束比较笼统。为进一步引入市场竞争机制，完善施工单位比选工作程序，可组织相关部门到兄弟单位进行调研，后期考虑修订相关制度予以规范。

（3）加强项目实施过程控制

个别项目的过程监督检查把控力度不够，不能及时发现问题、解决问题。项目组应根据职责分工，切实履行职责，跟踪检查合同执行进度和质量，做好事中控制，切实提高项目完成质量。

（4）提高合同总结报告等成果质量

合同实施完成后，合同承担单位提交的合同总结报告质量良莠不齐。项目组应该加强把关，督促承担单位参照相关模板，规范合同总结报告，提高报告文本的质量，为今后的项目检查、评审留下扎实的基础资料。

（5）及时办理资产移交

有的项目或合同验收完了，却迟迟不办理资产移交手续，易形成账外资产，产生资产管理漏洞，造成国有资产流失。项目组须按照合同管理办法等有关制度，加强合同管理，资产购置或合同验收后及时办理资产移交手续。

（6）加强和规范项目档案管理

项目验收时经常会发现项目的过程记录、成果资料等基本要素填列不完整、签名盖章不齐全、格式不规范、内容不全面等现象。一方面，项目组须进一步增强对项目档案重要性的认识，按照对项目负责、对自身负责的要求，分解落实相应责任，加强和规范过程资料管理，提高项目档案质量；另一方面，项目组也普遍反映行政事业类项目的档案资料管理规定不够详尽，建议研究并进一步细化、明确应归档的项目资料清单和归档要求等。

3. 预算管理内控联席会

2018年5月16日，苏州管理局召开2018年内部控制（预算管理专题）联席会。本次会议采用培训与会议相结合的方式，围绕预算管理专题，邀请太湖局财审处负责人对预算管理政策规定进行了培训，与会人员就预算编报和执行过程中的疑点和困惑进行了讨论沟通。会议纪要如下：

（1）坚持学习培训

会议认为，通过对政策规定重要条款的深度解读和难点要点的重点讲解，枚举工作中经常发生的问题案例，深入浅出梳理和概述预算管理全过程的控制环节，有助于大家总体把握预算工作流程，有助于增强切合实际提高预算工作效率和质量的能力。

（2）树立规则意识

经过这些年的预算工作实践，大家已经逐步树立了预算管理的规则意识，逐步习惯了“依据工作需要编报预算，对照预算花钱做事”。大家表示要继续增强预算编报、预算执行的政策底线意识和红线意识，强化预算引领和刚性约束作用。

（3）增强节约意识

近年来财政预算不断压减，但是单位创收能力弱，家底不足。在财政保障不足的前提下，大家更要坚持过“紧日子”，勤俭节约，突出重点，量力而行，不断加强日常工作细节管理把控，在公车使用、公务接待、日常办公消耗、用水用电等方面采取有力措施，严格控制经费预算支出。

（4）提高绩效意识

国家关于预算绩效管理与评价的要求越来越高，不仅要求预算资金专款专用（用得“对”），资金使用程序齐全、手续完备（用得“好”），还要求资金使用效益充分（用得“值”）。应主动适应绩效管理要求并增强绩效意识，重视并加强项目绩效管理，合理编报绩效指标，切实抓好项目执行，确保绩效目标实现。同时，注重项目绩效指标实现的过程资料积累，不断改进和完善绩效评价工作。

7.4.2 合同供应商评价工作探索

2019年苏州管理局创新组织开展了合同供应商评价工作，开展该项工作的目的有三个方面：一是评定供应商等级，为单位直接委托外委业务提供参考依据和技术支撑；二是推进合同执行过程中的监督管理，把好合同变更、结算及验收关；三是引导供应商发扬优点，改进不足之处，提升服务水平。

1. 合同供应商评价工作开展情况

评价工作从制订实施方案开始，根据印发的实施方案，历经供应商选择、现场测评、资料查看、满意度调查、市场比价、综合测评等环节的实施，历经4个多月的实践摸索和不断修正，达到了预期的目标。

（1）选择待评价供应商

选取5家供应商作为评价对象，选取条件是合作时间较长以及合作次数较多，即通常意义上所说的长期合作单位。

（2）组织现场测评

由财务部门牵头，会同其他部门相关人员对选出的7份合同开展现场检查测评。针对每个合同的工作内容和特点，认真研究检查测评的范围和重点，个性化制作检查测评表。现场检查测评时，检查小组对照测评表，逐条逐项进行比对检查和情况记录，并对日常工作资料台账及签证单等内容进行查看，扎扎实实地取得了“合同规定了什么，实际做了些什么，怎么样做的，还有哪些没做，做得效果怎么样”等第一手现场情报，为本次评价工作提供了重要的依据支撑。

（3）开展满意度调查

为了提高评价工作的广度和宽度，增强公信力和可靠性，在现场测评的基础上广泛征求民意，大范围收集职工们对供应商的看法和评价。针对几家供应商的经营范围和合同类别，列举了不同的调查事项，设计了产品和服务质量、费用、进度、文明施工、安全管理、协调配合程度、资料台账等符合供应商个体实际情况的满意度调查表，分发给与该供应商有工作接触的职工，开展满意度调查。

（4）比对市场价格

在合同现场检查测评的同时，选取了合同内部分内容进行市场调研、比价，了解合同价格是否合理。对于不具备成熟市场环境的部分产品和服务，由于市场比价较为困难，则通过网上搜索产品生产厂家、代理商等，拨打品牌销售电话询问，或者通过淘宝、百度、京东等消费互联网渠道，去搜索、调研该产品的价格，综合分析后拟定了所选产品的市场价格合理范围。

（5）综合测评确定等级

综合考虑各评价要素的重要性程度，设置了实施效果及质量35%、实施进度25%、满意度调查25%以及资料台账15%的权重分配比例，同时考虑市场比价情况对报价合理的供应商和有特殊贡献的供应商给予额外加分。经过以上各个环节的测试和调查，对各项打分情况进行分类汇总登记，并计算出5家供应商的总体得分并排序。

根据评价等级设置规则，得分95分以上的为一类供应商，得分85~95分的为二类供应商，得分85分以下的为三类供应商。

2. 合同供应商评价工作成效与不足

通过开展合同供应商评价工作，除了达到和实现既定的三项目标以外，还取得了一些额外的收获，比如提炼了合同管理中一些好的做法可供借鉴，总结了部分合同供应商在履行合同中值得肯定的工作亮点及创新等可供推广。

（1）周密组织，有序完成评价工作

本次评价工作是一次创新实践，没有现成的经验可供借鉴。所以在工作组织安排上，注意发挥职工的积极性和主观能动性。经过多次头脑风暴式的热烈讨论，策划和制定了工作总体思路和具体环节步骤，同时在实施过程中时刻注意积累经验教训，对不合理的内容不断自我修正完善，并针对个体情况差异采用个性化定制，最终评价的结果相对合理可靠，具有重要的参考价值。

（2）过程监督，检查评价有机结合

本次评价工作的主线是合同检查测评，在实际工作中，也将合同执行过程的监督检查融入评价工作中并有机结合。在开展测评之前，对合同文本进行仔细研究，弄清楚每个合同的实施内容，制定了专门的测评表；在检查过程中，对合同实施进度、频次、施工及服务质量、工作日志台账等发现的问题，提出改进建议，并及时反馈给合同负责人和供应商联系人。在后期的合同验收中，也注意对相关问题的整改落实情况进行监督检查。

（3）相互促进，共同提高，总结发现管理亮点

在活动开展过程中，也发现了一些部门在合同管理工作中的创新实践，探索了值得借鉴推广的有效管理方式。比如，有的部门重点加强了对合同资料台账的管理力度，花大力气沉下心来与供应商认真研究台账表格形式，对施工图片、记录规范、变更签证等都提出了更高的要求。有的部门在合同管理中实行责任包干到人，在醒目位置，布设了合同管理工作监督墙，对合同质量、进度、资金支付等进行实时动态管理，合同负责人对自己分管合同的实施情况掌握得清清楚楚，实现了合同的良性高效把控。

（4）优化方案，建言献策，积极主动履行合同

在现场检查时也了解到，有的供应商在面对一些难点问题时，能够主动作为，经过多方打听、了解咨询，探求解决问题的好方法。有的供应商能积极思考，向甲方提出更科学合理的改进方案。

承担水政监控站点维护工作的合同供应商，对维护方案提出了两项改进建议并得到采纳。一是为减少夏天设备箱温度过高引起宕机问题，原方案采用遮阳板减少日晒，维护单位建议采用风扇加大设备箱空气流动，主动散热，降低了立杆重量及台风风阻，同时也起到了良好的散热降温效果。二是为保证阴雨天太阳能电量供应充足，减少设备因馈电异常而停用的现象，原方案采取后台软件来控制设备启停，维护单位建议采用安装时控开关来实现控制，可更方便手动调整，而且比采购软件费用更低廉、更可靠。

在水政执法基地的走廊木柱维修时，由于木柱底部建造有仿古砖围栏，更换难度很大，该合同的供应商经过现场观察研究其他老房子结构和综合权衡各方意见后，采取了顶横梁拼接的方式，联系有经验的古建筑施工技师进行现场指导，通过千斤顶顶升作业并加强支撑防护，最终成功完成走廊 3 根木柱的更换，既节约了施工成本，又达到了合同中关于安全、进度和质量的要求。

（5）收集意见，如实反馈，有的放矢提出建议

在满意度调查环节，针对性设置了对合同供应商优点和缺点进行评价的必填选项，组织职工对供应商做出客观真实的评判和提出改进工作的建议。工作组在此基础上进行记录归纳和统计分析，形成书面的意见和建议后，如实反馈给相关合同供应商，有助于他们在后续的工作中能继续发扬优点，改进不足，进一步提升自身管理水平和合同履约能力。

（6）合同供应商评价工作的不足

评价标准的科学化程度有待提高。本次供应商评价工作属于一项工作探索实践，之前没有成熟的经验可供借鉴，也尚未建立和形成系统科学的评价体系和评判标准，评价指标、权重设置及平衡因素的考虑都处在摸索尝试阶段，有可能会因评价赋分的主观性较强，而对评价结果造成一定的影响。

个别合同的质量标准规定不够严谨。在合同检查测评中发现，个别合同中关于施工内容的质量标准和质保期限缺乏专业标准的硬性规定，检查和验收时难以准确界定和量化评判施工质量是否达到要求，不利于合同执行和验收管理。

第 8 章　直管工程管理现代化的绩效评价

8.1　基于太湖局直管工程评价指标体系的绩效评价

2021 年苏州管理局对照太湖局直管工程管理现代化评价指标体系完成了中期自评估工作，自评得分 91.8 分。对照指标体系中“水利工程管理现代化进程评判标准”，苏州管理局已基本建成现代化的水利工程管理体系。太湖局直管工程管理现代化评价指标体系详见 3.1.5 节，太湖局直管工程管理现代化指标体系及评估赋分详见表 8-2。

8.1.1　工程管理能力

工程管理能力标准分 25 分，自检分 22 分。

1. 工程管理水平（标准分 15 分，自检分 13.5 分）

（1）技术管理（标准分 7 分，自检分 6 分）

健全制度体系，及时汇编成册。依据《水利工程管理考核办法》及其考核标准（水运管〔2019〕53 号），结合实际梳理管理事项 32 个，工作单元 104 个，对管理事项所依据的工作标准、管理标准和技术标准进行梳理、评估，编制印发了《太湖局直管工程组织管理、安全管理、运行管理、经济管理工作梳理及标准制订（修订）计划》，按照规定的体例格式要求，按计划完成制度修订 101 个，其中组织管理制度 20 个、安全管理制度 37 个、运行管理制度 42 个、经济管理制度 2 个。及时汇编形成内部管理、工程管理、水行政管理、安全管理、运行管理工作手册，形成健全的制度体系。

加强技术管理，促进协调发展。①档案管理。加强档案工作标准化管理，对历年档案资料进行了全数字化扫描，构建了档案管理网络查询系统，档案管理达到江苏省机关事业单位档案工作规范五星级标准。②工程检查。修订《太湖局直管工程检查工作管理规定》，区分各类工程设施，细化明确检查内容、频次、责任岗位和记录要求，建立工程检查信息化模块，通过手持终端开展工程检查工作，提升工作效率。③工程观测。修订《太湖局直管工程观测工作管理规定》，进一步明确观测项目、测次和安全阈值。根据确定的观测内容、测次和频率开展观测工作，内容齐全，记录规范，成果真实。每年汛前，组织对上年度太浦闸、望亭水利枢纽观测资料进行整编分析，并对观测成果进行了审查，观测设施完好率符合要求。④维修养护项目管理。修订《太湖流域管理局直管水利工程维修养护技术质量标准》《苏州管理局水利工程维修养护项目管理规定》，进一步明确质量管理、采购管理、检查考核的相关要求，项目资料齐全，管理规范，年度水利工程维修养护项目完工、验收率达 100%。⑤安全鉴定。2017 年 2 月 9 日—10 日，太湖局组织专家组对《望亭水利枢纽安全评价报告》进行了技术审查，同意望亭水利枢纽安全类别为一类闸，形成《望亭水利枢纽安全鉴定报告书》，太湖局以太管建管〔2017〕44 号文审定并印发此安全鉴定报告书。2019 年 10 月 30 日，太湖局组织专家组对《太浦闸工程安全评价报告》进行了技术审查，同意太浦闸工程安全类别为一类闸，形成《太浦闸工程安全鉴定报告书》，太湖局以太湖建管〔2019〕254号文审定并印发此安全鉴定报告书。⑥设备等级评定。在太浦河枢纽管理所自评的基础上，2017年5月19日，苏州管理局组织专家开展了太浦闸闸门及启闭机设备管理等级复评，太浦闸闸门及启闭机被评为一类单位工程，设备完好率为100%，苏州管理局审定并印发评定意见。在望亭水利枢纽管理所自评的基础上，2019年11月7日，苏州管理局组织专家开展了望亭水利枢纽闸门及启闭机设备管理等级复评，望亭水利枢纽闸门及启闭机被评为一类单位工程，设备完好率为100%，苏州管理局审定并印发评定意见。⑦整合信息资源，建立标准化平台。依托工情业务系统，构建工程管理标准化平台，进一步优化值班管理、工程运行、工程检查模块；编制《工程观测模块建设方案》，完成太浦闸、望亭水利枢纽人工观测模块建设工作，录入历年观测数据并校核，实现观测工作的数字化管理，推动观测成果的实时分析。将水利工程管理考核、OA办公、太浦闸工程BIM等纳入工程管理标准化平台。完成工情移动APP升级，在手持终端开展工程检查、运行工作，提升工作效率。

通过工程管理标准化评估验收。2020年12月25日，太湖局直管工程管理标准化工作评估验收会在苏州召开。会议代表和专家听取了太湖局直管工程管理标准化建设情况的汇报，观看了标准化平台的演示，查阅了资料，察看了现场。经认真讨论后，同意通过2018—2020年太湖局直管工程管理标准化验收。验收意见认为：苏州管理局认真组织推进直管工程管理标准化建设，如期完成了《太湖局直管工程管理标准化建设实施方案（2018—2020年）》建设目标，工作基础扎实、内容全面，成果丰富；通过工程管理标准化建设，太湖局直管工程管理有序、职责明确、制度完善，工程管理工作标准、技术标准和管理标准进一步明晰，工程管理信息化水平进一步提升，工程管理标准化水平得到明显提高，成效显著。

存在不足：个别制度工作要求尚需进一步细化、明确，扣0.5分。工程管理标准化平台综合功能尚需进一步加强，扣0.5分。

（2）工程管理考核达标（标准分2分，自检分2分）

通过水利部水利工程管理考核验收。2017年5月，苏州管理局向太湖局申请进行国家级水利工程管理单位初验。2017年6月22日—23日，太湖局组织专家对苏州管理局进行了管理考核初验，初验得分953分，且各类考核得分率均不低于该类总分的85%。2017年7月，太湖局以太管建管〔2017〕144号文向水利部申请水利工程管理考核验收。2017年7月15日—16日，水利部委托中国水利工程协会组织专家，对苏州管理局进行了考核验收，综合得分951分，且各类考核得分率均不低于该类总分的85%。2017年8月10日，水利部办公厅以办建管函〔2017〕933号文批准苏州管理局水利工程管理考核通过水利部验收。

开展年度自检，年度考核合格。苏州管理局于2017年通过水利工程管理考核验收后，按规定正常开展年度自检并上报自检结果。2019年1月29日—30日，太湖局组织考核组对苏州管理局进行了2018年度水利工程管理考核，同意通过考核并以太管建管函〔2019〕14号文向水利部运管司报送考核意见。2020年3月11日—12日，太湖局组织考核组对苏州管理局进行了2019年度水利工程管理考核，同意通过考核并以太管建管函〔2020〕24号文向水利部运管司报送考核意见。2021年2月3日—4日，太湖局组织考核组对苏州管理局进行了2020年度水利工程管理考核，以太管建管函〔2021〕16号文向水利部运管司报送考核意见。苏州管理局认真落实考核意见要求，不断改进和提高工程管理标准化、信息化、现代化水平。

（3）工程管理精细化（标准分 4 分，自检分 3.5 分）

加强文化建设，工程管理顺畅。①加强精细管理文化建设。依据《太湖局苏州管理局组织文化建设工作方案（2016—2020 年）》，加强精细管理文化建设，提炼单位精神，提升单位软实力，不断培养扎实、严谨的工作风格，把精细化管理的文化理念渗透到工程管理的每一个环节，真正消除管理上的盲点，提高管理水平，发挥工程效益。②完善管理机制。苏州管理局制定工作规则，规范工作行为；制定请示报告制度，规范工作程序；制定督办工作管理办法，加强政务监管；制定审计检查等发现问题追责管理办法，加强问题整改。

管理责任落实，工作任务明确。梳理管理事项，摸清工作要求，完善《岗位说明书》，依据管理事项设置岗位。印发《科级干部选拔任用工作管理办法》《职工岗位交流管理办法》，开展人员交流，合理配备人员。各技术管理岗位分工明确；技术工人经培训上岗，闸门及启闭机运行、电气设备运行工等关键岗位实行持证上岗。每年印发年度工作计划，将工作任务细化、分解落实到相关部门。各部门根据岗位设置情况，落实部门和职工工作计划，确保所有事项均“有人负责”，实现事项对岗、岗位对人。进一步修订制度，明确职责分工，解决了“工作谁来做”的问题。

管理流程规范，可操作性强。①梳理工作流程。梳理检查、观测、运行、维护工作流程，明确流程的目标及关键因素，画出流程图，规范各环节工作，明确各环节责任部门和岗位，印发工作流程并及时汇编，指导日常工作。②优化工作流程。废止 18 个制度，取消不必要的工作流程，提高工作效率；合并操作运行、内部管理等 35 个制度，简化工作环节，优化工作步骤，使作业更有条理。

运用信息平台，提升管理水平。通过信息化平台推动流程优化和再造工作。建立 OA 办公系统，落实内部管理责任，实现办公自动化、流程化、数字化；建立档案管理网络查询系统，实现对档案资源的科学和有效的管理；建立水利工程管理考核模块，及时、准确掌握工程动态，推动日常工作的流程化管理；加强数据分析，及时发现问题、解决问题，提高工作效率。

建立考评机制，促进持续改进。①工程管理考评标准。依据水利部《水利工程管理考核办法》及其考核标准推动工程管理精细化，科学评价工程管理水平，充分发挥工程效益；依据《水利工程管理单位安全生产标准化评审标准》推动安全生产管理精细化，提升安全生产管理水平。②绩效考评标准。依据《太湖流域管理局苏州管理局绩效考核办法》《太湖流域管理局苏州管理局绩效工资分配办法》等制度，定期对工程管理全过程进行评估，对组织管理、安全管理、运行管理、经济管理进行管控，根据技术含量、劳动强度、工作负荷等确定岗位分配基本系数，结合考核，奖优罚劣，调动干部职工的积极性，推进精细化管理，促进工作持续改进。

不足之处：尚需进一步提高工程管理精细化水平，需要进一步找准关键问题、不断解决薄弱环节，扣 0.5 分。

（4）参加流域综合管理（标准分 2 分，自检分 2 分）

做好水利督查支撑工作。及时组建专职监督队伍，现有水利监督持证人员 34 名，尝试采用双联络员制，加大年轻职工及联络员培养力度，有力支撑太湖局“强监管”工作顺利开展。积极履行“河湖保护与建设运行安全中心”职能，支撑太湖局“1+1+N”监管体系中专职实施单位职责，集中全局力量，强化统筹安排，截至2020年底，累计派出108批次、221人次、1 466人天，每年均提前、超额完成太湖局下达的督查任务。

完成太湖流域水资源监控与保护预警系统工程信息监测系统建设管理。依据《水利部关于太湖流域水资源监控与保护预警系统初步设计报告的批复》（水规计〔2016〕215号），新建29个工程信息监测站，完善接入江苏省工程信息监测站39个，共享接入上海市工程信息监测站19个；建设太湖局苏州管理局、苏州市水利局、无锡市水利局、常州市水利局、湖州市水利局、嘉兴市水利局工程信息监测分中心6处，共享接入江苏省太湖地区水利工程管理处工程信息监测分中心1处。配置相关仪器设备1036台套，购置安装软件27套，开发及部署工程监测分中心运行维护管理软件、太浦闸工程运行信息监控软件等软件5套。2020年12月11日—14日，太湖局在上海市组织召开了太湖流域水资源监控与保护预警系统竣工验收会议，通过竣工验收并形成了《太湖流域水资源监控与保护预警系统竣工验收鉴定书》，太湖局以太湖建管〔2020〕210号文印发该竣工验收鉴定书。

配合完成《太湖流域片协同推进水利工程标准化管理指导意见》。2019年，太湖局建管处组织苏州管理局赴江苏、浙江省和上海市开展工程标准化管理调研，实地了解地方水管单位工程管理标准化工作的开展情况和取得的成效；起草形成《太湖流域片协同推进水利工程标准化管理指导意见》（初稿）。在吸收采纳地方意见的基础上，2021年1月，配合完成《太湖流域片协同推进水利工程标准化管理指导意见》编制，太湖局以太湖建管〔2021〕9号文印发该指导意见。

2. 工程设施完好（标准分10分，自检分8.5分）

（1）水闸工程（标准分4.5分，自检分3.5分）

及时做好混凝土建筑物、砌石工程、防渗、排水设施及永久缝、土工建筑物、闸门、启闭机、机电设备及防雷设施的维修养护，定期开展水下检查及修复、河床断面观测、机电设备检验、防雷检测等。截至2020年底，太浦闸观测设施完好率为95.8%，望亭水利枢纽观测设施完好率为98.97%，达到规范要求。

不足之处：横拉门轨道及两侧有妨碍闸门运行的淤积物，横拉门缺失侧缓冲装置1个，横拉门固定卷扬式启闭机闸瓦衬垫有裂纹，扣1分。

（2）堤防工程（标准分3.5分，自检分3分）

及时做好硬化堤顶、路缘石、堤坡土方、堤坡草皮、戗面、排水沟、护堤林、标志牌、管理房、观测设施等维修养护。

不足之处：堤防护坡局部有破损现象，排水沟存在局部破损，扣0.5分。

（3）东菱嘴工程（标准分2分，自检分2分）

及时做好禁养桩、标牌等管理辅助设施维修养护，及时清理阻水漂浮物、渔网等。

8.1.2 防汛抗旱及应急能力

防汛抗旱管理水平标准分15分，自检分13分。

1. 防汛抗旱管理水平（标准分8分，自检分7分）

（1）组织体系健全（标准分2分，自检分2分）

工程管理科是防汛抗旱业务管理部门，负责苏州管理局防汛抗旱、防台风工作，组织、协调直管工程管理所做好所管工程的防汛抗旱工作。2016 年 5 月，苏州管理局成立了防汛抗旱工作组织机构。印发了《苏州管理局防汛抗旱工作责任制》，每年根据人员变动情况及时调整落实防汛责任人及其职责，并向太湖局报备。合理设置防汛抗旱相关岗位，人员配备满足工作需要。每年均根据职工培训计划开展防汛抗旱业务知识培训。技术工人经培训上岗，闸门及启闭机运行、电气设备运行工等关键岗位实行持证上岗。

（2）规章制度健全（标准分 2 分，自检分 1.5 分）

①管理细则。根据《水闸技术管理规程》（SL 75—2014），结合新工程特性和实际情况，2013 年组织修订了《望亭水利枢纽技术管理实施细则》，太湖局以太管建管〔2014〕41 号文批复该实施细则。2015 年组织修订了《太浦闸工程技术管理实施细则》，太湖局以太管建管〔2015〕216 号文批复该实施细则。实施细则切合实际，可操作性强。②防汛抗旱制度。研究水闸超过设计控制指标运用时的安全流量、安全水位差，编制《太湖流域管理局直管工程控制运用方案》并报请太湖局批准印发，提前做好防御 2020 年超标准洪水的技术准备。修订《太湖流域管理局苏州管理局防汛抗旱工作制度》《太浦闸套闸运行管理办法》《望亭电厂取水口节制闸运行管理办法》，制度及时汇编成册。

不足之处：《苏州管理局防汛抗旱工作责任制》需要修订，扣 0.5 分。

（3）应急预案制定完善（标准分 2 分，自检分 1.5 分）

苏州管理局组织修订了《太浦闸工程应急预案》《望亭水利枢纽应急预案》，太湖局以太管防汛〔2015〕83 号文批复了该应急预案。为做好导流隔水墙发生险情时的应急处置工作，编制印发《望亭电厂取水口工程导流隔水墙险情处置方案》。“十三五”时期，根据应急预案，启动Ⅳ级应急响应 16 次，启动Ⅲ级应急响应 9 次，启动Ⅱ级应急响应 3 次，启动Ⅰ级应急响应 2 次。

不足之处：经历 2016、2020 年流域超标准洪水后，防汛应急预案需要着手修编，扣 0.5 分。

（4）防汛抗旱业务系统（标准分 2 分，自检分 2 分）

按照“数字工程、智慧管控”技术方案，先后实现太浦闸和望亭水利枢纽闸门运行智能化，完善防汛信息化业务平台，升级完善检查、观测、运行等信息化模块，初步实现工程运行规范、数字、智能，防汛抗旱及时、科学、有效。

2. 调度指令执行水平（标准分 2 分，自检分 1.5 分）

（1）调度指令响应水平（标准分 1 分，自检分 0.5 分）

①调令执行。根据太湖局调度指令要求，做好太浦闸、望亭水利枢纽的闸门控制和精细运行。太浦闸、望亭水利枢纽控制运用严格执行太湖防总或太湖局调度指令。苏州管理局接到调度指令后及时转达相应管理所，管理所做好详细记录、复核，在规定的时间内完成调度指令的执行；执行完毕后，及时向太湖局发送闸门调整报告。在调度指令执行过程中，管理所详细记录闸门运行操作过程及相关指标，并将闸门调整报告及时上报苏州管理局。②操作运行。在闸门和机电设备运行过程中，严格执行值班制度，按照《太浦闸操作规程》《望亭水利枢纽操作规程》做好工程运行工作，对工程运行情况及时进行统计，各种操作运行记录规范齐全。太浦闸套闸按照《太浦闸套闸运行管理办法》控制运用，套闸运行服从统一指挥，未发生影响工程防洪、泄洪和供水的情况。“十三五”时期，调度指令响应率 100%。

不足之处：夜间闸门操作有监护不到位、突发事件处置不及时的安全隐患，扣

0.5 分。

（2）调度指令完成水平（标准分 1 分，自检分 1 分）

①防汛防台。“十三五”时期，成功抵御 2016 年特大洪水、2020 年超标准洪水，抵御对直管工程有影响的台风 16 个。2016 年流域发生特大洪水，太浦闸开闸运行 361 天，排洪 50.46 亿 m^3；望亭水利枢纽开闸运行 213 天，排洪 31.32 亿 m^3。2020 年流域发生超标准洪水，太浦闸开闸运行 342 天，排洪 29.34 亿 m^3；望亭水利枢纽开闸运行 131 天，排洪 15.40 亿 m^3，为流域防洪安到全提供有力保障。②引江济太。严格执行引江济太的相关规定，根据水位、流量实时信息，及时调整闸门开度，按照调度指令控制入湖流量，同时保证望亭电厂冷却用水供水安全。“十三五”时期，通过望亭水利枢纽引水入湖 19.7 亿 m^3，太浦闸和太浦河泵站向下游增加供水 93.99 亿 m^3，有力地保障了“G20 峰会”“进博会”等重大活动、重要节假日的供水安全。另外，太浦河泵站 26 次开泵应急供水，避免了太浦河下游锑浓度异常升高现象，成功保障了下游水源地供水安全。③工程运行巡查。修订《苏州管理局“一湖两河”工程运行管理督察办法》，组织人员按规定频次开展太浦河、望虞河督查，逐一查看口门运行的实际情况，实时填报信息，共开展两河沿线工程控制运行督查 72 次，投入巡查人员 216 人次，行程 18 000km，发布工程运行情况 1965 座次。“十三五”时期，调度指令执行率为 100%。

3. 防汛物资管理（标准分 2 分，自检分 2 分）

（1）物资储备品种、数量水平（标准分 1 分，自检分 1 分）

在工程现场，配备了防汛艇、车辆等抢险机动运输工具，根据工程运行管理需要及时补充必要的防汛备品备件，登记造册，满足抢险需求，确保完成抢险任务。

（2）物资保管水平（标准分 1 分，自检分 1 分）

制定《太湖局苏州管理局存货管理办法》《太浦闸物资仓库管理制度》《望亭水利枢纽物资仓库管理制度》。管理所明确物资管理员；物资入库时，由物资管理员填写“入库单”；物资按种类、规格分区堆放，保持库区整洁有序；物资领用时，填写“领料单”。物资进行定期盘点，毁损、报废按规定和程序处置。

4. 应急抢险能力（标准分 3 分，自检分 2.5 分）

（1）专职或兼职抢险人员数量、素质（标准分 2 分，自检分 1.5 分）

2016 年 5 月，苏州管理局成立了应急领导小组及应急抢险队伍，进一步明确了应急组织机构。2019 年 11 月，苏州管理局调整明确了防汛抢险组织机构和应急抢险小分队。按照“防汛抗洪工作实行各级人民政府行政首长负责制，统一指挥”的原则，苏州管理局与直管工程所在地区防汛防旱指挥部建立了直管工程防汛抢险应急机制，细化落实了防汛抢险队伍和抢险物资。苏州管理局定期组织开展防汛培训，学习制度和操作技能。根据应急预案要求，定期选择科目开展预案演练，检验防汛应急反应能力、防汛处置能力和应急预案的可操作性。2016 年 7 月，苏州管理局开展了防汛应急演练；2017 年 7 月 5 日，苏州管理局开展了人员溺水应急演练，2017 年 9 月 18 日，苏州管理局联合吴江区人防局等单位在太浦闸开展了重要经济目标（太浦闸）应急防护演练；2018 年 6 月 15 日，开展太浦闸工程运行应急供电演练，2018 年 9 月 27 日，结合望亭水利枢纽检修门运用开展防汛应急演练；2019 年 5 月 17 日，参加太湖局组织的防洪调度演练，2019 年 5 月 31 日，组织开展船舶碰撞工程运行应急演练，2019 年 6 月 24 日，联合望亭发电厂开展防汛应急演练；2020 年 6 月，参加太湖局组织的防洪调度演练。

不足之处：机械、机电、信息系统故障情况下，单兵紧急处置的及时性、有效性能力不够，扣 0.5 分。

（2）应急抢险设备装备品种、数量（标准分 1 分，自检分 1 分）

2016 年 5 月，苏州管理局分别与地方防指签订了为期 5 年的“太浦闸防汛应急抢险物资及抢险队伍协议”“望亭水利枢纽防汛应急抢险物资及抢险队伍协议”。2020 年 4 月，苏州管理局再次分别与地方防指签订了为期 5 年的“太浦闸工程防汛应急抢险物资及抢险队伍协议”“望亭水利枢纽防汛应急抢险物资及抢险队伍协议”，落实了社会防汛抢险队伍，明确了防汛物资的储备地点、调运线路、调用方式及经费分担。

8.1.3　水政管理能力

水政管理能力标准分 10 分，自检分 9.5 分。

1. 水政管理水平（标准分 5 分，自检分 4.5 分）

（1）水政管理体系（标准分 2.5 分，自检分 2.5 分）

①内部组织体系。2000 年经太湖局批准，成立苏州管理局水政监察支队。目前，苏州管理局水政监察支队下设太湖水政监察大队、太浦河枢纽管理所水政监察大队和望亭水利枢纽管理所水政监察大队。截至 2020 年 12 月，水政监察员共计 15 名，专职水政监察人员 5 名。水政监察员按规定做好水事巡查检查、调查取证、执法统计等工作，及时做好水行政执法资料收集、整理、立卷、归档。②协同治理体系。贯彻长三角一体化发展战略，深化协同治理理念实践，推广河湖联合执法协同理念，助力青（浦）嘉（善）吴（江）地区联合河湖长制和联动执法制度落地生效；筑牢河湖执法联合平台，组织开展“一湖两河”常态化联合巡查，凝聚执法合力破解省（市）边界执法难题，成功拆除江浙省界养殖户擅自搭建的构筑物；创新河湖执法管理制度，设计违法水事行为通报制度，形成执法效应辐射，营造“一湖两河”有违必究必改的良好氛围；坚持水政执法联合巡查齐头并进，与江苏省太湖渔管办、苏州市水上警察支队达成联动合作机制，有力保障环太湖岸线的水事秩序。

（2）规范管理（标准分 1.5 分，自检分 1.5 分）

①依规管理。按照太湖局水行政执法规定承担授权范围内的水政监察、涉水建设项目督查工作，制定印发《苏州管理局水事巡查检查工作实施细则》《苏州管理局水行政执法调查取证实施细则》《苏州管理局水行政执法统计工作实施细则》，制度及时汇编成册，制度执行率为 100%。②培训。水政监察员定期学习培训；组织环太湖沿线基层水政人员培训，提高依法行政意识；覆盖服务对象，送法上门，提高知法守法意识；覆盖市民群众，组织景区宣讲，传播法治理念。③宣传。稳定“一点、两所、三线”的宣传阵地，坚持现场集中宣传，定期组织横幅、展板宣传；构建党建联盟为端点的多边形格局，借力联盟单位宣传窗口，扩大水法规宣传影响力。2020 年，顺利通过水利部“七五”普法现场验收，普法工作成效显著。

（3）划界确权（标准分 1 分，自检分 0.5 分）

太浦闸和望亭水利枢纽管理范围和保护范围明确，相关资料齐全。2020 年完成了太浦闸管理范围的电子测绘并内业成图。工程管理范围内设置了界桩，界桩设施完善，各类标志清楚。共领取土地证 5 本，领证率 100%。太浦闸工程管理用地 75 042.75m^2，包括横扇镇亭子港村 3 653.35m^2（吴江国用〔2001〕字第 17035005 号）、七都镇环湖公路北侧

13 965.5m^2（吴国用〔2006〕第1900003号）、七都镇环湖公路南侧57423.9m^2（吴国用〔2006〕第1900004号）。望亭水利枢纽管理用地78 665.24m^2，包括苏州相城区望亭镇14 435.84m^2（国有土地使用证第0700027号）、无锡市新安镇沙墩港村64 229.4m^2（锡土国用〔99〕字第210号）。

不足之处：工程管理范围划定成果尚未以地方人民政府的名义公告，扣0.5分。

2. 巡查与执法管理能力（标准分5分，自检分5分）

（1）水政巡查设施与装备（标准分2分，自检分2分）

完成水政监察基础设施一期、二期建设，太湖水政执法基地投入运行，河湖监管起点从后方推至太湖前哨；“一湖两河”重点区域30个实时监控站点投入使用，河湖监管从碎片化推至全时段；制订《苏州管理局无人机使用管理办法》，配置无人机参与巡查，河湖监管从地面推至空中；执法人员配置单兵设备，信息反馈从延时推至实时；掌握遥感卫星影像图斑解译手段，实现时空比对同步转换，河湖监管从单点推至全面，河湖监管能力不断得到强化和提升。

（2）水政违章的查处情况（标准分2分，自检分2分）

①工程管理范围内。严格按照职责负责管理管辖范围内的水行政事务，加强水行政安全巡查，管理范围水事秩序良好，无破坏、损坏水利设施行为。联合吴江区人民政府以吴政发〔2015〕138号文加强太浦闸闸区控制管理。2020年汛期，苏州管理局积极协调和争取地方人民政府的支持，由地方政府三部门联合发出通告，集中整治太浦闸管理区域捕鱼现象，工程范围内捕鱼、钓鱼现象得到了有效遏制。对外来人员在望亭水利枢纽闸区违规捕鱼等现象，苏州管理局能够及时发现和劝离，并联合望亭电厂、当地派出所和渔管会等建立常态化管控机制。②太湖局授权范围内。苏州管理局除负责工程管理范围水政监察以外，还承担太湖局授权范围内的水政监察、水行政执法工作及有关水事违法行为查处，承担太湖局授权范围内的涉水行政许可项目督查检查。认真执行“一湖两河”巡查制度，通过日常巡查和专项巡查，及时发现水事违章事件和上报查处，有效地防止和制止了各种危害工程安全的活动。开展“一湖两河”清四乱专项行动、河湖执法三年行动和“陈年积案”清理专项行动，“一湖两河”陈年积案按期清零，有效维护了流域重要河湖的良好秩序。

（3）标识标牌（标准分1分，自检分1分）

在工程管理范围内设置水法规宣传标语和安全警示标识牌，内容与工程性质、设置部位相符，节制闸设有拦河警示设施、船闸设有通航设施和助航标识。

8.1.4 安全生产管理能力

安全生产管理能力标准分15分，自检分14.5分。

1. 安全生产管理水平（标准分7分，自检分7分）

（1）安全生产目标、组织机构与职责（标准分3分，自检分3分）

①安全生产目标。制订印发《安全生产目标管理制度》《安全生产目标总体规划》，根据单位和部门在安全生产中的职能，分解年度安全生产目标，逐级签订安全生产目标责任书，对安全生产目标的执行情况进行监督，及时调整安全生产目标实施计划，定期对安全生产目标的完成效果进行考核。②组织机构。设立由主要负责人、部门负责人等相关人员组成的安全生产领导小组，并以正式文件发布，人员变化时及时调整发布。明确建设与

安全科为苏州管理局安全生产主管部门，配备专（兼）职安全生产管理人员，形成安全生产管理网络。③安全职责。印发《安全生产责任制度》和《安全生产领导小组工作规定》，明确单位、部门及人员的安全生产职责、权限和考核等内容。安全生产领导小组每季度召开一次安全生产专题会议，总结分析本单位的安全生产情况，评估本单位存在的风险，研究解决安全生产工作中的重大问题，决定安全生产的重大事项，并形成会议纪要。各岗位人员认真履行安全生产职责，安全生产领导小组办公室组织对安全生产责任制的落实情况进行检查。

（2）规章制度（标准分 2 分，自检分 2 分）

①法律法规和标准规范。建立识别和获取适用的安全生产法律法规、标准规范的制度，规定识别、获取、评审、更新等环节的工作要求，明确建安科为主管部门。各科室、管理所按照其工作职责范围，分别组织职工识别、获取适用本部门的安全生产法律法规与其他要求，及时报建安科；建安科检查、审核和汇总，每年发布一次适用的安全生产法律法规与其他要求清单。②规章制度。建立健全安全生产规章制度，并及时将识别、获取的安全生产法律法规与其他要求转化为本单位规章制度，贯彻到日常安全管理工作中；规章制度正式印发执行。将安全生产规章制度发放到相关工作岗位，并组织职工培训学习。

（3）安全生产投入（标准分 0.5 分，自检分 0.5 分）

编制《安全生产投入管理制度》，落实安全投入资金，保证必要的安全生产费用投入。编制安全生产费用使用计划，建立安全生产费用使用台账，资金使用审批程序符合规定。落实费用使用计划，并保证专款专用。半年对安全生产费用使用情况进行检查，年终进行总结。

（4）教育培训（标准分 1 分，自检分 1 分）

印发《安全教育培训管理制度》，明确安全教育培训的对象与内容、组织与管理、检查等要求。定期制定教育培训计划，按计划进行安全教育培训，对安全培训效果进行评估和改进，做好培训记录。做好安全管理人员教育培训，单位主要负责人和安全生产管理人员参加安全生产知识和管理能力培训，经考核均为合格；做好操作岗位人员教育培训，职工上岗前进行安全教育培训和操作技能培训，特种作业人员按照国家有关规定经过专门的安全作业培训，并取得特种作业操作资格证书后上岗作业，每年对在岗人员进行经常性安全生产教育培训；做好其他人员教育培训，对相关方的作业人员进行安全教育培训，按规定督促检查相关方人员持证上岗作业，对外来参观人员进行有关安全教育和告知，并由专人带领。

（5）安全用具及设备（标准分 0.5 分，自检分 0.5 分）

定期发放劳动防护用品，及时检查更换消防器材，绝缘靴、绝缘手套、救生衣等配备齐全；定期进行电气试验。

2. 隐患排查、监控与应急处置（标准分 4 分，自检分 4 分）

（1）隐患排查与治理（标准分 1 分，自检分 1 分）

印发《隐患排查和治理制度》，明确隐患排查的责任单位、部门和人员、内容和要求。按照隐患排查制度的规定制定隐患排查工作方案，及时组织进行隐患排查。对隐患进行分析评估，登记建档，对排查出的一般事故隐患均立即进行了整改处理。隐患治理完成后及时对治理情况进行验证和效果评估。做好安全生产预测预警工作。苏州管理局无重大事故安全隐患。

（2）重大危险源监控（标准分1分，自检分1分）

印发《重大危险源监控管理制度》，按规定对本单位的生产设施或场所等进行危险源辨识、评估，确定危险等级。对确认的危险源及时登记建档。经辨识、评价，苏州管理局不存在重大危险源。

（3）应急救援（标准分1分，自检分1分）

印发《关于成立应急领导小组及应急抢险队伍的通知》，明确应急工作职责。与工程所在地的苏州吴江区和无锡新区防汛防旱指挥部签订应急抢险救援协议，明确发生突发应急事件时由地方防汛指挥部门组织、协调提供应急物资与专业救援队伍。印发《关于印发生产安全事故综合应急预案等预案的通知》，报太湖局备案，并抄送工程所在地苏州吴江区和无锡新区水行政主管部门备案。建立应急资金投入保障机制，应急装备、物资按应急预案清单要求配备，满足应急要求。按规定组织生产安全事故应急演练，有演练记录。近年来未发生过等级生产安全事故。

（4）事故报告、调查和处理（标准分1分，自检分1分）

印发《生产安全事故报告和调查处理制度》，明确事故报告、事故调查、原因分析、预防措施、责任追究、统计与分析等内容。建安科每月在水利部《水利安全生产信息上报系统》中进行零事故报告，评审期内苏州管理局未发生等级以上生产安全事故。

3. 安全生产标准化、元素化（标准分4分，自检分3.5分）

（1）安全生产标准化（标准分2分，自检分2分）

根据水利部《关于印发水利行业开展安全生产标准化建设实施方案的通知》（水安监〔2011〕346号）、《关于印发水利安全生产标准化评审管理暂行办法的通知》（水安监〔2013〕189号）和太湖局《关于印发太湖局安全生产标准化建设实施方案的通知》（太管安〔2014〕4号）等文件要求，贯彻"安全第一，预防为主，综合治理"的方针，落实安全生产责任主体，建立长效机制，夯实安全管理基础，提升苏州管理局安全生产管理规范化、标准化水平。2016年，通过太湖局审核；2017年，通过第三方机构评审；2017年12月2日—3日，水利部安全生产标准化评审委员会办公室派出专家组对苏州管理局进行了水利安全生产标准化评审现场核查。2018年3月，经水利部安全生产标准化评审委员会审定，水利部办公厅以办安监〔2018〕40号文公布苏州管理局为水利安全生产标准化一级单位。

（2）安全生产元素化（标准分2分，自检分1.5分）

不断创新安全生产管理模式，推进安全生产元素化管理。构建横向到边、纵向到底的责任体系，排查隐患、消除隐患的工作机制，进一步提升工程管理安全生产水平。

不足之处：安全生产元素化管理需要进一步深化，扣0.5分。

8.1.5 信息化建设水平

信息化建设水平标准分18分，自检分16.5分。

1. 信息化系统建设水平（标准分14分，自检分13分）

（1）水利信息资源管理水平（标准分2分，自检分2分）

以太湖局水利数据中心为依托，建立并完善苏州管理局数据库，主要用于对工情、水情、水文、气象、行政办公、人事、财务等数据的存储和管理。采用数据库双机热备的方式进行数据库容灾备份。

（2）办公信息化（标准分2分，自检分2分）

建立苏州管理局综合办公系统OA系统，实现网上公文流转、新闻资讯发布、车辆管理、考勤管理、行政资源信息管理等，建立完善的行政资源数据库。

（3）工程管理信息化（标准分3分，自检分3分）

通过移动信息平台开展太浦闸、望亭水利枢纽及两河工程检查，实现巡查动态管理。通过BIM系统实时查阅太浦闸自动观测成果资料，建立人工观测数据模块，及时录入人工观测数据，实现数据的实时分析。在水利工程管理考核平台中录入工程管理数据，推动日常管理的数字化、动态管理。

（4）防汛抗旱信息化（标准分2分，自检分2分）

①建立健全防汛抗旱指挥系统，完善调度决策支持系统。通过防汛抗旱业务系统开展值班管理、应急管理，能实时查阅水文遥测信息、台风监测信息、水量水质信息、天气预报、工程运行统计信息、工程安全监测信息、工程检查信息、工程现场实时视频信息等，科学性强，覆盖面广，运行可靠。②建立自动控制和视频监视系统，实现自动控制和视频监视的工程比例达100%。③开展BIM建模，推进运行智能化。对照“数字工程、智慧管控”技术方案，结合工程运行管理实际需要，开展工程BIM建模、数据看板建设等，借助人工智能神经网络，建立数据学习机制，初步实现流量智能提取、流量跟踪监控、闸门智能调整等智能控制功能，有助于更准确高效地执行调度指令，提高了工程运行智能化水平。

（5）水政管理信息化（标准分1分，自检分1分）

实现“一湖两河”重点区域30个站点实时监控；配置无人机参与巡查；通过遥感卫星影像图斑解译手段，实现时空比对同步转换，实时掌握水事信息；集成“一湖两河”沿线水工程、涉河建设项目、违法水事案件等监管信息，绘制形成“流域水事一张图”。水政业务工作通过太湖局统一建立的太湖流域水政执法监控系统开展。

（6）安全管理元素化（标准分2分，自检分1分）

实现安全监测数据的实时查阅。通过安全生产标准化建设，建立了完善的管理体系。

不足之处：尚未建立安全管理信息化平台，无法对安全隐患、危险源进行实时监控，业务处理信息化程度不高，扣1分。

（7）财务管理信息化（标准分1分，自检分1分）

通过水利部财务信息系统进行预算管理、账务处理、政府采购、国库支付管理及资产管理等相关工作。

（8）档案管理信息化（标准分1分，自检分1分）

完成了历年档案资料全数字化扫描，构建了档案管理系统网络版，实现局域网实时查阅。

2. 信息化管理与应用水平（标准分4分，自检分3.5分）

（1）信息化系统管理水平（标准分1分，自检分1分）

制定了《苏州管理局网络安全及信息系统运行维护管理办法》《苏州管理局机房管理规定》，以加强信息系统运行维护工作。制定运维工作计划，落实运维人员，运维工作包括日常检查、汛前汛后检查、定期维护、故障排除、应急保障等，同时做好运维记录，系统运行安全可靠，运行正常的比例达100%。

（2）信息化系统应用水平（标准分1分，自检分1分）

信息系统使用效率高，形成了主要依靠业务系统开展综合办公、闸门操作、运行管理的方式。

（3）信息化安全管理水平（标准分2分，自检分1.5分）

成立网络安全与信息化工作领导小组及办公室，明确职责，统筹网络安全管理。加强网络安全、移动设备和信息发布管理，定期开展网络信息系统风险排查。健全信息发布保密审查制度，履行好信息发布、政务公开的审批审查手续。加强涉密计算机和涉密打印机管理。

不足之处：信息安全应急响应机制有待完善，扣0.5分。

8.1.6 工程设施建设水平

工程设施建设水平标准分7分，自检分6.5分。

1. 工程设施建设管理水平（标准分5分，自检分4.5分）

“十三五”时期，苏州管理局完成了太湖局水政监察基础设施建设（二期）重点区域实时监控续建工程建设任务。太浦闸除险加固工程获2015—2016年度中国水利工程优质（大禹）奖。

（1）前期工作开展及时性、工作深度和质量（标准分1分，自检分1分）

①可行性研究和初步设计。2017年11月，水利部以《关于太湖局水政监察基础设施建设（二期）可行性研究报告的批复》（水规计〔2017〕389号），批复同意项目的建设内容和技术方案。2017年12月，苏州管理局以《关于上报太湖局水政监察基础设施建设（二期）重点区域实时监控续建工程初步设计报告的请示》上报太湖局。2017年12月，太湖局以《关于太湖局水政监察基础设施建设（二期）重点区域实时监控续建工程初步设计的批复》（太管规计〔2017〕319号）批复了本工程的初步设计，核定项目概算194万元。②施工准备。2019年1月，苏州管理局对监控站点位置开展了现场踏勘确定，对监控站点设备的具体技术参数及特性向相关行业人员进行了调研。2月20日，苏州管理局在上海召开项目建设方案及一二期系统集成相关问题协调讨论会，向太湖局相关部门征求了具体意见，形成了会议纪要。4月26日，苏州管理局在上海召开工作协调会，就系统集成需求听取了各方意见，对系统集成部署方案进行了讨论并形成会议纪要。

（2）项目进度管理（标准分1分，自检分1分）

太湖局水政监察基础设施建设（二期）重点区域实时监控续建工程于2019年5月6日开工，整个工程于2019年11月22日完工。工程施工按计划完成，完成年度进度计划的工程项目比例达100%。

（3）项目合同等其他管理（标准分1分，自检分0.5分）

①主要完成情况和完成的主要工程量。批复的建设内容已全部完成，主要包括：18个固定（立杆式）视频监控站点；集中显示屏1处；一、二期共30个监控站点实现了统一集中监控管理。②合同管理。苏州管理局制定了经济合同管理办法，明确了各参建单位及相关部门的管理职责，规范合同起草、流转、送签、审核、签署、存档、履约、总结等程序，保证合同管理各阶段工作有章可循。所有合同均按照经济合同管理有关制度履行了相关洽谈、审批和验收等程序。合同管理规范有序，无重大缺陷，执行有力。2019年11月22日，苏州管理局组织太湖流域重点区域实时监控系统续建工程合同和系统集成开发

合同的完工验收，形成了合同完工验收鉴定书。③试运行管理和效益。工程完工后进入试运行，建设单位通过监控客户端对本期新建的18个监控站点进行线上查看，并赴现场实地查看监控站点设备运行使用情况；检查集中显示屏在会议会商、监控查阅方面的功能；测试了一、二期30个监控站点的集成管理。设备运行正常，系统运行稳定，满足日常使用需求。本工程投入使用后，将在一期工程的基础上扩大“一湖两河”重点区域的监控范围，提高水事违法行为的发现和响应能力，为太湖流域水政监察工作提供支撑。

不足之处：建设管理人才储备和能力建设尚需加强，扣0.5分。

（4）项目质量管理（标准分1分，自检分1分）

太湖局水政监察基础设施建设（二期）重点区域实时监控续建工程。摄像机等主要设备经建设单位、监理单位确认开箱验收合格，经调试满足使用条件。土建部分按图施工，施工监理单位对关键部分进行旁站，并进行隐蔽工程验收。系统集成成果经调试满足一、二期站点集中管理、移动应用功能开发要求。经施工单位自检、监理单位审核和项目法人认定，工程质量合格，符合规范及设计要求，运行正常。

（5）项目财务管理（标准分0.5分，自检分0.5分）

①概算执行情况。太湖局水政监察基础设施建设（二期）重点区域实时监控续建工程总投资194万元，2019年4月，太湖局下达了投资计划和工程概算，资金已全部到位。本工程完成投资194万元，形成交付使用资产194万元，其中固定资产190.71万元，流动资产3.29万元。无结余资金，无预计未完工程及费用，完成计划投资的比例达100%。②审计情况。2019年12月，上海文会会计师事务所有限公司对本工程竣工财务决算进行了审计，太湖局以《水利部太湖流域管理局关于对太湖局水政监察基础设施建设（二期）重点区域实时监控续建工程竣工决算审计的意见》（太管审计〔2019〕275号）下达审计意见：建设单位编制的《水利基本建设项目竣工财务决算表》符合《基本建设财务规则》和《水利基本建设项目竣工财务决算编制规程》等有关规定，在所有重大方面公允地反映了该项目的投资完成情况，可以作为项目竣工验收和交付资产的依据。

（6）建设任务完成率（标准分0.5分，自检分0.5分）

2020年1月14日，太湖局在苏州市组织召开了太湖局水政监察基础设施建设项目（二期）重点区域实时监控续建工程竣工验收会，同意通过竣工验收并形成《太湖局水政监察基础设施建设项目（二期）重点区域实时监控续建工程竣工验收鉴定书》，太湖局以太湖建管〔2020〕16号文印发该竣工验收鉴定书。竣工验收后，该项目移交给运行维护单位苏州管理局。“十三五”时期，苏州管理局承担基建项目1个，完成基建项目1个，建设任务完成率为100%。

2. 设施配套能力（标准分2分，自检分2分）

（1）管理配套设施改造（标准分1分，自检分1分）

①苏州管理局办公楼水电暖改造。2016年苏州管理局实施办公楼冷暖设施维修，完成了楼内空调系统、管路系统、电气系统的维修更换，保证了设施设备完好，保障了良好的工作环境。②苏州管理局大院围墙及安保设施、照明及绿化整修。2016年实施苏州管理局大院围墙修缮及办公楼防水处理，完成了楼顶渗水处理、铸铁栏杆修补、内外墙面修补粉刷等工作。完成了安保设施、照明及绿化整修工作。③业务用房防渗处理及内部整修。2019年开展了苏州管理局业务办公楼整修，完成了办公楼门窗及档案室移动密集架、轨道等设备设施维修，保障办公楼、档案设施正常使用。

（2）工程配套设施改造（标准分1分，自检分1分）

①太浦河枢纽管理所围墙及绿化改造。2020年实施了太浦河枢纽管理所围墙修复，完成了围墙粉刷、围墙加固和铸铁栏杆加固等工作。每年均开展闸区绿化局部整修，根据工程所在地气候、土壤和地形条件，种植一些易栽易长、枝叶繁茂的花草树木，改善闸区环境。②望亭水利枢纽配电设施改造和电缆沟整修。2019年实施望亭水利枢纽变配电设施修复，拆除原有160kVA变压器和四台低压柜，完成了变压器、开关柜、配电柜的安装调试等工作内容，完成室外电缆沟局部整修改造，消除了变配电设施安全隐患，保障了望亭水利枢纽的供电安全。

8.1.7 发展支撑能力

发展支撑能力标准分10分，自检分9.8分。

1. 管理目标任务（标准分3分，自检分2.8分）

（1）水利工程管理体制合理性与先进性水平（标准分2分，自检分2分）

①单位分类定性。2003年6月，上报了《苏州管理局水管体制改革实施方案》，正式启动水利工程管理体制改革。2011年12月19日，太湖局组织召开了苏州管理局水利工程管理体制改革工作验收会议，经综合评定，同意通过验收并形成《太湖流域管理局苏州管理局水利工程管理体制改革工作验收意见》，太湖局以太管建管〔2012〕12号文印发该验收意见并抄送水利部建设与管理司。通过改革，管理体制更加顺畅。苏州管理局定性为纯公益性水管单位。②定岗定员。依据《太湖流域管理局苏州管理局主要职责机构设置和人员编制规定的通知》（太管人事〔2011〕240号），内设办公室、工程管理科、水政水资源科、建设与安全科、财务科、人事科、太浦河枢纽管理所、望亭水利枢纽管理所。2016年11月，根据《关于同意苏州管理局增设直属机构的批复》（太管人事〔2016〕230号）增设太湖水事管理中心（太湖流域管理局直属苏州管理局太湖水政监察大队）。2017年12月，经调减后事业单位编制总数为49名，其中设置管理岗位10名，专业技术岗位32名，工勤岗位7名。根据《关于苏州管理局事业单位岗位设置方案的批复》（太管人事〔2011〕221号）、《关于苏州管理局岗位设置实施方案的批复》（太管人事〔2011〕375号）、《太湖局事业单位第三轮岗位设置表》等文件精神，苏州管理局于2011年、2015年、2018年三次开展了事业单位岗位竞聘工作，完成定岗定员工作，人力资源安排合理。③落实维修养护经费。2008年，中央财政落实了直管工程维修养护经费。④精简管理人员，实行管养分离。苏州管理局自成立以来，一直按照“精简、高效”和切合事业发展需要的原则组建机构，现有人员主要从事水利工程的行政管理、技术管理、财务与资产管理、水政监察、运行观测等工作，无人员分流情况。2008年起，中央财政预算落实维修养护经费后，制定维修养护项目管理规定，引进竞争机制，采取购买服务等方式，扎实开展维修养护，保障了工程的正常运行。

（2）单位管理制度完善及执行情况（标准分1分，自检分0.8分）

印发《太湖流域管理局苏州管理局制度管理办法》。组织编制了《太湖流域管理局苏州管理局综合管理制度汇编》《苏州管理局安全生产标准化制度汇编》《苏州管理局工程管理工作手册》《太浦闸工程运行管理工作手册》《望亭水利枢纽运行管理工作手册》《水行政管理工作相关制度汇编》，涵盖了人事劳动、学习培训、岗位责任、请示报告、检查报告、事故处理报告、工作总结、工作大事记、技术管理、运行操作等各个方面，形成较为完善的制度体系。在制度执行中严格把关，做到有章必依、违章必究，做到执行制度有记录，不断加大规章制度的执行力，确保执行效果良好。

不足之处：内部管理的规范化、标准化水平有待提高，扣 0.2 分。

2. 人才结构达标率（标准分 2 分，自检分 2 分）

（1）各类人才总量与比例（标准分 1 分，自检分 1 分）

截至 2020 年 12 月，实有在职职工 45 名，其中管理岗位 10 名，专业技术岗位 26 名，工勤技能岗位 5 名，试用期未聘人员 4 名。专业技术岗位 26 名，包括教授级高工 1 名，高级工程师 7 名，工程师 4 名，助理工程师 14 名；工勤技能岗位 5 名，包括技师 1 名，高级工 3 名，中级工 1 名。大专及以上文化程度职工数占职工总数的比重为 97.8%；专业技术人才占全体职工人数的比例达 57.8%。岗位设置合理，人员配备满足管理需要，未突破编制批复数，符合部颁标准要求。

（2）继续教育培训重视程度（标准分 1 分，自检分 1 分）

印发《太湖流域管理局苏州管理局学习管理办法》《太湖流域管理局苏州管理局职工教育培训管理办法》。每年均制定职工培训计划，组织职工开展政治理论、综合素质、业务知识、安全生产等培训，并做好学习培训记录。苏州管理局职工年培训率达到 100%。

3. 科技创新能力（标准分 2 分，自检分 2 分）

（1）水利科技项目、成果、专利（标准分 1 分，自检分 1 分）

近年来，苏州管理局引进小型遥控水下机器人（ROV）系统项目（948 项目），按照《小型遥控水下机器人（ROV）系统使用管理办法》，通过水下机器人及时了解水下现状，提高工程管理水平；实施闸门防腐应急处理，应用环境友好型长效牺牲阳极保护技术（水利先进实用技术重点推广项目）保护直管工程钢闸门。2017 年，应用于太浦闸工程的“一种闸门主滑轮检修吊装装置”获得国家实用新型专利。2020 年苏州管理局申报的“一种离合卷筒式固定卷扬启闭机缓冲限位装置”被国家知识产权局授予国家发明专利（专利号：ZL 2020 1 0304309.5）。

（2）水利科技论文（标准分 1 分，自检分 1 分）

2016—2020 年单位职工在省级以上技术刊物发表科技论文 14 篇，平均每年在 2 篇以上。

4. 水文化及风景区建设水平（标准分 3 分，自检分 3 分）

（1）单位文化建设（标准分 1 分，自检分 1 分）

①推进单位组织文化建设。设计单位标识，提炼形成单位精神、使命、目标、愿景。拓宽精神文明建设的广度和深度，多措并举落实精神文明建设工作，初步发挥聚合效应，成为单位发展的内生动力。群团工作凝聚人心，职工“快乐工作、健康生活”，展现出了积极向上的精神状态，在急难险重工作中毫不畏惧、迎难而上。②不断深化各类文明细胞创建。积极组织开展“关爱山川河流 建设幸福河湖”水利志愿服务活动，获得第五届中国青年志愿服务项目大赛银奖、苏州市优秀青年志愿服务组织；成功创建江苏省文明单位，多次通过全国水利文明单位复审，连续获得太湖局及苏州市文明单位。望亭水利枢纽荣获水利部第二届水工程与水文化有机融合案例。

（2）水利风景区建设（标准分 2 分，自检分 2 分）

管理区域全部委托专业公司开展绿化养护和卫生保洁，庭院整洁，环境优美。科学合理地开发利用和保护水利风景资源，望亭水利枢纽工程实现了闸区封闭管理，以太浦闸为主要工程景观成功申报了太湖浦江源国家水利风景区。根据《太湖浦江源国家水利风景区总体规划》（水规计〔2015〕345号）提出的目标和任务，积极配合和推进水利风景区的建设，太浦闸南堡建成太湖治理展示馆，形成水利科普和水情教育基地，塑造工程形象。

8.1.8 不足之处及整改措施

1. 工程管理能力

（1）存在问题

1）个别制度工作要求尚需进一步细化、明确。

2）工程管理标准化平台综合功能尚需进一步加强。

3）尚需进一步提高工程管理精细化水平，需要进一步找准关键问题、不断解决薄弱环节。

4）横拉门轨道及两侧有妨碍闸门运行的淤积物，横拉门缺失侧缓冲装置1个，横拉门固定卷扬式启闭机闸瓦衬垫有裂纹。

5）堤防护坡局部有破损现象，排水沟存在局部破损。

（2）整改措施

1）结合实际修订制度，进一步明确工作要求。

2）积极争取建设经费，进一步提高工程管理标准化平台综合功能。

3）以问题为导向，解决工程管理薄弱环节，逐步提高工程管理精细化水平。

4）适时开展水下检查维护，排除横拉门轨道及两侧妨碍闸门运行的淤积物。及时修复横拉门缺失的侧缓冲装置。更换横拉门固定卷扬式启闭机闸瓦衬垫。

5）通过日常维修养护及时修复局部破损的堤防护坡和排水沟。

2. 防汛抗旱及应急能力

（1）存在问题

1）经历2016、2020年流域超标准洪水后，防汛应急预案需要着手修编。

2）《苏州管理局防汛抗旱工作责任制》需要修订。

3）夜间闸门操作有监护不到位、突发事件处置不及时的安全隐患。

4）机械、机电、信息系统故障情况下，单兵紧急处置的及时性、有效性能力不够。

（2）整改措施

1）修编防汛应急预案。

2）修订《苏州管理局防汛抗旱工作责任制》。

3）加强设备巡检管理，明确设备管理责任人和工作要求。合理配备现场操作人员，实行“老带新”“师带徒”的岗位机制。要求操作人员加强操作前的观察和巡视，确认满足运行要求后方可操作。严格操作要求，按规定进行操作。

4）分专题开展应急演练，当出现交流接触器失效、保险丝烧断、限位开关误动作、过流保护器动作、闸门下滑、信息系统控件故障等紧急危险情况时，操作人员熟悉紧急处置程序。

3. 水政管理能力

（1）存在问题

工程管理范围划定成果尚未以地方人民政府的名义公告。

（2）整改措施

梳理工程管理范围划定成果，和地方协商后及时公告。

4. 安全生产管理能力

（1）存在问题

安全生产元素化管理需要进一步深化。

（2）整改措施

进一步推进安全生产元素化管理，推进形成安全生产标准化建设的长效机制。

5. 信息化建设水平

（1）存在问题

1）尚未建立安全管理信息化平台，无法对安全隐患、危险源进行实时监控，业务处理信息化程度不高。

2）信息安全应急响应机制有待完善。

（2）整改措施

1）积极争取建设经费，以现有信息化平台为基础，建设完善安全管理业务模块。

2）完善信息安全应急响应机制。

6. 工程设施建设水平

（1）存在问题

建设管理人才储备和能力建设尚需加强。

（2）整改措施

开展建设管理培训，加强建设管理人才储备和能力建设。

7. 发展支撑能力

（1）存在问题

内部管理的规范化、标准化水平有待提高。

（2）整改措施

继续加强内部管理，加强制度的宣贯和执行。

太湖局直管工程管理现代化评价赋分汇总见表 8-1，太湖局直管工程管理现代化指标体系及评估赋分情况见表 8-2。

表 8-1　太湖局直管工程管理现代化评价赋分汇总表

序号	类别、项目	标准分	自检分	扣 分 原 因
一	工程管理能力	25	22	
1	工程管理水平	15	13.5	个别制度工作要求尚需进一步细化、明确。工程管理标准化平台综合功能尚需进一步加强。尚需进一步提高工程管理精细化水平，需要进一步找准关键问题、不断解决薄弱环节
2	工程设施完好	10	8.5	横拉门轨道及两侧有妨碍闸门运行的淤积物，横拉门缺失侧缓冲装置 1 个，横拉门固定卷扬式启闭机闸瓦衬垫有裂纹。堤防护坡局部有破损现象，排水沟存在局部破损

续表

序号	类别、项目	标准分	自检分	扣分原因
二	防汛抗旱及应急能力	15	13	
3	防汛抗旱管理水平	8	7	经历2016年、2020年流域超标准洪水后，防汛应急预案需要着手修编。《苏州管理局防汛抗旱工作责任制》需要修订
4	调度指令执行水平	2	1.5	夜间闸门操作有监护不到位、突发事件处置不及时的安全隐患
5	防汛物资管理	2	2	
6	应急抢险能力	3	2.5	机械、机电、信息系统故障情况下，单兵紧急处置的及时性、有效性能力不够
三	水政管理能力	10	9.5	
7	水政管理水平	5	4.5	工程管理范围划定成果尚未以地方人民政府的名义公告
8	巡查与执法管理能力	5	5	
四	安全生产管理能力	15	14.5	
9	安全生产管理水平	7	7	
10	隐患排查、监控与应急处置	4	4	
11	安全生产标准化、元素化	4	3.5	安全生产元素化管理需要进一步深化
五	信息化建设水平	18	16.5	
12	信息化系统建设水平	14	13	尚未以现有信息化平台为基础，对安全隐患、危险源进行实时监控，业务处理信息化程度不高
13	信息化管理与应用水平	4	3.5	信息安全应急响应机制有待完善
六	工程设施建设水平	7	6.5	
14	工程设施建设管理水平	5	4.5	建设管理人才储备和能力建设尚需加强
15	设施配套能力	2	2	
七	发展支撑能力	10	9.8	
16	管理目标任务	3	2.8	内部管理的规范化、标准化水平有待提高
17	人才结构达标率	2	2	
18	科技创新能力	2	2	
19	水文化及风景区建设水平	3	3	
合计		100	91.8	

表 8-2　太湖局直管工程管理现代化指标体系及评估赋分情况

一级指标	二级指标	三级指标	标准分	重点考核内容	实现程度	赋分值
一、工程管理能力（25 分）	1. 工程管理水平（15 分）	技术管理	7	建立、健全并不断完善各项管理规章制度，包括防汛抗旱（引江济太）、工程管理、信息化管理、安全生产管理等，并汇编成册（1 分）；按规定对工程进行检查，检查内容全面，记录详细规范，实现巡查业务工作的数字化管理（1 分）；按规定开展工程观测，并做好记录，及时对资料进行整编，并进行资料分析，观测设施完好（1 分）；维修养护管理规范，年度维修养护项目完工、验收率达 100%（1 分）；按照《水闸安全鉴定规定》开展安全鉴定工作，鉴定成果用于指导水闸的安全运行和除险加固（1 分）；按规定开展闸门启闭机设备等级评定工作（1 分）；档案管理获档案主管部门认可或取得档案管理单位等级证书（1 分）	90%	6
		工程管理考核达标	2	通过国家级水管单位考核验收（2 分）		2
		工程精细化管理水平	4	工程运用、操作、维修和保护等管理流程规范，内容全覆盖，无漏洞与缺陷（1 分）；运用信息平台实现工程流程控制，落实管理责任，能及时发现问题、解决问题（1 分）；数据分析及时，工作效率较高（1 分）；形成精细化管理的文化和氛围（1 分）		3.5
		参与流域综合治理水平	2	构建太湖流域重要水利工程管理交流平台，形成信息共享机制（1 分）；在太湖局授权范围内掌握流域重要水利工程工情信息，及时做好信息处理（1 分）		2

续表

一级指标	二级指标	三级指标	标准分	重点考核内容	实现程度	赋分值
一、工程管理能力（25分）	2. 工程设施完好（10分）	水闸工程完好	4.5	闸门完好（1分）；启闭机完好（1分）；机电设备及防雷设施完好（1分）；土工、石工、混凝土等水工建筑物完好（1分）；观测设施及管理辅助设备完好（0.5分）	85%	3.5
		堤防工程完好	3.5	堤防断面、堤顶道路完好（1分）；堤防防护工程、生物防护工程完好（1分）；排水系统完好（0.5分）；观测设施完好（0.5分）；管理辅助设施完好（0.5分）		3
		东茭嘴引河工程完好	2	引河通畅，无阻水漂浮物、渔网等（1分）；禁养桩、标识牌等管理辅助设施完好（1分）		2
二、防汛抗旱及应急能力（15分）	3. 防汛抗旱管理水平（8分）	组织体系健全	2	防汛办事机构健全，各种防汛责任制落实，防汛岗位责任制明确（1分）；办公设施齐全（0.5分）；工作人员经业务培训，数量和专业技术水平满足要求（0.5分）	87.5%	2
		规章制度健全	2	技术管理实施细则经上级主管部门批准实施，可操作性强（1分）；根据需要适时修订完善防汛抗旱制度，防汛抗旱制度汇编成册（1分）		1.5
		应急预案制定完善	2	防汛抗旱应急预案经上级主管部门批准实施，针对性、操作性强（1分），定期开展演练（1分）		1.5
	4. 调度指令执行水平（2分）	防汛抗旱业务系统	2	建设基于信息技术平台的防汛抗旱工程管理及应急预案系统（1分），建立完善的防汛信息数据库，实现工程运行向规范化、数字化、智能化调度转变（1分）	75%	2
		调度指令响应水平	1	太湖流域调度指令及时传递，安排落实，响应率100%		0.5
		调度指令完成水平	1	太湖流域调度指令及时准确执行，执行率100%		1

续表

一级指标	二级指标	三级指标	标准分	重点考核内容	实现程度	赋分值
二、防汛抗旱及应急能力（15 分）	5. 防汛物资管理（2 分）	物资储备品种、数量水平	1	物资储备品种、数量符合物资储备规定	100%	1
		物资保管水平	1	有防汛物资管理规定，仓储条件、管理资料等符合物资管理规定		1
	6. 应急抢险能力（3 分）	专职或兼职抢险人员数量、素质	2	明确应急抢险组织机构及应急抢险队伍（1 分）；抢险队伍机动能力强、人员经业务培训（1 分）	83.3%	1.5
		应急抢险设备装备品种、数量	1	配备必要的抢险工具、器材设备，应急抢险设备装备应具有与单位相适应的数量，符合规定要求（1 分）		1
三、水政管理能力（10 分）	7. 水政管理水平（5 分）	水政管理体系	2.5	水政执法管理体系建立，机构健全，执法人员具备执法资格（1 分）；日常管理工作有序开展（1 分）；资料及时整理归档（0.5 分）	90%	2.5
		规范管理	1.5	规章制度健全，形成汇编，执行率 90%以上（1 分）；定期开展技术培训，加强水法规宣传（0.5 分）		1.5
		确权划界情况	1	按规定界定工程的管理范围和保护范围（0.5 分）；对工程管理范围用地进行确权划界，领取土地使用证，有界桩（0.5 分）		0.5
	8. 巡查与执法管理能力（5 分）	水政巡查设施与装备	2	按照实际需要和现代化发展需求配备巡查设备与装备，实现巡查动态管理（1 分）；设备管护完好比例达 100%（1 分）	100%	2
		水政违章的查处情况	2	坚持依法管理，发现侵占、破坏、损坏水利工程的行为，采取有效措施予以制止并及时上报（1 分）；依法对管理范围内批准的建设项目进行监督管理（1 分）		2
		标识标牌	1	主要部位有明显警示警告标识（1 分）		1

续表

一级指标	二级指标	三级指标	标准分	重点考核内容	实现程度	赋分值
四、安全生产管理能力（15分）	9. 安全生产管理水平（7分）	安全生产目标、组织机构与职责	3	有安全生产目标管理制度，并逐层分解落实，逐级签订安全生产目标责任书（1分）；成立安全生产委员会或安全生产领导小组，明确安全生产管理机构，形成安全生产管理网络（1分）；有安全生产责任制度，定期召开安全专题会议，对安全生产责任制的落实情况进行检查（1分）	100%	3
		规章制度	2	建立健全安全生产规章制度，并贯彻到日常安全管理工作中（1分）；编制运行、检修、设备试验及相关设备等操作规程，并发放至相关岗位（1分）	100%	2
		安全生产投入	0.5	按有关规定落实安全投入资金，编制安全生产费用使用计划，做到专款专用（0.5分）		0.5
		教育培训	1	制定安全生产教育培训制度，按计划进行安全教育培训（0.5分）；特种作业人员应按照国家有关规定经过专门的安全作业培训，并取得特种作业操作资格证书后上岗作业（0.5分）		1
		安全用具及设备	0.5	安全用具配备齐全，设备运行安全（0.5分）		0.5
	10. 隐患排查、监控与应急处置（4分）	隐患排查与治理	1	制定隐患排查与治理制度，每季、每年对本单位事故隐患排查治理情况进行统计分析，开展安全生产预测预警（1分）	100%	1
		重大危险源监控	1	建立危险源管理制度，按规定对本单位的生产设施或场所等进行危险源辨识、评估，确定危险等级（0.5分）；对重大危险源采取措施进行监控（0.5分）	87.5%	1
		应急救援	1	建立健全行政领导负责制的应急工作体系，成立应急领导小组以及相应工作机构（0.5分）；建立健全生产安全事故应急预案体系（0.5分）		1

续表

一级指标	二级指标	三级指标	标准分	重点考核内容	实现程度	赋分值
四、安全生产管理能力（15 分）	10. 隐患排查、监控与应急处置（4 分）	事故报告、调查和处理	1	制定生产安全事故报告和调查处理制度（0.5 分）；无重大安全责任事故（0.5 分）	87.5%	1
		安全生产标准化	2	通过水利部安全生产标准化一级评审（2 分）		2
	11. 安全生产标准化、元素化（4 分）	安全生产元素化	2	实现元素化管理（1 分），建立以信息化集成平台为基础的安全生产管理长效机制（1 分）		1.5
五、信息化建设水平（18 分）	12. 信息化系统建设水平（14 分）	水利信息资源管理水平	2	建立统一的水利信息资源数据库（1 分）；建立统一的水利信息综合服务系统及门户网站（1 分）	92.9%	2
		办公信息化	2	建立水利电子政务系统，实现网上公文流转、政务公开、行政资源信息管理（1 分）；建立完善的行政资源数据库（1 分）		2
		工程管理信息化	3	实现自动控制和视频监视的工程比例达 100%（1 分）；实现巡查动态管理（1 分）；提高工程观测自动化水平，实现数据的实时分析（1 分）		3
		防汛抗旱信息化	2	建立健全防汛抗旱指挥系统，完善调度决策支持系统（1 分）；科学性强，覆盖面强，运行可靠（1 分）		2
		水政管理信息化	1	建立整合水行政执法管理系统，水政执法、巡查动态管理（1 分）		1
		安全管理元素化	2	建立以信息化集成平台为基础的安全管理系统（1 分）；管理体系完善，可操作性强（1 分）		1
		财务管理信息化	1	建立财务信息化管理平台，推动业务工作网上流转		1
		档案管理信息化	1	建立数字化、信息化的档案管理系统，实现局域网实时查阅		1
	13. 信息化管理与应用水平（4 分）	信息化系统管理水平	1	有完善的信息化管理制度、运行正常的比例达 100%	87.5%	1
		信息化系统应用水平	1	各系统对于水利工程现代化建设发挥应有作用，应用很好		1
		信息化安全管理水平	2	建设信息安全应急响应机制（1 分）；落实安全管理责任制（1 分）；健全安全保密检查机制（0.5 分）		1.5

续表

一级指标	二级指标	三级指标	标准分	重点考核内容	实现程度	赋分值
六、工程设施建设水平（7分）	14. 工程设施建设管理水平（5分）	前期工作开展及时性、工作深度和质量	1	发现工程问题及时报告并开展鉴定、可研工作（0.3分）；组织勘测、设计单位按照规范进行初设等前期工作，通过审查（0.4分）；做好施工前的准备（0.3分）。	90%	1
		项目进度管理	1	制订进度计划，完成年度进度计划的工程项目比例达100%		1
		项目合同等其他管理	1	合同管理规范有序，无重大缺陷，执行有力		0.5
		项目质量管理	1	无重大质量事故发生、质量等级良好以上的工程项目比例达100%		1
		项目财务管理	0.5	无重大违纪违规行为、通过项目审计的工程项目比例达100%		0.5
		建设任务完成率	0.5	完成计划投资的比例达100%		0.5
	15. 设施配套能力（2分）	管理配套设施改造	1	档案库房、办公楼等业务用房设施完好；配电设施、水电暖、安保设施等功能良好。	100%	1
		工程配套设施改造	1	工程配套设施满足工程运行管理需要		1
七、发展支撑能力（10分）	16. 管理目标任务（3分）	水利工程管理体制合理性与先进性水平	2	水管单位分类定性准确合理（0.5分）；完成定岗、定员相关工作，人力资源安排合理（0.5分）；落实直管工程单位管理维护经费（0.5分）；实行管养分离，内部事企分开，分流人员合理安置（0.5分）。	93.3%	2
		单位管理制度完善及执行情况	1	单位管理制度健全，形成汇编，加强学习（0.5分）；严格执行各项制度，未出现违法现象（0.5分）		0.8
	17. 人才结构达标率（2分）	各类人才总量与比例	1	大专及以上文化程度职工数占职工总数的比重为70%；专业技术人才占全体职工人数的比例达50%；高级、中级、初级专业技术人才比例控制在核准的范围内	100%	1
		继续教育培训重视程度	1	测评年完成继续教育规定课时人数占总人数的比重不小于60%		1

续表

一级指标	二级指标	三级指标	标准分	重点考核内容	实现程度	赋分值
七、发展支撑能力（10 分）	18. 科技创新能力（2 分）	水利科技项目、成果、专利	1	根据工程管理需求开展水利科技项目，或取得一项成果奖（含专利）	100%	1
		水利科技论文	1	单位职工在省级以上技术刊物每年发表科技论文 2 篇以上		1
	19. 水文化及风景区建设水平（3 分）	单位文化建设	1	水文化与水工程文化、制度文化和精神文明建设有机结合	100%	1
		水利风景区建设	2	太湖浦江源国家级水利风景区设施完善，形成工程文化品位		2
合　计			100		91.8%	91.8

8.1.9　评价结论

截至 2020 年底，苏州管理局水利现代化现状水平为 91.8 分。7 大类指标中，工程管理能力 22 分，实现程度 88%；防汛抗旱及应急能力 13 分，实现程度 85.7%；水政管理能力 9.5 分，实现程度 95%；安全生产管理能力 14.5 分，实现程度 95.7%；信息化建设水平 16.5 分，实现程度 91.7%；工程设施建设水平 6.5 分，实现程度 92.9%；发展支撑能力 9.8 分，实现程度 98%。

按照评价结果，对照水利工程管理现代化进程评判标准，截至 2020 年底苏州管理局水利现代化水平达到 90 分以上，已基本建成现代化的水利工程管理体系。

8.2　基于江苏省水利工程管理现代化评价指标体系的绩效评价

8.2.1　江苏省水利工程管理现代化评价指标体系

8.2.1.1　江苏省水利工程管理现代化评价指标体系概况

为了对水利工程管理现代化的进程进行全面、客观的评价，指导水利工程管理现代化的建设，在全面收集、整理、分析资料的基础上，江苏省水利厅与河海大学对江苏若干典型水利工程进行现场调研；并参考、借鉴有关研究成果，共同研究建立了系统、先进、实用的水利工程管理现代化评价指标体系，并应用于江苏省典型水利工程中。

1. 构建原则

为了能够客观、准确且比较全面地反映不同区域水利工程管理现代化建设的发展水平，指标体系的确定遵循了以下基本原则：①先进性、系统性与可能性相协调。②除了有反映“管理水平”的指标，还有反映“管理效果”的指标。③定量指标和定性指标相结合。④具有层次性和可比性，同一层次内各指标应具有可比性。⑤兼顾代表性与可操作性。⑥具有导向性。

2. 一级评价指标

江苏省水利工程管理现代化评价指标体系中的一级评价指标有9个，分别是水利工程管理体制合理性与先进性水平，水利工程管理规范化程度，水利工程管理手段自动化、信息化水平，水利工程管理法治环境良性化水平，水利工程运行安全管理水平，水利工程设施完好和功能达标程度，水利工程水环境保护水平，水管单位经营管理绩效和发展能力，人力资源科技水平和结构性合理程度。其中，前5个指标为定性评价指标，评价全面，但人为因素较多；后4个指标为定量评价指标，评价客观且人为因素较少，数据来源稳定。

3. 二级评价指标

上述9个一级评价指标可分解为32个二级评价指标（见表8-3，表中括号内数字为指标权重），其中定性评价指标21个，定量评价指标11个。

表8-3 江苏省水利工程管理现代化评价指标体系

<table>
<tr><th>指标分类</th><th>一级指标</th><th>二级指标</th></tr>
<tr><td rowspan="21">定性评价指标</td><td rowspan="4">水利工程管理体制合理性与先进性水平（0.06）</td><td>水管单位分类定性准确合理性（0.35）</td></tr>
<tr><td>管养分离方案先进性及实施程度（0.25）</td></tr>
<tr><td>管理维护经费落实到位程度（0.25）</td></tr>
<tr><td>管理机制先进性（0.15）</td></tr>
<tr><td rowspan="6">水利工程管理规范化程度（0.18）</td><td>水利工程检查、监测工作制度完备和执行规范化（0.14）</td></tr>
<tr><td>水利工程维修养护项目管理制度完备和执行规范化（0.2）</td></tr>
<tr><td>水利工程控制运用方案和操作制度执行程度（0.2）</td></tr>
<tr><td>水利工程各类预案完善程度（0.16）</td></tr>
<tr><td>单位行政管理各项规章制度和岗位责任制完善程度（0.18）</td></tr>
<tr><td>人才培养机制及科技创新激励机制完善程度（0.12）</td></tr>
<tr><td rowspan="4">水利工程管理手段自动化、信息化水平（0.20）</td><td>水利工程管理信息化（0.4）</td></tr>
<tr><td>水利工程安全监测自动化系统先进性（0.15）</td></tr>
<tr><td>闸站工程自动化监控系统先进性（0.15）</td></tr>
<tr><td>水情预报和水利工程运行调度系统先进性（0.3）</td></tr>
<tr><td rowspan="4">水利工程管理法治环境良性化水平（0.06）</td><td>管理范围确权划界完成力度（0.2）</td></tr>
<tr><td>依法管理完善程度（0.4）</td></tr>
<tr><td>水政监察人员素质建设力度（0.2）</td></tr>
<tr><td>水利工程管理公众参与程度（0.2）</td></tr>
<tr><td rowspan="3">水利工程运行安全管理水平（0.08）</td><td>水利工程反事故预案完善程度（0.4）</td></tr>
<tr><td>报告制度完善程度（0.2）</td></tr>
<tr><td>责任制落实程度（0.4）</td></tr>
</table>

续表

指标分类	一级指标	二级指标
定量评价指标	水利工程设施完好和功能达标程度（0.2）	工程设施完好率（0.5）
		工程设计能力达标率（0.5）
	水利工程水环境保护水平（0.05）	保洁率（0.1）
		绿化覆盖率（0.1）
		水土流失治理率（0.4）
		水域功能区水质达标率（0.4）
	水管单位经营管理绩效和发展能力（0.05）	水费及其他费用征收率（0.6）
		可开发土地资源利用率（0.2）
		水管单位经营项目盈亏率（0.2）
	人力资源科技水平和结构性合理程度（0.12）	在岗人员业务技术素质、结构及人数与职能要求适应率（0.7）
		大专以上文化程度人员比例（0.3）

4. 评价指标权重的确定

权重的确定是多指标综合评价中的一个重要步骤，权重的合理性、准确性直接影响评价结果的可靠性。江苏省水利厅与河海大学在广泛调研的基础上，针对当前水利工程管理现代化建设的特点和总体要求，采用德尔菲法构建水利工程管理现代化评价指标体系，并对各项指标进行赋权。德尔菲法又称专家调查法，是一种非见面形式的专家意见收集方法，能够充分利用专家的知识、经验和智慧。江苏省水利厅与河海大学设计了问卷调查，邀请江苏省水行政主管部门和基层水管单位共 7 位专家根据自己的经验和知识，对水利工程管理现代化评价指标体系和各级指标权重分值给出意见。在第一轮征询时，基于层次分析法，请各位专家对评价指标的相对重要性提出意见，综合专家意见，建立判断矩阵，并进行一致性检验，再次征询专家意见，使意见相对趋于集中，将反馈结果汇总并加工整理，确定了评价指标的权重值。

8.2.1.2　评价指标的内涵及定义

通过对典型水利工程进行调研，并参考、借鉴有关研究成果，分别针对 21 个定性指标和 11 个定量指标给出各指标的内涵或定义。

1. 定性评价指标的内涵

1）水利工程管理体制合理性与先进性水平。该一级评价指标可细分为 4 个二级评价指标。①水管单位分类定性准确性合理性：为推进水利工程管理体制改革，应明确水利工程管理单位的类别和性质。②管养分离方案先进性及实施程度：按照国务院办公厅转发的《水利工程管理体制改革实施意见》，开展维修养护项目的招投标，推进管养分离和合同管理，积极培育维修养护企业和市场，择优聘用水利工程维修养护主体。③管理维护经费落实到位程度：按照水利部、财政部《水利工程管理单位定岗标准》等规定，对管理维护经费进行测算，并落实社会保障政策，将公益性工程的管理维护经费纳入公共财政支出，保证落实到位。④管理机制先进性：建立竞争机制，实行竞聘上岗并优化组合；建立合理、有效的分配激励机制；探索并建立管理科学、经营规范的水管单位运行机制。

2）水利工程管理规范化程度。该指标可细分为以下6个二级评价指标。①水利工程检查、监测工作制度完备和执行规范化：建立规范的水利工程安全监测工作制度，包括对水利工程进行观测、巡查和检查的制度；严格执行水利工程安全监测工作制度，监视运行期间水工建筑物的运行状况，发现异常及时查明原因并采取措施，防止事故发生，保证工程安全运行。②水利工程维修养护项目管理制度完备和执行规范化：建立规范的水利工程维修养护项目管理制度，包括合同管理、质量管理、监理管理和验收工作制度；建立并严格实行水利工程维修养护项目质量管理体系；规范项目的实施、结算、验收程序，确保维修养护项目的工期、质量和安全，合理利用维修养护资金。③水利工程控制运用方案和操作制度执行程度：水利工程的控制运用方案应在保证工程安全的前提下，本着局部服从整体、兴利服从防灾的原则选用最优调度运用方案，综合利用水利资源，充分发挥工程的综合效益，并建立水利工程调度考评制度。④水利工程各类预案完善程度：防汛抗旱指挥机构应制定超标准洪水防汛、应急供水、水污染治理等应急预案，工程管理部门要提高预案的执行能力。⑤单位行政管理各项规章制度和岗位责任制完善程度：水利工程管理单位要根据所管工程的工情、水情和人员结构状况，建立行之有效的规章制度和岗位责任制。⑥人才培养机制及科技创新激励机制完善程度：建立和完善人才培养机制、继续教育机制、科技创新激励机制；根据本单位的实际情况制定和完善人才培养和使用规划，并加强考核和效能评估。

3）水利工程管理手段自动化、信息化水平。该指标可细分为以下4个二级评价指标。①水利工程管理信息化：为加强水利工程基础数据库建设，应建立水利工程管理数据库系统，包括机构设置、职能管理、档案管理、财务管理、安全巡护、工程调度、效益统计等，同时规范基础工情信息的采集、管理和上报，并利用工情采集、水文自动测报、远程监控、大坝安全检测系统，将整个工程的管理纳入信息化管理的轨道。②水利工程安全监测自动化系统先进性：依据实用可靠、技术先进、经济合理的原则，建设水利工程安全监测自动化系统，主要包括浸润线监测、渗流量监测、变形位移监测、结构缝张合度监测、坝基扬压力监测等监测系统。监测系统必须在线不间断监测，确保及时发现、处理和维修硬件设备故障。③闸站工程自动化监控系统先进性：依据技术先进、实时有效、操作方便、稳定可靠的原则，构建闸站工程自动化监控与视频图像监视系统，实时监控各个站点的闸门开度、水泵启停状态、电机状态、机电设备实时运行数据、内外河水位流量等参数，全面提升水利工程自动化管理水平。④水情预报和水利工程运行调度系统先进性：依据实用、可靠、先进的原则，设计并组建结构合理、层次清晰、功能全面、性能稳定的水情测报及洪水预报调度自动化系统。系统采用现代化的雨情及水情自动采集、传输、处理设施并实现洪水预报和调度的自动化。

4）水利工程管理法治环境良性化水平。该指标可细分为以下4个二级评价指标。①管理范围确权划界完成力度：按照国家有关规定，水利工程管理单位要完成水利工程的确权划界工作，明确水利工程的管理和保护范围。②依法管理完善程度：采取有力措施，加强执法手段和监管能力，强化涉河事务管理。③水政监察人员素质建设力度：加强水政监察队伍能力建设，全面提高执法队伍的整体素质。④水利工程管理公众参与程度：通过加强宣传，提高公众保护水利工程和河湖水域的意识和自觉性，鼓励社会各界积极参与保护水利工程和河湖水域的活动，并加强社会监督。

5）水利工程运行安全管理水平。该指标可细分为以下3个二级评价指标。①水利工程反事故预案完善程度：加强与完善水库安全鉴定、注册登记、汛期调度计划审批、除险加固竣工验收、涉河涉堤建设项目管理等水利工程安全管理的各项行政或非行政许可工作；着重抓好工程运行安全、消防安全、信息安全、特种作业安全等方面的工作；建立水利工程反事故预案应急机制，避免事故发生或扩大，确保水工程运行安全。②报告制度完善程度：进一步落实安全生产责任制，建立请示报告制度、检查报告制度、事故处理报告制度等，并严格执行。③责任制落实程度：强化安全生产目标管理，认真落实安全生产责任制；健全安全生产网络；进一步完善各项安全制度，严格安全责任追究。

2. 定量评价指标的定义

1）水利工程设施完好和功能达标程度。该指标可细分为以下 2 个二级评价指标。①工程设施完好率，即水利工程中技术性能完好的设施数量占全部设施数量的百分比。工程设施完好率是工程管理的一项重要指标，它基本上决定了水利工程的运行服务能力。②工程设计能力达标率，即水利工程目前实际防御洪水（蓄水、泄水、输水、调水改善水质）能力达到设计防御洪水（蓄水、泄水、输水、调水改善水质）标准的百分比。利用现有水利工程将邻近江河水或跨流域水引至本地区河网或城区河道，增加水体循环自净能力，以改善本地区河网、城区水质。

2）水利工程水环境保护水平。该指标可细分为以下 4 个二级评价指标。①保洁率：水利工程管理范围内持续保持洁净的水面和土地面积占总面积的百分比。应建立河道长效管理机制，保持河面、岸边护坡、河道周边环境洁净，确保河道保洁率达 100%。②绿化覆盖率：即水利工程管理范围内绿地面积占用地总面积的百分比。它是衡量水利工程绿化水平的主要指标。③水土流失治理率：即水利工程管理范围内已经得到治理的水土面积占水土流失总面积的百分比。它是反映水利工程生态效益性和效果性的指标。④水域功能区水质达标率：即水质达标的认证水体及断面数量占全体认证水体及断面数量的百分比。

3）水管单位经营管理绩效和发展能力。该指标可细分为以下 3 个二级评价指标。①水费及其他费用征收率：每年实际征收的水费额占每年按水费标准应征收水费额的百分比。除了水费，其他费用包含经批准的河道堤防占用费、水管单位自管船闸的过闸费、水管单位自管的水力发电电费。其他费用征收率为每年实际征收的费额占每年按其他费用标准应征收费额的百分比。这里的水费标准及其他费用标准是指能实现简单再生产和扩大再生产的收费标准，反映了现代水利的客观要求。②可开发土地资源利用率：即已开发利用土地面积占水管单位管理范围内可开发土地面积的百分比。③水管单位经营项目盈亏率：水管单位经营项目盈亏额占总成本的百分比，其中，水管单位经营项目盈亏额为经营服务总收入减去总成本再减去税金后的金额。在计算总成本时，必须考虑工程良性运行的要求，即保证水利固定资产保值增值，以满足现代水利的经济运行要求。

4）人力资源科技水平和结构性合理程度。该指标可细分为以下 2 个二级评价指标。①在岗人员业务技术素质、结构及人数与职能要求适应率：该指标主要考量在岗人员业务技术素质与岗位职能要求相适应的程度，以及人才结构的合理性程度。②大专以上文化程度人员比例：在岗人员大专以上人员数占在岗人员总数的比例。

8.2.1.3　评价方法、步骤及标准

1. 评价方法

采用基于层次分析法的综合评价方法，即分层逐级综合评价法进行评价。与评价指标

体系二级结构相对应，对水利工程管理现代化建设水平和效果的评价分二级进行，并在此基础上对系统总体现代化建设水平进行评价。

1）定性指标评价。根据水利工程管理实践和现代化建设情况，对照水利工程管理现代化评价指标体系中定性指标的内涵，对水利工程管理现代化建设进展进行评价，依据评析意见确定定性指标所达到的等级，即优秀、良好、中等、合格、不合格，相应分值分别为0.9~1.0、0.8~0.9、0.7~0.8、0.6~0.7和0.4~0.59。按照指标达到等级所评定的分值被定义为该指标的实现指数。

2）定量指标评价。根据水利工程管理实践和现代化建设情况，对照水利工程管理现代化评价指标体系中定量指标的定义，对水利工程管理现代化建设进展进行评价，计算定量指标现状值。此外，依据水利工程管理现代化建设目标，参照相关的法规、规划和科学研究成果确定定量指标目标水平，或根据专家意见汇总确定。在确定指标目标水平及指标现状值的基础上，以现状值/目标水平作为该指标的实现指数。

3）分层逐级综合评价。一级指标评价方法：根据二级指标的考核值、指标权重，采用算术平均加权法确定一级指标的实现指数，对一级指标的建设水平进行评价。综合水平评价方法：根据一级指标的考核值、指标权重，采用算术平均加权法确定系统总体的综合实现指数，对该系统综合建设水平进行评价。

2. 评价步骤

步骤1：选择评价指标和权重。针对不同类型和不同功能的水利工程，可对表8-1中的32个二级评价指标有所取舍，并修正指标的权重。

步骤2：确定定量指标的目标水平。目标水平的确定是对定量指标进行评价的基础，并具有特定社会发展阶段的技术水平、经济水平和价值取向特征，兼具阶段性和地域性。因此，对定量指标确定目标水平值，是评价过程中需要处理的一个重要环节。

步骤3：对二级评价指标进行评析、考核。在评价指标体系中，二级评价指标是具体的考核对象，对于定性指标可根据其内涵进行考核以确定其所达到的等级，对于定量指标可根据其定义直接计算求得；在此基础上确定各二级指标的实现指数。

步骤4：对一级评价指标进行评析、考核。一级评价指标是根据二级评价指标的考核结果、权重进行加权平均计算得到；在此基础上确定该一级评价指标的实现指数。

步骤5：对系统总体进行评价。根据一级评价指标的考核结果、权重加权平均计算得到系统总体的综合实现指数。

3. 阶段评判标准

将水利工程管理现代化建设进程划分为3个阶段：初步实现阶段、基本实现阶段和全面实现阶段，并拟定了不同阶段的现代化评判标准：初步实现阶段，要求系统总体的综合实现指数超过90%，一级评价指标和二级评价指标的实现指数分别达到90%和85%；基本实现阶段，要求系统总体的综合实现指数超过93%，一级评价指标和二级评价指标的实现指数分别达到93%和90%；全面实现阶段，要求系统总体的综合实现指数超过95%，一级评价指标和二级评价指标的实现指数均达到95%。

8.2.2 太湖局直管工程的评价指标和权重选择

针对太湖局直管工程实际，对表8-3中的32个二级评价指标有所取舍，并修正指标的权重。

太浦闸、望亭水利枢纽位于平原河网地区，水流平顺，岸坡顺直，绿化覆盖率高。太浦闸、望亭水利枢纽上下游护坡均采用砌石护砌。太湖局直管工程水土流失总面积为 0。故舍去该二级评价指标“水土流失治理率”，相应权重调整给“水利工程水环境保护水平”一级指标下的其余二级指标。

依据《太湖流域管理局苏州管理局主要职责机构设置和人员编制规定的通知》（太管人事〔2011〕240 号），苏州管理局不涉及水域功能区水质管理职能，故舍去该二级评价指标“水域功能区水质达标率”，相应权重调整给“水利工程水环境保护水平”一级指标下的其余二级指标。

依据《关于印发苏州管理局水利工程管理体制改革工作验收意见的通知》（太管建管〔2012〕12 号），苏州管理局定性为纯公益性水管单位，苏州管理局不涉及水费及其他费用征收、水管单位经营，故舍去该二级评价指标，相应权重调整给“水管单位经营管理绩效和发展能力”一级指标下的其余二级指标。

根据实际调整后，评价指标体系中一级评价指标有 9 个，二级评价指标有 28 个，其中定性指标 21 个，定量指标 7 个。调整后的指标体系详见表 8-4。

表 8-4　参照江苏省水利工程管理现代化评价指标体系优化后的太湖局直管工程评价指标

指标分类	一级指标	二级指标	目标水平
定性评价指标	水利工程管理体制合理性与先进性水平（0.06）	水管单位分类定性准确合理性（0.35）	
		管养分离方案先进性及实施程度（0.25）	
		管理维护经费落实到位程度（0.25）	
		管理机制先进性（0.15）	
	水利工程管理规范化程度（0.18）	水利工程检查、监测工作制度完备和执行规范化（0.14）	
		水利工程维修养护项目管理制度完备和执行规范化（0.2）	
		水利工程控制运用方案和操作制度执行程度（0.2）	
		水利工程各类预案完善程度（0.16）	
		单位行政管理各项规章制度和岗位责任制完善程度（0.18）	
		人才培养机制及科技创新激励机制完善程度（0.12）	
	水利工程管理手段自动化、信息化水平（0.20）	水利工程管理信息化（0.4）	
		水利工程安全监测自动化系统先进性（0.15）	
		闸站工程自动化监控系统先进性（0.15）	
		水情预报和水利工程运行调度系统先进性（0.3）	
	水利工程管理法治环境良性化水平（0.06）	管理范围确权划界完成力度（0.2）	
		依法管理完善程度（0.4）	
		水政监察人员素质建设力度（0.2）	
		水利工程管理公众参与程度（0.2）	
	水利工程运行安全管理水平（0.08）	水利工程反事故预案完善程度（0.4）	
		报告制度完善程度（0.2）	
		责任制落实程度（0.4）	

续表

指标分类	一级指标	二级指标	目标水平
定量评价指标	水利工程设施完好和功能达标程度（0.2）	工程设施完好率（0.5）	100%
		工程设计能力达标率（0.5）	100%
	水利工程水环境保护水平（0.05）	保洁率（0.5）	100%
		绿化覆盖率（0.5）	80%
	水管单位经营管理绩效和发展能力（0.05）	可开发土地资源利用率（1.0）	100%
		在岗人员业务技术素质、结构及人数与职能要求适应率（0.7）	100%
	人力资源科技水平和结构性合理程度（0.12）	大专以上文化程度人员比例（0.3）	100%

8.2.3 太湖局直管工程定量指标的目标水平确定

太湖局直管工程是环太湖大堤重要口门控制建筑物，对太湖流域防洪、排涝、引供水及通航发挥着重要作用，工程设施完好率、工程设计能力达标率目标水平为100%。

结合水工程人文景观、水环境景观，以太浦闸为主要工程景观成功申报了太湖浦江源国家水利风景区。望亭水利枢纽实现封闭管理，工程水域及相关联的岸地、林草、建筑等共同形成了优美的自然景观。太湖局直管工程水环境保护水平对保障流域水资源、水生态、水环境安全发挥着重要作用，保洁率、可开发土地资源利用率目标水平为100%。绿化覆盖率采用《水利部关于修订印发水利工程管理考核办法及其考核标准的通知》（水运管〔2019〕53号）“宜绿化面积率”的指标要求，宜绿化面积率目标水平为80%。宜绿化面积率=已绿化面积/可绿化面积。

合理的人才结构和高素质的职工队伍是工程现代化的核心。实现工程现代化必须加强人才培养和能力建设，不断提高人才素质，进一步完善人才管理机制，充分发挥人才积极性、创造性。在岗人员业务技术素质、结构及人数与职能要求适应率目标水平为100%，大专以上文化程度人员比例目标水平为100%。

8.2.4 二级定性指标评析

1. 水利工程管理体制合理性与先进性水平

（1）水管单位分类定性准确合理性（实现指数为100%）

2011年12月19日，太湖局组织召开了苏州管理局水利工程管理体制改革工作验收会议，经综合评定，同意通过验收并形成《太湖流域管理局苏州管理局水利工程管理体制改革工作验收意见》，太湖局以太管建管〔2012〕12号印发该验收意见并抄送水利部建设与管理司。苏州管理局定性为纯公益型水管单位。

（2）管养分离方案先进性及实施程度（实现指数为100%）

苏州管理局自成立以来，一直按照“精简、高效”和切合事业发展需要的原则组建机构，现有人员主要从事水利工程的行政管理、技术管理、财务与资产管理、水政监察、运行观测等工作，无人员分流情况。2008年起，中央财政预算落实维修养护经费后，制定维修养护项目管理规定，引进竞争机制，采取购买服务等方式，扎实开展维修养护，保障了工程的正常运行。

（3）管理维护经费落实到位程度（实现指数为 100%）

按照水利部、财政部《水利工程管理单位定岗标准》《水利工程维修养护定额标准》等规定，对管理维护经费进行测算，并落实社会保障政策。2008 年起，中央财政每年均安排苏州管理局水利工程维修养护经费。依据《太湖流域管理局苏州管理局水利工程管理体制改革工作验收意见》（太管建管〔2012〕12 号），落实的经费基本满足单位和工程运行管理需要。

（4）管理机制先进性（实现指数为 93%）

①建立竞争机制，实行竞聘上岗。根据《关于苏州管理局事业单位岗位设置方案的批复》（太管人事〔2011〕221 号）、《关于苏州管理局岗位设置实施方案的批复》（太管人事〔2011〕375 号）、《太湖局事业单位第三轮岗位设置表》等文件精神，苏州管理局于 2011 年、2015 年、2018 年三次开展了事业单位岗位竞聘工作，完成定岗定员工作，人力资源安排合理。②建立合理、有效的激励机制。依据《太湖流域管理局苏州管理局绩效考核办法》《太湖流域管理局苏州管理局绩效工资分配办法》等制度，根据技术含量、劳动强度、工作负荷等确定岗位分配基本系数，结合考核工作，奖优罚劣，调动干部职工的积极性。③探索并建立管理科学、规范的水管单位运行机制。苏州管理局制定工作规则，规范工作行为；制定请示报告制度，规范工作程序；制定督办工作管理办法，加强政务监管；制定审计检查等发现问题追责管理办法，加强问题整改。

存在不足：内部管理的规范化、标准化水平有待提高。尚需进一步提高工程管理精细化水平，需要进一步找准关键问题、不断解决薄弱环节。

2. 水利工程管理规范化程度

（1）水利工程检查、监测工作制度完备和执行规范化（实现指数为 100%）

组织制定了《太湖局直管工程观测工作管理规定》《太湖局直管工程检查工作管理规定》。根据确定的观测内容、测次和频率开展水位、流量、垂直位移、扬压力、伸缩缝等观测工作，内容齐全，记录规范，成果真实。按期开展日常检查，做好汛前、汛后全面检查，直管工程经历台风或大洪水过后，根据要求开展专项检查。密切关注运行期间水工建筑物的运行状况，发现异常及时查明原因并采取措施，保证工程安全运行。

（2）水利工程维修养护项目管理制度完备和执行规范化（实现指数为 100%）

根据预算管理要求，苏州管理局每年均制定《水利工程维修养护年度预算实施方案》，细化维修养护工作计划，实施方案经审查后报上级主管部门批准。适时修订《苏州管理局水利工程维修养护项目管理规定》等制度，按《太湖流域管理局直管水利工程维修养护技术质量标准》及时做好维修养护工作，加强作业过程监督和考核，保证水工建筑物、闸门、启闭机、机电设备等设施设备完好、运行可靠。

（3）水利工程控制运用方案和操作制度执行程度（实现指数为 90%）

根据太湖局调度指令要求，做好太浦闸、望亭水利枢纽的闸门控制和精细运行。太浦闸、望亭水利枢纽控制运用严格执行太湖防总或太湖局调度指令。依据《太湖流域管理局直管工程控制运用方案》，苏州管理局接到调度指令后及时转达相应管理所，管理所做好详细记录、复核，在规定的时间内完成调度指令的执行；执行完毕后，及时向太湖局发送闸门调整报告。在调度指令执行过程中，管理所详细记录闸门运行操作过程及相关指标，并将闸门调整报告及时上报苏州管理局。在闸门和机电设备运行过程中，严格执行值班制度，按照《太浦闸操作规程》《望亭水利枢纽操作规程》做好工程运行工作，每年对工程运行情况进行统计，各种操作运行记录规范齐全。太浦闸套闸按照《太浦闸套闸运行管理办法》控制运用，套闸运行服从统一指挥，未发生影响工程防洪、泄洪和供水的情况。

存在不足：夜间闸门操作有监护不到位、突发事件处置不及时的安全隐患。

（4）水利工程各类预案完善程度（实现指数为90%）

苏州管理局组织修订了《太浦闸工程应急预案》《望亭水利枢纽应急预案》，太湖局以“太管防汛〔2015〕83号”文批复应急预案。苏州管理局制定《太湖流域管理局苏州管理局防汛抗旱应急预案》《望亭电厂取水口工程导流隔水墙险情处置方案》。根据预案要求，定期选择科目开展预案演练。通过演练检验应急反应能力、处置能力和应急预案的可操作性。

存在不足：经历2016年、2020年流域超标准洪水后，防汛应急预案需要着手修编。

（5）单位行政管理各项规章制度和岗位责任制完善程度（实现指数为90%）

印发《太湖流域管理局苏州管理局制度管理办法》。组织编制了《太湖流域管理局苏州管理局综合管理制度汇编》《苏州管理局安全生产标准化制度汇编》《苏州管理局工程管理工作手册》《太浦闸工程运行管理工作手册》《望亭水利枢纽运行管理工作手册》《水行政管理工作相关制度汇编》，涵盖了人事劳动、学习培训、岗位责任、请示报告、检查报告、事故处理报告、工作总结、工作大事记、技术管理、运行操作等各个方面，形成较为完善的制度体系。在制度执行中严格把关，做到有章必依、违章必究，做到执行制度有记录，不断加大规章制度的执行力，确保执行效果良好。

存在不足：个别制度工作要求尚需进一步细化、明确。《苏州管理局防汛抗旱工作责任制》需要修订。

（6）人才培养机制及科技创新激励机制完善程度（实现指数为100%）

建立导师制，加强工作技能传帮带；印发《职工岗位交流管理办法》，开展人员交流，岗位锻炼人才；完善劳模创新工作室工作机制，加强人才培养，推进工作创新。印发《太湖流域管理局苏州管理局学习管理办法》《太湖流域管理局苏州管理局职工教育培训管理办法》。每年制定《职工培训计划》，组织职工开展政治理论、综合素质、业务知识、安全生产等培训，并做好学习培训记录。苏州管理局职工年培训率均达到100%。印发《苏州管理局绩效考核办法》，激励科技创新，截至2022年7月，苏州管理局获得国家实用新型专利3项、国家发明专利3项、软件专著6项。制定《苏州管理局事业规划》，根据实际情况明确和完善人才培养和使用规划，依托劳模创新工作室开展人才培养和科技创新，每年均开展劳模创新工作室考核和效能评估。

3. 水利工程管理手段自动化、信息化水平

（1）水利工程管理信息化（实现指数为90%）

以太湖局水利数据中心为依托，建立并完善苏州管理局数据库，主要用于对工情、水情、水文、气象、行政办公、人事、财务等数据的存储和管理。采用数据库双机热备的方式进行数据库容灾备份。构建了工程管理标准化平台，进一步优化值班管理、工程运行、工程检查、工程观测、设备管理、巡查督查、预案管理等信息化模块，将水利工程管理考核、OA办公、太浦闸工程BIM等纳入工程管理标准化平台。利用BIM技术建设了太浦闸三维模型，实现了工程实时运行工况、安全监测、视频监控、工程巡检等业务工作的可视化管理。

存在不足：工程管理标准化平台综合功能尚需进一步加强。尚未以现有信息化平台为基础，对安全隐患、危险源进行实时监控，安全管理业务处理信息化程度不高。信息安全应急响应机制有待完善。

（2）水利工程安全监测自动化系统先进性（实现指数为 100%）

太浦闸借助自动监测设备开展垂直位移、扬压力、底板内力等观测，通过 BIM 系统能够实时查阅太浦闸自动观测成果资料。望亭水利枢纽借助专门工具、仪器开展扬压力、裂缝、垂直位移等观测，大部分埋设的观测设施均能满足观测需要。2020 年完成太浦闸、望亭水利枢纽人工观测信息化模块建设工作，录入历年观测数据并校核，实现观测工作的数字化管理，推动观测成果的实时分析。

（3）闸站工程自动化监控系统先进性（实现指数为 100%）

太浦闸工程建有闸门监控系统、视频监视系统，其中：闸门监控系统实现了太浦闸各闸门实时监测信息采集与处理、运行监视和事故报警、工程远程控制；视频监视系统实现了太浦闸闸门两侧、上下游河道、中控室、套闸闸室、交通桥等重点区域实时视频监视。望亭水利枢纽建有闸门监控、视频监视系统，其中：闸门监控系统实现了闸门运行和上下游水位监测、工程远程控制等功能；视频监视系统实现了望亭水利枢纽闸门两侧、上下游河道、中控室等重点区域实时视频监视。

对照“数字工程、智慧管控”技术方案，有序推进工程运行智能化建设，借助人工智能神经网络，建立数据学习机制，初步实现流量智能提取、流量跟踪监控、闸门智能调整等智能控制功能，有助于更准确高效地执行调度指令，提高了工程运行智能化水平。

（4）水情预报和水利工程运行调度系统先进性（实现指数为 100%）

通过信息化平台做好值班管理、工情水情信息采集、应急预案管理、巡查督查管理等。太湖局直管工程运行执行太湖流域防汛抗旱总指挥部和太湖局调度指令。太湖局积极推进调度运行智能化，已实现调度指令起草、签批、传输、执行、反馈全流程数字化管理。

4. 水利工程管理法治环境良性化水平

（1）管理范围确权划界完成力度（实现指数为 90%）

太浦闸和望亭水利枢纽管理范围和保护范围明确，相关资料齐全。2020 年完成了太浦闸管理范围的电子测绘并内业成图。工程管理范围内设置了界桩，界桩设施完善，各类标志清楚。共领取土地证 5 本，领证率 100%。太浦闸工程管理用地 75 042. 75m^2，包括横扇镇亭子港村 3 653. 35m^2（吴江国用〔2001〕字第 17035005 号）、七都镇环湖公路北侧 13 965. 5m^2（吴国用〔2006〕第 1900003 号）、七都镇环湖公路南侧 57 423. 9m^2（吴国用〔2006〕第 1900004 号）。望亭水利枢纽管理用地 78 665. 24m^2，包括苏州相城区望亭镇 14 435. 84m^2（国有土地使用证第 0700027 号）、无锡市新安镇沙墩港村 64 229. 4m^2（锡土国用〔99〕字第 210 号）。

不足之处：工程管理范围划定成果尚未以地方人民政府的名义公告。

（2）依法管理完善程度（实现指数为 100%）

①规范管理。按照太湖局水行政执法规定承担授权范围内的水政监察、涉水建设项目督查工作，制订印发《苏州管理局水事巡查检查工作实施细则》《苏州管理局水行政执法调查取证实施细则》《苏州管理局水行政执法统计工作实施细则》，制度及时汇编成册，

制度执行率为100%。②严格按照职责负责工程管理范围内的水行政事务。加强水行政安全巡查，管理范围水事秩序良好，无破坏、损坏水利设施行为。联合吴江区人民政府以吴政发〔2015〕138号文加强太浦闸闸区控制管理。2020年汛期，苏州管理局积极协调和争取地方人民政府的支持，由地方政府三部门联合发出通告，集中整治太浦闸管理区域捕鱼现象，工程范围内捕鱼、钓鱼现象得到了有效遏制。对外来人员在望亭水利枢纽闸区违规捕鱼等现象，苏州管理局能够及时发现和劝离，并联合望亭电厂、当地派出所和渔管会等建立常态化管控机制。

（3）水政监察人员素质建设力度（实现指数为100%）

①内部组织体系。2000年经太湖局批准，成立苏州管理局水政监察支队。目前，苏州管理局水政监察支队下设太湖水政监察大队、太浦河枢纽管理所水政监察大队和望亭水利枢纽管理所水政监察大队。截至2020年12月，水政监察员共计15名，专职水政监察人员5名。水政监察员按规定做好水事巡查检查、调查取证、执法统计等工作，及时做好水行政执法资料收集、整理、立卷、归档。②培训。水政监察员定期学习培训；组织环太湖沿线基层水政人员培训，提高依法行政意识。

（4）水利工程管理公众参与程度（实现指数为100%）

①宣传。稳定“一点、两所、三线”的宣传阵地，坚持现场集中宣传，定期组织横幅、展板宣传；构建党建联盟为端点的多边形格局，借力联盟单位宣传窗口，扩大水法规宣传影响力。2020年，顺利通过水利部“七五”普法现场验收，普法工作成效显著。②协同治理体系。贯彻长三角一体化发展战略，深化协同治理理念实践，推广河湖联合执法协同理念；筑牢河湖执法联合平台，组织开展“一湖两河”常态化联合巡查，凝聚执法合力破解省（市）边界执法难题，成功拆除江浙省界养殖户擅自搭建的构筑物；创新河湖执法管理制度，设计违法水事行为通报制度，形成执法效应辐射，营造“一湖两河”有违必究必改的良好氛围；坚持水政执法联合巡查齐头并进，与江苏省太湖渔管办、苏州市水上警察支队达成联动合作机制，有力保障环太湖岸线的水事秩序。

5. 水利工程运行安全管理水平

（1）水利工程反事故预案完善程度（实现指数为90%）

①安全鉴定。2017年3月，太湖局以《水利部太湖流域管理局关于印发望亭水利枢纽安全鉴定书的通知》（太管建管〔2017〕44号），同意望亭水利枢纽安全类别为一类闸；2019年12月，太湖局以《水利部太湖流域管理局关于印发太浦闸工程安全鉴定报告书的通知》（太湖建管〔2019〕254号），同意太浦闸工程安全类别评定为一类闸。②注册登记。按照《水闸注册登记管理办法》进行注册登记，并及时办理变更事项登记。③控运方案。2020年3月，以《水利部太湖流域管理局关于印发直管工程控制运用方案的通知》（太湖建管〔2020〕29号）批复同意控运方案。④除险加固。2012年12月，太湖局以《关于印发望亭水利枢纽更新改造工程竣工验收鉴定书的通知》（太管建管〔2012〕362号）同意竣工验收意见；2015年7月，太湖局以《水利部太湖流域管理局关于印发太浦闸除险加固工程竣工验收鉴定书的通知》（太管建管〔2015〕131号）同意竣工验收意见。⑤安全生产。2018年3月，水利部以办安监〔2018〕40号公布了苏州管理局为水利安全生产标准化一级单位；2021年4月，水利部复评同意苏州管理局为水利安全生产标准化一级单位。⑥水利工程反事故预案。2016年8月，印发《苏州管理局生产安全事故综合预案》《苏州管理局安全事故专项应急预案》《苏州管理局现场处置方案》，建立应急抢险组织机构，每年结合实际开展反

事故应急演练，检验应急反应能力、处置能力和应急预案的可操作性。

不足之处：机械、机电、信息系统故障时，单兵紧急处置的及时性、有效性不够。

（2）报告制度完善程度（实现指数为 100%）

①法律法规和标准规范。建立识别和获取适用的安全生产法律法规、标准规范的制度，规定识别、获取、评审、更新等环节的工作要求，明确建安科为主管部门。各科室、管理所按照其工作职责范围，分别组织职工识别、获取适用本部门的安全生产法律法规与其他要求，及时报建安科；建安科检查、审核和汇总，每年发布一次适用的安全生产法律法规与其他要求清单。②规章制度。建立健全安全生产规章制度，并及时将识别、获取的安全生产法律法规与其他要求转化为本单位规章制度，贯彻到日常安全管理工作中；规章制度正式印发执行。将安全生产规章制度发放到相关工作岗位，并组织职工培训学习。③隐患排查与治理。印发《隐患排查和治理制度》，明确隐患排查的责任单位、部门和人员、内容和要求。按照隐患排查制度的规定制定隐患排查工作方案，及时组织进行隐患排查。对隐患进行分析评估，登记建档，对排查出的一般事故隐患均立即进行了整改处理。隐患治理完成后及时对治理情况进行验证和效果评估。做好安全生产预测预警工作。苏州管理局无重大事故安全隐患。④事故报告、调查和处理。印发《生产安全事故报告和调查处理制度》，明确事故报告、事故调查、原因分析、预防措施、责任追究、统计与分析等内容。建安科每月在水利部《水利安全生产信息上报系统》中进行零事故报告，苏州管理局未发生等级以上生产安全事故。

（3）责任制落实程度（实现指数为 95%）

①安全生产目标。制定印发《安全生产目标管理制度》《安全生产目标总体规划》，根据单位和部门在安全生产中的职能，分解年度安全生产目标，逐级签订安全生产目标责任书，对安全生产目标的执行情况进行监督，及时调整安全生产目标实施计划，定期对安全生产目标的完成效果进行考核。②组织机构。设立由主要负责人、部门负责人等相关人员组成的安全生产领导小组，并以正式文件发布，人员变化时及时调整发布。明确建设与安全科为苏州管理局安全生产主管部门，配备专（兼）职安全生产管理人员，形成安全生产管理网络。③安全职责。印发《安全生产责任制度》和《安全生产领导小组工作规定》，明确单位、部门及人员的安全生产职责、权限和考核等内容。安全生产领导小组每季度召开一次安全生产专题会议，总结分析本单位的安全生产情况，评估本单位存在的风险，研究解决安全生产工作中的重大问题，决定安全生产的重大事项，并形成会议纪要。各岗位人员认真履行安全生产职责，安全生产领导小组办公室组织对安全生产责任制的落实情况进行检查。

不足之处：安全生产元素化管理需要进一步深化。

8.2.5　二级定量指标评析

1. 水利工程设施完好和功能达标程度

（1）工程设施完好率（实现指数为 91%）

工程设施完好率，即水利工程中技术性能完好的设施数量占全部设施数量的百分比。

太浦闸设施数量共 78 个，包括：1 座工作桥、1 座异性钢结构启闭机房、11 个排架、2 座南北桥头堡、1 座交通桥、1 座人行桥、1 座液压开启桥、11 个闸墩、1 块底板、4 处翼墙、4 处砌石护坡、2 处上下游消力池、2 处上下游海漫、2 处上下游防冲槽、1 孔套闸闸室水工建筑物、10扇平面钢闸门、1扇横拉门、2扇检修闸门、1扇廊道直升门、9台节制闸固定卷扬式启闭机、1台离合卷筒式固定卷扬式启闭机、1台横拉门固定卷扬式启闭机、1套液压启闭机、1台螺杆式启闭机、1回常供电源、1回第二电源、1台备用发电机组、1套电气设备、1套监控监视信息化系统、1套观测设施。

望亭水利枢纽设施数量共79个，包括：1座工作桥、1座启闭机房、10个排架、2座南北桥头堡、2座上下管首交通桥及平台、1座钢结构人行桥、9孔涵管、8处翼墙、8处砌石护坡、4处砌石护底、2处上下游防冲槽、1个隔水墙、1个渡槽及防护钢板、2个检修门库、2个防撞桩、9扇平面钢闸门、2扇检修闸门、9台固定卷扬式启闭机、1回常供电源、1台备用发电机组、1套电气设备、1套监控监视信息化系统、1套观测设施。

存在不足：横拉门轨道及两侧有妨碍闸门运行的淤积物，横拉门缺失侧缓冲装置1个，横拉门固定卷扬式启闭机闸瓦衬垫有裂纹。12处护坡局部有破损现象。该缺陷不影响正常运行，按常规维修养护即可保证正常运行。

设施完好率现状值=(78+79−2−12)/(78+79)=91.1%，目标水平=100%。

工程设施完好率实现指数=现状值/目标水平=0.911/1=91.1%<1。

工程设施完好率实现指数取值为91.1%。

（2）工程设计能力达标率（实现指数为100%）

工程设计能力达标率，即水利工程目前实际防御洪水（蓄水、泄水、输水、调水改善水质）能力达到设计防御洪水（蓄水、泄水、输水、调水改善水质）标准的百分比。

太浦闸工程设计能力达标情况：依据《关于太浦闸除险加固工程初步设计报告的批复》（水总〔2011〕639号），“基本同意太浦闸除险加固工程近期按闸孔总净宽120m，闸底板高程−1.50m，闸槛顶高程0.00m方案实施，在太浦河现状河道情况下，遇‘1999年南部雨型’100年一遇洪水，太浦闸最大下泄流量为784m^3/s。远期根据流域防洪规划，结合太浦闸上、下游河道疏浚，与两省一市协商后，通过工程手段降低闸槛高程，扩大水闸泄流规模。”太浦闸除险加固工程采用原址拆除重建方案。2014年12月，水利部水利工程建设质量与安全监督总站太湖流域分站核定太浦闸除险加固工程质量为优良等级。2015年6月17日通过了由太湖局主持的竣工验收。2016年太浦闸除险加固工程获2015—2016年度中国水利工程优质（大禹）奖。2019年10月30日，鉴定审定部门太湖局组织专家组对《太浦闸工程安全评价报告》进行了技术审查，同意评价报告提出的太浦闸工程安全类别评定为一类闸的意见，太湖局以太湖建管〔2019〕254号文印发《太浦闸工程安全鉴定报告书》。

望亭水利枢纽设计能力达标情况：上海院于1992年5月编制完成《望虞河立交工程初步设计》，水利部以水规〔1992〕60号文对该初设报告进行批复。1992年10月，太湖局传真同意工程开工。1992年10月监理工程师下达开工令，立交主体工程破土动工，进入实施阶段。1994年1月通过立交主体工程竣工验收。1997年5月，水利部以水建〔1997〕211号文授予望虞河望亭立交工程为1996年度水利部优质工程。1998年10月30日通过了由太湖局和江苏省水利厅联合主持的竣工验收，太湖局以太管计〔2000〕127号文同意竣工验收意见。2002年望虞河实施引江济太以后，望亭水利枢纽的运用条件发生较大的变化，反向水位差增加幅度大，致使闸门启闭困难，且由于工程运行时间长，老化失修，反向漏水严重，给防洪安全带来不利影响，已不能适应流域防洪、水资源调度对工程的运行要求。为保证望亭水利枢纽工程在流域防洪、水资源调度中能充分发挥其功能和作用，受苏州管理局的委托，上海院于 2009 年 1 月编制完成了《望亭水利枢纽更新改造工程初步设计报告》。太湖局以太管规计〔2009〕30 号文将该《初设报告》上报水利部。2009 年 5 月 9 日，通过了由水利部水利水电规划设计总院主持的初设报告审查，水利部以水总〔2010〕278 号文对该初设报告进行批复。2010 年 11 月 27 日，太湖局批复同意望亭水利枢纽更新改造工程开工。2010 年 12 月 1 日，监理签发开工令，望亭水利枢纽更新改造工程正式开工。水下主体工程 2011 年 6 月 23 日完工，整个工程于 2012 年 3 月 18 日完工。2012 年 6 月，水利部水利工程建设质量与安全监督总站太湖流域分站核定望亭水利枢纽更新改造工程质量为合格等级。2012 年 11 月通过了由太湖局主持的竣工验收，太湖局以太管建管〔2012〕362 号文同意望亭水利枢纽更新改造工程竣工验收意见。2017 年 2 月 10 日，鉴定审定部门太湖局组织专家组对《望亭水利枢纽安全评价报告》进行了技术审查，同意评价报告提出的望亭水利枢纽安全类别评定为一类闸的意见，太湖局以太管建管〔2017〕44 号文印发《望亭水利枢纽安全鉴定报告书》。

太浦闸、望亭水利枢纽 2 个工程设计能力均达标。

工程设计能力达标率现状值=2/2=100%，目标水平=100%。

工程设计能力达标率实现指数=现状值/目标水平=1/1=100%=1。

工程设计能力达标率实现指数取值为 100%。

2. 水利工程水环境保护水平

(1) 保洁率（实现指数为 98.6%）

工程设施完好率，即水利工程中技术性能完好的设施数量占全部设施数量的百分比。

太浦闸工程水面和土地面积 564 355.75m^2，其中：太浦闸工程上下游河道水面面积 489 313m^2，太浦闸工程土地面积 75 042.75m^2。

望亭水利枢纽水面和土地面积 183 662.24m^2，其中：望亭水利枢纽上下游河道水面面积 104 997m^2，望亭水利枢纽土地面积 78 665.24m^2。

苏州管理局加强工程现场巡视检查，工程上下游河道范围内有阻碍行洪的障碍物时，及时清除，保持河面、岸边护坡、河道周边环境洁净。

望虞河沿线鹅镇荡等水域专门种植了水葫芦，其东西岸支流也有成片或零散的水葫芦。望虞河及其沿岸支流水葫芦集聚较多，在引江济太调水期间，望虞河干支流水葫芦随水流向望亭水利枢纽方向集聚。引江济太调水期间，望亭水利枢纽下游河道经常性漂浮水葫芦及杂物约 10 800m^2。苏州管理局及时组织人员对水葫芦及杂物开展经常性打捞。

保洁率现状值=(564 355.75+183 662.24−10 800)/(564 355.75+183 662.24)=98.6%。

保洁率目标值=100%。

保洁率实现指数=现状值/目标水平=0.986/1=98.6%<1。

保洁率实现指数取值为 100%。

(2) 绿化覆盖率（实现指数为 100%）

绿化覆盖率：即水利工程管理范围内绿地面积占可绿化面积的百分比。它是衡量水利工程绿化水平的主要指标。

太浦闸工程绿化覆盖率 92.7%。计算过程为：太浦闸工程土地证面积 75 042.75m^2，管理房面积 7 348.51m^2，硬化路面面积 10 500m^2，可绿化面积=(75 042.75−7 348.51−10 500)m^2=57 194.24m^2，已绿化面积 53 000m^2，太浦闸工程绿化覆盖率现状值=53 000/57 194.24=92.7%。

望亭水利枢纽绿化覆盖率 89.5%。计算过程为：望亭水利枢纽土地证面积 78 665.24m^2，管理房面积 3 774.015m^2，硬化路面面积 17 600m^2，可绿化面积=(78 665.24-3 774.015-17 600)m^2=57 291.225m^2，已绿化面积 51 253m^2，望亭水利枢纽绿化覆盖率现状值=51 253/57 291.225=89.5%。

太湖局直管工程绿化覆盖率 91.1%。计算过程为：太湖局直管工程土地证面积 153 707.99m^2，管理房面积 11 122.525m^2，硬化路面面积 28 100m^2，可绿化面积=(153 707.99-11 122.525-28 100)m^2=114 485.465m^2，已绿化面积 104 253m^2，太湖局直管工程绿化覆盖率现状值=104 253/114 485.465=91.1%。

绿化覆盖率目标值=80%。

绿化覆盖率实现指数=现状值/目标水平=0.911/0.8=114%>1。

绿化覆盖率实现指数取值为 100%。

3. 水管单位经营管理绩效和发展能力

可开发土地资源利用率（实现指数为 93.34%），即已开发利用土地面积占水管单位管理范围内可开发土地面积的百分比。

太浦闸工程可开发土地资源利用率 94.41%。计算过程为：太浦闸工程土地证面积 75 042.75m^2，管理房面积 7 348.51m^2，硬化路面面积 10 500m^2，已绿化面积 53 000m^2，开发利用总面积=(7 348.51+10 500+53 000)m^2=70 848.51m^2，太浦闸工程可开发土地资源利用率现状值=70 848.51/75 042.75=94.41%。

望亭水利枢纽可开发土地资源利用率 92.32%。计算过程为：望亭水利枢纽土地证面积 78 665.24m^2，管理房面积 3774.015m^2，硬化路面面积 17 600m^2，已绿化面积 51 253m^2，开发利用总面积=(3 774.015+17 600+51 253)m^2=72 627.015m^2，望亭水利枢纽可开发土地资源利用率现状值=72 627.015/78 665.24=92.32%。

太湖局直管工程可开发土地资源利用率 93.34%。计算过程为：太湖局直管工程土地证面积 153 707.99m^2，管理房面积 11 122.525m^2，硬化路面面积 28 100m^2，已绿化面积 104 253m^2，开发利用总面积=(11 122.525+28 100+104 253)m^2=143 475.525m^2，太湖局直管工程可开发土地资源利用率现状值=143 475.525/153 707.99=93.34%。

可开发土地资源利用率目标值=100%。

可开发土地资源利用率实现指数=现状值/目标水平=0.933 4/1=93.34%<1。

可开发土地资源利用率实现指数取值为 93.34%。

4. 人力资源科技水平和结构性合理程度

（1）在岗人员业务技术素质、结构及人数与职能要求适应率（实现指数为 95.6%）

该指标主要考量在岗人员业务技术素质与岗位职能要求相适应的程度，以及人才结构的合理性程度。

依据《太湖流域管理局苏州管理局主要职责机构设置和人员编制规定的通知》（太管人事〔2011〕240 号），内设办公室、工程管理科、水政水资源科、建设与安全科、财务科、人事科、太浦河枢纽管理所、望亭水利枢纽管理所。2016 年 11 月，根据《关于同意苏州管理局增设直属机构的批复》（太管人事〔2016〕230 号）增设太湖水事管理中心（太湖流域管理局直属苏州管理局太湖水政监察大队）。2017 年 12 月，经调减后事业单位编制总数为 49 名，其中设置管理岗位 10 名，专业技术岗位 32 名，工勤岗位 7 名。根据《关于苏州管理局事业单位岗位设置方案的批复》（太管人事〔2011〕221 号）、《关于苏州管理局岗位设置实施方案的批复》（太管人事〔2011〕375 号）、《太湖局事业单位第三轮岗位设置表》等文件精神，苏州管理局于 2011 年、2015 年、2018 年三次开展了事业单位岗位竞聘工作。截至 2020 年 12 月，实有在职职工 45 名，其中管理岗位 10 名，专业技术岗位 26 名，工勤技能岗位 5 名，人力资源安排合理。

截至 2020 年 12 月，专业技术岗位 26 名，包括教授级高工 1 名，高级工程师 7 名，工程师 4 名，助理工程师 14 名，专业技术人才占全体职工人数的比例达 57.8%。岗位设置合理，人员配备满足管理需要。年度绩效考核中未出现不合格的职工。

不足之处：建设管理人才储备和能力建设尚需加强。尚需结合工程建设继续培养 2 名以上建设管理人才。

在岗人员业务技术素质、结构及人数与职能要求适应率现状值=(45-2)/45=95.6%。

在岗人员业务技术素质、结构及人数与职能要求适应率目标值为 100%。

在岗人员业务技术素质、结构及人数与职能要求适应率实现指数=现状值/目标水平=0.956/1=95.6%<1。

在岗人员业务技术素质、结构及人数与职能要求适应率实现指数取值为 95.6%。

（2）大专以上文化程度人员比例（实现指数为 97.8%）

该指标指在岗人员大专以上人员数占在岗人员总数的比例。

截至 2020 年 12 月，实有在职职工 45 名，大专及以上文化程度职工数为 44 名。

大专以上文化程度人员比例现状值=44/45=97.8%。

大专以上文化程度人员比例目标值为 100%。

大专以上文化程度人员比例实现指数=现状值/目标水平=0.978/1=97.8%<1。

大专以上文化程度人员比例实现指数取值为 97.8%。

8.2.6　一级指标评析

一级指标评价方法指根据二级指标的实现指数、指标权重，采用算术平均加权法确定一级指标的实现指数，对一级指标的建设水平进行评价。

1. 水利工程管理体制合理性与先进性水平（实现指数为 98.95%）

水管单位分类定性准确合理性指标权重为 0.35，实现指数为 100%；管养分离方案先进性及实施程度指标权重为 0.25，实现指数为 100%；管理维护经费落实到位程度指标权重为 0.25，实现指数为 100%；管理机制先进性指标权重为 0.15，实现指数为 93%。

水利工程管理体制合理性与先进性水平实现指数=(0.35×100%+0.25×100%+0.25×100%+0.15×93%)/(0.35+0.25+0.25+0.15)=98.95%。

2. 水利工程管理规范化程度（实现指数为 94.6%）

水利工程检查、监测工作制度完备和执行规范化指标权重为 0.14，实现指数为 100%；水利工程维修养护项目管理制度完备和执行规范化指标权重为 0.2，实现指数为 100%；水利工程控制运用方案和操作制度执行程度指标权重为 0.2，实现指数为 90%；水利工程各类预案完善程度指标权重为 0.16，实现指数为 90%；单位行政管理各项规章制度和岗位责任制完善程度指标权重为 0.18，实现指数为 90%；人才培养机制及科技创新激励机制完善程度指标权重为 0.12，实现指数为 100%。

水利工程管理规范化程度实现指数=(0.14×100%+0.2×100%+0.2×90%+0.16×90%+0.18×90%+0.12×100%)/(0.14+0.2+0.2+0.16+0.18+0.12)=94.6%。

3. 水利工程管理手段自动化、信息化水平（实现指数为96%）

水利工程管理信息化指标权重为0.4，实现指数为90%；水利工程安全监测自动化系统先进性指标权重为0.15，实现指数为100%；闸站工程自动化监控系统先进性指标权重为0.15，实现指数为100%；水情预报和水利工程运行调度系统先进性指标权重为0.3，实现指数为100%。

水利工程管理规范化程度实现指数=(0.4×90%+0.15×100%+0.15×100%+0.3×100%)/(0.4+0.15+0.15+0.3)=96%。

4. 水利工程管理法治环境良性化水平（实现指数为98%）

管理范围确权划界完成力度指标权重为0.2，实现指数为90%；依法管理完善程度指标权重为0.4，实现指数为100%；水政监察人员素质建设力度指标权重为0.2，实现指数为100%；水利工程管理公众参与程度指标权重为0.2，实现指数为100%。

水利工程管理法治环境良性化水平实现指数=(0.2×90%+0.4×100%+0.2×100%+0.2×100%)/(0.2+0.4+0.2+0.2)=98%。

5. 水利工程运行安全管理水平（实现指数为94%）

水利工程反事故预案完善程度指标权重为0.4，实现指数为90%；报告制度完善程度指标权重为0.2，实现指数为100%；责任制落实程度指标权重为0.4，实现指数为95%。

水利工程运行安全管理水平实现指数=(0.4×90%+0.2×100%+0.4×95%)/(0.4+0.2+0.4)=94%。

6. 水利工程设施完好和功能达标程度（实现指数为95.5%）

工程设施完好率指标权重为0.5，实现指数为91.1%；工程设计能力达标率指标权重为0.5，实现指数为100%。

水利工程设施完好和功能达标程度实现指数=(0.5×91.1%+0.5×100%)/(0.5+0.5)=95.5%。

7. 水利工程水环境保护水平（实现指数为99.3%）

保洁率指标权重为0.5，实现指数为98.6%；绿化覆盖率指标权重为0.5，实现指数为100%。

水利工程水环境保护水平程度实现指数=(0.5×98.6%+0.5×100%)/(0.5+0.5)=99.3%。

8. 水管单位经营管理绩效和发展能力（实现指数为93.34%）

可开发土地资源利用率指标权重为1，实现指数为93.34%。

水管单位经营管理绩效和发展能力实现指数=1×93.34%/1=93.34%。

9. 人力资源科技水平和结构性合理程度（实现指数为96.3%）

在岗人员业务技术素质、结构及人数与职能要求适应率指标权重为0.7，实现指数为95.6%；大专以上文化程度人员比例指标权重为0.3，实现指数为97.8%。

人力资源科技水平和结构性合理程度实现指数=(0.7×95.6%+0.3×97.8%)/(0.7+0.3)=96.3%。

8.2.7 系统总体评价

综合水平评价方法指根据一级指标的实现指数、指标权重，采用算术平均加权法确定系统总体的综合实现指数，对该系统综合建设水平进行评价，参照江苏省水利工程管理现代化评价指标体系评价汇总情况见表8-5。

表 8-5　参照江苏省水利工程管理现代化评价指标体系评析汇总表

指标分类	一级指标	二级指标	扣分原因	目标水平	实现指数	
定性评价指标	水利工程管理体制合理性与先进性水平（0.06）	水管单位分类定性准确合理性（0.35）			100%	98.95%
		管养分离方案先进性及实施程度（0.25）			100%	
		管理维护经费落实到位程度（0.25）			100%	
		管理机制先进性（0.15）	内部管理的规范化、标准化水平有待提高。尚需进一步提高工程管理精细化水平，需要进一步找准关键问题、不断解决薄弱环节		93%	
	水利工程管理规范化程度（0.18）	水利工程检查、监测工作制度完备和执行规范化（0.14）			100%	94.6%
		水利工程维修养护项目管理制度完备和执行规范化（0.2）			100%	
		水利工程控制运用方案和操作制度执行程度（0.2）	夜间闸门操作存在监护不到位、突发事件处置不及时的安全隐患		90%	
		水利工程各类预案完善程度（0.16）	经历 2016 年、2020 年流域超标准洪水后，防汛应急预案需要着手修编		90%	
		单位行政管理各项规章制度和岗位责任制完善程度（0.18）	个别制度工作要求尚需进一步细化、明确。《苏州管理局防汛抗旱工作责任制》需要修订		90%	
		人才培养机制及科技创新激励机制完善程度（0.12）			100%	
	水利工程管理手段自动化、信息化水平（0.20）	水利工程管理信息化（0.4）	工程管理标准化平台综合功能尚需进一步加强。尚未以现有信息化平台为基础，对安全隐患、危险源进行实时监控，安全管理业务处理信息化程度不高。信息安全应急响应机制有待完善		90%	96%
		水利工程安全监测自动化系统先进性（0.15）			100%	
		闸站工程自动化监控系统先进性（0.15）			100%	
		水情预报和水利工程运行调度系统先进性（0.3）			100%	

续表

指标分类	一级指标	二级指标	扣分原因	目标水平	实现指数	
定性评价指标	水利工程管理法治环境良性化水平（0.06）	管理范围确权划界完成力度（0.2）	工程管理范围划定成果尚未以地方人民政府的名义公告		90%	98%
		依法管理完善程度（0.4）			100%	
		水政监察人员素质建设力度（0.2）			100%	
		水利工程管理公众参与程度（0.2）			100%	
	水利工程运行安全管理水平（0.08）	水利工程反事故预案完善程度（0.4）	机械、机电、信息系统故障情况下，单兵紧急处置的及时性、有效性不够		90%	94%
		报告制度完善程度（0.2）			100%	
		责任制落实程度（0.4）	安全生产元素化管理需要进一步深化		95%	
定量评价指标	水利工程设施完好和功能达标程度（0.2）	工程设施完好率（0.5）	横拉门轨道及两侧有妨碍闸门运行的淤积物，横拉门缺失侧缓冲装置1个，横拉门固定卷扬式启闭机闸瓦衬垫有裂纹。护坡局部有破损现象，排水沟存在局部破损	100%	91%	95.5%
		工程设计能力达标率（0.5）		100%	100%	
	水利工程水环境保护水平（0.05）	保洁率（0.5）		100%	98.6%	99.3%
		绿化覆盖率（0.5）		80%	100%	
	水管单位经营管理绩效和发展能力（0.05）	可开发土地资源利用率（1.0）		100%	93.34%	93.34%
	人力资源科技水平和结构性合理程度（0.12）	在岗人员业务技术素质、结构及人数与职能要求适应率（0.7）	建设管理人才储备和能力建设尚需加强	100%	95.6%	96.3%
		大专以上文化程度人员比例（0.3）	100%	97.8%		
系统总体的综合实现指数						95.85%

水利工程管理体制合理性与先进性水平指标权重为0.06，实现指数为98.95%；水利工程管理规范化程度指标权重为0.18，实现指数为94.6%；水利工程管理手段自动化、信息化水平指标权重为0.2，实现指数为96%；水利工程管理法治环境良性化水平指标权

重为0.06，实现指数为98%；水利工程运行安全管理水平指标权重为0.08，实现指数为94%；水利工程设施完好和功能达标程度指标权重为0.2，实现指数为95.5%；水利工程水环境保护水平指标权重为0.05，实现指数为99.3%；水管单位经营管理绩效和发展能力指标权重为0.05，实现指数为93.34%；人力资源科技水平和结构性合理程度指标权重为0.12，实现指数为96.3%。

系统总体的综合实现指数=(0.06×98.95%+0.18×94.6%+0.2×96%+0.06×98%+0.08×94%+0.2×95.5%+0.05×99.3%+0.05×93.34%+0.12×96.3%)/(0.06+0.18+0.2+0.06+0.08+0.2+0.05+0.05+0.12)=95.85%。

8.2.8　评价结论

将水利工程管理现代化建设进程划分为3个阶段：初步实现阶段、基本实现阶段和全面实现阶段。拟定了不同阶段的现代化评判标准：初步实现阶段，要求系统总体的综合实现指数超过90%，一级评价指标和二级评价指标的实现指数分别达到90%和85%；基本实现阶段，要求系统总体的综合实现指数超过93%，一级评价指标和二级评价指标的实现指数分别达到93%和90%；全面实现阶段，要求系统总体的综合实现指数超过95%，一级评价指标和二级评价指标的实现指数均达到95%。

太湖局直管工程系统总体的综合实现指数为95.85%，大于93%；一级评价指标的实现指数范围为93.34%~99.3%；二级评价指标的实现指数均达到90%。依据江苏省水利工程管理现代化建设进程阶段评判标准，太湖局直管工程管理现代化建设处于基本实现阶段。

8.3　实践探索

8.3.1　有序推动现代化建设

1. 顶层设计、规划牵头

以习近平新时代中国特色社会主义思想为指导，深入贯彻党十八大和十九大的精神，全面贯彻新发展理念，在太湖局党组的坚强领导下，积极践行新时期治水思路，按照水管单位现代化发展和水利工程管理考核达标要求，总结了多年来在工程管理现代化方面取得的成绩和存在的不足，编制完成了《太湖局直管工程管理现代化规划（2016—2025年）》。规划以创新发展为核心，不断推进管理创新、机制创新、技术创新。规划以促进工程管理协调发展为重点，对标水利工程管理考核和安全生产标准化一级单位的要求，促进组织管理、安全管理、运行管理、经济管理同步发展，在增强工程管理硬实力的同时注重提升单位软实力。规划以坚持绿色可持续发展为关键，做好引江济太工程运行，继续加强太湖浦江源国家水利风景区建设，构建美丽水环境。规划顺应太湖局流域统一治理管理不断强化的发展趋势，参与建设太湖流域水资源监控与保护预警系统，发挥流域水利工程督查的支撑作用，推动太湖流域工程管理水平的共同提高。规划以确保太湖安澜为基本，加强防汛抗旱与应急能力建设，保障太湖流域人民生命财产安全。

2. 平台搭建、创新引领

苏州管理局成立“水工程管理”劳模创新工作室，作为创新创优和职工成长的平台，充分发挥劳模的示范引领作用，与单位中心工作密切结合，通过制订计划、实施行动、定期检查、总结交流、评比奖励等措施，打造创新型、知识型、技术型人才队伍。一线管理人员先后发表多篇技术论文，截至 2022 年 7 月，取得 3 项国家发明专利、3 项新型实用专利和 6 项软件著作权证书。

苏州管理局成立机电设备操作实训室，作为质量管理和技能培养的平台，充分发挥技师的带头作用，与单位精细化管理工作相结合，开展 QC 小组活动，打造精益求精、技术精湛的技能人才队伍。“提高双扉门联动启闭机离合器齿盘啮合精准率”荣获 2021 年度水利工程优秀质量管理小组Ⅰ类成果认证。

3. 激励创新、制度保障

苏州管理局建立了《绩效考核办法》，将创新创优列入了绩效考核的专项加分项。苏州管理局每年以部门为单元开展创新创优项目申报。创新创优完成后，各部门开展专题总结，分析创新创优实施情况、突破程度、效益产出、成果经验等。每年对申报的项目组织开展创新创优评估，评估结论作为绩效考核的依据。

4. 循环评估、持续提升

推进工程管理现代化，就是要适应时代变化，开展循环评估，不断改进不适应实践发展要求的机制、管理、技术等，使工程管理各方面制度更加标准、更加完善，实现运行管理各事项的规范化、程序化，推动高质量发展。“十三五”时期，苏州管理局认真组织开展直管工程管理现代化建设工作，如期完成了《太湖局直管工程管理现代化规划（2016—2025 年）》中的阶段任务，并于 2021 年完成了规划实施情况的中期自评估，查找不足，明确方向，在基本建成现代化的水利工程管理体系的基础上，推进工程管理体系和管理能力现代化，争取按期完成现代化建设任务。

8.3.2 现代化实现程度

江苏省采用德尔菲法构建水利工程管理现代化评价指标体系，区分定性指标和定量指标，确定评价指标权重，评析计算实现指数，采用加权平均方法对一、二级指标进行分层评析，评判标准注重协调发展，指标体系客观、准确且比较全面。

太湖局直管工程管理现代化评价指标体系在借鉴江苏省成果基础上，结合实际，有所取舍，明确现代化的发展路径：实现工程管理标准化、水利工程管理考核达标、安全生产标准化达标、工程管理精细化，实现“数字工程、智慧管控”。2016—2020 年，在太湖局党组的正确领导下，苏州管理局上下勠力同心，逐步推动现代化评价指标体系达标，取得了丰硕成果。

依据太湖局直管工程管理现代化评价指标体系评价，截至 2020 年底，苏州管理局水利现代化现状水平为 91.8 分。按照评价结果，对照水利工程管理现代化进程评判标准，截至 2020 年底，苏州管理局水利现代化水平达到 90 分以上，已基本建成现代化的水利工程管理体系。

依据江苏省水利工程管理现代化评价指标体系评价，截至 2020 年底，太湖局直管工程系统总体的综合实现指数为 95.85%，一级评价指标的实现指数均达到 93%，二级评价指标的实现指数均达到 90%。依据阶段评判标准，太湖局直管工程管理现代化建设处于基本实现阶段。

综上所述，截至 2020 年底，苏州管理局已基本建成现代化的水利工程管理体系。

第 9 章　直管工程管理现代化展望

随着全面建成小康社会的第一个百年奋斗目标的实现，全面建设社会主义现代化强国的新征程同步开启。党的十九大对实现第二个百年奋斗目标作出分两个阶段的战略安排，即到 2035 年基本实现社会主义现代化，到 21 世纪中叶把我国建成富强民主文明和谐美丽的社会主义现代化强国。“水利工作必须心怀‘国之大者’，全面贯彻习近平总书记关于治水工作的重要讲话、重要指示批示精神，深入践行‘节水优先、空间均衡、系统治理、两手发力’治水思路，完整准确全面贯彻新发展理念，科学谋划和扎实推进新阶段水利高质量发展，为全面建设社会主义现代化国家提供有力支撑。”

9.1　机遇和挑战

太湖流域处于高质量发展并迈向社会主义现代化的跨越阶段，苏州管理局必须顺应发展规律，坚持创新引领、聚焦协调发展、注重生态优先、推进体制机制现代化、服务流域人民生产生活，在率先实现水利工程管理现代化上走在前列。

9.1.1　发展机遇

从国家层面看，我国正处于构建新发展格局、促进高质量发展的重要战略机遇期。党的十八届三中全会明确，全面深化改革的总目标是完善和发展中国特色社会主义制度，推进国家治理体系和治理能力现代化。党的十九大报告中提出：“我们既要全面建成小康社会、实现第一个百年奋斗目标，又要乘势而上开启全面建设社会主义现代化国家新征程，向第二个百年奋斗目标进军。”从 2020 年到 21 世纪中叶可以分两个阶段来安排：从 2020 年到 2035 年“基本实现社会主义现代化”；从 2035 年到 21 世纪中叶“建成富强民主文明和谐美丽的社会主义现代化强国”。习近平总书记在长江经济带发展、黄河流域生态保护和高质量发展、推进南水北调后续工程高质量发展等重要会议上对新时期治水工作提出了新的要求和期待。

从流域层面看，太湖是流域洪水的集散地、是长三角区域水生态水资源的承载中心，是长三角地区水环境的晴雨表，地位重要。太湖流域特别是长三角地区肩负着创建高质量发展样板区、率先形成新发展格局、打造改革开放新高地的重大使命。流域省市已加快推进社会主义现代化建设，提出了现代化的规划、目标、使命和措施。苏州管理局应找准在流域水利改革发展中的独特定位，夯实工程管理优势基础，在长三角一体化高质量发展的利好时期，抢抓先机，积极将技术优势转化为实实在在的发展动能，在率先实现水利工程管理现代化上走在前列。

从自身层面看，经过近三十年的积累，苏州管理局已建立了一支业务精湛、经验丰富、团结奋进的管理队伍，闸泵联合调度运行证明单位有能力接管更多的工程，水利督查顺利开展表明单位有能力进一步拓展职能，数字工程成功应用为工程管理现代化打下了坚实基础，党建与业务工作深度融合为文明单位创建提供有力保障。

9.1.2 发展挑战

新一轮科技革命和行业变革深入发展，迫切需要苏州管理局把握发展规律，加快推进现代化进程。太湖流域省市加快推进现代化建设，急切需要苏州管理局认清形势，建设与太湖流域现代化发展相适应的现代化水利工程管理体系。流域水利工作事关人民群众生命财产安全和经济社会发展稳定，人民对美好生活的需要和长三角一体化高质量发展的需求，都对直管工程现代化建设提出了越来越高的要求。

当前苏州管理局已进入高质量发展阶段，组织管理能力显著增强，安全管理能力明显提升，运行管理能力基础扎实，经济管理能力不断提高，实现直管工程管理现代化具有多方面的优势和条件。同时，苏州管理局发展不平衡不充分的问题仍然突出，数字孪生工程重点领域关键环节任务依然艰巨，创新能力不适应现代化发展要求，工程管理基础还需加强，生态保护建设任重道远，水旱灾害防御存在短板，流域综合治理支撑还有弱项。苏州管理局需要按照工程管理的客观规律，抓住机遇，应对挑战，不断推进现代化建设进程。

9.2 发展思路与总体目标

9.2.1 发展思路

深入贯彻落实党的十九大、二十大精神，坚持以马克思列宁主义、毛泽东思想、邓小平理论、“三个代表”重要思想、科学发展观、习近平新时代中国特色社会主义思想为指导，全面贯彻党的基本理论、基本路线、基本方略，准确把握新发展阶段、贯彻新发展理念、构建新发展格局，深入践行“十六字”治水思路，坚决贯彻水利部党组、太湖局党组决策部署，以服务和保障太湖流域高质量发展为根本出发点，以切实提高自身能力建设为着力点，加快推进与率先实现太湖局直管工程管理现代化，为实现太湖流域治理体系和治理能力现代化、服务和保障长三角一体化高质量发展提供坚实的基础支撑。

9.2.2 总体目标

综合考虑流域治理管理和工程运行管理发展条件，坚持目标导向和问题导向相结合，坚持发展、安全和创新相统一，今后太湖局直管工程管理现代化要努力实现以下主要目标。

一是构建现代化水利工程管理体系。①健全中国特色社会主义市场经济体制下的直管工程运行管理长效机制。完成机构分类改革，明晰单位主要职责，发挥市场化资源配置在维修养护、安全鉴定、水下检查等工作中的作用，保障直管工程管理的质量、效益、安全相统一。②以创新驱动发展，适应科技革命和行业变革的时代要求。完善创新机制，优化创新激励制度，弘扬劳模精神和工匠精神，加强创新型、应用型、技能型人才培养，推进机制创新、管理创新、技术创新。建设数字孪生工程，推进算据、算法、算力建设，对工程运行全过程进行数字化映射、智能化模拟。③推动协调发展，实现工程管理能力优化升级。持续推进标准化管理体系，以高水平的标准化推动高质量发展，积极争创中国水利工程优质（大禹）奖。完善工程基础设施。推动形成数字工程、智慧管控下良性运行的体制机制、管理手段、技术措施。④注重生态优先，促进人与自然和谐发展。推动太阳能有效利用，建设绿色低碳节能水利工程。加强国家水利风景区建设，构建美丽水环境。推进水资源的市场化配置，在水量科学分配的基础上，利用水权市场进行水权交易，用市场机制调节水资源，推进引江济太精细化管理。⑤保障太湖安澜，服务流域人民生产生活。提升水旱灾害防御能力，研究超过设计指标控制运用措施。强化预报、预警、预演、预案能力，实现风险提前发现、预警提前发布、方案提前制定、措施提前实施，确保工程运行精准安全有效。开展平原感潮河网地区水闸智能运行管控关键技术研究，科学管理水闸，合理控制运用，保障国家水网安全可靠、循环畅通、调控有序。⑥统筹发展和安全，建设更高水平的安全工程。深化安全生产标准化管理，创新安全生产管理模式，构建横向到边、纵向到底的责任体系，排查隐患、消除隐患的工作机制，以信息化集成平台为基础的安全生产管理长效机制。建立适应现代化要求的网络安全保障体系和能力，网络安全建设与数字孪生工程建设同步规划、同步建设、同步运行，满足网络安全三级等保管理要求。

二是构建强化流域综合治理支撑体系。①发挥流域统一治理的支撑作用。做好“结”的文章，根据要求参与苏州河西闸等“结点”工程建设工作，承担太浦河泵站、苏州河西闸等“结点”工程运行管理工作，满足流域机构统一管理和区域对工程运行管理的需要。参与推进流域水利工程标准化管理工作。做好太湖流域水资源监控与保护预警系统中的工情信息监测系统运行维护工作。参与流域水库信息档案核查，掌握流域水库基本情况。②发挥流域统一调度的支撑作用。根据要求做好太湖流域洪水、水量调度和水污染事件的环太湖、太浦河、望虞河沿线重要水利工程运行管理督查，力争达到流域供水、水生态、水环境等多目标统筹调度的要求。继续做好太浦闸和太浦河泵站的联合调度运行，保障长三角生态绿色一体化发展示范区的供水安全。③发挥流域统一管理的支撑作用。提升流域重要河湖监管能力，强化水政执法行动，规范河湖管理行为，提升河湖管理能力，完善水行政执法制度体系。提升水利监督检查工作能力，充分发挥监督职能，规范监督工作流程，创新监督工作机制。

到 2025 年，以高质量发展进一步推动现代化水利工程管理体系的基本建成。基本建成现代化的水利工程管理体系，科技创新能力、协调发展能力、水旱灾害防御能力、生态环境保护能力、安全保障能力将大幅提升，数字孪生工程建设有实质性进展，直管工程运行管理长效机制显著增强。基本建成流域综合治理支撑体系，参与流域统一治理、统一调度、统一管理能力和作用明显增强。

到 2035 年，建成现代化的水利工程管理体系。统筹建设工程长效管理机制、创新驱动能力、协调发展水平、生态和谐环境、安全保障水平、综合支撑能力，建成工程管理长效体系、防汛抗旱减灾体系、河湖监管服务体系、流域综合治理支撑体系、安全生产标准体系、动态感知的智慧管控体系、有利于单位事业发展的综合保障体系，建成与太湖流域现代化发展相适应的现代化水利工程管理和保障体系。

9.3 “十四五”发展任务与举措

“十四五”突出主责主业，构建“以工程运行安全为前提，以高素质人才队伍为支撑，以技术创新为动力，以数字孪生工程为显著标志”的现代化水利工程管理体系，进一步强化“四预”措施，充分发挥直管工程防洪减灾和水资源调度效益。“十四五”全面提升“十项能力”，锤炼水旱灾害防御、工程现代化管理、河湖监管、工程建设管理、水利监督检查、信息化建设等硬实力，筑牢安全生产根基，通过人才支撑、党建引领、文明聚力、保障给力，实现“工程管理的引领者、防汛抗旱的排头兵、河湖管理的流动哨、流域安全的守护神”的使命目标，让太湖更美好。

9.3.1 提升水旱灾害防御能力

做好“结”的文章，积极践行“两个坚持、三个转变”的理念，准确把握新阶段水旱灾害防御新要求，全面对照单位“七到位”防汛防台工作要求，不断适应流域面向防洪、供水、生态等多目标要求的综合调度要求，提升工程运行的科学性、预见性、有效性，基本实现控制运用科学、抢险队伍专业、运行管理规范、应急处置高效的现代化建设目标，保障国家水网安全可靠、循环畅通、调控有序，切实发挥直管工程水旱灾害防御效益。

1）突出抓好“四预”措施。不断完善防汛抗旱制度体系，压实防汛抗旱工作职责，坚持底线思维，增强忧患意识，严格执行调度指令，做好值班值守和控制运行。及时掌握工情、水情、雨情、风情；增强综合分析和研判能力，适时启动应急预案；定期开展应急演练和应急技术人员培训，提高应急反应能力；及时修订完善工程抢险应急预案；不断完善防汛应急抢险协调机制，提升直管工程应急处置能力。

2）保障引江济太水资源供给。加强直管工程运行维护，严格引江济太的巡查、督查，力争达到流域供水、水生态、水环境等多目标统筹调度的要求。继续做好太浦闸和太浦河泵站的联合调度运行，保障长三角生态绿色一体化发展示范区的供水安全。

3）开展智能管控关键技术研究。开展平原感潮河网地区水闸智能运行管控关键技术研究，提升工程运行的科学性、预见性、有效性，加强控制运用智能化水平，打造平原感潮河网地区水闸智能运行管控系统。

9.3.2 提升工程现代化管理能力

不断深化水利工程管理体制和机制改革，巩固提升工程管理现代化水平，建设管理制度科学、工程设施完好、管理水平先进的工程管理体系，建成与基本实现社会主义现代化相适应的工程安全保障体系。

1）通过水利部水利工程标准化管理评价。制定《苏州管理局推进水利工程标准化管理实施方案》，明确工作组织、工作程序、任务分解，推进工程管理标准化长效管理。完善工程管理标准化制度体系，修订技术管理实施细则、设备管理等级评定实施细则，开展直管工程设备管理等级评定及安全检测，规范维修养护项目管理，工程设施维护良好，能及时投入运行；加强工程巡查观测和数据资料的分析，做好电气设备及防雷设施定期检验，及时掌握工程运行现状，提高工程检查和监测的标准化管理水平；加大管理标准化的投入力度，完善标准化平台的综合功能，推动日常管理资料的数字化，实现考核数据的在线查阅。争取 2023 年底前通过水利部水利工程标准化管理评价。

2）推进工程管理技术创新。推广使用“四新”技术，增强工程管理的科技含量；发挥“水工程管理”劳模创新工作室平台作用，统筹推进管理创新、机制创新、技术创新。根据评审标准，直管工程运行管理积极争创中国水利工程优质（大禹）奖。

3）增强工程现代化管理能力。以工程控制运用及保障流域“四个安全”为目标，以大力推进“数字工程、智慧管控”为着力点，以单位改革创新为动力，注重工程措施和非工程措施的结合，增强工程现代化管理能力，完成《太湖局直管工程管理现代化规划（2016—2025 年）》建设目标，现代化进程评判达 90 分以上，2025 年基本建成现代化的水利工程管理体系。总结提炼现代化建设经验和成效，形成《太湖局直管工程管理现代化实践与探索》专著。筹划编制《太湖局直管工程管理现代化规划（2026—2035 年）》。

4）积极参加流域综合治理和管理。根据要求提前参与苏州河西闸工程建设工作，承担苏州河西闸运行管理工作，满足流域机构统一管理和区域对工程运行管理的需要。做好与大运河沿线地方沟通、技术交流工作。做好太湖流域水资源监控与保护预警系统中的工情信息监测系统运行维护工作。

9.3.3　提升流域重要河湖监管能力

1）强化水政执法行动。全面推行行政执法三项制度，制订“八五”普法工作计划，持续加大习近平法治思想、宪法、党内法规以及与工作密切相关的长江保护法、太湖流域管理条例等法律法规普法宣传力度；加强日常水事巡查检查和水行政执法协同，做好职责范围内的违法水事行为查处。

2）规范河湖管理行为。助力长三角生态绿色一体化发展示范区建设，配合开展河湖管理及河湖长制相关工作；对职责范围内的重点河段、水域岸线、涉水项目建设进行动态监控；深入推进“清四乱”常态化规范化，督导地方对发现问题的整改。配合大运河河道水系治理管护相关工作。

3）提升河湖管理能力。培养基层水政监察力量，加大执法人员培训力度，执法人员年度业务知识和法律法规知识培训不低于规定学时，进一步充实优化管理队伍；加大设备装备的更新，配合完成水政基础设施改造，进一步发挥执法设施效能。配合开展法治机关建设、河湖基础信息收集和太湖流域管理条例修订等工作。

4）完善水行政执法制度体系。发挥水政执法大队和兼职执法人员作用，更好地贯彻水法律法规和太湖局水行政执法规章制度，逐步建立相应的基层水政配套制度体系。

9.3.4　提升工程建设与安全能力

1）培养建设管理队伍。按计划进行建设管理培训，提高协调设计、监理、施工以及地方等各方面的关系的能力，提高业务人员现场管理、质量管理、安全管理能力。

2）参与完善太湖流域防洪工程体系。参加吴淞江、太浦河后续、望虞河拓浚三项工程的建设管理工作，紧密跟踪望虞河拓浚工程工作进展，积极争取担任望亭水利枢纽拆除重建的项目建设法人；结合流域打造互联互通的水资源供给保障体系需要，积极争取蠡河船闸、望亭立交由苏州管理局统一管理；积极参与苏州河西闸的建设管理。

3）继续深化安全生产标准化建设。贯彻“安全第一，预防为主，综合治理”的方针，建立以信息化集成平台为基础的安全生产管理长效机制。动态更新危险源辨识和风险防控清单，进一步强化隐患排查治理工作，完善安全风险分级管控和隐患排查双预防机制。建立健全各级安全隐患的档案登记，实行安全隐患跟踪销号和闭环管理。提高安全应急处置能力，进一步完善安全生产应急预案体系，定期开展安全生产应急演练。购置配备必要的应急救援设备，提高安全应急处置能力。积极探讨典型事故案例，深刻汲取经验教训。坚决落实一岗双责，深化本质安全，提高全员安全生产意识。

9.3.5 提升水利监督检查工作能力

1）充分发挥监督职能。加强监督人员专业知识和监督技能的培训，培养一专多能的监督尖兵，建设一支年龄梯队、专业结构合理的水利监督队伍。加强水利监督基础设施建设，配备专业监测检测设备，建设智慧监督信息化模块，提升监督工作效率和质量，为更好地落实水利监督工作提供基础支撑和技术保障。

2）规范监督工作流程。及时修订水利监督检查管理办法，制定监督检查工作手册，多种监督检查统筹安排。及时上传数据至水利监督信息平台，提升水利监督规范化、精准化、数字化水平。

3）创新监督工作机制。创新监督方式方法，探索实行内业外业结合和双联络员制，提高水利监督工作效率；建立监督检查工作“后评价”机制，以问题为导向实现对监督工作的“再监督”，严把监督检查质量关；提炼水利监督经验做法，健全监督长效机制，充分调动监督人员的积极性和创造性。

9.3.6 提升水利信息化建设能力

1）建设数字孪生工程。将数字孪生太浦闸（泵站）作为数字孪生工程建设先行先试重点水利工程之一，列入水利部《“十四五”期间推进智慧水利建设实施方案》。以直管工程仿真模型为基础，融合水文水资源、水环境、水工程、水灾害等的历史和实时数据，运用 BIM+GIS 等技术，融合预报、调度、水质、水量等水利模型，打造直管工程数字孪生平台，实现物理工程与数字工程之间交互映射、孪生共长、融合应用。

2）开展智慧管控应用服务。基于直管工程的数字孪生搭建，对工程运行状态等进行全程模拟，实时监控工程安全健康状况，构建工程运行安全评估预警模型，打造“四预”全过程场景化智慧应用，对异常情况进行预警和处置跟踪，精准评估工程运用效益，提升水利工程的险情识别、风险诊断、安全运行、应急处置等能力。开展平原感潮河网地区水闸智能运行管控关键技术研究，提升工程运行的科学性、预见性、有效性，加强控制运用智能化水平，打造平原感潮河网地区水闸智能运行管控系统，积极申报有关奖项。建设与智慧管控相匹配的综合政务（事务）管理服务，运用移动互联、虚拟/增强现实、互联网+、用户行为大数据分析等技术，升级完善综合办公、财务、人事、水政、建安、党建等政务（事务）管理平台，提供跨部门协同的政务（事务）管理信息服务，为建设数字型、服务型单位提供支撑。

3）提升基础环境支撑能力。构建上连太湖局下接管理所的高速宽带网络，优化信息传输路线，减少非必要的收发节点，增加冗余路径，有效提升数据传输速率和稳定性；完善工程智慧管控必要的计算、储存环境，提升维护水平，保障智慧管控平台运行稳定性和可靠性；更新“一局两所”会商显示设备，提升会商信息化支撑能力；建设规范标准的数据服务，实现数据资源的汇聚与交互管理；提升专业化应用服务的支撑水平，包括遥感资源服务、视频图像服务、一张图 GIS 服务、智能 AI 算法服务、物联网服务、视频云服务、BIM 服务、融合通信服务、移动应用服务等，全面支撑智慧管控业务应用。

4）完善网络安全保障体系。依托“智慧太湖”安全管理体系，按照网络安全三级等保管理要求，开展设备安全、运行安全、系统安全、网络安全、应用安全等保障体系建设，重点完善数字孪生工程网络安全监测预警体系，实现网络安全事件的智能化应急处置。

9.3.7 提升人才支撑保障能力

总体培育一支数量适当、结构合理、素质优良的职工队伍，为单位改革发展提供坚实人才保障。

1）着力培养高质量人才队伍。立足岗位练兵，加大创新团队和创新领军人才的培养，争取牵头成立 1 个省部级创新团队，争取 1~2 人作为骨干成员加入其他单位省部级创新团队，切实提高科研能力和成果质量。建设现代化工程运行管理人才队伍，立足工程运行管理一线，重点培育一批掌握关键技术、具备闸泵综合管理能力、勇于创新的技术人才和具备精湛操作技能、善于动手的技能人才。推行内部轮岗交流工作制，培养业务“多面手”，塑造复合型人才，提升工作效能。

2）着力加强技术成果转化。通过技术人才、创新团队推动技术成果积累，促进技术成果总结提炼和转化运用，鼓励发表论文、专著，鼓励申报国家发明专利，争取在核心期刊发表论文不少于 3 篇、编撰专著 1 部、专利 2 项。进一步加强与兄弟单位、行业单位的交流与合作，争取共同承担、协作开展重点项目、重要课题研究。

9.3.8 提升党建工作能力

1）充实“红映太湖”党建品牌的内涵。发挥好党建品牌在党建工作中的领航、导向和平台作用；与时俱进调整“5×4”基层党建工作法，让工作法真正成为指导党建工作的“系统论”和“方法论”；实践“四维课堂”学习教育模式，形成长效机制，形成党员学习教育品牌；及时调整完善党员日常记实考核制度，规范党员日常行为，让“小积分”营造创先争优“大氛围”；深化党风廉政责任体系、教育体系、防控体系、文化体系“四个体系”建设，形成长效机制；进一步健全党小组工作机制，充分发挥好党小组的作用。

2）持续推进党建与业务工作深度融合。在思想上形成党建与业务工作深度融合的自觉性，在行动上体现党建与业务深度融合的实效性，在机制上形成党建与业务深度融合的长效性。深化培育党建文化，完善党员引导、凝聚、激励、约束机制建设，多方面多维度开展党建文化宣传弘扬。

9.3.9 提升精神文明建设能力

统筹推进精神文明建设和组织文化、水文化建设，持续提升单位软实力，营造良好生态环境。

1）持续深化社会主义核心价值观教育。围绕讲文明、有公德、守秩序、树新风，广泛开展弘扬时代新风行动，促进形成文明、节约、绿色、低碳的工作方式和生活习惯。巩固“关爱山川河流、建设幸福河湖”志愿服务品牌，推进“人人节水、志愿先行”节水护水志愿服务行动，推动志愿服务制度化常态化。开展经常性职业道德教育培训，推进职业道德和岗位行为规范建设，促进干部职工职业道德实践养成。加强青年职工的教育培养，提升“青年学堂”质量，不断助力青年职工成长成才。不断丰富精神文明创建载体，拓展精神文明建设的深度和广度，积极创建全国文明单位。

2）有效推进水文化、组织文化建设。扎实推进水工程与水文化有机融合，发挥太湖治理展示馆宣传作用，做好太湖浦江源水利风景区建设与管理工作，传承弘扬太湖水文化，宣传好“太湖故事”，传播好“太湖声音”。

9.3.10 提升综合管理能力

1）加强内部控制规范管理。根据批复的“三定方案”和单位机构改革情况，调整优化内设部门职能，全面夯实内部规范管理各项基础工作，开展内部管理质量体系建设，优化职工绩效考核管理机制，建立管理科学、规范高效的内部运行机制。

2）建立健全内部管理制度体系。做好内控制度废改立工作，构建横向到边、纵向到底的制度框架体系。加强制度宣贯，定期开展制度执行情况监督检查，加大制度执行考核力度和工作督办，对具有一票否决权的硬性指标要坚决维护刚性权威，进一步提升工作效能。

3）提升资金资产和预算管理水平。强化预算管理，提升绩效管理水平，持续完善内部控制，建立规范的资金使用、管理和监督机制。积极改革创新，运营管理好各项资产，合法合规发挥资产资金效益。多渠道筹集资金，做好资金保障，支撑单位事业发展。加强财务队伍建设和能力建设，不断提高单位财务管理水平。

4）改善生产生活内部环境。实施配套基础设施改造，逐步完成基层单位及直管工程业务用房水电暖改造、市政配套、安保设施及环境绿化工程等项目建设，不断改善职工生产生活条件。

5）完善后勤规范管理模式。进一步贯彻“过紧日子”的要求，持续推进节约型单位建设。探索建立管办分离的物业服务和食堂餐饮服务等模式。巩固节水机关创建成果，全面落实水、电、油定额核算管理，持续降低机构运行成本，提高整体效能水平，全面完成太湖局核定的节能指标。

附录　水利部水利工程管理考核及太湖局年度考核意见

2017年水利部水利工程管理考核验收意见

受水利部委托，根据水利部《关于委托对太湖流域管理局苏州管理局进行水利工程管理单位考核验收的函》（建管河函〔2017〕7号）和《水利工程管理考核办法》（水建管〔2016〕361号）的要求，中国水利工程协会组成考核专家组，于2017年7月15日—16日对太湖流域管理局苏州管理局（以下简称苏州管理局）进行了水利工程管理考核验收。专家组听取了苏州管理局水利工程管理考核自检和太湖流域管理局初验情况汇报，查看了太浦闸和望亭水利枢纽工程现场、防汛仓库、机关庭院和办公场所等，查阅了内业资料，针对有关问题进行了质询。经研究讨论，形成验收意见如下：

太浦闸位于苏州市吴江区七都镇境内的太浦河进口处，是太湖东部骨干泄洪及环太湖大堤重要口门控制建筑物。太浦闸于1958年11月动工兴建，1959年10月竣工验收。2012年9月—2014年7月，采用原址拆除重建方案进行了除险加固。太浦闸主要建筑物等级为1级。闸孔共10孔，单孔净宽12m，总净宽120m，其中南侧边孔为套闸，闸室长70m。闸底板设计高程-1.5m（镇江吴淞高程，下同），设计流量985m^3/s，校核流量1 220m^3/s，近期按闸底板堰顶高程0.0m实施，设计流量784m^3/s，校核流量931m^3/s。工作闸门采用直升平面钢闸门，启闭机采用固定卷扬式启闭机。

望亭水利枢纽位于苏州市相城区望亭镇以西，望虞河与京杭大运河相交处，是太湖流域防洪和引水的主要控制工程。工程于1992年10月开工建设，1994年1月基本建成，1998年10月通过竣工验收，2010年12月—2012年3月实施了上部结构及闸门系统更新改造。工程为2级水工建筑物，采用“上槽下洞”立交布置方式，上部为钢筋混凝土矩形槽，槽宽60m，底高程-1.7m；下部为矩形涵洞，共9孔，每孔7.0m×6.5m（宽×高），设计流量400m^3/s。上游管口设9扇平板钢闸门，配9台固定卷扬式启闭机。

苏州管理局成立于1992年，为太湖流域管理局直属公益一类事业单位，批准定编55人，现有在职职工37人，主要负责太湖局直管工程太浦闸、望亭水利枢纽的运行、管理和维护工作。

组织管理：2011年完成了水管体制改革并通过太湖局验收；管理体制顺畅，管理权限明确；实行了管养分离，内部事企分开；实行竞聘上岗，建立了激励机制；岗位设置合理，人员配备满足需要；技术工人全部进行岗前培训，关键岗位持证上岗；组织职工进行业务技能培训，年培训率达到50%以上；领导班子团结，职工爱岗敬业，未发生违法违纪行为；管理范围内庭院整洁、环境优美，宜林地绿化覆盖率高；重视精神文明建设，获得了全国水利文明单位、太湖局先进集体、太湖局文明单位、苏州市文明单位等多项荣誉称号；各项规章制度健全，关键岗位制度进行了明示，执行效果较好；档案管理制度健全，设施完备，档案管理规范，达到江苏省三星级标准。

安全管理：太浦闸于2012年9月—2014年7月实施了除险加固工程，2015年6月通过竣工验收，工程质量优良；望亭水利枢纽于2010年12月—2012年3月实施了上部结构及闸门系统更新改造，2012年11月通过竣工验收；2017年望亭水利枢纽经安全鉴定为一类闸；按规定进行了注册变更登记；开展了水闸闸门、启闭机等级评定，评定结论均为一类单位工程；完成了管理范围内土地确权划界工作，领取了土地使用证，并埋设了界桩，工程管理范围完整，界限清楚；坚持依法管理，开展了形式多样的水法规宣传，管理范围内水政宣传和警示警告标志标牌齐全，无新违章占用情况发生；防汛责任明确，组织机构健全，建立了地方防汛抢险协调机制，与地方防指签订了防汛应急抢险物资储备和抢险队伍协议；安全生产组织网络健全，制定了生产安全事故综合应急预案，责任明确，未发生安全生产责任事故。组织开展了水利安全生产标准化建设并通过水利部现场评审。

运行管理：依据水利部《水闸技术管理规程》有关规定，制定了太浦闸、望亭水利枢纽技术管理细则，可操作性强；工程现场各类技术图表齐全，并按规定进行了明示；工程巡查、检查制度健全，工程检查、监测记录较翔实，进行了资料整编和初步分析；按规定对各类建筑物工程和闸门、启闭机等设备进行了维修养护，工程及设备维护良好、运行正常；严格按照太湖局调度指令控制运用，操作规范；编制了《太湖局直管工程管理现代化规划（2016—2025年）》和《太湖局苏州局信息化规划》；建成了工程管理信息系统、防汛会商系统、闸门监控系统、办公自动化系统等，管理现代化水平较高。

经济管理：维修养护、运行管理等资金来源畅通；经费及时足额到位，财务制度健全、管理规范，经审计未发现违规、违纪现象；职工工资及时足额发放，职工工资和福利待遇均高于当地平均水平；按规定办理了职工养老、医疗、失业等社会保险；编制了《太湖局直管工程水土资源开发利用规划》，土地资源开发利用率较高，经济、生态和社会效益较好。

按照水利部《水利工程管理考核办法》（水建管〔2016〕361号）及其考核标准，考核专家组对考核内容进行了逐项赋分，综合得分951分，且各类考核得分率均不低于该类总分的85%。据此，考核专家组认为：太湖局苏州管理局达到水利部水利工程管理考核标准。

建议：①加强工程的精细化、标准化管理，进一步提高工程管理水平。②整合信息系统，构建综合管理平台，进一步提高现代化管理水平。

根据考核验收结果，经审查和公示，2017年8月水利部办公厅以办建管函〔2017〕933号批准太湖局苏州管理局通过水利部水利工程管理考核验收。

2020年度水利工程管理考核意见

2021年2月3日—4日，太湖局组成考核组，对苏州管理局进行了2020年度水利工程管理考核。考核组检查了现场，听取了苏州管理局自检情况汇报，查阅了相关资料，针对有关问题进行了质询。经讨论，形成意见如下：

苏州管理局成立于1992年，为太湖局直属事业单位，主要负责太湖局直管工程太浦闸、望亭水利枢纽的运行、管理和维护工作，于2017年8月通过水利部水利工程管理考核验收。苏州管理局积极推进直管工程管理标准化建设，已按期完成《太湖局直管工程管理标准化建设实施方案（2018—2020年）》建设目标，于2020年12月25日通过了工程管理标准化建设评估验收。

组织管理：管理体制顺畅，管理权限明确；实行了竞聘上岗，岗位设置合理。已按计划落实职工培训，职工年培训率达到100%。完成2018—2020年工程管理标准化建设，管理制度体系完善，管理制度健全，关键岗位制度明示。档案管理规范，设施齐全；管理用房及配套设施完善，管理单位庭院整洁、环境优美。2020年，荣获全国水利文明单位、水利行业节水机关和水利部水利先锋党支部、太湖局“太湖先锋”党支部、苏州市市级机关“海棠花红”优秀党建品牌等称号。正常开展年度自检和考核并进行整改。

安全管理：及时完成水闸注册登记，领取水闸注册登记证。太浦闸、望亭水利枢纽工程安全鉴定为一类闸。太浦闸、望亭水利枢纽闸门及启闭机设备管理等级评定为一类单位工程，设备完好率100%。工程管理范围边界桩齐全、明显；管理用地已完成领证工作。按规定开展水政安全巡查，管理范围内未发现违规涉水行为。防汛责任制落实，岗位责任制明确，防汛机构健全，防汛队伍落实；按规定进行了汛前检查，组织防汛应急演练；编制了防汛预案；防汛物料储备方式和调用路线明确。安全生产组织体系健全，定期开展安全生产检查，按照水利安全生产标准化一级单位相关管理规定认真开展年度自审，未发生安全责任事故。

运行管理：按规定开展工程日常巡视检查和观测，观测资料及时整编、审查。开展工程上下游河势监测，河床无淤积、无冲刷现象。组织完成对工程土工建筑物、闸门、启闭机、机电设备及防雷设施等日常维修养护。《太湖流域管理局直管工程控制运用方案》报经太湖局批准，严格执行太湖防总和太湖局调度指令。加强工程管理现代化顶层设计，编制“数字工程、智慧管控”技术方案和工程管理标准化平台建设方案；建设人工观测模块，实现观测数字化管理；建立水利工程管理考核模块，加强动态管理，推动日常管理资料的数字化；推进工程运行智能化管理，完成太浦闸BIM建模、数据看板建设等，初步实现流量智能提取、流量跟踪监控、闸门智能调整等功能；整合信息资源，将水利工程管理考核、OA办公、太浦闸工程BIM等统一纳入建成工程管理标准化平台。“一种离合卷筒式固定卷扬启闭机缓冲限位装置”被国家知识产权局授予国家发明专利。

经济管理：维修养护、运行管理等费用来源畅通；经费及时足额到位，财务制度健全、管理规范，经审计未发现违规、违纪现象；职工工资及时足额发放，职工工资和福利待遇均不低于当地平均水平；按规定办理了职工养老、医疗、失业等社会保险；编制了《太湖局直管工程水土资源开发利用规划》，土地资源开发利用率较高，经济、生态和社会效益较好。

考核结论：按照水利部《水利工程管理考核办法》及其考核标准，考核组综合赋分956.3分，且各类考核得分占标准分均超过85%，符合水利部水利工程管理考核标准。

建议：①进一步优化工程管理工作流程，完善细化制度工作要求。②及时完成混凝土破损部位修复和墙面防渗处理，加强工程观测设施设备的维修养护。③积极推进网络安全与工程管理信息化建设。

2021年2月，太湖局以太湖建管函〔2021〕16号文将2020年度苏州管理局水利工程管理考核意见报送水利部运行管理司。

2021年度水利工程管理考核意见

2021年1月18日，太湖局组成考核组，对苏州管理局进行了2021年度水利工程管理考核。考核组检查了工程现场，听取了苏州管理局自检情况汇报，查阅了相关资料，针对有关问题进行了质询。经讨论，形成意见如下：

组织管理：管理体制顺畅，管理权限明确；实行了竞聘上岗，岗位设置合理，技术人员满足管理需要。已按计划落实职工培训，职工年培训率大于50%。管理制度体系完善，关键岗位制度已明示。档案管理规范，设施齐全；管理用房及配套设施完善，管理单位庭院整洁、环境优美。太湖治理展示馆正式开馆，积极推动太湖水文化传播交流。2021年荣获"2019—2021年度江苏省文明单位""2018—2020年度苏州市文明单位""2019—2020年度苏州市市级机关先进基层党组织""国家水利风景区高质量发展典型案例"等称号。

安全管理：及时完成水闸注册登记，领取水闸注册登记证。太浦闸、望亭水利枢纽工程安全鉴定为一类闸，闸门及启闭机设备管理等级评定为一类单位工程，设备完好率为100%。工程管理范围边界桩齐全、明显；管理用地完成领证工作。按规定开展水政安全巡查，本年度工程管理范围内未发现违规涉水行为。防汛责任制落实，岗位责任制明确，防汛机构健全，防汛队伍落实；按规定进行了汛前检查，组织防汛应急演练；编制了防汛预案。安全生产组织体系健全，定期开展安全生产检查，未发生安全责任事故。2021年，苏州管理局通过水利部水利安全生产标准化一级单位复审。

运行管理：制定了技术管理实施细则，开展工程日常巡视和观测，观测资料及时整编。开展了工程上下游河势监测。组织完成对工程建筑物、闸门、启闭机、机电设备及防雷设施的日常维修养护。《太湖流域管理局直管工程控制运用方案》经太湖局批准，严格执行太湖防总和太湖局调度指令。加强工程管理现代化顶层设计，推进太浦闸数字孪生工程建设；整合信息资源，建立标准化平台，推动数字化管理；推进工程运行智能化建设。2021年苏州管理局取得计算机软件著作权6个。太浦闸工程运行BIM获2021年"智水杯"全国水工程BIM应用大赛运行维护类金奖。

经济管理：经费来源渠道畅通、及时到位；财务制度健全、管理规范，经审计本年度未发现违规、违纪现象；职工工资及时足额发放，职工工资和福利待遇均不低于当地平均水平；按规定办理了职工养老、医疗、失业等社会保险；编制了《太湖局直管工程水土资源开发利用规划（2016—2025年）》，开发利用效果较好。

对照水利部《水利工程管理考核办法》及其考核标准，苏州管理局2021年度水利工程管理工作满足标准要求，同意其通过考核。

建议：①进一步加强太浦闸上下游河道环境管理。定期检查工程安全用具，完善警示标志标牌设置、线缆标识、控制柜接地等。②及时修订工程技术管理实施细则。③加快推进数字孪生太浦闸试点工作。

2022年1月，太湖局以太湖建管函〔2022〕11号文将2021年度苏州管理局水利工程管理考核意见报送水利部运行管理司。

参 考 文 献

［1］ 水闸技术管理规程：SL 75—2014［S］. 北京：中国水利水电出版社，2014.
［2］ 水闸安全评价导则：SL 214—2015［S］. 北京：中国水利水电出版社，2015.
［3］ 水闸安全监测技术规范：SL 768—2018［S］. 北京：中国水利水电出版社，2018.
［4］ 水工钢闸门和启闭机安全运行规程：SL/T 722—2020［S］. 北京：中国水利水电出版社，2020.
［5］ 浙江省水利厅. 浙江省水利工程标识牌标准（试行）［R］. 2016.
［6］ 水利部建设管理与质量安全中心. 河湖及水利工程界桩、标识牌制作与安装标准（试行）［R］. 2016.
［7］ 方国华，高玉琴，谈为雄，等. 水利工程管理现代化评价指标体系的构建［J］. 水利水电科技进展，2013，33（3）：39-44.
［8］ 上海勘测设计研究院. 望亭水利枢纽上部结构及闸门系统安全评价报告［R］. 2009.
［9］ 上海勘测设计研究院. 望亭水利枢纽更新改造工程初步设计报告［R］. 2009.
［10］ 上海勘测设计研究院. 太浦闸除险加固工程初步设计报告［R］. 2011.
［11］ 水利部，交通运输部，国家能源局，南京水利科学研究院. 望亭水利枢纽安全评价报告［R］. 2016.
［12］ 水利部，交通运输部，国家能源局，南京水利科学研究院. 太浦闸工程安全评价报告［R］. 2019.
［13］ 上海友为工程设计有限公司. 望亭水利枢纽运行安全复核报告［R］. 2019.
［14］ 太湖流域管理局苏州管理局. 太湖局直管工程管理现代化规划（2016—2025 年）［R］. 2016.
［15］ 太湖流域管理局苏州管理局. 太湖流域管理局苏州管理局“十四五”事业发展规划［R］. 2021.